腾讯游戏开发精粹III

腾讯游戏 著

U0281132

电子工业出版社

Publishing House of Electronics Industry

北京·BEIJING

内 容 简 介

《腾讯游戏开发精粹Ⅲ》是腾讯游戏研发团队不断积累沉淀的技术结晶，是继 2019 年《腾讯游戏开发精粹》和 2021 年《腾讯游戏开发精粹Ⅱ》系列作品的第三本。

本书收录了 23 个从上线项目中得到验证的技术方案，深入介绍了腾讯公司在游戏开发领域的新研究成果和新技术进展，涉及客户端架构和技术、服务器端架构和技术、管线和工具、计算机图形，以及动画和物理等多个方向。本书适合游戏从业者、游戏相关专业师生及对游戏技术原理感兴趣的普通玩家阅读。

未经许可，不得以任何方式复制或抄袭本书之部分或全部内容。
版权所有，侵权必究。

图书在版编目（CIP）数据

腾讯游戏开发精粹. Ⅲ / 腾讯游戏著. -- 北京 ：电子工业出版社，2024. 11. -- ISBN 978-7-121-48940 -2

Ⅰ. TP317.6-53

中国国家版本馆 CIP 数据核字第 202462PV89 号

责任编辑：张春雨
印　　刷：河北迅捷佳彩印刷有限公司
装　　订：河北迅捷佳彩印刷有限公司
出版发行：电子工业出版社
　　　　　北京市海淀区万寿路 173 信箱　　　　邮编：100036
开　　本：720×1000　　1/16　　印张：36　　　字数：708.5 千字
版　　次：2024 年 11 月第 1 版
印　　次：2024 年 11 月第 1 次印刷
定　　价：168.00 元

凡所购买电子工业出版社图书有缺损问题，请向购买书店调换。若书店售缺，请与本社发行部联系，联系及邮购电话：(010) 88254888，88258888。

质量投诉请发邮件至 zlts@phei.com.cn，盗版侵权举报请发邮件至 dbqq@phei.com.cn。

本书咨询联系方式：faq@phei.com.cn。

《腾讯游戏开发精粹III》

在游戏开发技术迭代速度日益加快的今天，技术的时效性和实用性变得尤为重要。《腾讯游戏开发精粹 III》秉承本系列图书一贯的风格，再次带来了许多覆盖范围广、紧跟技术前沿，并能在实际项目中落地的技术方案。

本书内容依然来自资深的一线开发人员，是他们在项目开发过程中的积累和沉淀，从客户端架构到服务器端技术及优化，再从管线和工具、资产处理到图形渲染以及动画和数字人，本书不仅是技术文章的集合，也是所涉及模块的前沿思想和实战经验的总结。

希望广大游戏开发者和技术爱好者能从本书中学到实用的技术，并能解决自己项目中的问题。也希望每位读者都能通过阅读本书加深对一些知识的理解，并从这些理解中获得灵感，在未来的游戏开发旅程中创造出更多令人惊艳的作品。

王祢，Epic Games China 引擎技术总监

在迅速发展的游戏产业中，开发者需不断寻求创新的技术和方法以保持竞争力。这本书提供了深入的洞察和实践经验，涉及多个关键的游戏开发领域。

本书涵盖了从客户端到网络存储与同步，从本地化质量保证到图形图像学的各方面知识。

无论你是游戏开发新手还是经验丰富的工程师，本书都是不可多得的学习指南。它不仅提供了当前游戏开发中的高级技术细节，还分享了这些技术如何在腾

讯实际项目中应用的宝贵经验，以及对未来技术的探索与追求。强烈推荐每位游戏开发相关人员阅读，以开启新的思考并优化游戏开发流程。

罗子雄，所思科技 CEO、《猛兽派对》制作人

这些年，我有幸目睹了中国游戏行业的飞速发展，腾讯更是其中的佼佼者。令人欣慰的是，腾讯作为国内游戏开发行业的领头羊之一，愿意把自己多年来在游戏设计和研发上的经验编撰成书，与大家分享。本书全面覆盖了时下游戏开发中从图形渲染、特效仿真到后台网络架构的各个方面，并对每一个课题进行了深入探讨。对于读者来说，本书既可作为游戏开发专业的教科书，也可以作为日常工作查阅参考的工具书。相信无论是初学游戏开发的学生还是经验丰富的游戏研发人员，都能从本书中得到有益的启发。

朱克宁，香港城市大学教授

《腾讯游戏开发精粹 III》不仅是游戏发展历程的见证，更是前沿游戏技术和人工智能在游戏领域融合创新的生动写照。作为游戏产业的引领者，腾讯游戏的开发人员在本书中深刻阐释了具有实践价值的前沿游戏技术带来的变革力量。从引擎优化到实时渲染，从数字内容创作到虚拟现实技术，腾讯在技术广度与深度上的不断突破为玩家的游戏体验带来了前所未有的升华。

尤其值得关注的是书中对 AIGC（人工智能生成内容）技术的探索。在游戏创作中，AIGC 技术不仅为开发者带来了效率的提升，更为玩家带来了个性化、多样化的游戏体验。腾讯凭借对 AIGC 技术的深刻理解和不断探索，致力于为玩家创造一个栩栩如生的虚拟世界，让每一位玩家都能沉浸其中，享受与 AI 角色的交互与探索。

本书对这些前沿技术的探索是对整个游戏产业未来发展方向的启示。在这个充满变革的时代，传统游戏技术和 AIGC 技术的结合将引领游戏体验的新潮流。《腾讯游戏开发精粹 III》在这一前沿领域的探索与实践，让我们对游戏的未来充满期待。

谢宁，电子科技大学教授

《腾讯游戏开发精粹Ⅲ》是本系列作品的第三部，与前作时隔三年。这三年从游戏玩家对游戏品质与内容的诉求升级，到社会和产业对游戏科技力与文化力的认知革新，无不驱使游戏行业从业者在视角和维度上不断变化与提升，这在本书的23个技术案例中均有立体呈现。

"腾讯游戏开发精粹"作为腾讯游戏学堂发起的系列技术干货好文集锦，力求做到在扎根实战的同时，敏锐捕捉前沿技术的创新与探索。希望本书能帮助到游戏及相关行业的探索者，我们也以此为契机，期待更多的公司与团体能参与分享交流、助力技术沉淀。以能力生长，助游戏创作。

夏琳，腾讯游戏副总裁、腾讯游戏学堂院长

游戏技术涉猎甚广，包含计算机体系架构、计算机图形学、AI、物理等各学科知识和前沿技术。本书在前两本图书的基础上，从游戏客户端架构和技术、服务器端架构和技术、管线和工具、计算机图形学，以及动画和物理这5大部分进行深入讨论和阐述。每部分都展示了游戏研发中的一些核心技术点。对每个点都从基本原理到具体的实践，以及其中的一些关键技巧和效果做了充分的阐述。

本书涵盖了游戏研发的多个方面，兼顾深度和广度，对游戏从业人员以及有志向相关方向发展的朋友来说都是很好的学习资料。

邓大付，腾讯互动娱乐研发效能部助理总经理

在游戏开发的实践过程中，时不时地会遇到各种棘手问题，为此，需要游戏开发者扎进游戏研发场景中，不断提出新思路与新方案，持续尝试、迭代、刷新、验证，解开一把又一把困扰游戏开发者和玩家的锁。不知不觉地，"腾讯游戏开发精粹"系列要出版第三本图书了，新一批技术好文在此集结，讲述了面向玩家的游戏产品背后的技术原理、权衡、实现与优化。希望本书对游戏行业的逐浪者有所启发，一起推动游戏技术进步，打造优秀的游戏作品。

陆遥，腾讯互动娱乐光子工作室群技术中心副总经理

本书是"腾讯游戏开发精粹"系列的第三本图书。与前两本书一样，本书凝聚了多位腾讯游戏人共同的努力，涉及游戏开发的多个技术领域，包括客户端架构和技术、服务器端架构和技术、管线和工具、计算机图形学、动画和物理五个单元，内容翔实而全面。

电子游戏被称为第九艺术，同时它也是先进技术与工程能力的完美结合。本书不仅包括游戏开发的关键技术，还包括腾讯游戏多年来的研发实践，特别是在工具、管线、优化等方面工程落地的实战经验。

总之，《腾讯游戏开发精粹 III》是一本全面且实用的书籍，适合想要学习和了解游戏开发的人。我们也希望通过这本书跟业界同人一起学习交流，共同进步。

朱新其，腾讯互动娱乐魔方工作室群技术中心负责人

《腾讯游戏开发精粹 III》如约而至。

本书延续了之前图书的实用性和完整性，覆盖了游戏开发中的 Gameplay、引擎、服务器、工具及管线等，这些内容扎根于腾讯游戏在一个个具体项目中的实践，以能够完整落地的方式被呈现出来。

本书介绍的技术具有前沿性和时效性。时至今日，国内游戏行业进一步向国际化和高品质发展。相应地，腾讯游戏也有更多的对国际化的实践探索及以 Tech Future 方式开展的一系列技术探索，这些内容在本书中均有所体现，像可微渲染、国际化的 LQA 等都是我们在后续开发中实打实要去涉猎的内容。

很高兴能看到这一系列技术从诞生到成熟到在"腾讯游戏开发精粹"系列图书中与大家见面，期待能够帮助大家开发出更优质的游戏作品。

安柏霖，腾讯互动娱乐北极光工作室群技术总监

作为腾讯游戏研发团队的一员，我自以为对公司内外的技术信息也颇关注，但依然从本书中获益良多。来自项目和中台的同事们诚意满满，将各自深耕领域的最佳实践精心整理成篇，不少内容尚属首次公开。在详述技术方案本身之余，一些作者还分享了自己对技术现状和趋势的思考。

通过一篇篇分享，读者可以一窥腾讯的游戏技术：围绕玩家体验和开发运维成本，对经典技术融会贯通的运用与深度改进，达成整体性方案创新；从标准、工具、工作流三方面着手，实现内容的工业化量产；对前沿技术进行扎实的落地探索，扩展玩法和表现的边界。

如果你面临和作者同样的情况，可以尝试直接采用书中的方案；如果你对某个类似问题有自己的解决方案或思路，不妨与书中描述的方案进行印证。无论是哪种情况，相信读者朋友都可以从本书中获得一些技术灵感，增强在游戏技术道路上持续迈进的动力。

胡波，腾讯互动娱乐天美工作室群技术副总监

游戏开发领域的精粹类技术书籍，一向有不错的口碑。所谓精粹类的作品，一般是依照主题，将诸多技术材料汇总，这些材料彼此独立，各自解决相关领域的问题。之所以出现如此多的技术文集，究其根源，也许是行业发展太快，有趣的技术点层出不穷，单独的技术不足以集结成册，时效性又非常重要，于是精粹类书籍定期出版，汇总相关资料。

精粹类书籍内容散，但不代表价值低。恰恰相反，这类书籍一直是我们获取游戏研发技术知识的重要途径。最新的研发知识往往类似新闻报纸，虽有时效性，但热门领域层出不穷，沉淀下来的不多；而成熟的研发知识类似经典书籍，时效性稍弱；精粹类的书籍，弥补了两者的不足。类似杂志，精粹类书籍通过专题的形式，兼顾时效和深度，可在其中看见前沿的技术，也可看见经典技术的创新应用方法，这能帮我们补上研发知识拼图的重要一片。

游戏研发领域众多，要深入学习，精粹类书籍往往可以帮助大家开阔视野，启发思路，打通关键难点。《腾讯游戏开发精粹III》作为精粹类书籍的代表，汇总了腾讯内部游戏研发的经验和最佳实践，更贴合国内的游戏市场现状，为研发人员提供更多视角，解决研发中的问题。希望你也能和我一样，喜欢本书。

顾煜，曾任腾讯互动娱乐 NExT Studios 副总经理

本书沉淀了腾讯多位技术专家在游戏研发方面的一些最新实践，是真实游戏项目中第一手开发经验的总结，内容丰富，实战性强，希望无论是新手还是资深开发者，都能从中得到启发和灵感。

《腾讯游戏开发精粹 III》是系列图书的最新续作，本书内容丰富，涵盖了游戏研发的多个方面，既有客户端引擎和渲染相关的解决方案，又包含服务器端和流程工具的实战总结。不仅如此，本书作为游戏资深从业者第一手开发经验的总结，相关技术方案都来自真实游戏项目的实践，实战性很强。总的来说，本书可以成为游戏技术从业者的宝贵参考，希望无论是新手还是资深开发者，都能有所收获。

王杨军，曾任腾讯互动娱乐研发效能部技术中心副总监

在游戏产业蓬勃发展的当下，我们迎来了"腾讯游戏开发精粹"系列的第三册。作为该系列的续作，本书秉承前作开放、实用的主旨，邀请腾讯游戏多位一线开发者，结合实际开发项目，与广大游戏开发者分享更多具有技术价值和前沿趋势的开发经验，为读者呈现一份内容丰富且实用性强的研发宝典。

游戏研发既涉及内容创意，又包括资源生产和技术开发。为了高效实现游戏内容创意，我们需要强大且高效的工具和流程管线，以支持游戏创作者快速、有效、低成本地尝试不同的设计想法，缩短从概念到实现、验证、反馈以及再次创作的循环通路，使创作者能够更好地发挥创意，专注于内容创意的本质。这不仅有助于提高整体创作效率，还能为游戏带来更丰富、更具吸引力的内容体验。

为了优化游戏资源生产，提高效率与品质，我们需要采用标准化、流程化和自动化的生产管线，这离不开相应制作技术的开发与创新。改进制作技术，可以提高资源生产效率并提升资源制作质量。这样一来，开发团队能在更短的时间内产出更高品质的游戏资源，从而为玩家带来更优质的游戏体验。

在游戏技术开发中，积累丰富的实践经验至关重要。面对不断变化的玩家需求和市场趋势，具备丰富经验的开发者能够迅速应对挑战，寻找最佳解决方案。这种经验的积累不仅有助于提升个人技能，还能为整个团队和项目带来巨大价值。

作为"腾讯游戏开发精粹"系列图书的第三册，本书汇集了腾讯游戏一线开发者在实践过程中针对前述问题的有效答案，涵盖了游戏客户端研发技术、游戏后台研发技术以及游戏引擎开发技术等方面的理论和实际研发经验，旨在与广大游戏开发者分享实用、前沿的开发经验。通过阅读本书，读者能更好地理解游戏开发的全貌，掌握关键技术，并在实际工作中运用所学，实现更高效、更优质的游戏开发。

在此，我们衷心感谢每一位作者，正是他们的专业知识和丰富经验为本书的内容奠定了坚实基础，为广大读者带来了宝贵的技术分享和启示。我们同样要感谢参与本书制作的编写团队成员，他们投入了大量时间和精力，对每个章节进行了仔细的审核和修改。我们期待作者的这些分享和启示能够在实际开发工作中助力读者，为大家提供新的视角，激发创新思维，推动新技术的尝试，为游戏研发领域注入持续的活力。

最后，我们希望"腾讯游戏开发精粹"系列图书能成为每位读者在游戏开发历程中的良师益友，陪伴大家走得更远，共同实现梦想和抱负。同时，欢迎广大读者给予反馈，帮助我们不断改进和提升本系列图书的品质。期待与大家续篇再会。

——WEI NAN 《腾讯游戏开发精粹Ⅲ》主编、
曾任腾讯互动娱乐天美工作室群引擎技术副总监

读者服务

微信扫码回复：48940

- 获取本书配套资源 [1]
- 加入本书读者交流群，与作者互动
- 获取［百场业界大咖直播合集］（持续更新），仅需 1 元

---

1 为了便于读者更好地利用参考文献及本书中的其他学习资料，我们将这些内容的电子版放在网上，以便读者下载。微信扫描上面或本书封底的二维码，回复 48940，可获取本书相关的学习资料。

适用于 MOBA 游戏的帧同步移动预表现方案

在竞技类型的游戏中，弱网下的操作响应及时性在相当大的程度上决定了玩家的游戏体验，客户端基于玩家操作的预表现技术则常用于减少操作反馈延迟、优化手感。本章将介绍一种适用于 MOBA 游戏的帧同步移动预表现方案，它使得角色能够立即响应玩家的移动操作，并兼容处理了技能衔接、转向、阻挡、动画及渲染位置准确性等技术问题。

1.1 网络游戏的客户端预表现技术

绝大多数的网络游戏，总会将服务器作为各客户端间交互通信的权威中转站和裁决者，玩家的操作指令总要经过服务器的中转，直到接收到服务器的下行数据后才能真正执行游戏逻辑、更新画面表现。这段网络通信的时间，导致从玩家发起操作到看到画面展示出相应的操作表现之间存在一段显示延迟。显示延迟超过一定阈值后，玩家的操作将不能得到即时的表现反馈，会有明显的延迟感受。特别是移动端游戏，常常运行在不稳定的网络下，延迟和抖动现象较严重，玩家的操作手感和游戏体验都会受到很大影响。

为了优化高延迟网络下的游戏操作和表现延迟，客户端预表现技术应运而生。其主要策略是：在游戏操作发出时，由客户端在本地立即处理，先行执行和展示一些画面表现，而不必等到服务器确认下发。这样，在玩家按键操作的同时，游戏画面就能立即更新、展现部分操作表现反馈，玩家的操作手感得到明显提升。

例如，对于玩家的移动操作，在高延迟网络下，玩家原本需要等待服务器下行回包后才能看到角色播放奔跑动画、移动位置，在停止操作后角色还会继续运动一段时间才能停止。这样，玩家的操作不能及时得到响应和确认，游戏体验较差。预表现技术尝试消除网络通信造成的显示延迟，实现操控立即反馈的顺畅体验，即在玩家操控摇杆时立即移动角色，松开摇杆时角色也随之停止运动，使得玩家的操作能立刻在画面上呈现。

客户端预表现技术可以在相当大的程度上消除网络通信造成的操作反馈滞后延迟，对于弱网下的游戏体验和操作手感提升明显，因而得到越来越多的应用和发展。但现有的大部分客户端预表现技术依赖基于 C/S 架构的状态同步模式实现，基于帧同步模式的网络游戏鲜少应用。特别是对于 MOBA 类型的游戏，由于以下困难，尚未有可靠、成熟的移动预表现方案实现：（1）技能、普攻与移动的衔接机制复杂，在预表现移动下难以还原玩家的真实操作手感。（2）角色移动、墙体阻挡和技能位移逻辑复杂，耦合度高，难以保证画面位置与真实逻辑位置的偏差可控。

本章将介绍一种应用于 MOBA 类型的帧同步游戏的客户端移动预表现方案。此方案基于逻辑与渲染表现分离的框架，实现了主控角色移动操作的实时响应和画面反馈，经过调整也可适用于其他帧同步类型的网络游戏。

此方案通过处理预表现移动与技能施法的操作衔接、兼容墙体阻挡机制，保证了玩家的移动与技能连招操作的手感，以及表现状态与真实逻辑的近似一致性。本方案的主要技术模块包括：预表现移动实现，基于帧命令队列对照的逻辑移动预测与位置修正，移动、普攻、技能间的逻辑衔接与表现处理，墙体和动态阻挡的计算，以及操作手感的指标评价。

1.2　帧同步及客户端预表现原理

客户端预表现方案的实质是在网络通信确认前，在本地提前进行游戏状态的模拟展示，其实现与游戏的网络同步特性关系密切。因此，本节将先介绍帧同步及客户端预表现的基本原理和典型流程。

1.2.1　帧同步的原理与流程

最常见的网络游戏同步模式为基于 C/S 架构的状态同步模式。在此模式下，客户端将玩家操作请求上报到服务器，由服务器对玩家操作进行计算模拟，并向各客户端下发其需要的游戏状态数据；客户端依据收到的数据结果进行画面展示。

帧同步（lockstep）模式有别于基于 C/S 架构的状态同步，服务器和客户端约定将游戏逻辑时间拆分为一段段时长相同的时间片，每个时间片称为一帧（frame）。客户端将玩家操作即时发送到服务器，但服务器不进行逻辑计算，而是定期将所有玩家此段时间内的上行操作打包汇总，在每一帧结束时广播到所有客户端。各客户端定期从服务器接收所有玩家操作，在本地独立地计算所有游戏逻辑并展示。帧同步模式要求各客户端采用完全相同的计算逻辑，并且在每帧从服务器接收完全相同的输入，因此所有客户端在相同的逻辑帧时间会得到完全相同的游戏逻辑结果。

帧同步模式相较于状态同步模式，具有一致性和实时性高、开发效率高、同步数据量小等优势，因而成为 MOBA、RTS 等类型的游戏首选的网络同步方案。

一个典型的帧同步流程如图 1.1 所示。

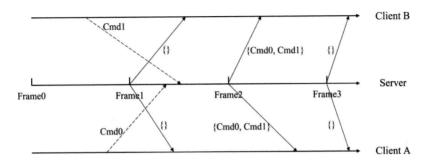

图 1.1　帧同步原理示意

在第 1 帧时间内，服务器未接收到客户端的上行指令，于是在结束时向客户端下发空帧作为第 1 帧下行帧命令，客户端 A、B 接收到此帧命令后，在本地将游戏逻辑推进到第 1 帧。同时，客户端 A、B 在第 1 帧时间内分别记录到玩家操作 Cmd0、Cmd1，并立即将其发送到服务器。由于网络延迟，服务器在第 2 帧时间内接收到这两个操作指令，并在第 2 帧结束时将它们打包为帧命令并发送到客户端。客户端接收到相同的第 2 帧下行帧命令，分别独立地执行玩家操作和相应的逻辑运算，得到相同的第 2 帧逻辑状态。

1.2.2　逻辑与表现分离

在帧同步模式下，客户端的游戏逻辑更新依赖于服务器定期下发的帧命令驱动。对于 MOBA 类型的游戏，在收到服务器下行帧命令后，客户端立即推进游戏逻辑更新，以保证游戏推进和操作反馈的及时性。而在网络抖动下，客户端接收的帧命令在时间间隔上是不均匀的，游戏逻辑的更新间隔也相应地存在抖动。如果客户端画面完全按照游戏单位的逻辑状态进行渲染，则由于游戏逻辑更新的不均匀，会出现角色位置跳变、抖动、转向和动画卡顿等问题。此外，在这种方式下，客户端提高渲染帧率时也因为受到固定的帧命令广播频率限制，无法有效地提升画面品质。

为此，本节介绍一种适用于帧同步模式的逻辑与表现分离的方案。此方案能够在帧命令更新间隔不均匀的情况下，保证渲染画面的流畅与平滑。

MOBA类游戏需要向玩家呈现视野、阻挡、单位等大量战场信息，通常采用范围较大的第三方鸟瞰视角，画面中的角色模型较小、细节也偏少，玩家对于角色的画面位置、动画、碰撞等信息存在一定的误差容忍度。因此，角色的画面信息展现可以与真实的逻辑状态略有差异，并不影响玩家的战斗打击体验。

因此，此方案下的所有游戏单位均维护两种位置信息——逻辑位置与渲染位置。此处的位置信息不仅包括角色单位的坐标，还包括朝向、动画状态等其他画面展示所需的信息。

具体而言，逻辑位置由服务器下行帧命令驱动，在接收到服务器下行帧命令时立即由游戏逻辑推进更新；其结果同时也用于游戏逻辑计算，对于所有客户端是完全一致的。渲染位置一般在游戏画面渲染更新时参照渲染的间隔时间及单位的速度、朝向等逻辑运动状态进行计算，计算结果也仅用于本客户端的画面渲染，实质是对逻辑位置的一种插值平滑。

图 1.2 以角色匀速移动过程为例，展示了单位逻辑位置和渲染位置的更新流程。L_i代表第 i 次帧逻辑更新后的逻辑位置（$i = 0,1,2$），Δ表示固定的逻辑帧更新间隔时间，R_j和δ_j分别代表第 i 次渲染画面更新后的渲染位置和渲染更新间隔（$j = 0,1,\cdots,3$）。T_i和t_i分别代表第i次逻辑/渲染更新的时刻。圆形和三角形图标则标识了单位各时刻的渲染位置与逻辑位置。

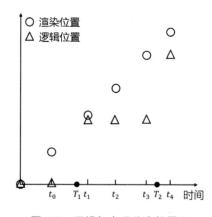

图 1.2　逻辑与表现分离的原理

在初始时刻，角色的渲染位置 R_0 与逻辑位置 L_0 一致。在第一次画面更新 t_0 时刻，由于尚未收到服务器的下行帧命令，所以逻辑位置 L_0 并未发生变化；而渲染位置则按运动公式计算，向前移动了距离 $d_1 = v \cdot \delta_1$。随后，服务器第 1 帧下行帧命令在 T_1 时刻送达，客户端立即推进游戏逻辑，使得逻辑位置移动了 $D_1 = v \cdot \Delta$。在接下来的一段时间，可能由于网络抖动的缘故，客户端未收到帧命令，游戏逻辑未能推进、逻辑位置将保持不变。同时，在 t_2、t_3 时刻，游戏画面正常更新，渲染位置继续前进，两者的差距逐渐拉大。在 T_2 时刻，客户端收到了第 2 帧下行帧命令，逻辑位置得以向前推进。到 t_4 时刻，画面再一次更新，渲染位置和逻辑位置又变得较为接近了。

从客户端渲染更新时间的视角观察单位的位置变化，可以看到，由于网络抖动和渲染更新频率的不匹配，对于较均匀的渲染更新，角色逻辑位置的变化存在明显的抖动和不平滑，但画面呈现的渲染位置则是平滑连续变化的。这样，逻辑位置与表现位置分离的设计极大优化了网络抖动造成的角色位置变化卡顿，也为客户端采用更高的渲染帧率进一步平滑画面表现提供了可能。

除了移动，转向、技能位移等其他位置变化情况，也可用类似的渲染层平滑插值处理来平滑画面显示。此外，为了保证画面显示的准确性，通常需要在渲染位置与逻辑位置偏差过大时，对渲染位置进行额外修正。例如，在渲染位置与逻辑位置间插值得到修正后的渲染位置，降低渲染更新计算使用的移动速度可使渲染位置变动更小，或停止渲染位置的更新甚至直接拉回到角色逻辑位置等。不同类型的游戏应依据自身特性和设计要求合理选取适宜的修正策略。

本方案在实现时进一步分离了表现层和逻辑层的代码。所有画面更新需要的单位额外维护一份自己的表现层对象及相应的计算逻辑，并与逻辑对象对应。表现层仅从逻辑层获取必要的计算数据，而不修改任何逻辑数据和状态。这样，允许表现层考虑网络、玩家操作及其他非逻辑因素实现与逻辑层区别较大的位置计算和修正策略，从而更好地平滑游戏画面表现；同时，也能有效避免游戏不同步的风险。

1.2.3　客户端预表现基本流程

在网络游戏中，为了降低延迟对玩家操作手感的影响，客户端预表现是一种常用的技术，大体上可以分为逻辑层预测和表现层预测两大类。

逻辑层预测会预测服务器下行命令的输入数据，直接推动客户端本地逻辑层的状态更新，通常应用于状态同步的网络同步模式。为了修正客户端本地的预测误差，一种常见的策略是预测和回滚相结合。客户端直接预测逻辑层的输入，开始推进游戏状态，在每次接收到服务器下行的逻辑层输入时根据逻辑层状态对预测状态进行确认，若预测误差过大则将游戏状态回滚，执行服务器的逻辑层输入后，重新预表现到当前时刻。这样的策略通常会导致客户端本地的逻辑层数据产生跳变，需要结合表现层插值、帧缓冲等技术来消除跳变的影响；同时还需要保存客户端的中间状态的大量数据，用于回滚，每个逻辑帧都可能需要重新预表现，因而导致消耗大量的 CPU 算力，在帧同步的模式下难以应用到移动设备上。表现层预测基于逻辑与渲染分离的框架，根据客户端的 UI 输入，在表现层推动游戏的状态，其特点是不影响客户端逻辑层同步数据，更适合帧同步的模式。

本方案采用的是表现层预测的策略，典型的客户端表现层预表现流程如图 1.3 所示。

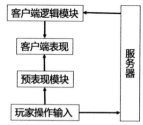

图 1.3　客户端表现层预表现流程

玩家的操作输入在上行发送给服务器的同时，同步到预表现模块；预表现模块经计算后，立即在本地执行部分状态表现。另一方面，在经过一段网络延迟后，最初的操作输入经服务器确认下发到客户端，由客户端逻辑模块更新逻辑数据和状态；此时，逻辑模块也需要驱动客户端表现层执行相应的表现。

可见，客户端画面表现同时受预表现模块和逻辑数据更新的驱动，预表现驱动更及时，但可能与逻辑数据更新的结果不一致。逻辑数据驱动更准确真实，但可能已被预表现模块执行完成。如何合理分配预表现驱动的表现状态，并在预表现与逻辑结果发生冲突时将画面表现不明显地修正到真实情况，是预表现技术的重点。

1.3　帧同步下的移动预表现实现方案

本方案采用了帧同步游戏中常见的表现和逻辑分层的框架，在本地客户端的表现层对主控角色的移动操作进行预表现，不对任何客户端的逻辑状态造成影响。本方案整体的工作流程如图 1.4 所示，后续的章节会对其中的关键流程进行详细阐述。本方案后续配图中的红底白字框代表逻辑层，绿底黑字框代表渲染层，白底黑字框代表用户操作输入。

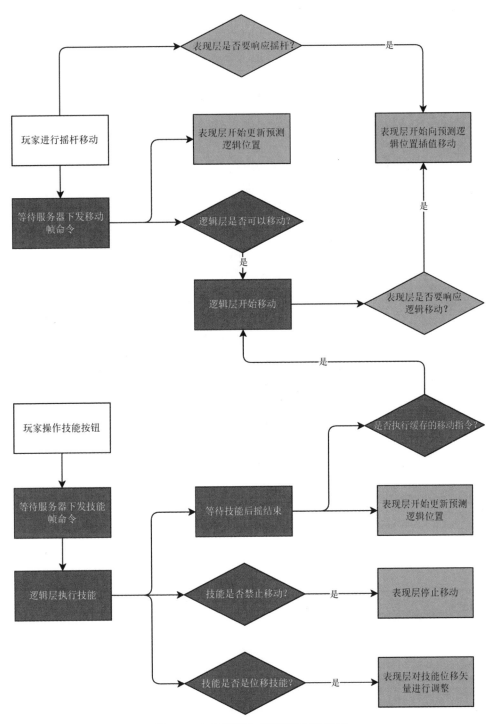

图 1.4　本方案的移动预表现工作流程

1.3.1　预测移动的基本表现要素

游戏中角色的移动表现至少由三个要素组成：角色位置的平移、角色朝向的旋转和角色的动画展示。通过将 UI 层摇杆的角度映射到场景中的 XZ 平面上，可以计算得到主控角色的移动方向单位向量和角色旋转的目标朝向。在动画方面，一般至少需要"Run"和"Idle"两种动画，分别负责角色在奔跑和静止状态下的表现。

在玩家操控摇杆移动时，除向服务器传递帧命令，本方案会额外将数据传递到表现层，设置表现层的移动朝向等数据。在画面更新时，表现层立即根据当前的移动朝向和速度，模拟主控角色的运动、转向并更新画面位置；当玩家松开摇杆停止移动时，除通知服务器，本方案会立即通知表现层，在下一帧更新时停止主控角色的画面位置移动。这样，本方案可以做到对玩家的移动操控在画面表现上得到立即响应，从而在高延迟网络环境下优化操控手感和游戏体验。

在理想情况下，玩家仅操控角色进行移动操作且上行命令没有丢包，逻辑层和表现层会执行相同的移动指令，仅仅由于网络延迟导致逻辑层的移动晚于表现层移动，但最终移动位置结果一致，画面表现也是准确的。

1.3.2　移动预表现与技能衔接处理

然而实际的对局场景比理想情况要复杂得多，MOBA 类游戏的一大核心乐趣就是复杂的技能连招释放机制，技能和移动的衔接是非常高频的操作。当移动和技能状态切换时，如何保证角色位置和动画的平滑过渡是移动预表现方案必须考虑的问题。图 1.5 所示的是常见的技能与移动衔接的场景，图中白色方框为角色当前时刻的逻辑层位置。下面将进一步阐述图中各场景的处理方案，需要注意本章中的技能本身都是没有预表现机制的，技能的表现完全由逻辑层驱动。

图 1.5　预表现移动与技能衔接示意图

1.3.2.1　响应逻辑信号停止预表现移动

第一种场景是在移动过程中使用主动技能或者受到 DeBuff 技能的影响，角色移动被技能打断，转而执行对应技能的逻辑和表现，如图 1.5{*a*}所示。在这种情况下，需要响应技能在逻辑层产生的特定信号，比如"停止移动"。然而某些逻辑层的信号可能是非常通用的，游戏中的技能、蓝图、帧命令可能都会执行同一段代码产生相同的逻辑信号，因此需要在代码中筛选出产生特定逻辑信号的技能。一种常见的做法是为所有的技能逻辑更新提供统一的入口函数，在入口函数中记录当前技能。注意，某些主动技能在执行过程中可能嵌套产生新的带有控制效果的 DeBuff 技能，比如角色 A 使用主动技能命中角色 B，对 B 产生了眩晕的 DeBuff 效果。因此在入口函数中需要使用一个栈来记录，每个技能逻辑更新开始时将技能压栈，逻辑更新结束时出栈，栈顶就表示当前正在执行逻辑功能的技能。

具体到移动预表现方案，我们主要需要监听两种逻辑信号："停止移动"，表示停止当前正在进行的移动；"禁止移动状态"，表示逻辑层不再响应后续的移动帧命令。在移动预表现过程中，当收到技能在逻辑层产生的"停止移动"信号时，立即停止对移动的预表现，但此时不要主动播放"Idle"动画，因为逻辑层没有"Idle"动画的事件而是直接过渡到技能动画；当收到"禁止移动状态"信号后，用户的摇杆操作将不再被预表现功能响应，直到"禁止移动状态"被解除。基于这两种信号，就可以完成从预表现移动到技能的过渡。

1.3.2.2　位移技能的表现层插值调整

第二种场景是技能打断移动预表现之后，技能对客户端主控角色进行了位移操作，如图 1.5{b}所示。通常而言，由于具有位移操作的技能，玩家对表现位置精确性的要求相较移动更高，因此本方案在位移结束时进行一次表现位置校正，将角色表现层位置同步到逻辑层。然而，当角色由预表现移动状态进入技能状态时，由于网络延迟的存在，角色的表现层位置和逻辑层位置通常是有较大差异的。之后，如果表现层和逻辑层保持同样的方向和速度进行插值位移，在位移结束同步表现位置时主控角色会发生瞬移，产生剧烈的画面抖动，这会影响玩家的技能体验。因此必须对技能位移过程中表现层的插值移动方向和速度进行微调，如图 1.6 所示。在位移开始时，根据逻辑层位移的终点和表现层的起点，可以计算出表现层插值位移的方向和距离。同时根据逻辑层位移的距离，可以计算出表现层位移相对逻辑层的速度比值。通过以上调整，在逻辑层位移结束时，表现层也几乎位移到了逻辑层终点，避免了角色远距离瞬移的发生，保证了位移技能的平滑表现。

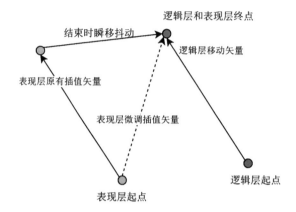

图 1.6 位移技能插值调整示意图

1.3.2.3 从技能后摇恢复预表现移动

第三种场景是从技能后摇阶段恢复移动预表现状态，如图 1.5{*c*}所示。在 MOBA 类游戏中，技能通常需要执行多种逻辑功能，例如发射子弹、产生 Buff、造成伤害等。当技能执行完所有的逻辑功能后就会进入后摇阶段，这个阶段的技能通常只执行一些动画和特效的表现，玩家可以用移动或者其他的技能去打断当前技能的后摇，从而更快地进行下一步操作，MOBA 类游戏中常见的"走 A"就是利用这个原理实现的。

当角色的"禁止移动状态"被解除，技能进入后摇阶段之后，即使玩家滑动了摇杆，也不能立即开始移动预表现。这是由于技能没有预表现机制，表现层要停止技能的动画和特效必须停止对应的逻辑层功能，这是不被允许的。因此，必须等到客户端收到服务器下行的移动帧命令后，由逻辑层的移动指令打断技能后摇。此时移动预表现组件监听到对应的逻辑事件后重新开始进入预表现状态。

1.3.3 预测位置的修正

移动预表现是对主控角色移动状态的一种预测，在复杂的网络环境和游戏机制的相互作用下，预测的误差是难以避免的。从经验上说，在角色位置、朝向和动画状态三个表现要素中，误差最大、对玩家手感影响最大的方面是角色位置。产生误差的原因主要有以下三点。

- 移动与技能衔接：MOBA 类游戏中的许多技能在使用过程中会禁止角色进行移动。如图 1.8 所示，由于技能没有预表现机制，在预表现移动过程中按下技能按钮，技能逻辑会经过网络延迟的时间才会执行。因此在技能的"禁止移动状态"中，表现层和逻辑层被禁止响应的移动操作可能是不同的。反言之，在整个移动和技能衔接的过程中，被预表现执行的移动操作和逻辑层执行的移动操作也是不同的。

- 表现帧率和逻辑帧率不同：对帧同步游戏而言，逻辑帧的更新间隔是固定的，假设逻辑帧率为每秒 15 帧，不论当前客户端的表现帧率如何变动，其更新间隔为固定的 66 毫秒。而表现帧率在不同游戏场景和不同时刻都是不固定的，即使玩家不进行任何操作，表现帧率也会有波动。同时由于网络的波动，每个逻辑帧对应的表现帧更新次数也是不固定的。这导致了同一个逻辑帧对应的所有表现帧累计的更新间隔不是 66 毫秒，在相同的移动速度下，角色在表现层和逻辑层的位移距离是不一样的。

- 网络丢包：丢包是网络通信过程中的常见问题，对帧同步游戏而言，为了保证不同客户端收到的服务器帧命令的一致性，通常会有一套重传机制保证服务器到客户端的下行传输总是可靠的。然而从客户端到服务器的上行传输不具备这样的特点，上行丢包会导致玩家的移动操作可能不会被服务器收到，也不会在客户端执行对应的逻辑功能。

通常的移动预表现方案会在角色表现层和逻辑层位置差异超过某个阈值时，将角色的表现层位置向逻辑层位置插值移动，从而减少表现层位置和逻辑层位置间的误差。由于插值移动的方向和玩家摇杆移动的方向通常是不同的，所以会对玩家的移动手感造成影响，表现层位置和逻辑层位置的偏移越大，对移动手感造成的影响就越大。在某一时刻，表现层位置和逻辑层位置间的偏移通常由两部分构成：一是由于网络延迟造成的逻辑层位置天然落后于表现层位置的偏移，我们称之为延迟偏移；二是由于移动预表现功能预测误差造成的偏移，我们称之为预测偏移。延迟偏移主要受到网络延迟和角色的移动速度影响，即使预表现预测的移动完全正确，也无法避免；而延迟偏移本身会在经过网络延迟的时间后自然消失，因此将其加入表现层插值移动的计算过程中是没有必要的。

为了消除插值移动过程中延迟偏移对手感的影响，本方案不使用当前时刻角色的逻辑层位置作为插值移动的目标，而是在表现层额外维护一个角色位置，称之为预测逻辑位置，如图 1.7 中角色脚下的方框所示。预测逻辑位置表示当前时刻所有的摇杆产生的移动帧命令在逻辑层收到后，逻辑层应该到达的位置。当玩家操作摇杆时，如果角色当前可以移动，预测逻辑位置会立即根据摇杆对应的朝向开始移动，从而避免延迟偏移的产生；当逻辑层收到移动帧命令或者使用技能后，预测逻辑位置会立即根据逻辑层位置进行修正，从而减少预测偏移。在每次表现层位置的更新过程中，结合当前的摇杆方向，不断朝着预测逻辑位置插值移动，当经过一定的插值时间后，最终表现层和逻辑层移动的结果应当是一致的。

图 1.7 预测逻辑位置示意

1.3.3.1 根据技能状态修正预测表现位置

对于前文中描述的由移动与技能衔接产生的误差，本方案提供了一种方法，在技能的禁止移动状态结束时对预测逻辑位置立即进行修正。在图 1.8 中，逻辑层的最终位置P_{end}满足：

$$P_{end} = P_{start} + X_{skill} + X_{undone}$$

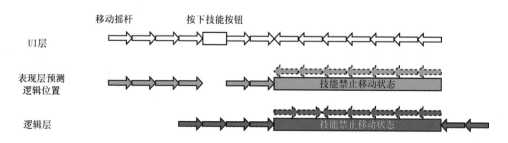

图 1.8 技能衔接预测误差示意图

其中，P_{start}表示"禁止移动状态"开始时刻的逻辑层位置，为已知的变量；X_{skill}为技能本身在逻辑层产生的位移，为已知的变量；X_{undone}表示技能的"禁止移动状态"结束后逻辑层还没有执行的移动位移，对应图 1.8 中最后的两个红色箭头，此时是未知的变量，无法计算。而在没有技能使用也没有其他误差的理想情况下，逻辑层的移动帧命令产生的位移应当和表现层的预测逻辑位置通过摇杆产生的位移相等，因此有：

$$P_{\text{start}} + X_{\text{forbid}} + X_{\text{undone}} = \hat{P}_{\text{start}} + \hat{X}_{\text{forbid}}$$

其中，$\hat{P}_{\text{start}}$ 表示"禁止移动状态"开始时刻的表现层的预测逻辑位置，为已知的变量；X_{forbid} 和 $\hat{X}_{\text{forbid}}$ 分别表示逻辑层和表现层由于"禁止移动状态"而没能执行的位移，分别对应图 1.8 中的红色虚线箭头和绿色虚线箭头，可以在逻辑帧和表现帧更新时根据各自的移动方向计算更新。联立以上两个公式可以得到：

$$P_{\text{end}} = \hat{P}_{\text{start}} + \hat{X}_{\text{forbid}} - X_{\text{forbid}} + X_{\text{skill}}$$

此时的 P_{end} 就是在技能的"禁止移动状态"结束时刻修正后的预测逻辑位置。

1.3.3.2　根据逻辑层帧命令修正预测表现位置

对于更一般的情况，本方案使用了回滚的策略，利用逻辑层接收到的帧命令对预测逻辑位置进行修正。虽然在前文中我们明确了帧同步游戏不适合回滚所有的中间状态，但是仅回滚角色的位置信息是可行的。一方面，保存角色的位置信息需要的数据量较小；另一方面，仅修正角色的位置信息不需要将中间的计算过程都重新执行，在不考虑碰撞的情况下只需将终点的位置平移到修正后的位置即可。对于任意一次 UI 层的摇杆移动操作，要么被下一次摇杆移动操作替代，要么被松开摇杆的操作停止，对应到逻辑层的帧驱动移动命令也是如此。因此，可以用摇杆移动操作对游戏的对局过程进行划分，每一个摇杆操作停止执行时，都记录当时的预测逻辑位置用于回滚，如图 1.9 所示。

图 1.9　预测逻辑位置队列

令记录的预测逻辑位置队列为 $\hat{P} = \{\hat{P}_1, \hat{P}_2, \hat{P}_3, \hat{P}_4\}$，每当摇杆移动操作对应的逻辑层移动帧命令停止生效时，对 $\hat{P}$ 记录的预测逻辑位置进行修正，如图 1.10 所示。摇杆 1 对应的移动帧命令结束时，逻辑层的位置为 P_1，可以计算出我们对 $\hat{P}_1$ 的预测误差矢量为 $P_1 - \hat{P}_1$。此时从队列中删除 $\hat{P}_1$，将剩余记录的预测逻辑位置都平移 $P_1 - \hat{P}_1$，完成一次修正。利用逻辑层移动帧命令不断地对预测逻辑位置进行修正，可以保证最终预测逻辑位置的正确性。

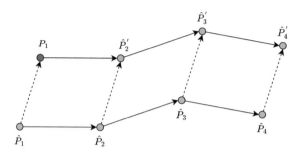

图 1.10　帧命令修正预测逻辑位置

1.3.4　墙体和动态阻挡

场景内的墙体阻挡及其对角色移动的限制是 MOBA 类游戏的核心机制和体验之一。阻挡的几何形状及与移动、技能的交互逻辑通常都较为复杂，部分玩法和英雄技能还允许玩家实时创建多种类型的动态阻挡；因此，在预表现计算中也需要正确处理阻挡交互逻辑。

本方案在实现时借鉴 ECS（Entity Component System）思想[1]，抽象出专门的物理层组件对象 Entity，作为游戏角色（Actor）持有的组件（Component）；Entity 维护角色的位置、形状、移动类型等与移动、阻挡相关的数据信息，并负责处理角色的所有移动、碰撞逻辑。Actor 的其他逻辑组件均借助 Entity 进行移动阻挡的计算，本身不再维护任何移动数据及状态。

同时，本方案将 Entity 的移动、阻挡逻辑归纳为一系列无数据状态的游戏系统（System）调用，如寻路移动、墙体检测等。这些系统本身不存储任何数据状态，在计算调用中不会影响和修改任何其他的逻辑数据，而是返回计算结果供调用方自行修改逻辑数据。

以角色的方向移动为例，调用方提供角色的移动朝向、距离、当前位置等数据，由寻路移动系统依据导航网格和阻挡计算出移动终点、朝向等信息作为结果数据返回。调用方接收到返回结果后，依据其他逻辑条件，执行角色坐标设置等逻辑修改。其代码调用流程大致如下：

```
//调用方准备移动的相关数据
MoveInfo info(entity->GetLocation(), moveDir, moveDistance);
//UtilitySystem 的所有计算不会修改任何逻辑数据
MoveResult result = PathMoveUtility::Move(entity, info);
//根据 UtilitySystem 的计算结果，调用方执行相应逻辑修改
if (result.success)
{
    entity->SetLocation(result.pos);
    if (entity->CanRotate())
```

```
    {
        entity->SetForward(result.dir);
    }
}
```

这样，预表现更新和游戏逻辑更新可以执行完全相同的计算逻辑，从而尽可能避免两者预测结果的偏差，同时不会有帧同步模式下各客户端逻辑不同步的风险。

当然，由于操作命令延迟和丢包、渲染更新与逻辑更新间隔不同等原因，预表现与游戏逻辑模拟结果总会有有偏差的时候。大部分偏差可由前述的位置修正策略逐步调整，但对于影响后续移动计算的关键错误，需要定期检测并在确认时立刻将表现位置同步到预测的最终逻辑位置；例如，预表现正常移动但实际逻辑执行时因产生动态阻挡而导致移动被卡住或变向。

1.4　移动手感指标与实验

移动预表现的核心目的是优化游戏在较高延迟的网络环境下的移动手感，本方案提出了一种基于表现层移动矢量的指标作为量化移动操控手感的标准的思想，其可适用于多种类型的游戏。

从经验上说，优秀的移动手感至少应当满足两个条件：响应及时，角色移动状态及时响应摇杆状态，拖动摇杆时开始移动，松开摇杆时停止移动；方向、速度合理，角色移动方向要符合玩家的 UI 层输入，角色移动速度要符合局内角色的属性状态。因为在玩家的视角中没有逻辑层的角色状态，所以只有表现层的角色状态才能纳入移动手感的考察范围。

基于以上假设，本方案提出的移动手感指标计算方法如图 1.11 所示。每次表现帧更新时的表现位置起点为 $\hat{P}_{start}$，根据玩家此时的摇杆方向和角色的速度，可以计算出玩家期望移动到的位置 $\hat{P}_{expect}$，而表现帧结束时，角色的表现层实际移

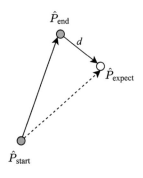

图 1.11　移动表现差计算

动到的位置为 $\widehat{P}_{end}$。移动手感指标的定义为 $d = \left| \widehat{P}_{expect} - \widehat{P}_{end} \right|$，表示角色表现层位置的偏差距离，后文称之为移动表现差。移动表现差越小，表示角色的移动状态越贴合玩家的摇杆操作和角色属性，手感越好。

我们在不同的网络环境下使用相同的角色进行对局，计算了移动表现差，统计了对局中所有表现帧的移动表现差的频率分布直方图（见图 1.12），用于验证本方案对移动手感的提升。在图 1.12 中，移动表现差的单位为毫米，统计的区间为 0～300 毫米，组距为 5 毫米，每个测试用例的信息和移动表现差的平均值见表 1.1，实验中角色的移动速度为 4.3m/s，表现帧率为每秒 60 帧。

表 1.1　实验测试用例的详细信息

直方图编号	网络环境	是否预表现	移动表现差平均值
{a}	正常网络	否	11.7
{b}	上行延迟 200ms	是	11.3
{c}	上行延迟 200ms	否	30.1
{d}	上行延迟 200ms、上行丢包 30%	是	17.0
{e}	上行延迟 200ms、上行丢包 30%	否	33.2

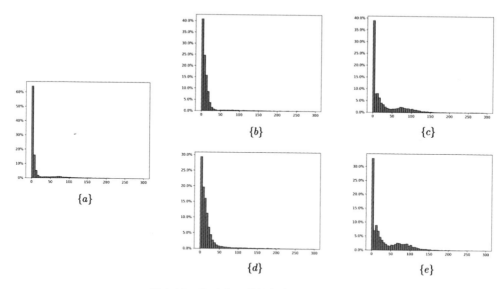

图 1.12　移动表现差的频率直方图汇总

通过图 1.12{a}可以看到，在正常网络情况下，关闭移动预表现功能，使用普通插值移动算法，绝大部分的移动表现差低于 20 毫米，总体的手感非常优秀。此时产生移动表现差的原因主要有两点：第一，关闭预表现功能后，表现层移动方向完全由逻辑层帧命令决定。而逻辑帧率通常低于 UI 输入的帧率，在一个逻辑帧内如果收到多个移动帧命令，只有最后一个帧命令生效，表现层也会沿着最后一个帧命令的方向移动，导致表现层移动和当前时刻的摇杆输入方向不同。第二，在正常网络下，仍然有几十毫秒的网络延迟，同时每次收到下行移动帧命令包后，还要再等到下一次逻辑帧更新才会生效，等待的时间最多有 66 毫秒（逻辑帧率以每秒 15 帧计算）。同时在正常网络下也有偶发的丢包和网络波动，可能产生比较大的移动表现差。

从图 1.12{b} 的结果看，在上行延迟 200ms 的情况下，移动预表现功能从原理上没有网络延迟和帧同步逻辑帧更新间隔的限制，移动表现差的平均值和在正常网络下相当，大幅领先于弱网下的普通插值移动算法（见图 1.12{c}）。从直方图的分布上看，弱网下移动预表现功能的手感也明显优于普通插值移动算法，但对比正常网络的手感仍有差距。在 200ms 上行延迟，并开启移动预表现的情况下，移动表现差主要产生于移动和技能的衔接过程，正如 1.3.3 节中描述的，每次使用技能可能都需要调整预测逻辑位置，这可能导致预测逻辑位置和角色表现层位置的偏移距离变大。因此之后一段时间，在表现层位置向预测逻辑位置插值移动过程中移动表现差会升高，对移动手感有了影响。

从图 1.12{d} 和图 1.12{e} 的结果看，在更极端的弱网环境下，丢包对于移动预表现和普通插值移动算法的手感都有比较大的负面影响，但预表现功能的手感仍然有一定优势。

1.5　总结

本章中的原理分析和实验验证可以表明，在帧同步模式的 MOBA 类游戏中，本章介绍的移动预表现方案对于弱网下游戏角色移动手感是有切实提高的。同时本章介绍的移动预表现方案也和 MOBA 类游戏具体的技能系统实现了解耦，通过监听几个基本的技能逻辑信号，便可以实现移动和技能的过渡，方便应用到不同的游戏项目中，也为后续的 MOBA 类游戏技能预表现提供了继续探索的可能。

基于网格的视野技术方案

视野是竞技类型游戏中最为重要的元素之一，基于网格的视野技术方案适用于 MOBA 类等战场区域固定的游戏。MOBA 类游戏中的视野具有多阵营维度、视野共享、多探索源等特性，并且会频繁查询特定区域和角色的可见性，而网格视野技术方案具有 $O(1)$ 的查询效率、构建快速、内存连续等特点，能很好地适应查询需求，但同时也具有网格数量随精度增长快、网格更新数量多、内存消耗大等问题。本章将围绕 MOBA 类游戏，从原理实现、性能优化两个维度阐述基于网格的视野技术方案并对上述问题进行解决。

实现原理主要包括动静分离的网格计算与渲染迷雾。

- 动静分离（离线部分）。将影响视野的静态物件进行离线计算来提高运行时效率。由于草丛、可阻挡视野的墙体、常驻显隐区域等影响逻辑视野物件的存在，并且它们作为静态物体位置不会发生变化，我们可以离线计算相关信息来大幅减少运行时需要计算的数据量。

- 动静分离（运行时部分）。运行时部分包括动态视野数据的设计、静态数据的使用、动态视野数据的更新，自此实现整个网格视野逻辑层技术方案。

- 渲染迷雾。可视化迷雾能让用户感知具体逻辑视野范围并且更具氛围感。基于网格的视野方案能够方便地生成主控角色视野二值图，再通过插值、场景渲染来实现渲染迷雾。

性能优化主要包括内存与计算性能两方面。

- 内存优化。通过紧凑的数据结构来优化内存，对于无视野阻挡或少视野阻挡的情况，通过合并视场遮罩数据可减少绝大部分内存消耗，使得高精度网格成为可能。

- 计算性能优化。根据不同对象更新频率的需求、运行时静态角色分离及 SIMD 指令集来提升计算效率。

2.1　实现及原理

视野作为 MOBA 类游戏中重要的组成部分,可以帮助玩家获取敌方英雄和目标位置,防止被突袭并提高队伍的战略性。视野也可以用来控制地图上的资源,例如,中立野怪、神符、传送点,通过控制这些资源,玩家可以获得更多的优势,增加获胜的机会。另外,玩家可以通过视野监测敌方行动或者使用假视野来诱导敌方玩家犯错,提前预判并调整战术。总之,视野在 MOBA 类游戏中是至关重要的,它可以帮助玩家获得更多的信息,从而提高战略性和获胜的机会。MOBA 类游戏中的视野往往具有以下性质。

- 阵营共享。在 MOBA 类游戏中,玩家一般以阵营为单位进行战斗,因此视野具有共享性,相同阵营的角色(英雄、小兵、召唤物等)互为探索源,并共享视野信息,如图 2.1 所示。

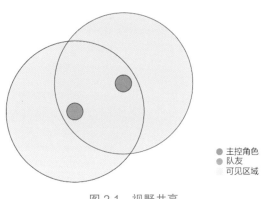

主控角色
队友
可见区域

图 2.1　视野共享

- 查询频繁。由于视野探索源(英雄、小兵、召唤物、具有视野的子弹等)与被探照单位多,并且技能、普攻、AI 索敌等众多机制都较为频繁地需要知道某个目标、位置对于阵营或主控角色是否可见,因此具有查询频繁的特点。
- 视野遮挡。在 MOBA 类游戏中,可以通过草丛、墙体来阻挡视野,如图 2.2 所示,这样能增加游戏的真实感与策略性,同时由于视野范围的限制,使得玩家需要更加小心谨慎地规划自己的行动和战术,增加了游戏的难度。

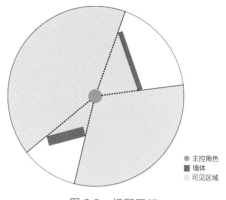

图 2.2　视野阻挡

- 视野残留。角色的可视范围一般为圆形范围，但在 MOBA 类游戏中往往具有视野残留效应。例如，在两个相近点之间快速移动时，原来位置的视野会保留一段时间。因此如果人物匀速移动，那他的实际可视范围由于视野残留效应则是胶囊形的，如图 2.3 所示，虚线区域为从 A 点到 B 点角色的实际残留视野可见范围。

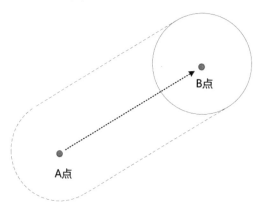

图 2.3　视野残留

　　由于 MOBA 类游戏的场景大小固定，且考虑到上述视野特性，基于网格的视野方案非常适合应用于 MOBA 类游戏中。这个方案不仅能够满足频繁查询的需求（具有 $O(1)$ 的查询复杂度），也无须根据场景动态调整网格大小。

　　本章将从离线、运行时及渲染迷雾三个部分介绍适用于 MOBA 类游戏的网格视野方案基础实现，方案中还涵盖了上述所有 MOBA 类游戏视野特性的实现，整个基础方案的基本框图如图 2.4 所示。

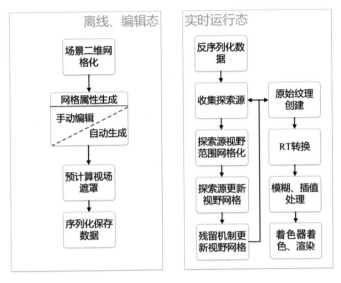

图 2.4　基本框图

2.1.1　离线处理

视野遮挡主要有两种实现方式，一种是，运行时实时射线检测目标与自己之间是否有阻挡，这种方式几乎没有额外的内存消耗，但对于探索源与被探索单位多并且查询频繁的游戏，运算效率较低。另一种则是，预计算了每一个网格与它视野范围内其他网格的可见性，并保存为局部视场（Field Of Vision）来进行快速视线检测（FastLOS，Fast Line-Of-Sight）[1]，这种方式有额外的内存消耗，但基于视场遮罩线性表查询的方式效率高，并且计算量较大的部分能够分离到静态离线处理。离线处理主要是为了减轻运行时计算压力，从而提高游戏帧率（FPS），因此基于局部视场遮罩的方式更适合 MOBA 这类对实时性、爽快性有高要求的游戏。

视野的离线部分主要分为网格属性生成与视场遮罩生成两部分，如图 2.5 所示。首先根据场景大小来二维网格化场景，这一步需要确定单个视野网格边长（GridSize）与网格数量，以此生成覆盖整个场景的视野网格。

需要注意的是，网格边长越小，网格精度就越高，但整个网格与视场遮罩所需的内存就越大，同时视野更新的计算量也就越大。接着需要对每个网格生成其属性，例如，草丛网格、常亮网格、墙体网格等。如图 2.6 所示，黄色的是常亮网格，绿色的为草丛网格，红色的是墙体网格，这些网格描述了场景中具有静态视野属性的区域与物件。

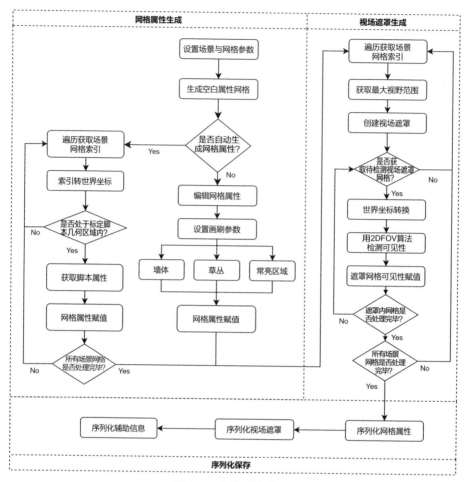

图 2.5　离线计算流程

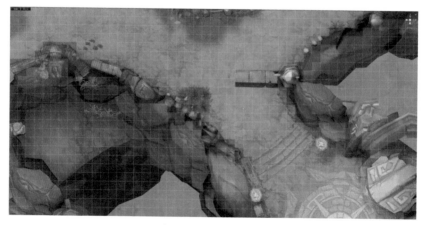

图 2.6　网格属性

可以实现一套属性画刷工具来进行网格属性的编辑。也可以使用标定的方式，赋予标定脚本网格属性并标定一块几何区域，然后根据每个网格与标定几何区域的位置自动对网格属性进行赋值。还可以根据美术资源的网格信息来实现网格属性的自动生成。如图 2.7 所示，左图列举了一套基于 UGUI（Unity GUI）简易的画刷系统来对网格属性进行编辑与修改，右侧两图是一种标定脚本，标定了一块具有草丛属性的区域。

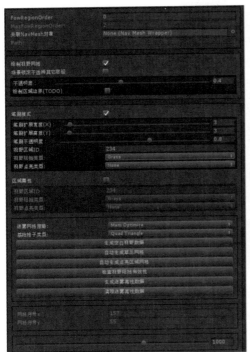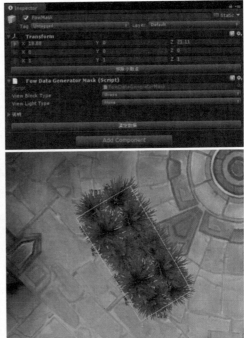

图 2.7　画刷与标定脚本

视场遮罩（视场可见性）表示某个网格在它视野范围内的可见性，它使用 2D 顶视角局部视场算法来进行计算。计算 2D 顶视角局部视场常用的算法有射线投射、阴影投射、菱形算法、松散视野检测等[2][3][4]。计算离线视场遮罩时需要视野范围参数，此参数被认为是对局支持的最大视野范围，一般通过配置进行读取，不能动态增加，否则需要重新进行离线预计算流程。图 2.8 展示了一种基于射线投射方案的改进型视场遮罩，图中以中心网格为角色所在点，白色代表对其可见的网格，黑色代表对其不可见的网格，并且草丛不具有视野遮挡功能，但墙体能够遮挡角色视野。除此之外，视场遮罩的计算也需要处理草丛规则，例如，草丛对非草丛的不可见性、相同草丛可见、不同草丛不可见等规则。如图 2.9 所示，分别表示在草丛外的视场遮罩、在草丛 A 内的视场遮罩、在草丛 B 内的视场遮罩。

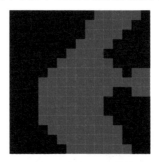

图 2.8　视场遮罩

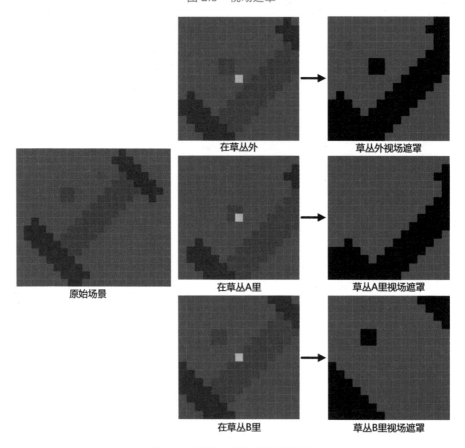

图 2.9　不同规则下的视场遮罩

计算出每个网格的视场遮罩后，需要序列化存储，在运行时反序列化读取使用。文中所述的网格属性与视场遮罩数据均为数组形式，这里使用基于 Unity 引擎实现的自定义序列化器来序列化上述数据，并在逻辑层反序列化使用。

2.1.2　运行时处理

视野的运行时部分需要动态计算以更新阵营网格的可见性，总体来说可以分为探索源收集、根据探索源更新阵营可见性网格、视野残留衰减这几部分。MOBA类游戏多以阵营为单位，并且视野阵营共享，因此视野网格是根据对局阵营数量来创建的。从阵营视角出发，运行时的基本流程如图 2.10 所示，其中阵营可见性网格数组与网格视场遮罩使用了离线流程中序列化后的数据。阵营可见性数组描述了整个场景视野网格对某个阵营的可见性，因此它应和场景视野网格数量一致，阵营视野的更新与维护都是对它进行修改，它是阵营视野共享特性的关键数据，同阵营的角色使用同一份数据，并且角色 A 是否能被阵营 B 看见是根据阵营 B 视野网格数据中是否可见角色 A 的网格坐标所决定的。因此，阵营可见性数组的结构实现了阵营视野共享的特性。

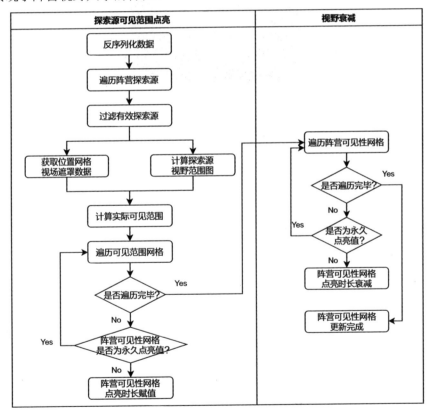

图 2.10　运行时流程图

探索源收集也是以阵营为单位进行的，所谓探索源是指具有视野功能的英雄、小兵、怪物、召唤物、子弹等对象。在更新阵营可见性数组之前需要对阵营有效的探索源进行收集，过滤掉死亡等无法再进行视野探索的对象，当然也可以实现死亡后加入探索源继续探索机制，总之，这一步要根据具体业务需求来进行过滤筛选。

更新目标探索源在阵营可见性数组中的数据时，需要使用探索源的视野范围图。如图 2.11 所示，MOBA 类游戏中的视野范围一般为圆形，浅色区域为探索源可见区域，深色区域为不可见区域，视野范围图描述了探索源的视野大小与可见区域。文中所述的视野范围图是动态生成的，之所以是动态生成的，主要原因是一些技能、关卡机制能够改变探索源的视野范围，例如，致盲技能、视野成长道具等。

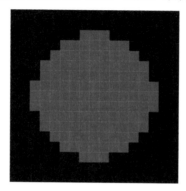

图 2.11　探索范围

阵营可见性数组更新是运行时最为核心的一环，数据的更新也是以阵营为单位的，主要有以下步骤：

（1）依次遍历阵营的每个探索源。

（2）根据探索源所在网格，获取对应网格由预处理阶段生成的视场遮罩。

（3）获取探索源运行时生成的视野范围图。

（4）将视野范围图与视场遮罩进行与运算（AND Operation），求出最终可见性视野范围，如图 2.12 所示。

（5）最后将求出的数据存入阵营视野数组中探索源所在的对应网格位置，从而实现阵营视野可见性数组的更新计算。整个流程的简化代码如下所示：

```
...
Array<uint8> campVisibleArr = GetCampVisibleArr(camp);
Array<ExplorerInfo> campExplorer = GetValideCampExplorer(camp);
for (auto explorer : campExplorer)
{
  Array<uint8> sightRangArr = GetSightRangeArr(explorer.sightRange);
  uint32 gridIndex = TransWorldPosToGridIndex(explorer.worldPosition);
  Array<uint8> filedOfViewArr = GetFOVArr(gridIndex);
  Array<uint8> resultArr = sightRangArr & filedOfViewArr;
  Array<uint32> indexArr = GetNoneZeroBitsIndexArr(resultArr);
  for (uint32 index : indexArr)
```

```
    {
        *(campVisibleArr.data + TransToVisibleIndex(index)) = lightTime;
    }
}
...
```

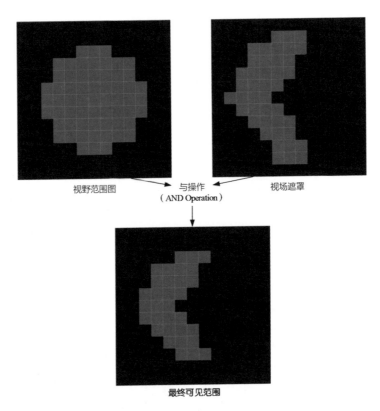

图 2.12   可见视野范围计算

视野计算流程中经常涉及世界场景与视野网格的坐标、索引相互转换的情况。对于连续存储的网格视野方案能够简单快速地进行转换。假设整个视野网格在场景中的起点为 $P\left(o_x, o_y\right)$，网格数量为 $m \times n$，每个网格的边长为 L，那么可以得出以下常用的转换公式。

- 世界坐标 $P(a, b)$ 所在的网格索引 idx:

$$\mathrm{idx} = \lfloor (b - o_y)/L \rfloor \times m + \lfloor (a - o_x)/L \rfloor$$

- 网格索引 idx 转世界坐标 $P(a, b)$:

$$a = (\mathrm{idx} \bmod m) \times L + L/2$$
$$b = (\mathrm{idx} \times L)/m + L/2$$

- 网格索引idx转索引偏移idx_x和idx_y：

$$\text{idx}_x = \text{idx} \bmod m$$
$$\text{idx}_y = \text{idx}/m$$

式中根据世界坐标计算索引偏移时使用了向下取整，在许多编程语言中（如 C#、C++），整型数除法会进行截断从而自动实现正数向下取整。

视野残留是 MOBA 类游戏常用的特性，探索源经过的区域还能短时有效地提供视野，提供视野的能力会随时间缓慢消失。这种机制能够暂时增加已探索区域的确定性，增加特定方向的安全感，也能暴露跟随得过于接近的敌方，从而进一步增加了视野探索、主动获取信息的重要性与对抗多样性。视野残留是通过对阵营可见性数组的衰减来实现的，阵营可见性数组中实际保存的为点亮时长，使用 8 位数据已足够表示残留时长。探索源最终可见视野范围对阵营可见性数组的赋值，其实是刷新可见区域网格所记录的点亮数值，而在主循环中会不断对可见性数组点亮数值进行衰减，对应网格点亮数值衰减至 0 则变为不可见网格，从而实现了视野残留机制。图 2.13 展示了一个在周围没有视野阻挡情况下匀速移动的探索源实际的可见区域，它的实际可见区域是一个胶囊体，剩余视野持续时长用颜色深浅标识，最深处为目前探索源正在点亮的圆形区域，单方向依次递减，如图 2.13 的左图所示，具体网格点亮数据如图 2.13 的右图所示。

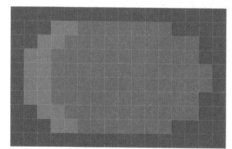 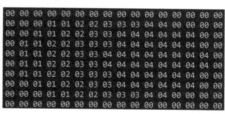

图 2.13　视野残留衰减

2.1.3　渲染迷雾

渲染迷雾能够让玩家清晰地感知己方的具体视野范围，增加了游戏的沉浸感。基于网格的视野方案能够非常方便地实现渲染迷雾，在网格方案中，阵营的视野可见性数组代表了阵营对任意网格的逻辑可见性。而渲染迷雾的可见性源于阵营视野数据，因此首先把需要渲染的阵营可见性数据转为原始纹理，然后通过高斯模糊、均值模糊等模糊处理后形成渲染贴图。不同时间间隔的渲染贴图反映了视野变化，接着根据多张渲染贴图进行插值，形成最终渲染贴图。最终在场景着色器中通过对最终渲染贴图的采样计算实现渲染迷雾。整个过程如图 2.14 所示，由于在网格视野方案中需要长期维护阵营视野数据，因此能够方便地实现渲染迷雾原始纹理的生成。

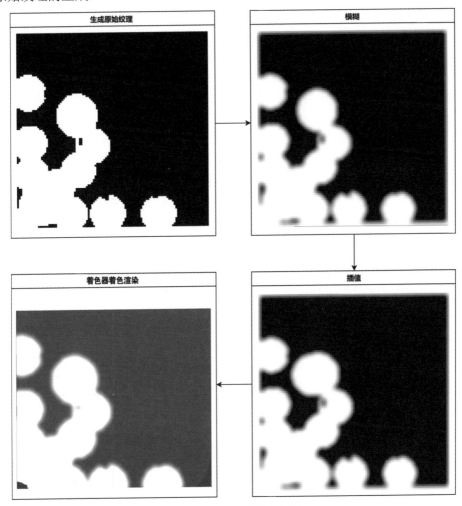

图 2.14　渲染迷雾流程图

2.2　性能优化

网格的视野方案在性能上有一定的局限性，对于尺寸较大的场景或精度较高的网格，由于每个网格需要保存其视场遮罩，因此总体上对内存的占用是很大的。除此之外，由于各个探索源需要更新其阵营可见性数组，因此每个探索源需要对视野范围内的所有网格做处理，在网格精度较高或视野范围较大的情况下，运算性能会受到影响。本节针对网格视野方案从内存和计算性能两方面给出了一些优化方法。

预计算的视场遮罩是内存占用大的主要因素，假设整个场景大小为 120m×120m，网格边长为 1m，单位视野半径为 12m，那么单个视场遮罩需要 25×25 个网格，可算得整个视场遮罩将消耗内存为 120×120×25×25 字节（B），约 8.6MB 内存。但考虑到视场遮罩中的数据只需标识网格是否可见，仅有两种状态，因此可以按位进行压缩存储。按位连续压缩后，整个场景的视场遮罩内存占用约为原来的 1/8。

离线流程对整个场景网格进行了信息编辑，这些信息需要在运行时使用。如果信息内容较多并且将这部分信息直接保存在每一个网格上会产生冗余。从整个场景来看，没有任何信息的空属性网格数量占比最多，具有特殊属性的网格是以区域整体出现的，并且同一个区域内属性相同，因此可以做一个映射使场景网格仅保存简单的区域 ID（AreaID），一般 8 比特长度即可，将具体区域信息保存至另一 Map 数据结构中，如图 2.15 所示。这样可以节省部分内存，优化收益受场景复杂度与信息复杂度影响。

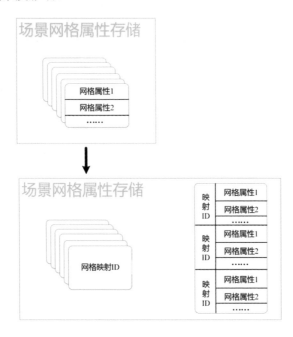

图 2.15　映射优化

视场遮罩是内存占用的最主要部分，它限制了网格精度的提升及视野范围的扩大。分析可得出，如果网格精度变为原来的 N 倍，即网格尺寸减小为原来的 $1/N$。场景覆盖的网格数量会上升至原来的 N^2 倍，单个网格视场遮罩尺寸也会上升至原来的 N^2 倍，占用内存变为原来的 N^4 倍。假设在前面提到的场景中，如果精度变为原来的 2 倍，即边长变为 0.5m，即使经过按位压缩，也需占用约 17MB 内存，这样的消耗对于低内存移动端机型是有压力的。可以发现，对于多个网格在其视野范围内无视野阻挡的区域，非草丛网格的视场遮罩其实是相似的，可以进行合并，如图 2.16 所示。对于视野范围在这片区域中的非草丛网格，其视场遮罩数据等价于从图中截取相应部分数据，因此能够把大量的非草丛网格视场遮罩合并成一张图，在极端情况即整个游戏场景没有视野阻挡的情况下，这张图就是整个场景的二值图。

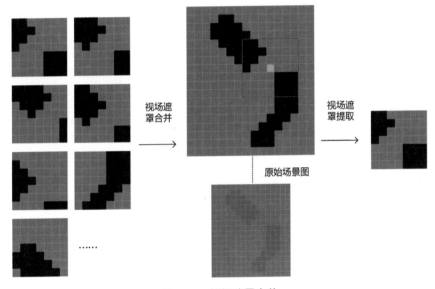

图 2.16　视场遮罩合并

上述从合并图中提取视场遮罩图与离线预处理的视场遮罩图有些许差异，主要是由于离线预处理为了处理效率往往会考虑视野范围，仅对视野范围内的网格进行视线检测，而认为视野范围外的边缘区域是不可见区域。直接从合并图中提取出的视场遮罩边缘并没有根据视野范围进行处理，不过这并不会对最终结果产生影响，因为在运行时求探索源最终可见视野范围时会使用视野范围图与视场遮罩做与运算。

以上文中提到的项目为例，由于在项目、玩法中应用了无墙体阻挡视野机制，因此优化收益可以达到最大。离线视场遮罩内存占用优化前后的对比如图 2.17 的左图所示，由于实际项目内还有一些缓存辅助数据，因此会比理论计算出的高一些。可以看出，随着精度的增加，优化收益也会进一步上升，具体趋势见图 2.17 的右图，在此优化的加持下，高精度网格与大视野范围成为可能。

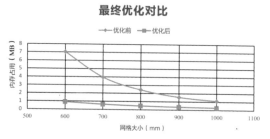

优化前			优化后		
网格边长	网格总数量	内存占用	网格边长	网格总数量	内存占用
500mm	51076	15.98MB	500mm	51076	1.35MB
600mm	35344	7.04MB	600mm	35344	0.89MB
700mm	26244	3.96MB	700mm	26244	0.62MB
800mm	19881	2.43MB	800mm	19881	0.45MB
900mm	15876	1.55MB	900mm	15876	0.34MB
1000mm	12769	1.10MB	1000mm	12769	0.27MB

图 2.17　内存占用对比

2.2.2　计算性能优化

前面提到，阵营视野数组的计算与更新需要以同阵营探索源为单位依次计算，单次更新的探索源数量决定了计算效率，因此可以通过对游戏对象分帧更新来降低更新频率，一些移速慢的角色或者小兵、野怪可用较慢的频率更新，而对抗激烈、位置变化频繁的英雄则以较高频率正常更新。除此之外，可以通过减少有效探索源数量来提升计算效率，例如已经死亡的单位或被技能致盲的单位不再被当作有效探索源。

除探索源数量的限制，2.1.2 节提到，我们需要根据角色的不同视野范围来动态计算视野范围图，因为角色可能在对局中发生视野范围变化。而在运行时动态计算视野范围图有一定的计算性能消耗，且视野范围越大消耗越大，但不同角色之间相同的视野范围图并无差异，因此可以使用 Map 结构对计算出来的数据进行缓存从而避免多次计算。其中，Key 代表视野范围，Value 则是实际的视野范围图。进一步地，可以在游戏的加载阶段（Loading）提前预创建常用视野范围图并使用 Map 结构将其缓存起来，运行时则可直接从缓存中读取，避免了运行时的计算，从而提高计算性能。

对局中还有一些静态建筑物等角色，比如防御塔，虽然有视野探索功能，但其位置不会发生变化，因此不需要实时更新，可以对其它们做分离。它们的视野更新是由状态变化按需更新的，例如仅在出生、死亡时对其范围内阵营视野数据进行处理。需要注意的是，由于优化掉了静态单位的视野实时更新，由静态角色点亮的网格不能够进行视野残留衰减，否则将失去其点亮功能，因此需要标识出由静态角色点亮的可见性数据，标识方法可以使用一些特殊点亮值（如 8 位 0xff）代表由静态角色点亮的视野网格。

在整个视野更新流程中，探索源最终可见区域的计算与阵营视野数组点亮数值的赋值是运算消耗最大的部分，其本质上是两张图的处理与赋值，如图 2.18 所示。CPU 处理大量数据时，速度的主要瓶颈是指令数，减少指令数就会提高计算性能。在数据量固定的情况下，单条指令能够处理的数据数量决定了指令数的多少，而 SIMD（Single Instruction Multiple Data）技术可以让 CPU 同时处理多个数据，因此对大量数据的处理速度比常规的 SISD（Single Instruction Single Data）快。SIMD 常用于图像、音频领域的向量、矩阵等大规模数据运算。以 NEON[5]为例，它是基于 ARM 架构处理器设计的 SIMD 指令集，ARMv8 中的 NEON 单元可使用 128 位的寄存器进行运算，并且可以根据需要按不同大小进行分组（Lanes）。如图 2.18 所示，4 条 SISD 的 ARM64 运算指令可以使用一条 SIMD 指令代替，128 位的寄存器被分成 4 个 32 位 Lanes 并同时进行与运算（AND Operation），然后将最终结果储存至目标寄存器。因此，另一优化点是，使用 SIMD 指令集进行阵营视野可见性数组的计算与更新，通过 SIMD 指令集的使用可以有效减少计算最终可见区域及视野残留赋值的指令数。

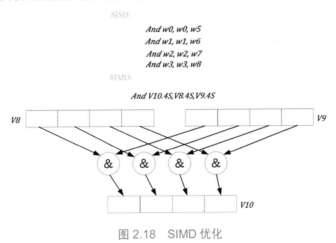

图 2.18 SIMD 优化

2.3 总结

本章围绕 MOBA 类游戏，从原理、实现、优化三个方面对基于网格的视野方案进行了阐述，注重角色在自然探索中视野底层数据的设计、更新与使用，基于所述机制，通过业务侧的处理可以实现诸如暴露攻击者本身视野、暴露攻击者所在区域视野、技能隐身等机制。本方案已在实际移动端游戏中进行了大规模应用与验证，在保留网格视野查询高效、内存连续等优点下通过压缩、无阻挡区域视场遮罩合并、探索源裁剪、SIMD 指令集等方式对内存占用、计算性能进行了优化。

移动端 App 集成 UE 的实践

3D 内容提供的实时性和可交互性对当代 App 愈来愈重要。对于一些 App 来说，已经不能简单地通过最基础的 3D Graphics API 封装来实现 3D 内容支持了，它们类似游戏，需要有完备的资产制作管线、场景管理、渲染管理、物理系统和动画系统等，而这些恰恰也正是游戏引擎所擅长的——提供完备的制作管线和运行时系统，提供丰富的 3D 内容生产和呈现。正是基于这样的原因，移动端 App 开始陆续集成 Unity3D 和 Unreal Engine（UE）。本章将介绍把 UE 集成进手机 QQ 中的技术方案，以及为了满足 App 严格的性能、内存和交互体验要求，所需要完成的优化工作。

3.1　移动端 App 集成 UE 简介

UE4.27 中添加了 UE as Library 功能，这是一个允许开发人员在现有应用程序中嵌入和使用 UE 的功能。它允许开发人员将 UE 的功能以模块的形式打包，并作为动态链接库导出。官方推出的 UE as Library 功能仅支持 Windows 和 Linux 平台，笔者团队将这种方式应用到移动平台上，在 UE4.26 版本中实现，并集成到手机 QQ 中。

3.1.1　价值、意义和对手机 QQ 相关技术的影响

UE 提供了强大的工具链、优秀的渲染效果及其他功能。通过将 UE 集成到 QQ 中，并开发超级 QQ 秀这样的产品，可以为 QQ 用户提供高质量的游戏体验，从而增加用户留存率和活跃度，增加 QQ 游戏平台的竞争力，以及探索新的商业

模式。超级 QQ 秀不仅是一款游戏，还是一款社交娱乐产品，用户可以通过超级 QQ 秀表达自己的情感和创造力。通过这样的产品，QQ 可以探索新的商业模式，提高 QQ 秀的品牌价值，推动 QQ 的业务多元化，从而为未来的发展奠定基础。同时，UE 也给在 QQ 侧做开发的无限可能，可以在 App 中做更多的事情。

3.1.2　线上数据和成果展示

UE SDK 的性能数据如表 3.1 所示。

表 3.1　SDK 优化数据结果（iPhone 13 Pro Max）

SDK 版本	SDK 大小（Binary + CookData）	内存占用	启动耗时
1.4	109.75 + 205.97 = 315.72 MB	347.9 MB	4.12 s
1.9	58.89 + 84.15 = 143.04 MB	220.2 MB	1.65 s

图 3.1 展示了 UE 在 QQ 秀和游戏场景中的应用。

图 3.1　QQ 秀与游戏场景展示

3.2　UE 的 SDK 化之旅

作为一个优秀的 SDK，需要满足易于集成、兼容性好、功能丰富、性能优秀和稳定可靠等要求。只有满足这些要求，才能为开发者提供更好的支持和帮助，快速开发出高质量的应用程序。在使用场景上，UE 从调用者变成被调用者，不再独占整个进程，需要提供作为标准 SDK 所应该提供的一切接口。需要隔离好 SDK 的 Runtime（运行时）机制，以能够和宿主 App 的运行环境尽可能地分离，从而保证宿主 App 在调用 UE 前后的稳定性。

3.2.1 启动器改造——集成移动端 App 的关键起点

为了和宿主 App 更好地交互以适应作为 SDK 的需要，需要修改 UE 的启动部分，同时也要保证 UE 在 App 中的稳定性，预期 UE 的运行环境与宿主 App 的运行环境能够相对独立。

3.2.1.1 Android 方案

App 的进程结构在整体上分成两个部分：Host Process 和 UE Process，如图 3.2 所示。UE 相关的内容放在一个独立的 UE 进程中运行。这样做的好处是，UE 的环境会更加纯净，可以保证 App 运行得更加稳定。比如，UE 进程崩溃了，但是并不会影响宿主 App。

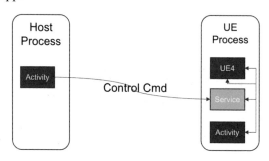

图 3.2　Android 结构设计

在 UE 的进程内部又分为以下三个部分。

- UE4：UE 运行需要的线程集合。
- Service：负责从宿主 App 拉起 UE 的运行环境。
- Activity：负责承载 UE 的一些功能，例如，小游戏之类的内容。

宿主 App 唤起 UE 的流程如图 3.3 所示，以 Service 来启动 UE4，并且将 Surface（Surface 使应用程序能够渲染图像以在屏幕上呈现）传递到 UE，UE 提供切换 Surface 的机制，可以使用不同类型的 Surface 来适应不同的情况。这些情况包括需要叠加到 Native UI 上的 QQ 秀业务场景，以及全屏游戏业务场景等。

在 Android 中，Surface 提供了一种将图像渲染到屏幕上的方法，是图像的源，无论开发者使用什么渲染 API，一切内容都会渲染到 Surface 上。宿主 App 和 UE 进行交互的核心就在于 Android 的 Surface 是能够跨进程传输的，如图 3.4 所示[1]。

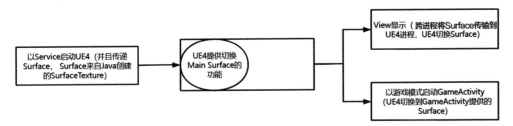

图 3.3　UE4 中的 Surface 切换

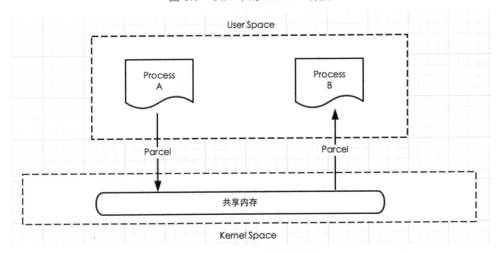

图 3.4　Surface 跨进程传输

在本质上，UE 侧向宿主 App 获取了一项内容，就是这个 Surface。这样宿主 App 只需把 Surface 传递到 UE Process 这个独立的进程中，UE 就会根据这个 Surface 进行处理。

在 UE 环境初始化时，宿主 App 会传输一个 Surface，并且调用一个接口，通过一些方法直接把这个对象序列化出来，UE 拿到结果后根据这个 Surface 对象搭建自己的 EGL 环境，包括整个与交换缓冲区相关的内容，整体的流程基本上就走通了。代码如下所示。

```
JNI_METHOD void UE4_JNI_NATIVE(OnWindowInited)(JNIEnv* jenv, jclass clazz,
jobject surface,jboolean bSetViewportFull)
{
    auto window = ANativeWindow_fromSurface(jenv, surface);
    UE4AndroidActivity_OnWindowInited(window, bSetViewportFull);
}
JNI_METHOD void UE4_JNI_NATIVE(OnWindowTerminated)(JNIEnv* jenv, jclass
clazz)
{
    UE4AndroidActivity_OnWindowTerminated();
```

```
}
JNI_METHOD void UE4_JNI_NATIVE(OnWindowResized)(JNIEnv* jenv, jclass clazz,
jobject surface,jboolean bAdjustDeviceOrientation,jboolean bSync)
{
    FAndroidWindow::SetViewportFull();
    auto window = ANativeWindow_fromSurface(jenv, surface);
    UE4AndroidActivity_OnWindowResized(window, bSync);
}
```

图 3.5[2]展示了 Android 图形渲染中关键组件是如何协同工作的。

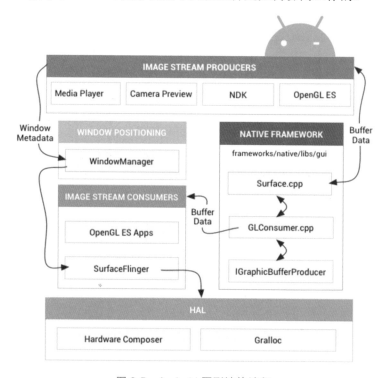

图 3.5　Android 图形渲染流程

在实际使用中，通常不会直接操作 Surface 对象，而是使用基于 Surface 的视图控件（这里用到了 SurfaceView 和 TextureView），其封装了 Surface 的创建、管理和销毁等内容，更方便使用。同时视图控件还可以自动处理与 Activity 生命周期相关的操作，可以避免内存泄漏或者资源浪费问题。

那选择 SurfaceView 还是 TextureView 呢？SurfaceView 对应的 Surface 直接被 SurfaceFlinger 消费，并与 SurfaceFlinger 相关联，SurfaceView 可以在单独的线程中进行绘图操作，不会影响 UI 线程的性能，性能较高，如图 3.6 所示[3]。

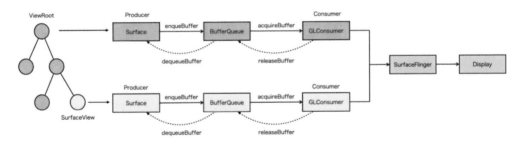

图 3.6　SurfaceView 渲染流程

TextureView 对应的 Surface 需要被二次渲染到 ViewRoot 上（也就是 Activity 对应的 Surface），并且这个过程需要在 UI 线程中执行，所以效率较低，如图 3.7 所示[3]。

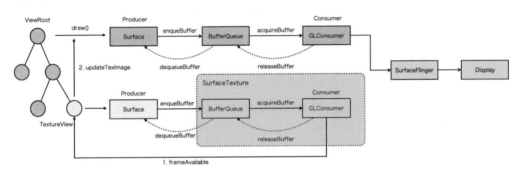

图 3.7　TextureView 渲染流程

相比较而言，TextureView 能做的事情更多[4]，最终它是融合到 UI 框架体系中的，可以把它叠加到 Native 的 UI 上。比如，做一个动作表情并把它贴到聊天窗口中，需要一个 Alpha 信息，这时就可以应用 TextureView 去解决这个问题。在游戏模式下会选择 SurfaceView，效率更高。

3.2.1.2　iOS 方案

相较于 Android，iOS 是不允许多进程结构的，所以只能把 UE 嵌入宿主 App，没有很好的办法规避其产生的不稳定行为。

App 的帧率要求相较游戏来讲是比较高的，在每秒 60 帧以上。但是在有些情况下 UE 的单个线程耗时就会达到 16ms，甚至更多。比如 UE 启动的过程，或者是加载复杂场景的过程，耗时相对较长，所以需要想办法避免这种情况导致的 FPS 抖动问题。这里增加了一个 Engine Thread（引擎线程）来解决问题。Engine Thread 是用来与 UE SDK 进行通信的，同时它也负责和 UI Thread（主线程）进行交互。

这个线程中的所有操作都是异步的，这样能保证在使用 App 的时候，UI Thread 不会受到任何阻塞。

在 iOS 中唤起 UE 的流程如图 3.8 所示。UI Thread 将启动引擎的请求发送到 Engine Thread 中去处理，Engine Thread 会实际处理 UE SDK 中的引擎启动逻辑。当引擎启动成功，或者引擎启动失败时，UE SDK 会将返回值给到 Engine Thread，Engine Thread 会将结果同步给 UI Thread，引擎的启动流程就完成了。

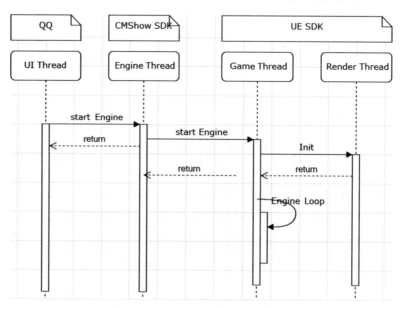

图 3.8　在 iOS 中唤起 UE 的流程

有一个问题需要考虑，在实际场景中使用静态库还是动态库。这里根据需求做了一些变动，对静态库或动态库都是支持的。QQ 在 iOS 端支持的最低操作系统版本是 iOS 9，但是在 UE4.26 版本中，由于 Metal 版本的限制，最低只支持到 iOS 12，使用静态库不能兼容，所以后面的工程便以动态库的方式集成到 QQ 里面了。

还有一点需要注意，UE 内部有大量的 Global Data（全局数据），包括各个模块的注册、Vertexfactory Shader Type（顶点工厂着色器类型）相关的内容，以及各种反射数据，全都是基于 Global Data 的这些数据进行链接的。在静态库中，这些 Global Data 默认是不会被链接进去的，需要把所有的 Global Data 都链接进去，否则会缺少部分运行时功能。

链接成动态库也有一些问题。比如，UE 本身重载了 New Delete 操作符，这个符号表一旦被导出去，就会引起宿主 App 的崩溃。再比如，宿主 App 新建了一个对象，这个时候 UE 的库还没有被加载进来，Global New 和 Global Delete 还是原来默认的实现，但是一旦把 UE 的库加载进来，就相当于把原来的实现覆盖了，这时再去调用 Delete 就会进入 UE 的库。这是由于 Clang 底层的一个问题导致的，通过下面这个宏可修复——它可以确保在构建时不导出任何符号，从而提高库的集成性和可移植性：

`_LIBCPP_DISABLE_VISIBILITY_ANNOTATIONS`

3.2.2　针对移动端 App 特点的引擎生命周期改造

移动端 App 相对于游戏而言，内存和 CPU 资源有限，需要进行优化和节约；用户在使用 App 时，往往需要同时处理其他任务，例如接电话、收短信等，所以需要考虑 App 的生命周期。针对以上特点，需对引擎的生命周期进行改造和优化，以适应移动端 App 的需求。

3.2.2.1　引擎生命周期改造的目的和整体思路

改造引擎生命周期的目的有两个：使宿主 App 更方便地被拉起及结束 UE 的功能；减少 UE 资源消耗、提高 App 性能和稳定性。

主要思路是通过完善引擎的生命周期来提供作为 SDK 的对外接口。Active、Quit、Reenter、Destroy、Pause、Resume 是几种改变引擎生命周期的方式。其中 Pause 和 Resume 是提供给宿主 App 用来暂停和恢复 UE 使用的接口，当不需要 UE 进行渲染但仍然希望 UE 处于可被立即唤醒的状态时调用。

3.2.2.2　Active

引擎唤起的逻辑相对比较简单，在重构的启动器下，引擎会有一个完整的初始化流程。当引擎初始化成功后，会加载项目需要的地图关卡，进入正常的 Game Thread 运行逻辑。这里会有第一次初始化加载的时间，相较而言会稍微久一点儿，这里对 UE 初始化做了一些精简。整个过程对于这样完整的引擎拉起操作只有一次，如图 3.9 所示。

图 3.9　引擎唤起的流程

3.2.2.3　Quit

引擎的退出实际上不是一次完整的析构流程，而是把一些重度资源进行释放。从宿主 App 传递退出事件开始，引擎就会进入退出的状态。首先，会把 Gameplay 用到的数据进行清理，然后将引擎退出的事件广播出去，让一些模块自行析构。其次，调用 LoadMap 方法，加载一个 NullMap。NullMap 是定义的一个概念，可以理解为没有资源的场景。引擎退出的时候加载这个 NullMap 场景，这样做的目的是执行一遍场景的析构逻辑，把当前地图引用的资源全部进行垃圾回收，在加载 NullMap 的 Game Thread 执行结尾处，把引擎的一些模块停掉。由于在加载 NullMap 的时候已经执行了一帧 Engine Loop 的逻辑，所以渲染线程实际上也没有需要再 Flush 的内容了，可以放心地把 Render Thread 停掉。同时把与着色器代码相关的资源卸载，引擎退出后就保持在 NullMap 的状态，如图 3.10 所示。

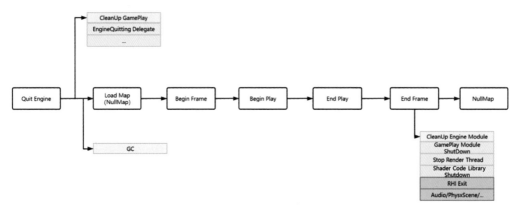

图 3.10   引擎退出的流程

在停止 Render Thread 及卸载与着色器代码相关的资源之后，也会把 RHI 线程停掉。前文提到需要把引擎相对重度的资源释放掉，渲染资源实际上就是这部分比较重度的内容。这里定义一个 RHI 析构的方法，把渲染需要的 RHI 资源释放掉了，并且记录了资源的引用信息，在 UE 被第二次拉起的时候，会通过一些方法把它重载进来，而不是一个完整的 UObject 的初始化流程，这样就可以让 UE 退出的时候尽可能保持轻量：

```
// Quit
StopRenderingThread()
FShaderPipelineCache::Shutdown();
FShaderCodeLibrary::Shutdown();
DestroyRHIThread();
RHIExit();
...
```

3.2.2.4   Reenter

UE 的初始化是一个较重度的操作，并不希望每次调起 UE 的时候，加载时间都较长。引擎第二次被拉起时，会加载一个 EmptyMap，这个 EmptyMap 和 NullMap 是一个相对的概念，会在引擎二次进入的时候把引擎退出时析构掉的引擎基础模块及资源加载回来，其中包含析构掉的 RHI 模块，还需要把析构掉的 UObject 再加载回来。当所有加载任务完成后，会打开 Render Thread，加载实际业务逻辑用到的地图，然后就可以走正常的游戏逻辑了，如图 3.11 所示。

图 3.11　Engine Reenter

这里 ReloadObject 方法的内容是把引擎退出时析构掉的 UObject 重新加载进来：

```
static void ReloadObject(UObject *Object)
{
    // try to load it again...
    UE_LOG(LogReentry, Log, TEXT("Reload %s Begin"), *Object->GetFullName());
    Object->ClearFlags(RF_LoadCompleted);
    Object->SetFlags(RF_WillBeLoaded);
    int32 Index = INDEX_NONE;
    FString PathName = Object->GetPathName();
    FString LongPackageName = PathName.FindLastChar('.', Index) ?
        PathName.Left(Index) : PathName;
    UPackage *Package = LoadPackage(nullptr, *LongPackageName, 0);
    UE_LOG(LogReentry, Log, TEXT("Reload %s End"), *Object->GetFullName());
}
```

3.2.2.5　Destroy

在 Destroy（销毁）的流程中并没有对 UE 进行完整销毁的操作，UE 本身没有考虑这种完整析构的情况，所以在设计生命周期时，UE 的 Destroy 的生命周期是随着宿主 App 的，只要 UE 的代码和资源加载进来，析构就是随着宿主 App 进行的。

在 Destroy 流程中会挑选一些相对重度的模块进行析构处理，比如与整个渲染相关的资源，包括贴图、网格顶点数据等。除了这些，在 iOS 下，在 Metal 内部，Metal Queue（队列）的命令缓冲区、Metal 解码器这些内容，都会占据大量的内存资源，这些内容并不是游戏制作中的资源，而是 Metal 自身所占据的资源，Metal 运行时需要的东西所占用的资源。这些内容大概会占据 20MB 左右的基础资源。对于一个独立的游戏包体来讲，这个大小可能并不是很大，但是在 App 中就比较夸张了。所以这里选择的方式就是把 RHI 模块整个析构掉，将关联的整个

RHI 资源都清掉。并且要注意，这里在处理 iOS 下 Metal 占有的资源时，如果当一个进程内部出现多个Command Queue(命令队列)时，即便是把某一个 Command Queue 中所有的资源都释放掉，这个 Command Queue 依然会产生这个依赖，在最终的形态中也是释放不掉的，Metal 的运行时设计就是这样的。

3.2.2.6　Inactive

在某些情况下，UE 需要被暂时挂起，比如用户临时返回 QQ 聊天窗口，并且在切回 UE 的应用的时候，可以立即响应，但是又不能让 UE 的程序占用宿主 App 大量的资源，所以这里对引擎有一个 Inactive 状态的处理。当引擎收到 Pause 事件时，会进入挂起状态，停掉 Engine Loop，转而进入更轻量的 Tick（周期函数），如图 3.12 所示。

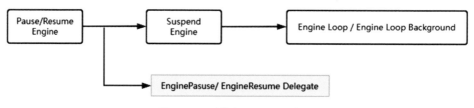

图 3.12　引擎的 Inactive 流程

为什么需要这个 Tick，而不是完全停掉所有线程的计算呢？原因是，这样依然可以保证 UE 的 View 窗口大小会随着宿主 App 的窗口大小变化实时更新，这样当从 App 切回 UE 的时候，就不会由于 View 大小设置得不及时，而产生视口缩放的效果，影响用户体验。当然这只是一个例子，可以再做不同程度的处理。但是在 Inactive 状态下是不可以做渲染的，渲染线程已经被停掉了，UE 也不会承接这样的任务。如果没有任何需要 Tick 承载的任务，Game Thread 也会进入休眠状态，从而进入更为轻量的模式。

3.3　针对移动端 App 需求的引擎极致轻量化

引擎极致轻量化的意思是尽可能地减少引擎的代码大小和内存占用量，以满足移动端 App 包体、内存和性能的需要。为了达到这个目标，需要一些技巧和策略来减少引擎的体积和内存占用量。比如，剔除不需要的模块，精简不必要的功能，压缩资源文件，优化代码等。

3.3.1　包体优化：二进制代码文件

对二进制代码文件大小的优化能够有效地减小包体体积，下面将介绍几种方法来减小二进制代码文件的大小。

3.3.1.1　不导出非必要的符号表

通过精简符号表，可以减小应用程序的体积，提高应用程序的性能。UE 集成的第三方库的符号表都可以不导出。在 iOS 中，动态库导出符号表是通过指定 Export-Symbols-List 来过滤的。在 Android 中，通过 Version Script 把不需要的符号表去掉。这样处理后，UE 代码大小能减少大概 9MB 左右。

3.3.1.2　Relocation Section 压缩

Relocation Section 是可执行文件或共享库中的一部分，它包含了程序运行时需要进行重定位的位置信息。Global Data 是指在程序中定义的全局变量或全局数据，它们的地址在程序运行时是固定的。当程序需要被加载到不同的地址空间时，Global Data 需要被 Relocation Section 中的重定位项修正，以确保程序能够正常访问这些全局数据。如果程序中的 Global Data 过多，会导致 Relocation Section 中的重定位项数增加，进而导致可执行文件或共享库的大小增加。这不仅会占用更多的磁盘空间，还可能降低程序的性能，因为加载 Relocation Section 中的重定位项需要额外的时间和内存开销。

UE 中有大量的 Global Data，那么这些 Global Data 在被编译成符号表，并变成动态库之后，所有的内容都需要做重定向。最初在讨论如何减小二进制代码文件大小的测试过程中发现，Android 的 ELF 格式和 iOS 的 Mach-O 格式最终表现的大小差别很大。Android 后续的一些版本，支持了一些特定的重定向表的格式，像 REL/RELA、RELR、APS2 等[5]。由于最低需要支持 Android 6.0 版本，所以选择了 REL/RELA 这种格式进行处理。通过这种方式，能节省大概 18MB 左右的存储空间。

所以在代码中应尽可能减少这些 Global Data 及静态对象等内容的使用。比如，可以延迟地把常量数据分配在 Heap 段，这样也能保证二进制代码文件不会增大。

3.3.1.3　精简不必要的功能

根据项目需求针对一些模块做精简，如并不需要 Chaos、ICU 的这些库，可以将它们替代掉。

3.3.1.4　修改编译选项

修改编译选项也可以缩减二进制代码文件的大小，如表 3.2 所示。使用 Oz 后性能会有些下降，性能损耗大概在 5%左右，是一个可接受的范围。

表 3.2　编译选项优化后的数据

编译选项	二进制代码文件的大小
Disable Force Inline	减小了 11 MB
Oz vs O3	减小了 11 MB
LTO	减小了 8 MB

3.3.1.5　数据结果

表 3.3 展示了 iOS 平台和 Android 平台优化后的最终代码文件大小的对比，可以看到，二进制代码文件的大小相较早期的版本有了大幅降低。

表 3.3　二进制文件优化前后的数据

SDK 版本	iOS 二进制代码文件的大小	Android 二进制代码文件的大小
1.4	109.75 MB	118.75 MB
1.9	58.89 MB	69.69 MB

3.3.2　包体优化：资源文件

同样，对资源文件大小的优化也能有效减小包体体积，下面将介绍对资源文件的一些处理和优化。

3.3.2.1　着色器资源的优化

在着色器的编译过程中，着色器元数据主要用于帮助编译器优化着色器代码，提高着色器的性能和效率，如图 3.13 所示。同时，在着色器运行时，着色器元数

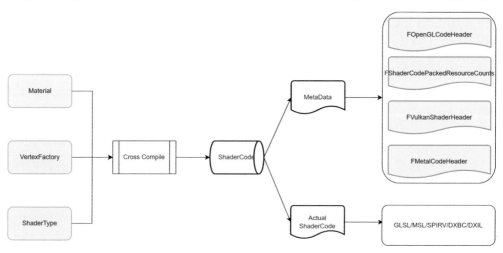

图 3.13　着色器的编译流程

据还可以帮助应用程序动态地创建管线布局和绑定描述符集等，从而提高应用程序的可维护性和性能。在做 Shader Half 精度优化的时候，UE 处理元数据时是有 bug 的，其他部分没有问题，就是将顶点类型和着色器种类作为给定参数，输出对应不同平台的文本结果时，Metal 平台就变成了 IR 中间文件。

首先要考虑的就是控制着色器变体的数量，图 3.14 所示的是一些可能增加材质变体的属性。

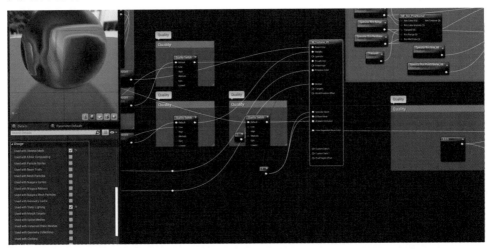

图 3.14　材质变体

大家都知道 Swith 开关及其他各种开关，最终产生的变体数量很大，几十万个都是有可能的，所以这里使用材质实例模板的概念来控制变体数量，如图 3.15 所示。材质实例不可以有变体，所有的变体都来自母材质或者材质实例模板，模型只能引用材质实例。

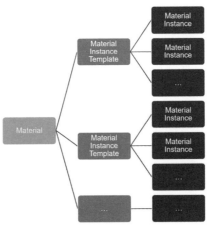

图 3.15　材质实例模板

在着色器中，分支语句是一种常用的控制流结构。根据分支语句的判断条件，可以将分支分为动态分支和静态分支。动态分支在着色器运行时根据变量的值来决定执行哪一条分支语句。例如，以下代码片段展示了一个简单的动态分支语句：

```
if (lightType == 0) {
    // 点光源
    // ……
} else {
    // 方向光源
    // ……
}
```

在上述代码中，根据变量 lightType 的值来决定执行哪一条分支语句。由于变量 lightType 的值是在着色器运行时确定的，因此这是一个动态分支。静态分支在着色器编译时已经确定执行哪一条分支语句。例如，以下代码片段展示了一个简单的静态分支语句：

```
#if USE_NORMAL_MAP
    vec3 normal = texture(NormalMap, texCoord).xyz;
#else
    vec3 normal = vec3(0, 0, 1.0);
#endif
```

在上述代码中，宏 USE_NORMAL_MAP 的值是在着色器编译时确定的，因此可以根据 USE_NORMAL_MAP 的值在编译时决定执行哪一条分支语句。由于分支语句是在编译时确定的，因此这是一个静态分支。

动态分支和静态分支各有优缺点。动态分支可以根据变量的值来决定执行哪一条分支语句，更加灵活，但在运行时需要进行分支判断，可能会降低着色器的性能。静态分支可以在编译时确定执行哪一条分支语句，更加高效，但相对应地会增加着色器的变体。

在一定的条件下，着色器可以使用 Uniform 常量来避免一些静态分支，小的计算可以通过动态分支进行计算。这里复用了其他项目实现的动态分支的节点，配合 UE 的分支节点，来做动态分支的计算，如图 3.16 所示。

UE 的分支节点的 if 语句编译后的代码如下，if 语句的计算被展开，无论是否满足 if 条件，都会进行所有的计算：

```
MaterialFloat4 Local1 =
ProcessMaterialColorTextureLookup(Texture2DSampleBias(...));
MaterialFloat4 Local2 = (Local1.r - Material.ScalarExpressions[0].x);
MaterialFloat4 Local3 =
ProcessMaterialColorTextureLookup(Texture2DSampleBias(...));
MaterialFloat4 Local4 =
ProcessMaterialColorTextureLookup(Texture2DSampleBias(...));
MaterialFloat4 Local5 = (Local3.rgb + local4.rgb);
```

```
MaterialFloat4 Local6 =
ProcessMaterialColorTextureLookup(Texture2DSampleBias(...));
MaterialFloat4 Local7 =
ProcessMaterialColorTextureLookup(Texture2DSampleBias(...));
MaterialFloat3 Local8 = (Local6.rgb - Local7.rgb);
MaterialFloat3 Local9 = ((abs(Local2 - 0.00000000) > 0.00000100) ? (Local2 >=
0.00000000 ? Local5 : Local8) : Local8);
MaterialFloat3 Local10 = lerp(Local9, Material.VectorExpressions[1].rgb,
MaterialFloat(Material.ScalarExpressions[0].y))

PixelMaterialInputs.EmissiveColor = Local10;
```

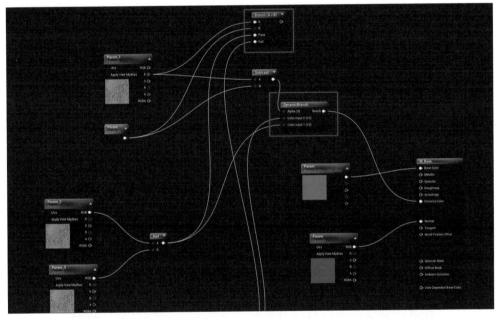

图 3.16　分支节点

　　这里多次采样是相对重度的操作，所以考虑使用动态分支去处理这种情况。扩展的动态分支节点展开的方式如下，可以看到，由分支关键字来确定 if 语句的逻辑执行流程，执行时只会运行 if 语句某个分支的代码，并不会全部计算：

```
MaterialFloat4 Local1 =
ProcessMaterialColorTextureLookup(Texture2DSampleBias(...));
MaterialFloat3 Local8;
[branch] if(Local1.r > Material.ScalarExpressions[0].x)
{
    MaterialFloat4 Local2 =
ProcessMaterialColorTextureLookup(Texture2DSampleBias(...));
    MaterialFloat4 Local3 =
ProcessMaterialColorTextureLookup(Texture2DSampleBias(...));
    MaterialFloat3 Local4 = (Local2.rgb + Local3.rgb);
    Local8 = Local4;
}
```

```
else
{
    MaterialFloat4 Local5 =
ProcessMaterialColorTextureLookup(Texture2DSampleBias(...));
    MaterialFloat4 Local6 =
ProcessMaterialColorTextureLookup(Texture2DSampleBias(...));
    MaterialFloat3 Local7 = (Local5.rgb - Local6.rgb);
    Local8 = Local7;
}
MaterialFloat3 Local9 = lerp(Local8, Material.VectorExpressions[1].rgb,
MaterialFloat(Material.ScalarExpressions[0].y))
```

同时这里需要注意，寄存器的数量是有限制的，在着色器中，寄存器的数量会影响着色器的执行效率。通常情况下，寄存器是 GPU 中用于存储中间计算结果和变量的主要存储设备。寄存器数量的限制取决于 GPU 硬件的特性和着色器的复杂度。当着色器使用的寄存器数量超过 GPU 硬件规定的限制时，可能会导致着色器使用缓存来存储寄存器数据。由于缓存访问速度比寄存器访问速度慢，因此会导致着色器的执行效率降低。另外，寄存器数量的增加还可能导致着色器使用更多的内存带宽，从而进一步降低着色器的执行效率。

图 3.17 所示的是使用 Mali 的一个工具对寄存器做的分析，如果出现 Register Spilling（寄存器溢出）的情况，会有一些说明。

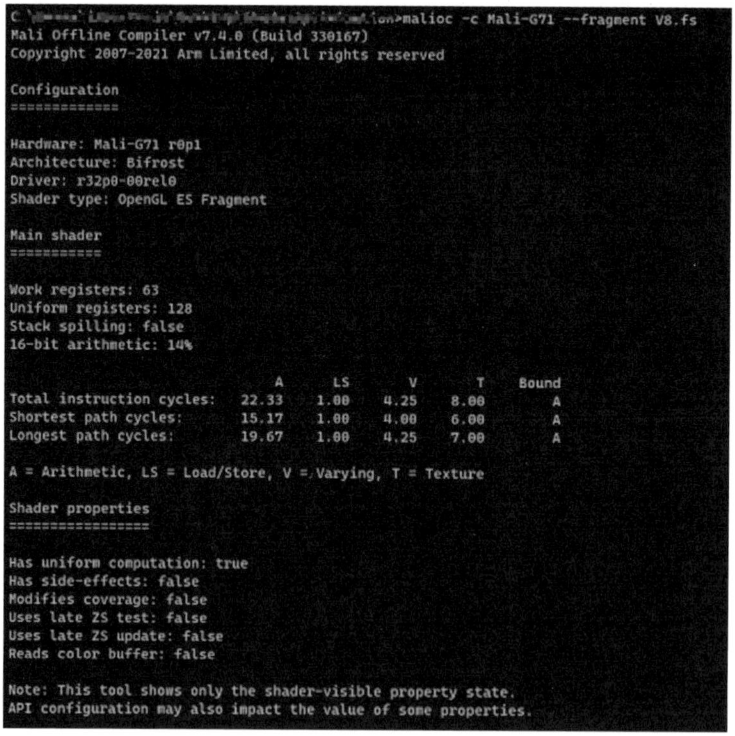

图 3.17　使用 Mali 的工具分析寄存器的数量

除了对着色器变体的控制，还可以对着色器代码做进一步压缩。

.ushaderbytecode 是 UE 中的一种二进制格式的着色器字节码文件，其包含了已经编译好的着色器程序，如图 3.18 所示[6]。在 UE 中，着色器代码通常是使用 UE 自带的材质编辑器或程序代码编写的。当需要将着色器代码打包到游戏或应用程序中时，UE 会将着色器代码编译成二进制格式的.ushaderbytecode 文件，并将其与其他资源一起打包到 pak 文件中。

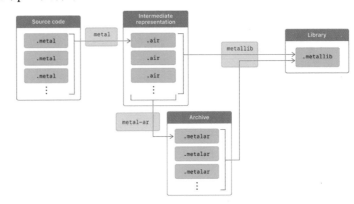

图 3.18　着色器代码的结构

.metallic 文件是苹果公司开发的 Metal 图形编程框架中使用的一种着色器代码格式。.metallic 文件是通过 MetalKit 框架的 MTKMaterialLoader 类进行加载和解析的，只支持流式加载，不支持文件被压缩。

由于着色器中包含大量的重复性字节段，所以使用 Zstd+训练好的字典来代替.ushaderbytecode 文件中默认的 LZ4 压缩算法。表 3.4 展示了不同字典大小下 Zstd 算法的压缩率。

表 3.4　不同字典大小下 Zstd 算法的压缩率

字典大小：1MB	字典大小：500 KB	字典大小：113 KB
14.27% (81.2 MB => 11.6 MB)	15.75% (81.2 MB => 12.8 MB)	18.34% (81.2 MB => 14.9 MB)

虽然实际上 Zstd + 字典的方式会减少着色器代码文本大小，但是解压单个着色器代码文本的速度并没有 LZ4 算法快。解压操作是在 Render Thread 中进行的，增加了 Render Thread 的耗时。把着色器代码从 Pak 中拷贝出来的操作是在 Game Thread 中执行的，由于压缩后着色器代码文本的大小减小了，实际从 Pak 中拷贝出来时申请的内存大小变小了，申请内存的开销会缩小，还减少了 Game Thread 的耗时。综合分析，实际效率并没有被拉低，最后采用了这种方式。

对于.metallic 文件，也可以采用同样的方法对 AIR 文件进行 Zstd+字典方式的压缩，但在实践中简化了这一方式，直接对.metallic 整个文件使用 Zstd 压缩，在引擎初始化之前解压到本地去使用，虽然实际增加了 App 本身的占用大小，但是 App 的安装包体减小了。

3.3.2.2 贴图资源的优化

贴图资源一直是游戏里占用磁盘空间较多的一类资产，我们有针对性地对这方面内容做了优化。

- ASTC HDR/RGBM：对支持 HDR 的机型使用这种支持 HDR 的贴图压缩格式，不支持就回退到 RGBM 的编码模式。
- Cube Reflection Clean：UE 中使用 CubeMap 在 Pak 包中会有冗余，清理掉这部分内容。
- Enable Compression for arbitrarily sized texture：UE 对某些尺寸的贴图不支持压缩，这里做了一些优化。
- ETC1S/UASTC：基于 ASTC 和 ETC 的算法思路做了转码的修改，压缩率能提高一半以上。

3.3.2.3 Pak 的压缩格式

Pak 的默认压缩算法选择了 Oodle，对于 Pak 中的大部分资源使用 Oodle 压缩，压缩比较高。表 3.5 展示了使用不同压缩算法后最终的资源大小。

表 3.5　不同压缩算法的结果对比

压缩算法	大小
Zlib	97.281 MB
Oodle	91.897 MB

3.3.2.4 数据结果

表 3.6 展示了在 iOS 平台和 Android 平台上资源最终优化的大小对比。可以看到，资源大小相比较早的版本有了大幅降低。

表 3.6　资源文件优化前后的数据

SDK 版本	iOS 中 CookData 的大小	Android 中 CookData 的大小
1.4	205.97 MB	123.58 MB
1.9	84.15 MB	75.2 MB

3.3.3 内存优化

整体上对内存占用的目标是，内存占用尽可能少，这不仅是 UE 在运行时的一个内存占用的考量，当 UE 退出或被销毁或在后台运行时，需要尽量减少系统资源的使用，以降低系统负担。这里的挑战在于实际的内存预算是有限的，尤其是存在于 App 中的 SDK。

3.3.3.1　内存分配体系

UE 的整个内存分配体系如图 3.19 所示[7]。通过 Operator New 和 Operator Delete 能够执行大部分基本的内存分配操作，整个 UObject 体系使用自己的一套内存分配方法。这些内存分配方法最终实际使用的都是底层的某种内存分配器。移动端可用的分配器选择只有几种，并不是所有的内存分配器都可以被支持，对于 PC 平台都是可以的。

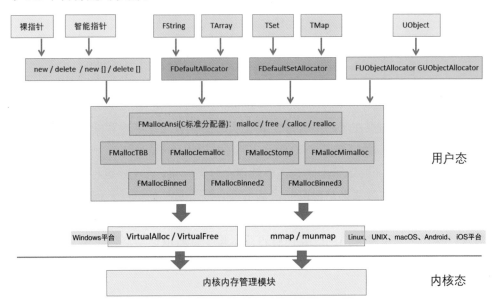

图 3.19　内存分配体系简介

3.3.3.2　内存碎片化

内存碎片化指内存中存在一些不连续的小块空闲内存。操作系统底层是以页为单位进行操作的，通常是指固定大小的内存块。一页中有很多槽，只要有一个槽被占据，这一页就不能被释放掉，如图 3.20 所示。

Binned 和 Binned2 是 UE 的两种内存分配器。

Binned 分配器是一种基于固定大小的内存块的分配器，它将内存块分成不同的大小类别，并将它们存储在不同的"桶"中。当需要分配内存时，Binned 分配器会从适当的桶中选择一个内存块，并将其返回给调用者。

Binned2 分配器是 Binned 分配器的改进版本，它使用了更高效的算法来管理内存分配。与 Binned 分配器不同，Binned2 分配器可以动态地调整内存块的大小，并且可以在多个线程之间共享内存池。Binned2 分配器的多线程设计使得它的速度要优于 Binned 分配器。

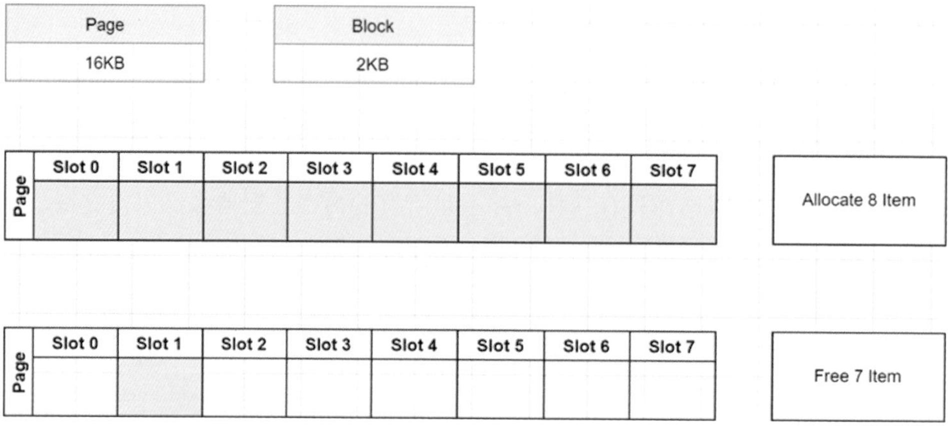

图 3.20 内存碎片化图示

这里想测试的点在于，哪种分配器在实际的业务场景下内存的使用率更高，从两个方面进行比较，UE 运行时的状态和 UE 退出之后的状态。

表 3.7 和表 3.8 展示了不同状态下的内存分配结果。在 UE 运行的时候，两种分配器的内存使用效率都是很高的，基本没有低于 90%的情况。但是在引擎退出的时候，不同内存分配器的使用率都有所降低，对比之后，Binned 方式更加符合需求，这里希望引擎退出的时候内存占用尽量少，所以这里选择了第一代 Binned 分配器。上线测试 Binned 分配器发现有问题，进行了修复，最终选择了修改过后的 Binned 算法。由于 Binned2 分配器是多线程的，所以表格中有两组数据。

表 3.7 UE 退出状态的内存分配结果

	Binned	Binned2
Allocation	65.93 MB	35.57+ 31.65 = 67.22 MB
OS Allocation	84.05 MB	68.56 + 31.65 = 100.21 MB
Ratio	78.44%	67.08%

表 3.8 UE 运行时状态的内存分配结果

	Binned	Binned2
Allocation	167.03 MB	88.48 + 81.65 = 170.13 MB
OS Allocation	173.4 MB	100.62 + 81.65 = 182.27 MB
Ratio	96.32%	93.33%

从表 3.7 中可以看到，UE 在退出的时候依然会占据 80MB 左右的内存，实际

占用 60MB 左右的内存。由于在方案采用的引擎退出策略中，有大量的反射数据并没有被析构掉，UStruct、UClass，以及一些 Plugin 模块的内容仍然存在，所以这部分的内存开销是相对合理的。

3.3.3.3　有限的地址空间

一般情况下，实际程序中使用的地址空间会远远大于实际物理内存的使用量，如图 3.21 所示[8]。比如，把一个 50MB 左右的二进制代码文件加载进来，它是会占用使用的地址空间的。Code 段中的这个二进制代码文件中的很多代码都没有被执行，所以在物理内存中实际是没有分配 50MB 这么多的。

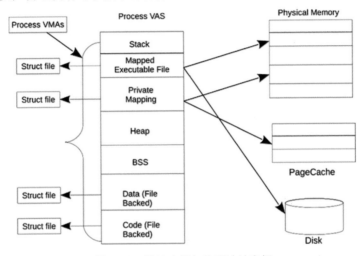

图 3.21　地址空间与物理地址空间

那为什么要讲地址空间的事情呢，原因是，在测试中（iOS 的环境下）遇到了虚拟地址空间不足的问题。实际问题是，分配一张渲染目标的时候，由于内存不足创建失败了，导致程序崩溃。这个时候看实际的物理内存占用只有 700MB，而测试的机器都是 3GB 内存的机器。

```
// Crash 堆栈
FIOSPlatformMisc::MetalAssert() (IOSPlatformMisc.cpp:1663)
FMetalSurface::FMetalSurface(...) (MetalTexture.cpp:966)
FMetalDynamicRHI::RHICreateTexture2D(...) (RefCounting.h:147)
FMetalDynamicRHI::RHICreateTexture2D_RenderThread(...)
(MetalTexture.cpp:2359)
...
```

对于 iOS 的设备来说，一般达到物理内存的上限是设备内存的一半,对于 3GB 的机器来说就是 1.5GB，但是实际的物理内存使用量为 700MB，远没有达到上限。那么首先想到的原因是上文提到的内存碎片化的问题，是不是由于碎片化过于严重导致内存分配失败呢？并不是，在一些测试场景下，UE 运行一会儿程序就崩溃了，所以这里推测不大可能是内存碎片问题导致的。于是又在 iOS 设备上做了更多的测试，发现在没有 UE 的情况下，也会出现一样的问题。

翻阅 iOS 内核代码（xnu）：

```
vm_map_offset_t
pmap_max_64bit_offset(
    __unused unsigned int option)
{
    vm_map_offset_t max_offset_ret = 0;
#if defined(__arm64__)
    ...
    if (arm64_pmap_max_offset_default) {
        max_offset_ret = arm64_pmap_max_offset_default;
    } else if (max_mem > 0xC0000000) {
        max_offset_ret = min_max_offset + 0x138000000; // Max offset is
13.375GB for devices with > 3GB of memory
    } else if (max_mem > 0x40000000) {
        max_offset_ret = min_max_offset + 0x38000000;  // Max offset is
9.375GB for devices with > 1GB and <= 3GB of memory
    } else {
        max_offset_ret = min_max_offset;
    }
    ...
#endif
    return max_offset_ret;
}
```

从代码中可以看到，这里实际上是有限制的。iOS 进程要有 4GB 的 PAGE_ZERO 和 4GB 的 Shared Region 的占用，导致实际可用的地址空间需要减去 8GB，如表 3.9 所示。

表 3.9　地址空间大小

内存	> 3 GB	> 1 GB	<= 1 GB
虚拟地址空间大小	15.375 − 8 = 7.375 GB	11.375 − 8 = 3.375 GB	10.5 − 8 = 2.5 GB

但是上文也分析过，UE 的内存分配器的效率是非常高的，如果 3.375GB 已经被占满了，实际物理内存的占用率也会很高，但实际情况并不是这样的。于是又做了一些测试，发现在 QQ 启动的时候，虚拟地址空间已经占用 3GB 多了，留给 UE 的只剩 700 多 MB，这也就比较好地解释了为什么 UE 刚刚拉起，并且在进入游戏的时候，非常容易发生这种崩溃的问题，它并不是 UE 本身的问题。

在 iOS 14 以上的版本中可以通过下面这个属性增加虚拟地址空间的使用上限[9]：

```
com.apple.developer.kernel.extended-virtual-addressing
```

在 iOS 15 以上的版本中可以通过下面这个属性增加物理内存的使用上限：

```
com.apple.developer.kernel.increased-memory-limit
```

3.3.3.4　在 Android 中分离二进制代码文件

通过分析 Linkmap 可以发现，游戏侧业务的代码消耗了相当一部分的内存，无论是 Code 段还是 Data 段，因此想到了修改 UBT 分离主体和游戏侧业务逻辑的代码。比如在 QQ 秀的业务上，并不需要任何游戏业务的代码内容，那这部分代码是不需要被加载进来的。如图 3.22 所示，流程上在 UBT 中分析 UE 的主体代码，编译成 SO，再把游戏侧业务的代码也编译成一个 SO，为了避免符号表导出冗余，先收集游戏侧业务代码需要导入的符号表的内容（输出 Version Script），然后再重新进行链接操作，主体 SO 导出的符号表就只包含游戏侧业务代码用到的内容了，保证最终导出的两个 SO 相比最初的 SO 不会增加过多冗余。

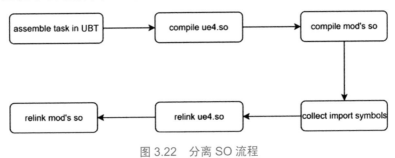

图 3.22　分离 SO 流程

在 Android 端做了这部分处理，好处是可以根据需求动态地加载/卸载这部分库文件，增加了灵活性，分离的结果如图 3.23 所示。

名称	大小	压缩后大小	类型
..			文件夹
libUE4.so	56,305,152	21,250,106	SO 文件
libUE4Bundle-Splittables.so	14,166,808	4,426,928	SO 文件

图 3.23　分离 SO 的结果

3.3.3.5　其他优化项

还可以从其他方面着手降低内存的使用，这些方式与游戏开发的优化手段相似，这里只做部分罗列，不再展开详述。

```
Use Streaming
SkyUpdate RT release
ShadowMap Depth16
Slate Atlas
UnmountPak
Lazy Create Default Material
```

Lua Table Optimization
...

3.3.3.6　数据结果

表 3.10 展示了两个版本经过一系列优化迭代后的内存数据对比分析，可以看到，内存占用相比较早期版本有了大幅优化。

表 3.10　内存优化前后的数据对比（iPhone 13 Pro Max）

版本	角色展示	角色捏脸	角色换装
1.4	347 MB	404 MB	484 MB
1.9	220 MB	250 MB	210 MB

3.4　应用功能的展示

在 QQ 中，对于 UE 的使用目前在超级 QQ 秀的功能上做了一些尝试。

3.4.1　QQ 秀

角色渲染相关的部分是 UE 渲染的效果，最后是叠加在 Native UI 上面的，图 3.24 展示了 QQ 秀的截图。

图 3.24　QQ 秀展示

3.4.2　游戏

从 QQ 秀作为跳板可以进入游戏,游戏的角色即为 QQ 秀的角色数据,图 3.25、图 3.26 和图 3.27 展示了部分游戏场景截图。

图 3.25　游戏展示 1

图 3.26　游戏展示 2

图 3.27　游戏展示 3

3.4.3 聊天表情录制

可以在 QQ 聊天窗口唤起 UE 的离屏渲染功能，使用用户的角色数据进行模板动作表情的录制，录制结束后将结果返回给 QQ 侧，图 3.28 展示的是聊天窗口截图。

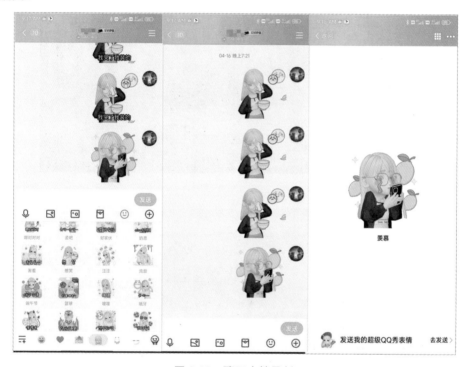

图 3.28 聊天表情录制

3.5 总结

本章介绍了如何把 UE 集成到 App 中并且为此做的优化。通过这种方式可以让 App 提供更好的实时交互性，以及提供一种更为新颖的思路，将游戏引擎的能力赋予 App，使产品可以更富创造性，进而丰富产品的功能。

第4章

UE 的 Dedicated Server
优化实践

虚幻引擎（Unreal Engine，下文简称 UE）是由 Epic Games 开发的 3D 实时渲染游戏引擎。开发者使用 UE 编写联网游戏时，可以通过编译出游戏的客户端和服务器端的 Dedicated Server（以下简称 DS）来实现联网功能。在同一套代码中编写游戏逻辑的同时，需要合理规划哪些逻辑在客户端运行，哪些逻辑在服务器端运行。为确保服务器端的高效运行，DS 会剔除图形、音效、输入等面向玩家的功能。当 UE 程序以 DS 模式运行时，它会接受远程客户端的连接，以状态同步的方式同步玩家数据，从而实现联网游戏的实时互动。

本章旨在从架构、引擎、网络和业务等多个层面，为追求高效 DS 开发与优化的开发者提供一些实际可行的优化建议，以提高玩家的体验和游戏运行的效率。

4.1 DS 管理优化

对 DS 管理架构层的优化使用的是一个较为通用的优化方案，适合大部分项目组使用。本节会介绍 DS 管理的一般架构及其问题，然后讲述基于此问题开发的 SeedDS 优化方案和 Multiworld 优化方案供读者参考。

4.1.1　游戏服务架构

使用 DS 的服务器端架构与完全自研的服务器端架构有所区别。DS 作为一个异构的服务，嵌入原有的后台服务，需要一套系统去管理 DS，以提高 DS 的运维效率。

4.1.1.1　使用 DS 的服务器端架构

在使用 UE 制作的多人在线游戏中，DS 通常作为场景服务器、战斗服务器来处理玩家的游戏逻辑。以第一人称射击（FPS）游戏为例，每个 DS 对应一个游戏单局。当游戏中有大量玩家需要进行单局游戏时，游戏服务器端需要启动大量的 DS 来为玩家提供服务。因此，需要 DS Agent（下文称为 DSA）来动态管理服务器上的 DS。作为 DS 与其他游戏服务的桥梁，DSA 将玩家数据传输到 DS，并将 DS 中的胜负信息、奖励信息等数据传回到大厅服务。每个 DSA 只负责本服务器上的 DS，即一台服务器只有一个 DSA，同时有多个 DS 在同一台服务器上运行。整个游戏服务集群中会有许多 DS 使用的服务器。如图 4.1 所示，每台服务器上都有一个较为独立的 DS 架构。

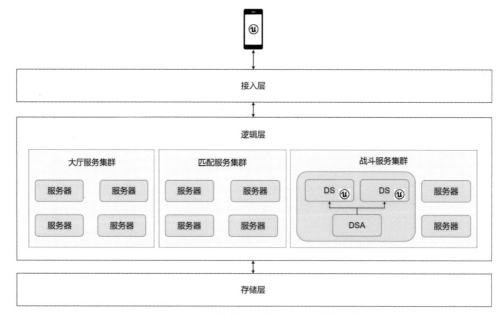

图 4.1　包含 UE DS 的服务器架构示意图

4.1.1.2　DSA 的管理功能

一般情况下，一台服务器需要启动数倍核数的 DS。以一台 32 核的服务器为例，这台服务器需要启动几十个甚至上百个 DS 进程以达到服务器承载玩家数量的技术要求。因此 DSA 有如下主要职能。

- 启动和关闭 DS。当有玩家需要进行游戏时，DSA 会根据请求动态地启动一个 DS，设置所需的启动参数，并在游戏结束后关闭 DS。
- 监控 DS 的状态。DSA 会监控 DS 的状态，例如，CPU、内存等的使用情况。将整机的负载状态上报到上一级的负载均衡器中，以便为玩家分配足够的 DS 资源。
- 与其他游戏服务交互。DSA 作为 DS 与其他游戏服务（如大厅服务）之间的桥梁，负责传输玩家数据、胜负信息、奖励信息等数据，保证游戏服务正常运行。
- 保障游戏服务的稳定性。DSA 负责监控 DS 的运行情况，及时发现并解决 DS 运行中的问题，确保游戏服务的稳定性和可靠性。

通过使用 DSA 可以提高 DS 服务在后台服务器上的启动和管理效率，确保玩家的游戏体验始终保持稳定和流畅。

4.1.1.3　DS 的生命周期

当有一个游戏客户端需要启动单局游戏时，请求会通过一个专用的 TCP 链接发送到大厅服务。大厅服务会通知 DSA 启动一个 DS。收到启动请求后，DSA 会通过外部命令启动 DS 程序，例如，DS 程序为 MFGameServer，启动命令为'./abc/bin/MFGameServer'，再加上一些必要的参数。

在经典的 Direct 模式中，DS 启动后，首先会加载游戏所需的静态资源并将其实例化到内存中。然后 DS 会向大厅服务通知自己已经准备就绪，并开始等待客户端的连接。当有客户端连接时，DS 会验证客户端的身份和权限，如果验证成功，DS 会让客户端加入当前游戏对局中。在游戏过程中，DS 负责处理客户端发送的请求和同步玩家状态，确保游戏进程在所有客户端上保持同步。当游戏结束时，DS 会将游戏结果发送给大厅服务，然后断开与所有客户端的连接。最后，DS 会自动停止并释放其占用的资源。

DS 的生命周期如图 4.2 所示。

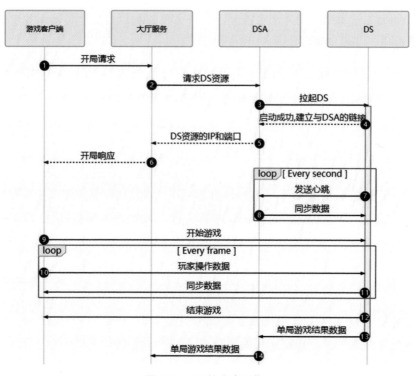

图 4.2　DS 的生命周期

4.1.2　SeedDS 模式优化方案

在 SeedDS 模式中，SeedDS 作为父进程启动一个 DS 进程，即 DS 作为种子进程存在。后续实际工作的 DS 进程通过种子进程启动，以达到优化 DS 性能的效果。

4.1.2.1　Direct 模式存在的问题

一台服务器上所有的 DS 服务都是由同一个 DS 程序启动的。DS 程序的启动需要加载进程数据、游戏资源等。DS 程序的重复启动会在加载、初始化资源的逻辑上消耗大量的资源。此外，不同进程使用的进程数据、游戏资源基本上是相同的。但是在不同的进程中，它们都有各自的一个副本，无法共享。这会消耗服务器大量的资源，包括 CPU 资源、内存资源等，其中内存资源消耗尤为明显。

DS 的启动过程长达数秒到数十秒，会导致玩家进入单局游戏需要等待较长的时间。同时整个过程持续使用 CPU 的一个核，产生的 CPU 毛刺会影响其他正在运行的 DS，使 DS 需要等待 CPU 的计算资源，导致其他玩家在游戏中产生卡顿，体验不佳。

每个 DS 拥有独立的内存资源，由于服务器上的 DS 数量较多，进程的频繁切换会使 CPU 缓存的命中率降低，导致 CPU 单周期执行的指令数减少，CPU 的执行效率降低，同时会放大超线程、NUMA 架构的负面因素，使单个 DS 的 CPU 负载升高，游戏的帧率下降。

4.1.2.2　共享对象和写时复制

Linux 为每个进程维护了一个独立的虚拟地址空间，以免受到其他进程的错误读写。进程的虚拟地址空间包括代码段、数据段、堆、栈、共享库及核的虚拟内存等。很多进程的只读代码区和共享库的代码区都是相同的。如果每个进程都在物理内存中保持这些相同的代码副本，那就是极端的浪费了。因此，Linux 提供了一种机制将这些相同的虚拟地址空间映射到相同的物理地址上。除了以上一些只读的虚拟地址空间可以共享，一些可写的虚拟地址空间也可以进行共享，但是进程对可写区域是有权限进行变更的。当这些可写的共享虚拟地址空间需要变更时，就需要利用操作系统提供的另外一项技术了，叫写时复制（copy-on-write）。目标虚拟地址空间映射的物理内存区域会被实时复制到另外一段物理内存区中，然后目标虚拟地址空间映射到新的物理内存区域。这项技术既保障了进程之间可以共享对象，又保障了进程有自己的私有对象。

对于那些在进程运行过程中生成的私有对象，可以利用操作系统的 fork 机制，将这些私有对象变成进程间的共享对象。当 fork 函数被当前进程调用时，操作系统为新进程创建各种进程所需的数据结构实例。为了给新进程创建虚拟地址空间，操作系统复制了原进程的虚拟地址空间和页表的副本，并将两个进程的每个页都标记为只读，每个虚拟地址空间都标记为写时复制。当 fork 函数返回时，这两个进程就拥有了相同的虚拟地址空间，同时映射到相同的物理内存页。当大量子进程运行时，由于物理页相同，可以共享 CPU 缓存中的数据，因此提升 CPU 每个周期的指令执行数量。

4.1.2.3　优化方案

基于上述原理，在 DS 服务架构中引入了 SeedDS。利用操作系统的写时复制技术，DS 之间可以共享已经加载进内存的资源，降低物理内存页的实际消耗，提高多 DS 运行时 CPU 的缓存命中率，使得可以在单台服务器上运行更多的 DS，承载更多的玩家。

SeedDS 由 DSA 通过外部命令实时启动或者预先启动，完成 DS 的初始化流程，在游戏开始前进行挂起的进程。SeedDS 的作用是 fork 所需要的 DS，即将原来 DSA 直接通过外部命令启动 DS，转变为 SeedDS 接收到 DSA 的命令后，通过自身调用 fork 函数复制出用于服务玩家的 DS。为了区别直接启动的 DS 和 SeedDS 复制出来的 DS，将 SeedDS 复制出来的 DS 称为 worker DS。

DSA 同时管理 SeedDS 和 worker DS。由于每个 SeedDS 启动时都会被指定需要加载的地图和模式，因此 DSA 需要管理多个分别对应不同地图、模式的 SeedDS，它们分别代表了加载不同资源的 DS。SeedDS 会 fork 出多个 worker DS，而 worker DS 同样需要被 DSA 管理。

SeedDS 模式的架构演化如图 4.3 所示。

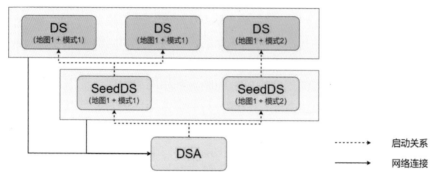

图 4.3　SeedDS 模式的架构演化

DSA 采用动态启动 SeedDS 的方式。以地图+模式为 key，记录对应的 SeedDS。如果该地图+模式没有对应的 SeedDS，则立即通过外部命令拉起一个 SeedDS。SeedDS 启动加载资源、初始化会消耗大概 20 秒。启动完成后，DSA 就可以将 fork 协议发送给 SeedDS，请求 SeedDS fork 出 worker DS。当后续再有这个地图+模式的请求时，就可以直接将 fork 协议发送给对应的 SeedDS 了。

随着时间的流逝，SeedDS 的数量会不断增加。动态启动的 SeedDS 如果长期没有 fork 请求，则将造成资源的浪费。因此，需增加动态销毁 SeedDS 的特性。DSA 会记录最后一个 fork 请求的时间，根据配置的时长，如果在这段时间内没有收到 fork 请求，则会销毁这个 SeedDS。

动态启停 SeedDS 对于地图、模式较多的游戏是可以考虑的。如果地图、模式比较单一，选择预启动、常驻进程的方案会更加简单、高效。

此外，DSA 可以通过配置进行 SeedDS 模式和 Direct 模式的切换，以适应生产环境和开发环境的需求。

UE 提供了最基础的 fork 功能，称之为 WaitAndFork。其使用方式是在 DS 启动时传入特定的命令行参数将进程挂起，进程进入循环等待信号量的状态。由于每个 DS 的启动参数会有所差异，例如，监听的端口、输出的日志文件等，因此开发者需要预先将每个 DS 的启动参数以字符串的形式保存在文件中。每个启动命令占用一个文件，文件以序号命名，保存在指定目录中。当需要 fork DS 时，通过特定的信号量通知挂起的 DS 加载指定文件，读取命令行，fork 出指定参数的 worker DS。

　　这种方案存在几个问题。首先,可靠性较低,DSA 通过信号量启动 worker DS,这使得 DSA 无法快速感知 worker DS 的运行状态。其次,可维护性不高,DS 的启动参数需预先保存在指定文件或者选择实时写文件。最后,DSA 需要增加信号量和写文件两种交互方式,提高了项目组接入此技术的成本。因此我们采用自研插件 WaitAndForkTcp 来解决以上问题。该插件与引擎的交互如图 4.4 所示。

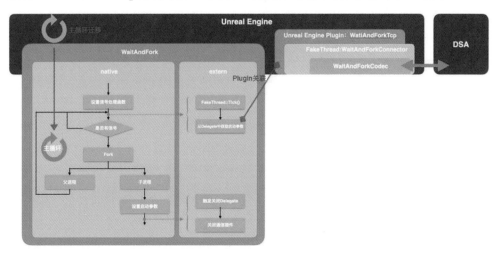

图 4.4　WaitAndForkTcp 插件与引擎的交互

WaitAndForkTcp 插件有如下几个特性。

- SeedDS 和 worker DS 一样,都是以单线程模式启动和运行的。如果 SeedDS 挂起在等待 fork 命令,则无法处理插件的逻辑。因此,WaitAndForkTcp 插件会在 SeedDS 挂起前启动一个线程执行其逻辑,该线程不受引擎阻塞的影响。在 worker DS 启动后,这个插件会执行析构逻辑,停止此插件和线程的运行。

- WaitAndForkTcp 插件在引擎层有两个插入点,一个是在 SeedDS 的挂起循环中处理 fork 前的通用逻辑,另一个是在 worker DS 中处理 fork 后的通用逻辑,其中就包括析构 WaitAndForkTcp 插件、释放资源的操作。这两个插入点通过 CoreDelegates 设置到引擎中,并在插件初始化时进行挂载。

- WaitAndForkTcp 插件的作用是负责 DSA 与引擎的交互。WaitAndForkTcp 插件使用 TCP 与 DSA 交互、使用消息队列与引擎交互。插件启动后,在其 Tick 的逻辑中会使用 TCP 主动连接到 DSA。此方式与 DS 连接 DSA 通信的方式一致,简化了 DSA 的处理逻辑。SeedDS 启动后主动连接 DSA,并定时将心跳协议发送到 DSA,频率设定为 1 秒。心跳协议保障 DSA 确

认 SeedDS 的可靠性，是不可或缺的部分。同时，SeedDS 一直等待 DSA
发送 fork 协议。当 SeedDS 收到 fork 协议后，则调用 fork API。子进程会
关闭 SeedDS 连接 DSA 的组件，并以 DS 的身份重新连接 DSA。SeedDS
作为父进程，将 fork 的执行结果返回给 DSA，然后继续执行原有逻辑，发
送心跳、等待 fork 协议。

- WaitAndForkTcp 插件提供了 WaitAndForkCodec 编码器，实现了 fork 和心
  跳两个功能，不同的项目组可以使用自己的通信协议实现这两个功能。

- WaitAndForkTcp 插件在原有的 WaitAndFork 基础上，增加了 fork 后的通
  用逻辑，包括弃用 fork DS 后保存的 SeedDS 与 DSA 的链接（关闭操作会
  发送 Fin 包，影响 SeedDS 和 DSA 的通信），reopen 资源文件句柄可防止
  多 DS 通过一个文件句柄操作文件导致冲突，设置 DS 的启动命令参数，
  重定向日志文件等。

DS 共享的对象是进程启动后资源加载实例化的对象。为了最大化 DS 之间共
享的内存，需要在 fork 之前的挂起点加载 DS 所需要的资源并完成相关初始化流
程。由于 DS 的资源加载采用按需加载、异步加载的方式，如果没有进入游戏逻
辑中，部分资源将不被加载，因此需要改变资源加载的方式，采用遍历程序挂载
的资源文件，然后用同步的方式将其全部加载进内存，完成初始化。虽然这样会
使 SeedDS 消耗一定的内存，但是在 DS 共享的时候，可以体现出规模效益，降低
整体使用的物理内存。

worker DS 是 SeedDS 的副本，继承了 SeedDS 的所有资源，为了提供不一样
的体验，需要对 DS 进行特例化处理。在引擎层优化时，已经对 fork 后的一部分
通用的逻辑进行了处理。但这还不够，在项目代码层面还需要进行以下改造：根
据项目的命令行参数特例化 DS 逻辑，例如，启动 DS 监听的端口，设置房间信息
等。设置新的随机种子，让 DS 的随机函数尽量收敛。这样 fork 出来的 DS 才能
表现出不一样的游戏逻辑。处理文件句柄，包括但不限于重新打开 Pak 文件句柄、
重新设置 Pak 文件的 ThreadId、重定向 NetworkProfiler 等。

4.1.2.4 方案的效果

DS 可以快速启动，启动时长从十秒级别直接下降到百毫秒级别。新的 DS 跳
过初始化过程，不会产生 CPU 毛刺。在某款游戏的批量 DS 启动测试中，未使用
SeedDS 模式的启动过程存在阶段性的 CPU 毛刺，使用了 SeedDS 后，启动过程
中的 CPU 消耗非常平滑。

在某个游戏的新手关测试中，Direct 模式的每个 DS 都需要占用自己独立的
物理内存，使得机器的内存成为提升单机承载量的瓶颈。使用了 SeedDS 模式后，

单机启动的 DS 数量增长了两倍。承载量的瓶颈从内存变为 CPU。在测试中，两种模式下单进程使用的物理内存基本没有变化，但是在 SeedDS 模式下整机使用的物理内存降低了 50%。在实际的项目中，SeedDS 模式能大概节省 30%~40% 的物理内存。

由于大量的进程使用相同的物理内存，因而提高了 CPU 缓存的命中率，降低了单进程的 CPU 资源占用。在某款游戏的压力测试中，整机的 CPU 使用率降低了 5%。

4.1.3　MultiWorld 模式

对于大量启动 SeedDS 的游戏，可以考虑采用 MultiWorld 模式来进一步减少 SeedDS 的启动，达到 DS 之间资源最大化共享的效果。MultiWorld 是通过 DS 加载多个地图资源，最终可以启动不同地图资源的模式。

4.1.3.1　SeedDS 模式存在的问题

在多人在线战术游戏中，玩家在一幅大地图中可以自由行动，因而 DS 需要加载的资源比较多。这类游戏地图的数量较少，单局时长较长，约 20~30 分钟，因此 SeedDS 模式可以满足需求。而在 FPS 游戏中，地图区域较小，玩家可行走的区域受到限制，单个地图的资源量较少，单局时长较短，约 10~15 分钟，这类游戏一般会有大量的地图供玩家选择，还有不同的模式玩法组合。地图和模式的组合在使用 SeedDS 模式的情况下，可能导致在一台服务器中启动较多的 SeedDS。如图 4.5 所示，SeedDS 是独立的进程，但同样会遇到 SeedDS 相互之间无法共享数据，从而导致 DS 之间原本可以共享的资源无法进一步共享。另外，需要消耗计算资源进行游戏资源的加载，消耗存储资源进行游戏资源的存储等都是 SeedDS 模式在这种场景下存在的问题。

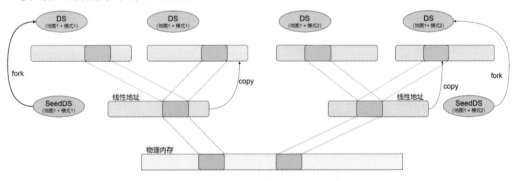

图 4.5　SeedDS 模式的资源共享

4.1.3.2　优化方案

SeedDS 除了需要加载对应的地图资源，还需要加载通用的资源。如图 4.6 所示,此优化方案将进一步增加共享资源的 DS 数量。通过 SeedDS 可加载多幅地图资源,减少 SeedDS 的启动数量,降低额外的计算、存储资源消耗,同时简化 SeedDS 的管理流程。立足于减少重复资源的加载,进一步提高资源的利用率,开发了基于 SeedDS 的 MultiWorld 模式的方案。在 MultiWorld 模式中,不再需要启动多个 SeedDS,每台机器上只需启动一个 SeedDS。

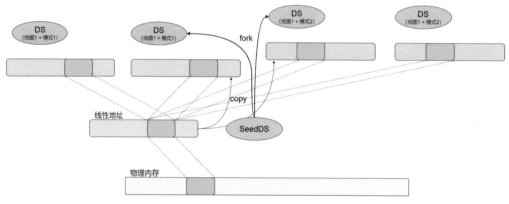

图 4.6　MultiWorld 模式的资源共享

在 SeedDS 模式中,DSA、SeedDS、DS 的比例关系是 $1 : N : M$,其中 $1 \leqslant N \leqslant M$。在 MultiWorld 模式中,DSA、SeedDS、DS 的比例关系是 $1 : 1 : M$。其架构优化如图 4.7 所示。

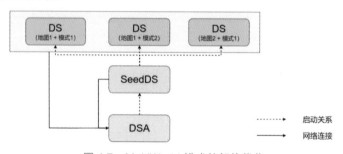

图 4.7　MultiWorld 模式的架构优化

对于 SeedDS 复制 DS 的流程,MultiWorld 模式不同于 SeedDS 模式。在 SeedDS 模式中,当 DSA 需要启动指定 Map 的 DS 时,需要查询其是否启动了对应 Map 的 SeedDS。如果对应的 SeedDS 没有启动,则立即动态拉起一个 SeedDS。如果有对应的 SeedDS,则将启动的 DS 的 Cmdline(启动参数)发送给 SeedDS。SeedDS 此时可以 fork 出对应的 DS,并根据 Cmdline 进行个性化配置。在 MultiWorld 模式中,DS 的启动分为两个阶段。第一个阶段:SeedDS 启动。DSA 启动时可以立即拉起 SeedDS,不再需要根据请求的 Map 资源实时启动 SeedDS。为了实现版本滚动更新，也可以选择动态拉起 SeedDS。第二个阶段：DS 启动。当有开局请求时，不用再选择 SeedDS，可以直接将 Cmdline 发送给 SeedDS。DS 被 SeedDS fork 出来后，根据 Cmdline 的信息决定使用的 Map 资源。由于 DS 已经加载了所有的 Map 资源，因此只需要确定目标 Map 后，即可启动对应 Map 的逻辑进行单局服务。

MultiWorld 模式同样使用了 WaitAndForkTcp 插件。插件中增加了一个 WaitAndForkMultiWorld 类，用于处理 MultiWorld 模式相关的逻辑，包括资源的加载和目标 Map 的选取。

在 Direct 模式中，DS 通过命令行参数传入 Map 资源和模式玩法等参数。在 SeedDS 模式中，DSA 通过外部命令启动 SeedDS。在启动 SeedDS 的过程中，DSA 传入参数指定 Map 资源、模式玩法等。此流程限制了 SeedDS 的加载资源数量。在 MultiWorld 模式中，程序通过配置文件读取 SeedDS 需要加载的 Map 资源。通过配置可以不被限制地传入 Map 的数量，可以配置 1 个或者多个 Map 资源。在引擎读取的配置文件 Engine.ini 中添加了一个配置逻辑段 Core.MultiWorld，可以配置多个 Map 资源。

为了区别 SeedDS 模式和 MultiWorld 模式，SeedDS 启动时通过传入特定的参数（WaitAndForkMultiWorld）来启动 MultiWorld 模式。当 DS 启动时接收到此参数后，SeedDS 就会读取配置中的 Map，然后加载对应的 Map 资源，完成 SeedDS 的初始化。

在 UE 中，Map 是静态的概念，指代资源。在程序运行时，Map 对应的是 World，是动态的概念，指代资源的运行时状态。UE 支持多个 World 同时存在，类似于平行宇宙。当运行编辑器的时候就是多个 World 同时运行，例如，点击播放时，就从一个 Preview 类型的 World 切换到一个 PIE 类型的 World。而 FWorldContext 是用来保存 World 的上下文信息、进行 World 切换的类。在一个独立运行的游戏中，只有唯一的 FWorldContext。因此为了支持在 DS 中同时加载多个 World，需要类似编辑器的模式，创建多个 FWorldContext 实例。这个操作在 WaitAndForkTcp 插件中执行。插件会遍历配置的 Map，然后创建一个新的 FWorldContext 对象，加载其资源，部分代码如下所示：

```
for ( int32 i = 0; i < Maps.Num(); i++ )
{
    ... // 一些准备工作
    // 创建新的 FWorldContext
    FWorldContext* WorldContext =
&GEngine->CreateNewWorldContext(EWorldType::Game);
    WorldContext->OwningGameInstance = InitWorld->GetGameInstance();
    ... // 获取 Map 的资源路径
```

```
// 加载资源
BrowseRet = GEngine->Browse(*WorldContext, URL, Error);
...
```

在基于 Direct 模式的开发中，地图和模式作为两种不同的资源。这样做的目的是，不同的地图和模式可以任意组合使用，以提高开发效率和资源的利用率。但是在 MultiWorld 模式中，需要同时将各种地图和模式加载到引擎中，这会导致资源的相互引用，产生非预期的行为。在 UE 中，资源是通过 Level 进行组织的，World 由多个 Level 组成，Level 下管理了许多 Actor。因此需要对加载的 Level 进行隔离，加载 Level 资源并进行适当改造，将共享的 Level 资源改造成每个地图和模式有自己一份独立的 Level 资源副本。

UE 加载 Level 资源是通过流的方式异步加载的，这里可以使用 UE 提供的 API，将其转化为同步加载。在原来的 UE 游戏模式中，如果两个 Map 加载同一个 Level，第一次加载时，这个 Level 会被标记成已经加载，第二次加载时会返回上次加载的 Level，这会导致相互引用。在 PIE 模式中，Level 会被设置成另外一个带有 UEDPIE 和序列号标识的 Level，用于区分同一个 Level 资源的两个不同的实例。借鉴这个方案，在加载资源的过程中使用一个数据结构记录 Level 名字和 Level 资源的映射关系。如果 Level 是第一次加载，则走正常的加载逻辑，然后在资源加载完成时对 Level 进行复制，并给这个 Level 创建一个唯一的名字。这样，不同的 Map 就拥有了各自独立的 Level。

资源加载完成，对原始 Level 进行存储，并复制出资源隔离的 Level，部分代码如下所示：

```
void ULevelStreaming::UpdateStreamingState(bool& bOutUpdateAgain, bool&
bOutRedetermineTarget)
{
    ...
    // 加载资源完成的状态
    // 复制目标的 Level
    ULevel* DuplicateLevel = DuplicateLevelWithPrefix(LoadedLevel);
    ...
    // 保存原始的 Level
    LoadedLevel->AddToRoot();

ULevelStreaming::GetOriginLevelMap().Add(LoadedLevel->GetOutermost()->
GetFName(), LoadedLevel);
    // 保存复制的名字与原始名字的映射关系
    World->DuplicateLevelMap.Add(LoadedLevel->GetOutermost()->GetFName(),
DuplicateLevel->GetOutermost()->GetFName());
    // 返回复制的 Level
    SetLoadedLevel(DuplicateLevel);
    PendingUnloadLevel = nullptr;
```

在后续的资源请求中，引擎会发现对应的资源已经加载，此时需要一份新的
Level 副本：

```
bool ULevelStreaming::RequestLevel(UWorld* PersistentWorld, bool
bAllowLevelLoadRequests, EReqLevelBlock BlockPolicy)
{
    ...
    // 资源已经加载
    if (LevelPackage)
    {
        ...
        // 复制目标的 Level
        ULevel* DuplicateLevel =
DuplicateLevelWithPrefix(World->PersistentLevel);
        ...

        // 返回复制的 Level
        SetLoadedLevel(DuplicateLevel);
        ...

        // Level 设置
        UWorld* ThisWorld = GetWorld();
        ThisWorld->AddToWorld(DuplicateLevel, FTransform::Identity, false);
        DiscardPendingUnloadLevel(ThisWorld);
        if (ThisWorld->Scene)
        {
            ...

ThisWorld->Scene->OnLevelAddedToWorld(World->PersistentLevel->GetOutermo
st()->GetFName(), ThisWorld, DuplicateLevel->bIsLightingScenario);
    }
```

上面有一行代码用于保存 Level 的原始名字和复制的名字的映射关系。这是
因为在做同步的时候，DS 和客户端通过名字进行资源的匹配、加载。如果名字不
一样就无法加载对应的资源。在 PIE 模式中也有类似的处理逻辑。此处通过这个
映射，在 DS 通知客户端加载资源时，会修正原始名字，使得客户端可以加载正
确的资源。

在 SeedDS 复制 worker DS 后，WaitAndForkTcp 插件会根据传输的命令行参数
选择目标 Map，只需把当前 World 的 WorldContext 设置为目标 Map 的 WorldContext，
并启动目标 WorldContext 中 World 的 Tick 逻辑。而非目标 Map 的 WorldContext
及其相关资源不能直接删除，否则会触发 COW 机制，从而导致 worker DS 创建
大量新的物理页。此处将非目标 Map 的 World 设置为关闭 Tick 逻辑，WorldType
设置为 Inactive 即可。

一些全局的逻辑可能会将 Actor 注册到全局类中。这种全局类会驱动非目标 Level 的 Actor 运行，因此还要根据项目的实际实现对一些全局 Actor 进行清理。

4.1.3.3 方案的效果

MultiWorld 模式继承了 SeedDS 模式大部分的效果，worker DS 的快速启动降低了整机的内存消耗，同时简化了 DSA 的处理逻辑。由于 MultiWorld 模式加载了大量的 Map 资源，在对单一地图模式玩法的测试中，其表现没有在 SeedDS 模式中好，节省的内存大概为 20%~30%。它的优势表现在单机同时存在多个地图模式的场景中。

4.2　Tick 优化

Tick 优化是 TickFunction 优化的简称。TickFunction 的执行耗时，受引擎层的调度逻辑和 TickFunction 本身业务逻辑的影响。本节针对这两部分实现逻辑，分别讲述相关的优化策略。

4.2.1　引擎层 Tick 优化

运行时设计即对程序如何运用主机资源执行其任务流程的设计，对性能影响是基础性的，UE 运行时设计具备如下特性。

- **宽松的多线程使用策略**。UE 默认是多线程模型，对线程的使用宽松，即便是对后端运行的 DS，也会创建 10 个左右的线程（具体数量视 UE 版本与启动参数而定）。
- **间接的函数调用**。UE 将几乎所有的函数调用打包为 TaskGraph 对象（本质就是函数入口地址、调用参数、前置与后置关系的集合），然后将 TaskGraph 对象保存到与指定线程关联的任务队列中，由设定的线程管理执行，这样就建立了一个复杂的支持跨线程异步任务协作调度的机制。

这样设计运行时调度，对客户端而言是合适的。首先，客户端进程基本可以独占主机资源，一个进程拥有的线程最多也就是几十个，相对于对多核的充分利用，线程调度开销可以忽略；其次，客户端任务的种类与依赖关系需要访问多种不同速度的设备（网卡、显卡、声卡、用户输入设备等），需要 TaskGraph 这样复杂异步调度机制的支持，间接调用的成本可以接受。

但对 DS 而言，则存在不必要的性能损耗。DS 进程不能独占主机资源，需要并行运行的进程数一般会远大于 CPU 核数，因此多线程对利用多核没有意义，即使没有执行任务，过多的线程也会增加操作系统的调度开销；此外，DS 进程除了访问网卡，不需要访问其他设备，不存在因为访问速度不匹配而需要将任务分解、拆分，并分配到不同线程执行与同步的情况，TaskGraph 的间接调用成本对 DS 而言是没有价值的开销。

从上面的分析中我们可以得到优化的两个途径：单线程模式运行 DS 和尽量减少函数的间接调用开销。

4.2.1.1　单线程模式运行 DS

UE 自身提供了单线程运行模式（使用 "-nothreading" 命令行参数启动进程即可），个别插件的模块可能不支持单线程模式，需要实现 FSingleThreadRunnable 接口。

4.2.1.2　减少函数的间接调用开销

减少函数的间接调用开销需要从 TaskGraph 的主要使用场景入手，DS 运行的主循环逻辑可以表示如下：

```
- EngineTick
  - WorldTick
    - BeforeRunTicks
    - RunTickGroup
        RunTickGroup(TG_PrePhysics)
        RunTickGroup(TG_StartPhysics)
        RunTickGroup(TG_DuringPhysics)
        RunTickGroup(TG_EndPhysics)
        RunTickGroup(TG_PostPhysics)
        RunTickGroup(TG_PostUpdateWork)
        TimerTicking
        TickObjects
        RunTickGroup(TG_PostUpdateWork);
        RunTickGroup(TG_LastDemotable);
    - AfterRunTicks
        ReplicationActors
        WriteNetPackets
  - DoSomethingAfterWorldTick
```

RunTickGroup 处理是主循环逻辑的主要部分，这里处理了游戏世界的更新操作。UE 定义了 FTickFunction 类，用来表述每个单元（Actor，ActorComponent）的 Tick 更新操作，对其调度执行基于 TaskGraph 的实现，因此对 TickFunction 的调度优化就可以消除大部分的间接调用开销。UE 提供了 FTickTaskManager 与其他辅助类（FTickTaskSequencer、FTickTaskLevel、FTickFunctionTask）来实现对 TickFunction 进行调度，每轮在 WorldTick 中执行的流程如图 4.8 所示。

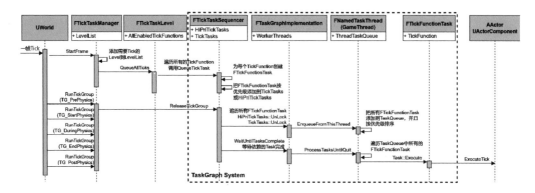

图 4.8　每轮在 WorldTick 中执行的流程

- FTickTaskManager::StartFrame()开始一帧 Tick 处理。这是 Tick 调度最核心的一步，对所有 Tick 项目做排序处理，确定各个 TickFunction 的依赖关系和优先级，进而确定 Tick 执行次序，每一轮都会重新排序，排序后的 Tick 任务保存在 FTickTaskSequencer 中。

```
class FTickTaskSequencer
{
    /** HiPri Held tasks for each tick group. */
    TArrayWithThreadsafeAdd<TGraphTask<FTickFunctionTask>*>
HiPriTickTasks[TG_MAX][TG_MAX];

    /** LowPri Held tasks for each tick group. */
    TArrayWithThreadsafeAdd<TGraphTask<FTickFunctionTask>*>
TickTasks[TG_MAX][TG_MAX];
};
```

- FTickTaskManager::RunTickGroup(Group, bBlockTillComplete)按照 TG_PrePhysics, TG_StartPhysics……的顺序依次执行每个阶段的 Tick 任务。除了 TG_DuringPhysics 步骤，其他步骤都是等待全部完成后（bBlockTillComplete= true）才开始下一阶段的处理。

- FTickTaskMananger::EndFrame()进行一些清理操作。

在这个调度过程中，有两处开销是希望消除的：

- 每轮 StartFrame()中对 Tick 单元的重复排序处理。游戏中的 Tick 单元（Actor, ActorComponent）数量可能会有上千的规模，排序的开销比较大。

- 基于 TaskGraph 的间接调用开销，这里又包括两点。第一，FTickFunctionTask 临时对象的生成，每一轮 Tick 都需要对每个 Tick 单元生成一个 C++仿函数对象，保存参数与 FTickFunction 自身。第二，FTickTaskSequencer 队列中（HiPriTickTasks 或者 TickTasks 的某个节点数组中）缓存的 FTickFunctionTask 对象递交给 TaskGraph 执行时，需要保存到对应线程的任务队列中，这对有些 Tick 处理而言，函数调用的辅助开销可能超过了函数自身的执行开销。

4.2.1.3　Tick 调度优化方案

在明确了 UE Tick 的调用原理之后，每帧要对 Tick 重复排序与间接调用的问题进行优化。希望尽量兼容 UE 现有逻辑，但为了简化实现，做了一些约束，需要业务进行以下确认：

- 在 Tick 单元被注册后，不支持动态改变优先级。
- 依赖关系在注册之前设定，不支持动态增加依赖。
- 不支持跨 Level 的依赖。

基于上面三项约束，新的 Tick 任务调度实现逻辑如下：

- 在注册 Tick 单元时，根据其依赖关系及设定的 Tick 阶段，计算在对应的 FTickTaskLevel 实例中的排序位置,消除在 StartFrame()调用时的重复排序。
- 在 RunTickGroup()执行时，直接依次调用 FTickFunction::ExecuteTick()函数，不再将 Tick 操作提交给 TaskGraph 模块执行。Tick 调度优化后的方案如图 4.9 所示。

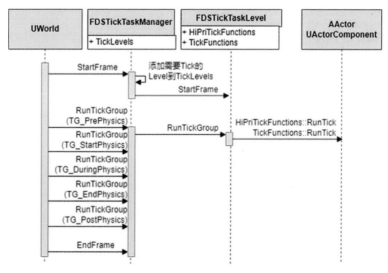

图 4.9　Tick 调度优化方案

UE 在接口编程方面做得比较好，TickFunction 调度与系统其他部分的交互接口通过 FTickTaskManagerInterface 接口定义，因此只要重新提供该接口的实现就可以重新实现 Tick 调度，对其他部分的代码没有影响。

通过条件编译，可以使新提供的 Tick 调度实现只对 DS 有效，客户端还是沿用 UE 原生实现，控制代码的影响范围。

4.2.2 逻辑层 Tick 优化

在不影响游戏体验的前提下，分帧降频是很常见的逻辑层 Tick 优化手段。这里列举两个在具体项目中落地的典型案例。

4.2.2.1 基于玩法的动态帧率

目前，市场主流的 PvP 类射击手游通常是以固定帧率完成单局的。但对于战术竞技类射击游戏，实际对局中的玩家数量呈现长尾效应。所谓长尾效应，就是经过前期激烈交火后，单局内的玩家数量急剧减少，而剩余的这少部分玩家，仍然会继续长时间的游戏。

由于长尾效应，虽然单局内用户减少，进程的 CPU 占用率也在降低，但单用户的 CPU 占用率反倒增加。这个原因也是显而易见的，少量用户独享游戏世界，虽然和用户数强相关的网络同步的开销不高，但游戏世界的各种 Tick 开销并没有因用户数的减少而降低。

针对此类战术竞技游戏的长尾效应，可以考虑引入一种根据游戏烈度，动态调整 DS 帧率的方法。具体来说，可以从三个方面展开动态调整帧率的工作。

- 在游戏玩法的不同阶段定义不同的帧率。
- 根据不同的游戏模式定义不同的帧率。
- 根据游戏烈度定义不同的帧率。

举个例子，请看表 4.1。

表 4.1 游戏分阶段动态帧率示例表

	加载	等待&倒计时	正常对局	长尾阶段	清理
帧率/（帧/秒）	10	10	根据游戏模式决定	15	10

在游戏玩法的加载阶段、等待其他玩家阶段，以及最后一个玩家退出后的清理阶段，DS 都可以运行在远低于正常帧率的水平，比如 10 帧/秒。

在正常对局阶段，DS 可以根据游戏模式运行在相应帧率水平。

当单局进入长尾阶段时，玩家和 AI 间的交火烈度会远低于玩家间的交火烈度，可以把帧率降低到不影响玩家基础体验的水平，比如 15 帧/秒。

这里需要提醒一下，帧率的下降会带来游戏时延的增加，是一种有损优化。所以开发者需要根据游戏特点谨慎评估。

4.2.2.2　AI LOD

业界一般称单局内的对战 NPC（Non-Player Character）为 AI（Artificial Intelligence）。AI LOD（Level of Detail）的思路借鉴自关卡和角色的 LOD。LOD 是指，根据模型距离玩家的远近，展现不同的细节。利用相同的思路，开发者可以根据 AI 距离玩家的远近，来决定 AI 的活跃程度。

AI LOD 对较大的地图场景和长尾单局的 CPU 开销的优化更为突出。单局内剩余少量玩家时，场景内仍有大量 AI，这些 AI 分散相对平均，也就是玩家周围的 AI 数量并不高。如果这些 AI 仍然以高频 Tick，将造成很大的 CPU 浪费。

开发者可以考虑将 AI 的活跃程度划分为两个层级，低频和高频。具体的使用场景如下：

- AI 交火范围内没有任何玩家，按照低频 Tick。
- 较远的交火范围，判断视野内是否有玩家，有则按高频 Tick，无则按低频 Tick。
- 在较近的交火范围，按高频 Tick。

在实现层面，AI LOD 机制需要引入一个 LOD 组件。该组件仍然每帧 Tick，在 Tick 函数中，它使用可见性系统的输出决定是否将玩家从低频状态唤醒。

4.2.3　Tick 优化小结

Tick 优化对 DS 整体性能优化有非常重要的作用，本节从引擎层 Tick 调度、业务逻辑层 Tick 管理两方面给出了一些优化方案，对具体业务开发具有重要的指导作用。引擎层 Tick 调度通过对比 DS 和客户端运行时差异，结合对 UE Tick 管理机制的分析，提出了适合 DS 运行的简化版 Tick 调度方案，具有较强的通用性。在业务逻辑层 Tick 优化方面，根据游戏特性及常用场景提出了动态帧率方案，读者可以在此基础上根据项目的实际需求和特性实现合理的定制。

4.3　网络层优化

UE 的网络层采用基于 UDP 的属性同步机制。本节首先介绍 UE 网络层原生的实现方式，然后分别讲述基于 DirtySystem 和相关性的网络层优化手段。

4.3.1　网络同步简介

游戏服务器中的数据需要从服务器同步到客户端，比如英雄的血量，在英雄受伤时，血量减少，要把减少后的血量数据同步给客户端。

服务器如何判断哪些数据有变化从而需要同步到客户端呢？UE 采用了最朴素的一种方法——把上一次同步的数据存储起来，不断比较本数据和上一次同步的数据，如果有差异则同步。这种方案对于游戏设计者很友好，但对于程序性能很不友好，程序需要不断地轮询，会导致性能下降。

同时对于一个客户端来说，并不需要同步所有数据。在 FPS 游戏中，玩家可能只关心附近 200 米以内的数据，这就需要过滤出和该玩家相关的对象，UE 同样采用了最朴素的方法，通过每一个对象和每个 Connection 调用函数来判断是否需要同步，这样也会造成性能的下降。

网络同步可以追踪到每个 Connection、每个 Actor、每个对象、每个属性，这种精细的同步从网络流量的角度来说是极节省的，例如某一帧的一个属性丢了，服务器只需重发这个属性。但是这种精细同步对于 CPU 的消耗是极大的，常常能占用 DS 整体 CPU 消耗量的一半。因此如何优化网络同步就成了 DS 必须面对的问题。

4.3.2　DirtySystem 的构建

UE 的网络同步采用轮询架构，这会导致重复计算，因此优化的第一步就是构建一个基于事件的网络同步架构。在较新的 UE 版本中，有一个新的 PushModel，参考其功能，我们实现了一个使用更加方便的网络同步通知系统，其名为 DirtySystem。

首先，并不是所有的类都必须接入 DirtySystem，因为对现有系统的全量改造难度太大，并且也没有必要，因此我们修改 UnrealHeaderTool，在类的声明中加上可选项 NetDirty，如下所示：

```
UCLAS(NetDirty) //该类会启用 DirtySystem
class AAICharacter: public AActor
{
    GENERATED_BODY();
    /// ...
};
```

当属性改变时，我们希望能方便地通知到 DirtySystem，如果逐个修改属性改变的地方，工作量大还容易出错。通过调研发现，Visual Studio 和 Clang 都支持属性扩展，我们可以用如下代码实现：

```
UCLAS(NetDirty)
class AAICharacter: public AActor
{
    GENERATED_BODY();

    UPROPERTY(Replicated)
    MS_PROPERTY_NET(bool, bHitted); // 对 bHitted 的赋值操作会通知给 DirtySystem
};
```

其中 MS_PROPERTY_NET 的定义是：

```
#define MS_PROPERTY_NET(_type, _name)\
    __declspec(property(get=__Get##_name##__, put=Set##_name##AndMarkDirty)) \
    _type _name;_type __private__##_name; \
    FORCEINLINE _type __Get##_name##__() const {return __private__##_name;}
```

通过修改 UHT，可让反射系统支持 MS_PROPERTY_NET，同时生成 getter 函数和 setter 函数，最终只需修改属性的声明部分就可以把该属性接入 DirtySystem。

另外，对于忘记给同步属性加 MS_PROPERTY_NET 的情况，增加了一个同步属性改变检测功能。其原理是，为每个接入 DirtySystem 的对象分配一个 FrepStateStaticBuffer 的 ShadowBuffer，每帧对比对象和 ShadowBuffer 的属性，发现有属性改变，但是 DirtySystem 没有收到通知就报错。这个功能只在 Editor 模式开启，这样我们在开发时能够检测到无通知的情况，同时避免了上线的运行时消耗。

通过 DirtySystem 我们知道哪个 Actor、哪个对象及哪个属性有变化，从而为接下来的优化提供信息。

4.3.2.1　子对象同步裁剪

对于同步子对象比较多的 Actor，可以通过重载 AActor::ReplicateSubobjects，按条件对子对象进行裁剪，比如部分子对象不需要同步给 SimulatedProxy，同时在业务侧尽量减少同步子对象数量。除此之外，还可以使用 DirtySystem，在同步前判断，如果该子对象没有脏标记（通常称之为 Dirty），并且所有发送的属性都收到了 Ack，则可以略过属性比较和同步操作。在我们的测试场景中，5 个 AI，单人进局，网络同步操作时长从 0.714ms 降低到 0.464ms，降低了 35% 左右，效果还是不错的。

4.3.2.2　人物移动同步优化

对于人物移动这个特殊的同步场景，可以进一步优化。人物移动同步有这样一些特点：

1. 同步数据固定。

2. 每帧同步。

3. 对于所有 Connection，人物移动同步数据几乎一样。

通过对这几个特点的利用，我们设计了一套专门的同步系统，以高效地同步人物移动。根据特点 1，可以使用比特位来代表某一个属性是否是 Dirty 的，代替复杂的 Changelist；根据特点 2 和特点 3，我们可以预先把数据准备好，在同步的时候直接取出缓存数据，从而大大提高效率。

简单地说，我们在服务器中创建一个 MRActor。在 PreReprecation 阶段，我们拿到所有 Character 的移动数据，并且和缓存的上一帧数据做对比，得出改变的 IncrBits，然后将所有移动数据编码成比特流并缓存。在 NetSerialize 阶段，我们根据条件取出缓存的比特流并写入各个 Connection 的 Bunch，从而完成同步功能。

其数据流如图 4.10 所示。

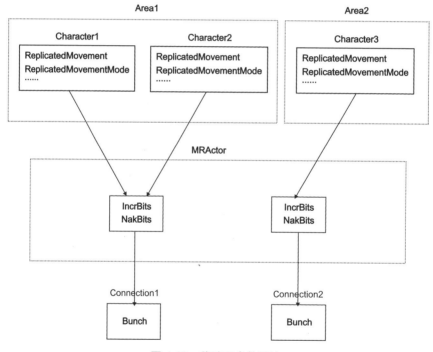

图 4.10　移动同步数据流

1. 每个 Connection 可以根据观察点的坐标同步周围各 Character 的移动数据，需要保证这个范围大于各 Character 的 NetCullingDistance，否则会出现丢属性问题。

2. 把相近的 Character 的数据打包成一个 Area，这样在编码坐标时，为该 Area 设置一个绝对坐标，Area 内的所有 Character 都可以使用相对于 Area 的坐标编码，小坐标省流量；另外，Area 的数量要小于 Character 的数量，在同步时性能也会提高。

3. 除了 IncrBits，我们还需要准备一份 NakBits，用于数据重传，该 NakBits 可以用全量数据，在适当牺牲流量的情况下，简化功能和代码。

移动数据中有指针，比如 FBasedMovementInfo::MovementBase，同步 Object 指针时需要有条件地导出 UObject 指针的 FNetworkGUID。

我们可以对 Character 的同步进行动态降频处理，即在 Character 变脏后提高同步频率，一段时间后再降低同步频率，最大程度降低 CPU 消耗。

4.3.3　网络相关性优化

随着游戏内容的增加，场景尺寸的扩大，DS 需要同步给客户端连接的 Actor 状态的数量也会不断增加；如果客户端的连接数不断增加，那服务器状态同步的复杂度将呈现平方级的提升。

为了降低状态同步的计算量，网络相关性应运而生。网络相关性是指，服务器从游戏世界中筛选需要同步给客户端的 Actor 的机制。在传统的 MMORPG（大型多人在线角色扮演游戏）中也有类似的机制，其中最为耳熟能详的就是 AOI（Area of Interest）算法。AOI 算法主要关心 Actor 和客户端观察点间的空间关系（同步距离）；而 UE 中的网络相关性，不仅涵盖了空间关系，还提供了其他的筛选机制。

在 UE 原生实现中，网络相关性提供了四种筛选策略：

- Always Relevant（始终同步）
- Relevant To Owner Only（仅同步给拥有者所属的客户端连接）
- Net Cull Distance（同步距离）
- Net Use Owner Relevancy（使用拥有者的相关性）

针对以上筛选策略，UE 原生采用了最简单的实现：每帧遍历游戏世界内所有开启同步选项的 Actor，并判断是否命中以上筛选策略。特别针对同步距离进行裁剪的 Actor，需要每帧计算所有开启同步选项的 Actor 到客户端观察点的距离。

同步给客户端连接的 Actor 数量通过筛选策略大大减少，但增加了网络相关性计算的开销。假设有 N 个玩家，M 个需要同步的 Actor（含玩家），相关性的计算复杂度为 $O(N \times M)$。

举个例子，当只有 4 个客户端和 2 个需要同步的可交互物（门和玻璃）时，遍历的复杂度是 $O(4 \times 6)$；当游戏内容增加到 28 个客户端和 60 个可交互物时，复杂度提升到 $O(28 \times 88)$。对于每一帧都以毫秒计的服务器来说，每增加 1 毫秒的开销，对 CPU 使用率的影响都是很可观的。

为了降低网络相关性计算的开销，笔者首先建议开启 Replication Graph 插件，并充分利用其特性。这里需要提醒的是，UE 在 4.20 版才开始支持 Replication Graph 插件。

Replication Graph 插件使用的是空间换时间的思路。游戏进程启动后，Replication Graph 插件为不同的筛选策略建立相应索引。索引的实现基类是 UReplicationGraphNode，在后续的内容中，笔者会使用 Node 表达索引的含义。需要同步的对象被创建后，根据其筛选策略，添加到不同的 Node 中。相关性计算的逻辑省略了遍历的过程，优化为直接使用 Node 缓存的结果。

Replication Graph 原生实现提供的 Node 类如图 4.11 所示。

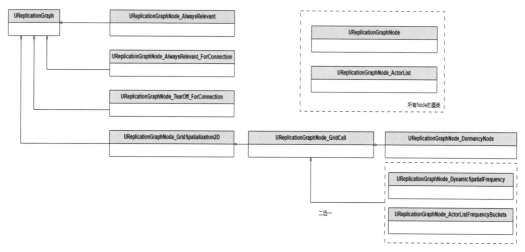

图 4.11　原生 Node 类

- UReplicationGraphNode_AlwaysRelevant 对应于 Always Relevant 筛选策略。
- UReplicationGraphNode_AlwaysRelevant_ForConnection 和 UReplicationGraphNode_TearOff_ForConnection 对应于 Relevant To Owner Only 筛选策略。
- UReplicationGraphNode_GridSpatialization2D 则对应于 Net Cull Distance 筛选策略。
- 对于 Net Use Owner Relevancy 的筛选策略，Replication Graph 提供了一种名为 DependentActorList 的机制。
- 开发者需要继承 UReplicationGraph，并覆写父类的 InitGlobalActorClass-Settings，在该函数中为自己的 Actor 类型指定恰当的同步策略。
- AlwaysRelevant Node 适用于 GameState 这类游戏对象，和所有客户端相关。
- AlwaysRelevant_ForConnection Node 适用于背包类的游戏对象。
- Spatialization2D Node 适用于场景内配置了同步距离的对象，比如玩家角色、门等游戏对象。

这里特别介绍一下 Spatialization2D Node。Spatialization2D Node 的实现思路和传统 AOI 算法基于网格划分的思路类似，但在细节处有着本质区别。

传统 AOI 算法，基于网格划分的典型代表是九宫格法，每个网格会保存网格内的游戏对象。对于观察者来说，可以遍历与自己位置最近的九宫格，获取需要同步的游戏对象列表；也可以创建一个同步对象的缓存，通过监听自己感兴趣的网格进入离开事件进行更新。九宫格是一种读扩散的机制。

Spatialization2D Node 是写扩散的机制。游戏对象根据自己同步距离辐射的网格，将自身指针写在相应网格的索引中。当观察者进入该网格后，直接使用网格内的索引，避免了九宫格的遍历操作。

Spatialization2D Node 的实现细节不限于此。为了更加高效，每个网格又把索引分为静态对象索引、动态对象索引、休眠对象索引。

静态对象只在加入和退出游戏世界时，改变索引信息。动态对象则会每帧计算其覆盖网格的差量，在新覆盖的网格索引中写入自身信息，在脱离覆盖的网格中进行删除。

休眠对象索引的实现要复杂一些。该机制由 DormancyNode 和 Connection-DormancyNode 配合完成。

首先，对于那些属性不经常变化的游戏对象，对其设置允许对象进入休眠状态。设置了上述选项的对象，在加入游戏世界后，会使用网格的 DormancyNode 缓存。客户端连接获取和自己相关的游戏对象时，会创建 ConnectionDormancyNode，并复制 DormancyNode 缓存的对象指针。后续逻辑都使用 ConnectionDormancyNode。当游戏对象属性没有变化，并在客户端确认接收到之前的所有属性变化后，会进入 Dormancy 状态，并从 ConnectionDormancyNode 中删除，后续不会再同步属性。当游戏对象属性再次变化时，会通过事件将游戏对象的信息再次复制到 ConnectionDormancyNode 缓存。在当前帧，它又会变成和连接相关。

当游戏玩法包含大量同步频率非常低的 Actor，比如可破坏物件、掉落物资等时，可以将此类型的 Actor 设置为可休眠的，进入休眠状态的对象不占用 CPU。利用前面提到的 DirtySystem，可以轻松地实现休眠状态对象的自动唤醒。

实现休眠及自动唤醒需要如下 3 步：

1. 设置这类 Actor 的休眠策略为 DORM_DormantAll。

2. 在开始同步时，为 Dirty 的 Actor 调用 AActor::FlushNetDormancy()函数，唤醒休眠状态。

3. 在同步结束时，调用 UActorChannel::StartBecomingDormant()，开始休眠 Tick。在休眠 Tick 中，会检测是否所有的属性改变都被客户端接收了，如果是，则正式进入休眠状态。

通过实验，初步引入 Replication Graph 后，进程的 CPU 使用率整体下降了10%。在深度挖掘 Replication Graph 的各项特性后，CPU 使用率得到进一步优化。

下面再来看一下如何扩展 Replication Graph。

Replication Graph 并不是一个封闭的 AOI 算法，它允许用户自定义索引结构，可以针对特定对象定制自己的相关性策略。

这里举几个例子：

- 当前的绝大多数游戏都允许玩家自由组队，针对某些只在队伍间共享的信息，开发者可以定制队伍相关性的策略。
- 对于某些高频变化但对游戏体验没有影响的游戏对象，开发者可以定制降频 Node，每隔 N 帧同步一次。
- 可以为某些特定对象定制其他的 AOI 算法（十字链表、四叉树等）。

开发者可以根据自身的游戏特点做相关的尝试。

此外，引擎原生实现的相关性是静态的。开发者可以通过事件，定制动态相关性策略，比如游戏内常见的道具类对象，如图 4.12 所示。

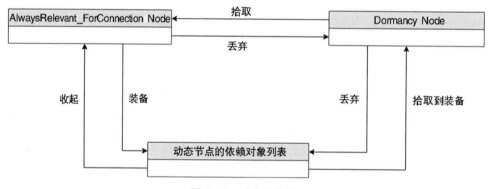

图 4.12　动态相关性

- 当装备被丢弃到游戏世界中时，相关性索引使用 Spatialization2D Domancy Node。
- 拾取到装备时，相关性索引使用 AlwaysRelevant_ForConnection Node。
- 外显或者使用装备时，相关性索引使用 Spatialization2D Dynamic Node 中 Actor 的 DependentActorList。

通过实验，以上定制 Node 和动态策略都取得了较为理想的优化效果。

4.4　业务层优化

层的优化也是很重要的，下面我们将着重介绍 DS 的动画优化和 Overlap 检测优化。

4.4.1　动画优化

UE 有一些简单的选项用于控制动画在 DS 上的 CPU 和内存消耗，但这些简单的选项往往不能满足项目的需求，因此需要做一些定制化的优化。

4.4.1.1　UE4 动画蓝图简介

UE4 有一套成熟的蓝图系统，因此很自然地，动画系统也是一类特殊的蓝图。动画蓝图由多个节点组成树形结构，其根节点 Output Pose 会输出计算好的动画姿态。在编译动画蓝图时，这些编辑时节点（FAnimGraphNode）会被转换成运行时节点（FAnimNode），节点之间的连接以 FPoseLink 表示，以上动画蓝图运行时的内存布局如表 4.2 所示。

表 4.2　动画蓝图运行时的内存布局

Offset（Byte）	Size（Byte）	Name
0	896	UAnimInstance
912	8	_AnimBlueprintMutables
920	8	AnimBlueprintExtension_PropertyAccess
928	8	AnimBlueprintExtension_Base
936	184	AnimNode_Root
……	……	……
7048	1256	AnimNode_ControlRig

可以看到，动画节点在内存中顺序排列，这是一种 CPU 缓存友好的存储策略。每个节点有两个重要的可重载函数：Update_AnyThread 和 Evaluate_AnyThread。随着执行策略的不同，这两个函数既可以运行在动画线程中，也可以运行在游戏线程中。运行时，程序会从根节点开始遍历树形结构中的节点，并且分别调用每个节点的 Update_AnyThread 和 Evaluate_AnyThread。

Update_AnyThread 的主要功能是更新时间线和姿态（Pose）融合的权重，Evaluate_AnyThread 的主要功能是根据时间线、融合的权重及其他参数产生和处理动画姿态，最终在根节点处，我们可以得到处理好的动画姿态和其他数据，完成动画蓝图的功能。

4.4.1.2 动画蓝图优化方案

天下没有免费的午餐，要想在 DS 上优化动画蓝图，需要对其功能做取舍，根据对姿态和 RootMotion 的支持，优化方案如表 4.3 所示。

表 4.3　动画蓝图优化方案

方案	Pose 支持	RootMotion 支持	方案特点
1. 关闭 Evaluate，需要 Pose 时执行 Evaluate	支持	不支持	有 Update 消耗
2. 关闭 Evaluate 和 Update	不支持	不支持	效率最高
3. 关闭 Evaluate 和 Update，使用 RootMotionSource 播放 RootMotion	不支持	支持	性能高，方案复杂
4. 只在播放蒙太奇的时候打开 SkeletalMeshCompoent Tick 功能，并且只 Tick 蒙太奇功能	不支持	支持	性能很高，方案简单

如果业务侧决定了在 DS 上不需要任何动画功能，我们可以选择方案 2，设置

```
USkinnedMeshComponent::VisibilityBasedAnimTickOption =
OnlyTickPoseWhenRendered
```

这样在 DS 上就不会有任何动画消耗，这也是最简单的方案。对于需要 RootMotion 但不需要 Pose 的业务来说，方案 4 是一个不错的选择，接下来将讲述方案 4 的实现及效果。

4.4.1.3 支持蒙太奇的 DS 动画优化方案原理及实现

蒙太奇可以对动画进行切割、重组、播放、多动画融合、多动画同步播放等。同时蒙太奇有独立的时间线、RootMotion 提取、Notify、网络同步功能等，这些功能简直是为 DS 量身定做的，同时配合上动画节点 AnimNode_Slot，可以无缝接入动画蓝图，其功能瞬间变得更为强大。

那么，是不是我们设置 USkinnedMeshComponent::VisibilityBasedAnimTickOption = OnlyTickMontagesWhenNotRendered 这个选项就可以了呢？显然问题没有那么简单，首先这是一个客户端和服务器端共享的配置，客户端和服务器端往往有不一样的业务要求，因此需要增加一个配置：bool bServerOnlyTickMontage。

另外，既然我们只支持蒙太奇的播放，那么在没有蒙太奇播放时，就可以关掉 SkeletalMeshComponent 的 Tick 功能，这样可节省更多 CPU（最快的代码是没有代码）。因此我们的修改分为两部分：

- 在 USkeletalMeshComponent::ShouldOnlyTickMontages 中，在 DS 情况下，返回 bServerOnlyTickMontage。

- 在 USkeletalMeshComponent::InitAnim 中，在 DS 情况下，监听事件 UAnim-Instance::OnMontageStarted 和 UAnimInstance::OnAllMontageInstancesEnded，并且关闭该 Component 的 Tick 功能，这里要注意子蓝图也需要监听。在 OnMontageStarted 事件中打开 Tick 功能，在 OnAllMontageInstancesEnded 事件中要累计当前所有动画蓝图的蒙太奇的播放个数，当该个数为 0 时才能关闭 Tick 功能，不能一收到该事件就关闭 Tick 功能，因为这个事件仅仅代表其中一个动画蓝图的蒙太奇播放完了，具体代码如下所示：

```
void USkeletalMeshComponent::RegisterMontageEvents()
{
    if (IsServerOnlyTickMontage() &&
PrimaryComponentTick.GetAllowTickOnDedicatedServer())
    {
        TArray<UAnimInstance*> Results = GetAllAnimInstances();
        for (UAnimInstance* AnimInstance : Results)
        {
            if (AnimInstance->OnMontageStarted.IsAlreadyBound(this,
&USkeletalMeshComponent::OnMontageStarted) == false)
            {
                AnimInstance->OnMontageStarted.AddDynamic(this,
&USkeletalMeshComponent::OnMontageStarted);
            }
            if (AnimInstance->OnAllMontageInstancesEnded.IsAlreadyBound(this,
&USkeletalMeshComponent::OnAllMontageEnded) == false)
            {
                AnimInstance->OnAllMontageInstancesEnded.AddDynamic(this,
&USkeletalMeshComponent::OnAllMontageEnded);
            }
            SetComponentTickEnabled(false);
        }
    }
}

void USkeletalMeshComponent::OnMontageStarted(UAnimMontage * Montage)
{
    SetComponentTickEnabled(true);
}

void USkeletalMeshComponent::OnAllMontageEnded()
{
    TArray<UAnimInstance*> Results = GetAllAnimInstances();
    int32 ServerPlayMontageCount = 0;
    for (UAnimInstance* AnimInstance : Results)
    {
        ServerPlayMontageCount += AnimInstance->MontageInstances.Num();
```

```
    }
    if (ServerPlayMontageCount == 0)
    {
        SetComponentTickEnabled(false);
    }
}
```

经过优化，动画部分对性能的影响就微乎其微了。对于一些依赖动画的逻辑，我们可以使用程序自行模拟。比如原来依赖于动画 Notify 的脚步声，在 DS 上可以根据移动速度，周期性地调用 UAnimNotify::Notify 函数来模拟，从而兼容原有的逻辑功能。

4.4.2 OverlapEvents 实现分析和性能优化

UE 的 OverlapEvents 系统实现比较粗糙，在大部分项目中会成为性能瓶颈之一，优化 OverlapEvents 系统是很有必要的。

4.4.2.1 基础概念

物理引擎可为游戏增添真实性，在大部分游戏中都在使用物理引擎。游戏的场景宝箱拾取判定、射击判定、人物移动、死亡动画、载具等都是物理引擎的功劳。

UE4 使用 PhysX 作为其物理引擎，PhysX 中的主要对象有物理场景（PxScene）、物理角色（PxActor）和物理形状（PxShape）。其中，一个物理场景中有多个物理角色、一个物理角色由多个物理形状组成。我们可对这些对象进行场景查询（SceneQuery）操作和物理模拟（Simulation）操作。

4.4.2.2 场景查询

场景查询操作可分为 Raycast、Sweep 和 Overlap。例如，通过在两点之间做 Raycast 操作，可以判定这两点之间是否有障碍物，实现 AI 的视野分析；通过让一个胶囊体垂直于 Sweep 地面，可以判定该胶囊体的着地点，实现人物的行走；通过让一个球体在某一点做 Overlap 操作，可以得到这个点周围的物理角色，实现环境分析。

为了高效地支持这些操作，PhysX 会对物理形状建立空间索引结构，包括 AABBTree、Grid。一次场景查询操作通常需要两次 AABBTree 遍历和若干次对物理形状的查询操作。

4.4.2.3 物理模拟

物理模拟分为碰撞检测和解算两个步骤。碰撞检测步骤会分析任何两个物理形状的相交信息，解算步骤会根据相交信息和物理形状之间的约束进行动力学解算。比如有两个半径均为 0.5 米的球体，其球心距离为 0.9 米，在碰撞检测步骤会分析出这两个球体相交 0.1 米，然而这两个球体的约束是不能相交，因此在解算阶段会给这两个球体与相交方向相反的冲量，并且根据冲量计算出位移，最终结果是这两个球体分离。

　　碰撞检测本身可以分为 BroadPhase 和 NarrowPhase 两个步骤，BroadPhase 使用 SAP（Sweep And Prune）算法，其本质是按位置的插入排序。以一维情况为例，如图 4.13 所示。

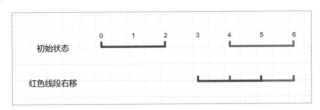

图 4.13　SAP 算法一维演示图

　　红色线段的起点和终点分别为 0 和 2，简写为[0, 2]，绿色线段的位置是[4, 6]，显然红色线段的终点 2 小于绿色线段的起点 4，因此这两条线段开始不相交。这时红色线段向右移动 3 个单位，其空间变为[3, 5]，该变化会导致红色线段向右做插入排序，其终点 5 插入到绿色线段[4, 6]之间，因此可以判定这两条线段相交。

　　解算的算法在此不详述，有兴趣者可以自行搜索相关资料。

4.4.2.4　原有功能简介

　　勾选了 GenerateOverlapEvents 选项的物体移动时，会调用 PhysX 的 Overlap 接口，查询周围的物理对象，根据查询出的内容和保存的内容做差集，判定出哪些对象进入了 Overlap 范围，哪些对象离开了 Overlap 范围，分别调用 BeginComponentOverlap 函数和 EndComponentOverlap 函数，完成 GenerateOverlapEvents 功能。

4.4.2.5　性能优化原理

　　由于 Overlap 操作是一次全场景的操作，其消耗不可小觑，因此对于移动物体较多的场景，这个功能会引起 CPU 占用率快速升高，因此如何优化该功能是一个值得研究的问题，有以下两个优化思路：

- 业务侧不需要知道任意两个物体之间是否 Overlap，比如场景中有少量玩家角色和大量 AI 角色，在游戏中只需知道玩家角色和 AI 角色之间是否 Overlap，而并不用关心玩家角色和玩家角色、AI 角色和 AI 角色之间是否 Overlap。在这种情况下，我们可以关闭所有角色的 GenerateOverlapEvents 功能，在玩家每次移动时自行调用物理 Overlap 接口获取周围物体的情况。
- 利用物体移动的空间局部性，即相邻两次的移动位移较小，不会出现满天飞的情况。如果能够利用好空间局部性，就能优化性能。很巧的是，PhysX 的模拟使用的 SAP 算法就能很好地利用空间局部性,该算法就像插入排序算法,对于完全有序的序列来说消耗非常小。因此,我们额外创建一个物理场景,称之为 TriggerScene,把所有勾选了 GenerateOverlapEvents 选项的物体的物理角色复制一份到 TriggerScene,并设置物理形状的 Flags 为 PxShapeFlag::eTRIGGER_SHAPE。当物体移动时,我们要主动设置 TriggerScene 中物理角色的位置,这样就可以模拟 TriggerScene,当有 Trigger 事件时,把事件分发出去,从而代替 UE 原有的 GenerateOverlapEvents 功能。

笔者将讲述第二种思路的实现原理,系统地优化该问题。

我们在 UPhysicsSettings 类中增加 bool bEnableOverlapUsingTrigger 配置,用来动态开关该功能。在优化系统原有功能时,用开关控制优化是否执行是一个好习惯,通过开关既可以方便地测试性能是否有提升,又能在优化出现问题时及时关闭,迅速排除问题。

首先在 USceneComponent::ShouldSkipUpdateOverlaps 函数和 UPrimitive-Component::MoveComponentImpl 中分别加上开关以关闭原有 Overlap 的相关功能。

然后创建一个新的物理场景 TriggerScene,把需要 GenerateOverlapEvents 的物理对象复制一份到 TriggerScene,设置其为 Trigger 类型,并维护好其移动、物理模拟、Trigger 事件分发。

最后要注意加锁,否则程序会在多线程环境下崩溃。

通过上述步骤,我们就有了一个兼容原系统的 GenerateOverlapEvents 功能,在测试场景中,人物移动的性能消耗为原来的一半左右。

4.5 总结

本章总结了多个已经上线的成熟项目经验,系统地介绍了 UE 的 DS 的相关优化实践。

DS 优化能够降低 CPU 使用率、内存使用量,继而提高进程的运行效率;能够提高游戏玩家的承载量、玩家的对战体验,并降低服务器运营成本,具有多重积极意义。

本章的优化实践涵盖了引擎的多个方面,对致力于 DS 系统性优化的开发者来说,是一份非常有用的参考材料。

深入剖析高性能游戏数据库 TcaplusDB 的存储引擎

本章介绍硬件和软件架构对数据库的影响，并对典型数据库中的核心组件存储引擎的设计进行简单介绍，还将深入剖析高性能游戏数据库 TcaplusDB 所使用的存储引擎的设计与实现。

5.1 数据库存储引擎概述

数据库、操作系统和编译器是现代信息技术软件的基石，数据是信息的载体，数据库则负责存储和管理这些海量复杂的数据，为上层应用程序提供高效稳定的读写接口。数据库存储引擎是数据库系统中负责数据存储和检索的组件，它定义了如何在硬盘上存储数据、如何将数据加载到内存中及如何执行查询等操作。

从硬件的角度考虑，CPU、内存、硬盘等硬件对存储引擎的性能影响非常大，硬盘又是其中的关键。硬盘的基本特点是顺序读写性能远高于随机读写性能，SSD 相较机械硬盘有很大的改进，高性能的 SSD 已经达到了 10 万 IOPS 的量级，但 SSD 的随机读写性能和顺序读写性能差异依旧明显。为了降低硬盘性能对数据库性能的限制，数据库存储引擎的软件架构设计至关重要，需要尽量缓存数据以减少对硬盘的读写，需要减少随机读写而尽量使用顺序读写来最优化利用硬盘的性能。

目前应用最广泛的存储引擎主要有两类，基于 B+树的和基于 LSM（Log Structured Merge）树的。B+树的瓶颈在于脏页写入硬盘是随机的，而随机写性能通常是硬盘的性能短板，使用 B+树的 MySQL 存储引擎和 MongoDB 的存储引擎 WiredTiger 都有此种问题。使用 LSM 树设计的 LevelDB，采用批量追加写的模式解决了 B+

树随机写入的问题，但是 LSM 树的多层级设计引入的问题是读性能并不稳定，对于老数据及不存在的数据，需要查询多个层级的数据文件，这放大了读请求对硬盘的访问，影响了读性能。

本章将介绍在游戏核心场景下使用的数据库存储引擎的软件架构设计。

5.2　LSH 存储引擎的整体架构

TcaplusDB 是一款伴随腾讯游戏发展的内存硬盘融合的分布式 KV 数据库，其提供的高性能和高可用方案保证了游戏业务的稳定性和安全性；丰富易用的 API 和工具保证了游戏开发的便捷性；专为游戏设计的回档功能确保了游戏复杂运营活动在数据操作层面的简易性；不停服情况下的无损高速扩容，保证了游戏业务爆发式增长时可以快速实施水平扩展。基于优异的表现和良好的口碑，TcaplusDB 已应用于几乎所有的腾讯自研游戏，为这些游戏提供了可靠的数据存储和管理服务，保证了游戏的稳定性和用户体验。

经历了十多年的发展，借助在游戏行业的积累和沉淀，TcaplusDB 的数据库研发团队对存储引擎进行了重构，推出了新一代的游戏数据库存储引擎 LSH（Log Structured Hash），进一步强化了 TcaplusDB 在游戏存储场景上的优势。

5.2.1　LSH 存储引擎的设计思想

LSH 存储引擎的核心设计思想是，充分发挥内存优势以提升索引性能，充分利用磁盘的顺序写能力远超随机写能力的特性，建设引擎自治管理机制实现卓越的自运营能力。具体解释如下。

- Shard-nothing：无锁设计，无线程上下文切换，降低请求时延。
- Log-Structured：通过合并写入请求，减少随机写操作，提高写性能。
- Hash Table Index：游戏场景以点查为主，范围查询较少。哈希索引与 B+ 树、LSM 树相比，能有效减少索引访问次数。
- 精准的 I/O 预读：索引存放记录的页面个数，通过一次 I/O 读取完整记录，减少读取记录的 I/O 次数。能替代文件系统预读，避免文件系统预读失效问题。
- 引擎自治：根据记录数自动调整哈希表大小，降低哈希冲突率，提供稳定的索引性能。自动数据整理，可及时淘汰无效数据，减少 Log-Structured 带来的空间放大问题。

5.2.2　LSH 存储引擎架构设计

TcaplusDB 的 LSH 存储引擎主要由两部分组成：哈希索引和数据文件。哈希索引全部存放在内存中，采用拉链法实现。哈希索引由 bucket 和 entry 两部分组成，bucket 中的各个成员记录 entry 节点的编号，entry 中的各个 entry 节点记录的是数据的索引信息，哈希索引的架构如图 5.1 所示。

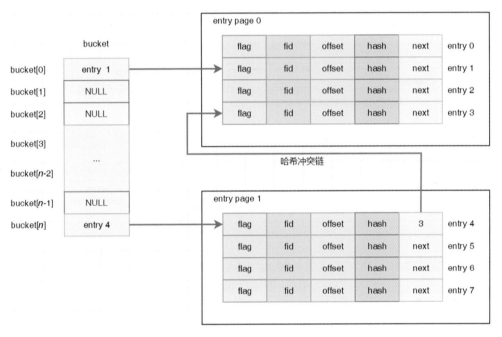

图 5.1　哈希索引的架构图

bucket 的容量限制为 2 的幂次方，每个成员（简称为桶）占用的空间为 4 字节，记录的是 entry 节点的编号，最大能代表的编号为 $2^{32}-1$，这即为单个 LSH 存储引擎最大支持的记录数。在计算得到 key 的哈希值后，对哈希值取 bucket 容量的余，得到对应桶的地址，桶中存储的即为 entry 节点的编号。

entry 采用的是页式管理，entry 页面的大小为固定长度 S 字节，entry 节点的长度固定为 N 字节，每个 entry 页面内能存放 S/N 个 entry 节点，这样通过 entry 节点的编号就可以得到其所在的页面编号和页面内的偏移。每个 entry 节点由 5 部分组成，具体如下。

- flag：特殊标记及数据占用的存储页面数。
- fid：数据文件的序号。
- offset：数据文件内的偏移（地址）。

- hash：key 的哈希值。
- next：下一个 entry 节点的编号，以此形成 entry 链表，值为 0 时代表后面没有 entry 节点。

entry 和数据文件的架构如图 5.2 所示。

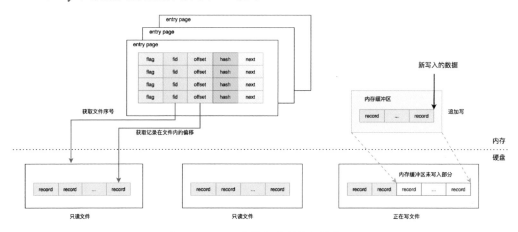

图 5.2　entry 和数据文件的架构图

entry 节点的 fid 和 offset 用来定位数据存储的位置，fid 确定数据所在的文件，offset 确定数据在文件中的偏移。fid 占用 13bit，最多可以容纳 8192 个数据文件，offset 占用 27bit，最多支持 128MB 的地址范围，这样单个 LSH 存储引擎能容纳的最大数据量为 8192×128MB，即 1TB 的存储空间。为了扩大单个 LSH 存储引擎支持的容量，每个新写入的数据的首地址采取字节对齐的方式，比如按照 8 字节对齐，每条记录写入的地址都为 8 的倍数，记录到 offset 中的值可以取实际文件内的偏移地址除以 8，这样 offset 字段将能支持 128MB×8 即 1GB 的存储范围，对应的单个 LSH 存储引擎支持存储 8192×1GB 即 8TB 的数据。

LSH 存储引擎的数据文件分为两类：只读文件和可写文件。单个 LSH 存储引擎中只有 1 个可写文件，用来写入内存缓存区中的数据。当这个可写文件的大小达到单个数据文件设定的上限时，就会转换为只读文件，并重新生成 1 个新的可写文件。当读取的记录在可写文件中时，数据可能保存在内存缓冲区或者文件中，此时读取流程如下：

（1）可写文件当前写入数据的偏移为 write_offset，读取的记录的偏移为 offset，记录大小为 size，内存缓冲区的内存首地址为 addr。

（2）当 offset 大于或等于 write_offset 时，则读取内存缓冲区中的内容，读取的首地址为 addr+offset−write_offset。

（3）当 offset 小于 write_offset 时，读取文件中的信息，如果 offset+size 大于

write_offset，则需要拼接文件中的内容和内存缓冲区中的内容。

数据文件中的 record 由 3 部分组成，record 的头部信息、key 信息和 value 信息。record 的结构如图 5.3 所示。

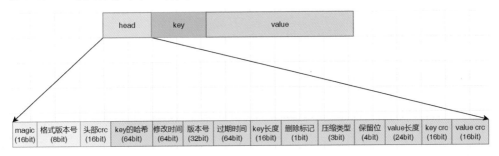

图 5.3　record 结构示意图

在 record 的头部信息中，头部 crc 字段中记录的是其后全部 head 字段的 crc，以保证后面数据的正确性。key 长度字段占用 16bit，最大支持 64KB 的 key 长度。压缩类型字段代表 value 所使用的压缩算法，默认使用 snappy 压缩算法，如果压缩后的长度比原始长度还长，则不压缩，此时压缩类型为 0。value 长度字段占用 24bit，最大支持的 value 长度为 16MB。

5.2.3　存储引擎的读写删流程

存储引擎的读写删接口的性能会影响数据库的性能，本节将从读取流程开始介绍 LSH 存储引擎接口的高性能实现。

5.2.3.1　读取流程

读取数据的请求流程如下：

（1）先计算 key 的哈希值，对哈希值取余，通过 bucket 容量得到对应桶的位置。

（2）获取 bucket 的桶中存放的 entry 节点的编号。

（3）根据 entry 节点的编号找到 entry 节点的内存地址，获取 entry 节点的哈希值，和 key 的哈希值进行对比。

（4）如果哈希值一致，则根据 entry 节点中的 fid 和 offset 读取 key 值和 value 值。如果 key 一致，返回 key 和 value；如果 key 不一致，获取下一个 entry 节点的编号。

（5）如果下一个 entry 节点为 0，则返回记录不存在；如果下一个 entry 节点不为 0，则从如上第（3）步继续查找下一个记录。

从以上流程中可以看到，哈希冲突会影响查找的效率，为了保持良好的性能，一方面需要降低 entry 链表的长度，另一方面，需要避免出现多个不同的 key 的哈希值一样的场景。

entry 链表的长度会影响哈希索引的查找效率。我们测试了在不同的记录数和 bucket 容量下，桶的各种长度的链表中记录数的占比，如表 5.1 所示，其中"链长 X"代表 bucket 容量下链表长度为 X 的记录数的占比。

表 5.1　不同记录数下各链表长度的记录数占比

记录数（百万）	bucket 容量（百万）	链长 1（%）	链长 2（%）	链长 3（%）	链长 4（%）	链长 5（%）	链长 6（%）	链长 7（%）	最大链长
8	16	60.66	30.32	7.58	1.26	0.16	0.01	0.01	7
16	16	36.78	36.77	18.38	6.15	1.53	0.30	0.05	10
32	16	13.53	27.05	27.06	18.05	9.01	3.62	1.20	13

基于哈希索引内存消耗和链长的考虑，在 LSH 存储引擎中保证 bucket 的容量和记录数相当，会动态扩缩容以确保链表的长度维持在一个较低的水平。

多个不同的 key 的哈希值一样会带来多次数据文件的读取，这会带来硬盘的读写，影响性能。为了尽量避免出现哈希值相同的场景，需要哈希算法具备良好的离散性。当前单存储引擎可以支持的最大记录数的上限为 $2^{32}-1$，需要哈希值的范围远大于这一数值，这里哈希值的长度取 64bit，随机计算了数百亿 key 的哈希值后，未出现 key 不同但哈希值一样的情况。测试结果表明所使用的离散函数和哈希值的长度能有效避免出现哈希值一样的场景。存储引擎中的数据和哈希值基本一一对应，哈希值在索引中存在，则查询一次数据文件就能得到需要的 key 和 value。对于数据文件中不存在的 key，哈希索引中也几乎不会出现这个 key 的哈希值，误判率基本为 0。

key 和 value 合并存储后，一次硬盘 I/O 就可以获取数据，key 和 value 的具体长度存储在记录的头部信息中。通过 entry 节点中记录的偏移并不能知道 key 和 value 的具体长度，考虑到 SSD 的块大小通常为 4KB，单次读取数据长度为 4KB 的倍数，entry 节点的 flag 字段中会保存当前记录跨越 4KB 大小的块的数量，最大支持记录跨越 63 个块，大于 63 个块的超大记录，则需要读取两次。对于硬盘而言，如果硬盘 I/O 的块都超过了 63×4KB 大小，则此时硬盘的吞吐量一般会先于硬盘的 IOPS 到达硬盘性能上限。

如果查询请求中需要获取 value，读取 key 会一并读取 value 的内容，此即为 LSH 存储引擎的预读机制。如前所述，在 LSH 存储引擎中，几乎不会出现 key 不同而哈希值一样的场景，不会出现误读，所以采用预读 value 的机制能有效减少 I/O 数，可提高性能。

5.2.3.2　写入流程

对于写入数据的请求，需要先查询再实施写入流程。这里假定文件中各个数据的起始地址都为 8 的倍数，具体流程如下：

（1）查询 key 是否存在，若 key 存在则获取对应的 entry 节点信息。

（2）获取当前写入文件的尾部地址，如果被 8 整除余数为 N，则将该地址加上 8-N 记为新数据写入的起始地址。

（3）将数据写入缓存，记录该缓存对应的文件的 fid 和文件内新写入数据的起始偏移，偏移除以 8 转换为 entry 中的 offset 值。

（4）写入缓存操作完成后，如果是新写入的，则申请新的 entry 节点并记录对应的哈希值、fid 和 offset，写入哈希索引中；如果不是新写入的，则更改老记录的 entry 节点中的 fid 和 offset。

数据写入缓存后，并不会立刻被写入硬盘，需要将存储引擎的内存缓冲区写满后再整体写入硬盘。写入硬盘采用异步写入的方式，对已写入的数据提交异步 I/O 后，会重新开辟一块内存缓冲区。异步 I/O 完成后，老的缓冲区会被回收。云服务厂商如腾讯云提供的单盘 SSD 的最大吞吐量可以达到 1000MB/s，叠加额外性能后可以达到 4000MB/s，批量追加写入模式能充分利用硬盘的吞吐量。

5.2.3.3　删除流程

对于删除数据的请求，需要先查询数据是否存在，再实施删除操作，具体流程如下：

（1）查询 key 是否存在。

（2）若 key 存在，则直接删除哈希索引中的 entry 节点。

（3）若 key 不存在，则直接返回记录不存在。

（4）删除数据的时候，如果记录存在，直接删除哈希索引中的 entry 节点，不会带来额外的写入操作。

5.3　LSH 存储引擎的实时自适应设计

在数据库领域中，不同的存储引擎具有各自独特的优缺点和适用场景。在不同工作负载和业务模型下，存储引擎的性能表现也不尽相同。为了在不同工作负载下保证较好的性能表现，存储引擎需要实时自适应设计。这种自适应设计选择合适的优化策略以应对不同场景下数据量、数据大小和访问负载能力的变化，从而达到更佳的性能表现。在数据库领域中有以下实时自适应设计，例如，MySQL 的自适应哈希索引、WiredTiger 存储引擎的自适应缓存策略、动态调整压缩策略、LevelDB 的数据整理 Compection 机制等。为了实现存储引擎自治，LSH 存储引擎实现了 rehash（重新哈希）和数据自动整理。

5.3.1 LSH 存储引擎的 rehash

哈希表（也称为散列表）是一种常见的数据结构，通过散列函数将 key 映射到表中的特定位置，从而达到快速访问的效果。哈希表中的记录数与哈希桶数量的比值称为负载因子。当负载因子过高，也就是哈希表中的记录数与哈希桶数量的比值过高时，会导致哈希冲突过高，在寻找对应 key 的过程中会影响哈希表的查找性能。为了快速索引，哈希表通常存储在内存中。然而，内存是一种昂贵的资源，当负载因子过低时，会造成资源浪费。基于上述原因，哈希表需要 rehash 以调整哈希桶的数量进行扩容或者缩容，从而将哈希表的负载因子控制在合适的范围内。

5.3.1.1 LSH 存储引擎 rehash 的实现

rehash 的流程如图 5.4 所示，将原哈希表 ht[0]中的数据搬迁到 ht[1]中去，搬迁完毕后，释放原 ht[0]，并将 ht[1]替换为 ht[0]。

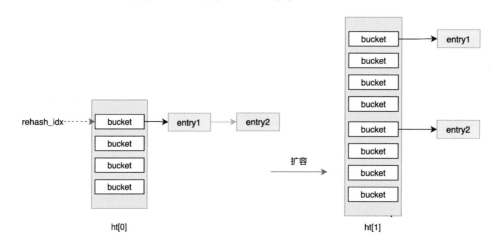

图 5.4　哈希表扩容流程

为了避免 rehash 过程中阻塞用户请求，会采用渐进式的 rehash 策略。对于简单的请求，需要查询 ht[0]和 ht[1]来确定数据是否存在；对于遍历请求，在 rehash 的过程中，不能遗漏数据。如果采用 bucket 编号自增的方式遍历，在缩容时会发生 rehash，如容量为 8 时遍历到 bucket 编号 5，rehash 完成后，容量变为 4，此时已遍历的 bucket 编号已经大于容量，会导致遗漏数据。在 Redis 中，数据遍历使用反向二进制迭代算法来避免出现数据遗漏。表 5.2 展示了哈希表在容量为 4 和 8 时，哈希值和 bucket 的对应信息。bucket 的容量限制为 2 的幂次，对应的指数记为 n，bucket 编号的低 n 位二进制高低位互换得到反向编号。

表 5.2　哈希表容量为 4 和 8 时哈希值和 bucket 的对应信息

哈希值（二进制数）	容量为 4		容量为 8	
	bucket 编号（十进制数/二进制数）	bucket 反向编号（十进制数/二进制数）	bucket 编号（十进制数/二进制数）	bucket 反向编号（十进制数/二进制数）
*000	0 / 00	0 / 00	0 / 000	0 / 000
*100	0 / 00	0 / 00	4 / 100	1 / 001
*010	2 / 10	1 / 01	2 / 010	2 / 010
*110	2 / 10	1 / 01	6 / 110	3 / 011
*001	1 / 01	2 / 10	1 / 001	4 / 100
*101	1 / 01	2 / 10	5 / 101	5 / 101
*011	3 / 11	3 / 11	3 / 011	6 / 110
*111	3 / 11	3 / 11	7 / 111	7 / 111

Redis 按照 bucket 的反向编号自增顺序来遍历 bucket，未发生 rehash 时，一次会返回至少一个 bucket 下面的全部数据，容量为 8 时，如表 5.2 所示，遍历顺序如下：

- bucket 反向编号遍历顺序：0→1→2→3→4→5→6→7
- bucket 编号遍历顺序：0→4→2→6→1→5→3→7

遍历过程中发生 rehash 缩容时，假定 ht[0]的容量为 8，ht[1]的容量为 4，在 rehash 前，遍历访问 ht[0]中反向编号为 5 的 bucket，rehash 完成后，该 bucket 中的数据迁移到新哈希表中反向编号为 2 的 bucket，返回新哈希表中反向编号为 2 的 bucket 中的全部数据。在 rehash 过程中，需要返回 ht[0]中反向编号为 4 和 5 的 bucket 中的数据及 ht[1]中反向编号为 2 的数据，对比表 5.2，不会跳过部分 bucket 导致遗漏数据。遍历过程中发生 rehash 扩容，处理流程与缩容类似。

Redis 使用的反向二进制迭代算法保证在 rehash 的过程中，遍历不会跳过部分 bucket 而遗漏数据。但 Redis 在 rehash 过程中，数据请求需要同时查找 ht[0]和 ht[1]中的数据，才能确定数据是否存在，遍历的时候，也需要同时获取 ht[0]和 ht[1]中的数据。为了简化数据查询的流程，LSH 存储引擎的 rehash 流程也使用了反向二进制迭代算法，查询时可以确定数据在 ht[0]中还是 ht[1]中，遍历的时候也能确定当前需要遍历的 bucket 在 ht[0]中还是 ht[1]中，不需要同时查询两个哈希表，提高了查询性能。rehash 过程中查找数据的流程如下：

（1）rehash 使用反向二进制迭代算法，从 ht[0]的反向编号为 0 的 bucket 开始依次进行 rehash。

（2）记录当前 rehash 的 ht[0]的 bucket 的反向编号，将其记录为 n。

（3）计算 key 的哈希值，再计算其对应的 ht[0] 的 bucket 编号，然后计算该 bucket 编号的反向编号，为 m。

（4）如果 m 大于或等于 n，则该 key 仍然在 ht[0] 中，后续读写删操作都在 ht[0] 中进行。

（5）如果 m 小于 n，则该 key 已经 rehash 到 ht[1] 中，后续读写删操作都在 ht[1] 中进行。

遍历流程与此类似，遍历的 bucket 的反向编号小于 n，则获取 ht[1] 中对应 bucket 中的数据，反之则获取 ht[0] 中的数据，不需要同时查询并聚合 ht[0] 和 ht[1] 中的数据。

5.3.1.2　rehash 的策略

LSH 存储引擎的键值对的索引是通过内存中的哈希表来实现的。在 LSH 存储引擎中，rehash 采取渐进式的 rehash 策略，分为主动和被动两种调度方式。

- 主动 rehash
  主动方式是指在 LSH 存储引擎空闲时才进行调度，合理利用计算资源和避免影响用户请求的访问。
- 被动 rehash
  当存储引擎一直处于高负载状态时，不能及时进行主动 rehash，因此在 LSH 存储引擎写、删的过程中增加了被动 rehash 策略。
- rehash 的开销
  在 rehash 状态中，内存有额外的开销，并且读写访问流程需要访问两个哈希表，这会带来额外的计算开销，不能长期处于 rehash 状态。主动和被动的调度方式可确保负载无论高低都能及时 rehash，渐进式的 rehash 策略则能保证 rehash 每次占用的时间极短，实现了快速 rehash 且不阻塞用户请求的目的。在 TcaplusDB 的压力测试中，在 rehash 时基本不会影响用户请求的访问时延。

5.3.2　LSH 存储引擎进行数据整理

LSH 存储引擎是一种基于哈希索引的日志型存储引擎。在数据删除或更新场景中，它可能会产生冗余数据，导致空间利用率降低，因此需要进行硬盘整理以优化存储空间。当数据文件中存在无效数据时，数据整理会将多个数据文件合并成新的数据文件，及时淘汰无效记录以释放硬盘空间。

5.3.2.1　数据整理原理

在 LSH 存储引擎中，数据整理以文件为粒度进行调度，每次数据整理都会遍历单个数据文件。为了避免对所有数据文件进行遍历，对每个数据文件都增加了空洞率统计，只有单个数据文件的空洞率达到阈值才进行数据整理。空洞率是指数据文件内无效记录数与总记录数的比值，用于评估数据文件中有效数据的比例。

- 数据整理会遍历数据文件，在遍历过程中能获取每条记录在文件中的偏移 offset、每条记录的 key 对应的哈希值及文件序号 fid。
- 每条记录可以根据 fid、offset、哈希值这三个元素到哈希索引中查找是否有相关记录。
- 如果哈希索引中存在有效索引（fid、offset、哈希值一致），那么说明当前遍历到的记录是有效的，需要将记录写入新的文件并更新哈希索引中记录的 fid 和 offset。
- 如果哈希索引中不存在有效索引，说明数据是无效的，可以直接淘汰。

LSH 存储引擎的数据整理流程如图 5.5 所示。

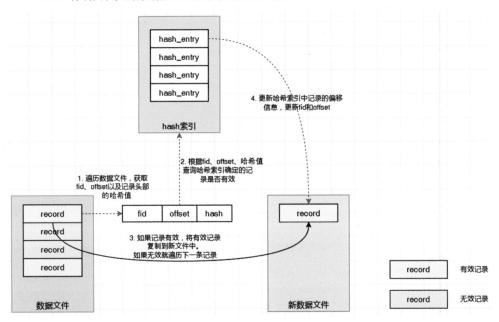

图 5.5　数据整理流程图

5.3.2.2　数据整理调度

数据整理读取数据文件、写入数据文件和遍历数据文件中的记录时都会影响用户请求的访问，因此 LSH 存储引擎做了以下优化：

- 自适应的调度策略，闲时调度和分时机制保证存储引擎能及时处理用户请
  求，降低请求处理时延。
  - worker 线程闲时调度数据整理，优先处理数据访问。
  - 数据整理支持分时处理数据，每个时间分片用完后，会优先处理数据访问。
- 在自适应数据整理的基础上增加保护策略，以适应各种业务模型。
  数据整理策略支持对不同时间段进行速度限制。对数据整理读取文件的速
  度进行控制，可避免读流量过高影响数据访问。
  支持配置空洞率或数据文件个数达到阈值后才进行数据整理。
- 避免同步 I/O 阻塞 worker 线程，使用异步 I/O 可以在等待某个 I/O 操作完
  成时继续执行其他任务，从而充分利用系统资源，提高程序的执行效率。

采用异步 I/O 调度数据整理的时序图如图 5.6 所示。

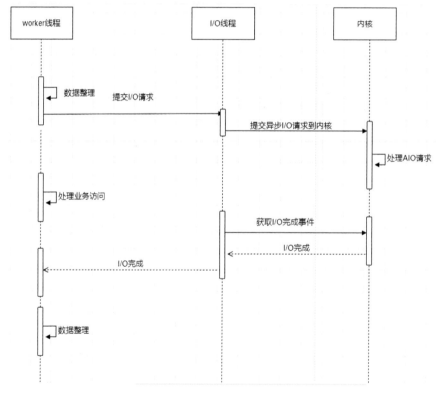

图 5.6　数据整理时序图

图 5.6 所示的数据整理步骤如下：

（1）I/O 线程将文件加载到内存，在 worker 线程空闲时遍历记录。

（2）worker 线程将有效记录写入缓冲区。

（3）缓冲区满后交给 I/O 线程进行写入。

基于上述设计，LSH 存储引擎的数据整理在保证数据整理速度的情况下，能保证业务数据访问的无感知。

5.4 引擎线程模型及动态负载均衡

数据库的线程模型也是影响存储引擎性能的关键点之一，本节将先介绍 TcaplusDB 的线程模型。

5.4.1 TcaplusDB 的线程模型

TcaplusDB 是一个分布式存储系统，系统包含多个存储节点。TcaplusDB 内的每个表可以有 N 个 Shard（数据分片），这些 Shard 可以分布在不同的存储节点上，单个存储节点上可以存放多个表的不同的 Shard。

TcaplusDB 的线程模型的特点可以总结如下：

- 一个线程管理多个 Shard。
- 一个 Shard 只会被一个线程访问。

其带来的优势如下：

- 访问 Shard 无须加锁。
- 管线式的请求处理能够减少线程上下文切换，对 CPU 缓存更加友好。

5.4.2 动态负载均衡算法

在 TcaplusDB 中，每个存储节点管理的 Shard 数远大于 CPU 的线程数，不同的表的读写频率是不一样的，不同的读写删请求导致的磁盘 I/O 也是不一样的。初始时线程间的负载可能是均衡的，但在运行过程中，表的 Shard 数可能会不断增减，会导致负载不均。因此，线程间如何进行动态负载均衡，也就成为采用对等线程模型时必须要解决的一个问题。

5.4.2.1 负载指标

负载不均时，一般会有三种影响：

- 线程的 CPU 使用率等指标飙升。
- 部分线程成为性能瓶颈，增加用户请求的读写时延，甚至出现超时丢包。
- 整个存储服务节点可承载的 QPS 下降。

在前面讲架构时已经提到，用户的读写请求到达存储引擎后，先从哈希索引中获取记录所在的数据文件及文件内的位置，然后读写硬盘，触发读写硬盘的数据块。因此，对于负载主要包含两个指标，分别为 CPU 的使用率和读写 I/O 块的数量。这里，我们根据经验和实测，将这两个影响因子拟合为一个负载指标，worker 线程每 N 秒统计该线程上的负载加权平均值。加权平均值由 m 个统计周期构成，为尽量保证在统计周期内加权平均值平滑，减少短期波动导致的频繁调整，这 m 个统计周期对加权平均值的贡献度由近到远依次递减，即最近发生的负载的影响因子最高。

一个简单的示例如下：

```
Payload(shard_id)=0.45*P₁+0.25*P₂+0.2*P₃+0.08*P₄+0.02*P₅
```

P1~P5 分别代表了最近 5 个统计周期的负载加权平均值。

5.4.2.2　动态负载均衡算法

动态负载均衡算法调度的设计思想如下：

- 单次调度转移的 Shard 的个数尽可能少。
- 只追求 worker 线程的负载尽可能均衡，而不是绝对均衡。
- 待迁移的 Shard 在迁移前需要彻底处理完读写请求。
- 同一个表的不同 Shard 要均分到不同的 worker 线程上。

基于此，采用背包算法结合路径回溯逻辑，进行 Shard 的动态负载均衡。算法的具体思想如下：

- 将问题首先抽象成 0-1 背包问题。

  我们把负载看成重量，把 Shard 的个数看成价值，单个 Shard 的价值都为 1。

  在满足最大转移负载的情况下，保证转移的 Shard 的个数最少。

  通过算法回溯给出转移的 Shard 列表。

  上层应用的调度规则：同一个表的 Shard 尽量均分到不同的 worker 线程上。
- 在解背包问题的过程中，通过回溯法，将放入的物品路径回溯出来，最后得到一个负载转移列表即 Shard 转移列表。
- 通过 worker 线程间 Shard 的调度逻辑，将新请求先缓存起来，然后处理原 worker 线程上该 Shard 所有的读写删请求，待确认这些请求都完成后，再将 Shard 绑定到目标 worker 线程上，然后再将缓存的请求给目标 worker 线程处理，从而完成整个 Shard 的转移逻辑。

5.5　总结和展望

本章主要介绍了 TcaplusDB 的新存储引擎 LSH 的实现原理。当前，TcaplusDB 已广泛服务于腾讯自研游戏，其存储了大量游戏的后台服务核心数据，不乏日活过亿游戏的实时在线数据。TcaplusDB 所提供的高性能、高可用方案、专为游戏设计的回档功能、不停服情况下无损扩缩容和过载保护等功能，保证了游戏在全生命周期中数据的安全性、运维操作的便捷性及线上服务的稳定性。TcaplusDB 数据库研发团队将持续对 TcaplusDB 进行打磨，推动 TcaplusDB 更好地服务于更多的业务。

面向游戏的服务网格：Tbuspp2

当前，游戏后台（本章中的"游戏"指需要复杂后台系统支持的大规模多人在线网游）面临建立完善微服务治理能力的挑战，需要具备动态路由、弹性伸缩、全网联通能力，以避免系统在复杂性日益增长的情况下失控，以及支持上云、全球化部署等新的部署需求。Tbuspp2 是面向游戏的服务网格（ServiceMesh），针对游戏后台对通信性能与服务治理功能的特殊需求提供完备支持，可以大大节省开发高性能、可伸缩、易治理游戏后台系统的成本，帮助业务人员从容应对游戏运营过程中玩法扩展与用户规模增长的挑战。

6.1 微服务架构模型简介

构建微服务系统，需要依托一种基础设施，在基础设施中封装通信与服务治理逻辑，为上层业务逻辑代理的运行与交互提供可控可管的运行环境。总体而言，存在三种实现模式的微服务基础设施：中心代理、富框架库、服务网格，如图 6.1 所示。其中服务网格模式具备最佳投入产出比，在付出较低的额外运行时代价下，可实现上层业务逻辑与底层支撑逻辑（通信、服务治理等）更彻底的解耦，进而控制系统整体复杂度。

- 中心代理。所有消息经过中心化部署的代理节点进行中转，系统管控可以收敛到中心代理集群。问题是，额外增加一次网络转发开销，中心代理节点可能成为性能瓶颈。

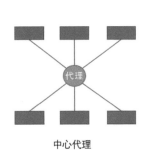
中心代理

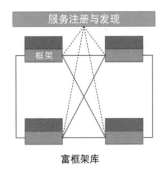
富框架库

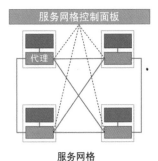
服务网格

图 6.1　微服务实现类型

- 富框架库（RichFrameworkLib）。这里的"富框架库"是指，在 RPC 服务框架基础之上，增加服务注册、流量控制等系统治理功能的框架库。富框架库存在上层业务逻辑与底层通信逻辑解耦不够彻底的问题，两者运行在同一进程空间，不能独立升级，会增加服务程序运行时的复杂性，增加框架库维护成本。如果需要支持不同语言，则可能还需要按不同语言重新实现框架。
- 服务网格。将网络通信与服务治理操作收敛到与应用服务相同节点部署的代理（Sidecar）中，只需付出本地进程间通信（IPC）的代价，就可获得通信层与应用层逻辑进程级别的解耦，在性能与系统整体复杂度上获得最佳平衡。

目前比较知名的、开源的服务网格均诞生自 Web 服务类业务（搜索、电商等）。游戏是强交互业务，用户使用游戏产品的方式与使用搜索、电商等 Web 服务不同，这最终决定游戏后台的运行模式与 Web 后台存在显著差异，对通信与微服务治理存在不同的功能与性能需求。鉴于此，我们开发了 Tbuspp2 这款产品，为游戏后台提供一个功能完备、高效稳定、轻量易用的服务网格基础设施。

6.2　游戏后台对服务网格的能力需求分析

服务网格的概念只是定义了架构模型，并不涉及具体实现方案，不同的实现在性能、功能、运行环境需求上可能存在比较大的差异。作为基础设施，服务网格选型是后台系统建设成本、运行效率的决定性因素之一，决策影响深远，需要保证组件选型与业务需求匹配。

游戏后台存在场景与 WebService 运行模式类似，但也存在明显差异的部分。当前开源的通信与服务治理相关软件不能完全匹配游戏后台场景的需求，本节将展开说明这种差异与游戏后台的特殊需求。

6.2.1 游戏与 Web 服务后台运行模式的差异

在游戏后台，一部分周边服务可以实现 WebService 模式，但承载或者支撑核心玩法的部分，运行模式存在显著差异，为描述方便，特别称这类服务为 GameSvr，两者之间的差异主要表现在如下方面。

- 通信模式差异。GameSvr 需要支持多种通信模式（单播、多播、广播）、双向主动收发、消息与时钟驱动逻辑；WebService 主要为请求/应答模式、单向调用、RPC 请求驱动逻辑。
- 传输性能要求差异。GameSvr 要求具有高吞吐量，对延迟容忍度低（小于 5ms）；WebService 对延迟容忍度较高（大于 100ms）。
- 服务状态类型差异。在 GameSvr 中，普遍存在状态服务；在 WebService 中，一般为无状态服务。

以上差异的根源在于玩游戏与浏览 Web 站点是两种截然不同的体验。玩游戏存在多人之间、人与系统之间复杂频繁的交互，而多人之间的交互，本质上是后台与多个客户端之间的协同交互，因此会存在复杂的通信模式。游戏需要对玩家的操作给予即时反馈，因此要求所有通信环节的延迟都要尽量低，这也决定了与核心玩法相关的服务，需要设计为有状态服务，以尽量缩短处理延迟。

页面浏览与点击只存在人与系统的交互，操作频率比游戏要低很多，对操作响应延迟也有更大的容忍度，因而后台服务之间的通信模式也会简单很多，对调用延迟有更大的容忍度，服务模块可以设计为无状态服务。

那么游戏后台需要怎样的服务网格呢？在分析了 GameSvr 运行模式的特点后，这个问题的答案已跃然纸上：

- 功能上能全面支持 GameSvr 的需求。支持多种通信模式：单播、多播、广播，支持对有状态服务的调用与扩缩容管理。
- 性能足够高，兼顾高吞吐、低延迟。

另外就是需要简单易用。游戏项目一般都是小团队开发的，没有充足的基础设施支持人员，服务网格需要能开箱即用，无复杂依赖关系。显然，GameSvr 对通信基础设施的功能与性能有更高的要求，满足 GameSvr 需求的服务网格也能满足周边无状态服务通信的需求，系统整体可以基于统一的技术栈构建，降低开发与维护成本。

6.2.2 为什么需要 Tbuspp2

目前开源的服务网格产品，主要面向 WebService 场景设计与实现，并未覆盖前面提到的 GameSvr 需求的场景，不能对 GameSvr 多样化的通信模式、低延迟消息传输、有状态服务治理等需求提供支持。譬如 Istio，在实践中，Istio 与 gRPC 或者 HTTP 服务框架配套使用（统称为 RPC 框架），Istio 提供流量治理，RPC 框架提供通信支持，因此 Istio 不能为 GameSvr 提供 RPC 调用之外的通信模式支持，Istio 对路由状态同步提供最终一致性，这也不能满足有状态 GameSvr 对路由状态强一致性的需求。

因此我们开发了更符合游戏后台通信与服务治理需求的服务网格产品——Tbuspp2，以更好地支持游戏后台系统构建，实现以最小投入获得最大收益：

- 全面覆盖游戏后台中单播、多播、广播等多种消息传输模式。
- 对游戏后台中常见的有状态服务治理提供完备支持，根据业务需求提供不同层级有状态服务消息路由一致性与可用性保障。
- 最小化本地代理之间消息交换的开销，控制面与数据面之间的路由状态同步最初即按需同步设计，平稳应对系统部署规模扩张需求。
- 自身包含对服务注册的支持，对不同运行环境具备很好的适应性，支持纯主机环境、Kubernetes 等容器编排环境，以及容器环境与主机环境混合部署。

下面先展示一段代码，展示 Tbuspp2 如何为 GameSvr 提供多种通信模式支持，其中出现的一些概念会在后面进行介绍。这里大家可以从代码层面对 Tbuspp2 有一个直观印象，后续会对其设计思路与实现机制进行展开介绍，为大家的技术选型提供参考。

```c
#include "tbuspp2.h"

void main() {
  const char *msg = "hello world";
  uint32_t msg_size = strlen(msg);
  int player_id = 10000;
  const int kMaxWaitMs = 1000;
  int err = 0;

  // 初始化
  tbuspp_endpoint_conf_t conf;
  memset(&conf, 0, sizeof(conf));
  // 仅标识 gid, 由 NameSvr 完成组内 Busid 分配
  strncpy(conf.busid_str, "1.1.0", sizeof(conf.busid_str)-1);

  tbuspp_endpoint_t *ep = tbuspp_open(&conf, kMaxWaitMs, &err);
  auto outq = tbuspp_get_output_queue(ep);
  auto inq = tbuspp_get_input_queue(ep);
```

```
// P2P msg send: 1.1.x -> 1.2.1
tbuspp_queue_write(outq, tbuspp_busid_aton("1.2.1"), msg, msg_size, NULL);

// P2G msg send (根据路由策略选择一个目标组成员，按目标组首选路由策略)
// 1.1.x -> 1.2.0
tbuspp_queue_write(outq, tbuspp_busid_aton("1.2.0"), msg, msg_size, NULL);

// P2G: 指定一致性哈希策略发送
tbuspp_msg_param_t param;
tbuspp_init_msg_param(&param);

param.require_route_type = TBUSPP_ROUTE_TYPE_C_HASH;
param.hash_key = player_id;
tbuspp_queue_write(outq, tbuspp_busid_aton("1.2.0"), msg, msg_size, &param);

// P2G: 指定发送到主节点
param.require_route_type = TBUSPP_ROUTE_TYPE_MASTER;
tbuspp_queue_write(outq, tbuspp_busid_aton("1.2.0"), msg, msg_size, &param);

// Broadcast: 发送到 1.2.0 内的全部成员
param.usr_flags = TBUSPP_MSG_FLAG_BROADCAST_GROUP;
tbuspp_queue_write(outq, tbuspp_busid_aton("1.2.0"), msg, msg_size, &param);

// 多组广播: 1.x.0 -> 1.1.0, 1.2.0, ...
param.usr_flags = TBUSPP_MSG_FLAG_BROADCAST_GROUP |
TBUSPP_MSG_FLAG_GLOB_GID;
tbuspp_queue_write(outq, tbuspp_busid_aton("1.0.0"), msg, msg_size, &param);

// read msg
tbuspp_msg_desc_t ctx;  // ctx=(src, dest, ...)
msg = tbuspp_queue_peek(inq, &msg_size, &ctx);
// handle_msg(msg, msg_size, ctx);
tbuspp_queue_pop(inq);

// 关闭
tbuspp_close(ep);
}
```

从上面的示例可以看出，Tbuspp2 提供了专用 API 供业务调用，AppSvr（应用服务，封装业务逻辑，从概念涵盖范围看，GameSvr 与 WebService 是分属不同业务领域的 AppSvr）通过调用相应 API 实现服务注册、消息收发，API 也包含其他诸如集群状态查询、路由协同等功能支持，相当于提供了涵盖 Istio 与 gRPC 库中不同层面的通信组件的功能，为后台通信与服务治理提供了一体化的解决方案，可以更好地简化后台系统技术栈。

6.3　Tbuspp2 设计

本节阐述 Tbuspp2 的核心概念模型，可方便读者了解系统整体架构与顶层概念。

6.3.1　系统架构

Tbuspp2 的整体架构与一般的服务网格产品相同，控制面模块的名称为 NameSvr，数据面模块的名称为 Agent。与 Istio 等开源服务网格产品不同的是，Tbuspp2 提供了专用 API 供 AppSvr 交换消息与调用自身功能，这与 Istio 等开源服务网格采用透明劫持 AppSvr 流程有所区别，下文将说明理由。

6.3.1.1　设计决策

Tbuspp2 的设计原则可以总结如下：从游戏后台特性需求出发，通盘处理消息收发与流量治理，网格层直接与 AppSvr 进行数据与控制指令的交互，提供更高性能与更全面的功能支持。按这个原则，Tbuspp2 采用与现有开源服务网格产品不同的实现路径，主要差异如下：

- 网格层与 AppSvr 之间存在直接交互，AppSvr 需要调用 Tbuspp2 提供的专有 API 进行通信与其他操作。
- 用户态实现 AppSvr 与 Sidecar 之间的消息交换，最小化消息交换开销。
- AppSvr 与 Sidecar 之间采用共享内存队列（SHMMQ）交换消息，完全对 AppSvr 屏蔽了 Socket 编程，消息交换可以在用户空间完成，获得更高性能。
- 控制面内置服务注册，服务注册与路由同步整体考虑，对路由状态变更处理提供完善的协同能力。

服务注册与注销会直接导致路由状态变更，Tbuspp2 自身处理服务注册，可以对路由状态一致性提供更好的保障。在游戏后台，存在较多的有状态服务场景，最终一致性不能满足需求。

6.3.1.2　整体架构

Tbuspp2 系统在整体架构上，与其他服务网格产品架构相同。如图 6.2 所示的整体架构，从系统管控入口与执行的路径从上至下进行布局。

最上层为控制面，其组成模块在 Tbuspp2 中被称为 NameSvr，主要负责服务注册与发现、路由状态变更协调等职责。可以部署多个 NameSvr 实例，组成服务集群，实现负载均衡与故障容灾。每个 NameSvr 实例在运行时可能承担 Agent Owner、

Group Owner、Leader 中的一种或者多种角色职能，后续章节会进一步说明。

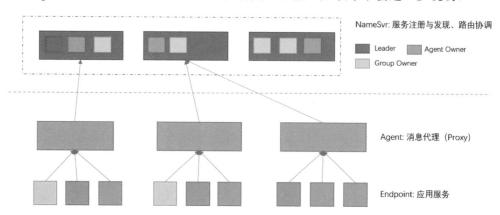

图 6.2　Tbuspp2 的总体架构

　　中间为数据面，其组成模块在 Tbuspp2 中被称为 Agent，即服务网格概念中的 Sidecar 组件。与其他服务网格产品不同的是，Agent 与 AppSvr 之间存在直接交互，以缩短消息交换路径，以及实现更复杂的路由状态变更协同处理。Agent 与 AppSvr 需要在相同主机节点部署，一个 Agent 进程可以支持多个 AppSvr 进程。

　　底层为 AppSvr（GameSvr），Tbuspp2 提供专用 API 供 AppSvr 调用，API 与 Agent 直接交互，部分调用会通过 Agent 传递到 NameSvr。由于 API 仅作为系统功能调用接口，服务网格自身的主体功能主要封装在 Agent 之中，因此，Tbuspp2 的 API 相对于富框架库会更为轻量，也更稳定。

6.3.2　领域建模

　　我们首先对后台系统通信问题建立基础模型，识别最核心的对象，并描述对象之间的关系与交互行为。模型反映产品最核心的特征与能力，需要模型能表达游戏后台的通信需求。

6.3.2.1　Endpoint 和 Group

　　正如几何定理体系是从最显而易见的公理出发的，在后台系统中，最显而易见的对象是服务实例。服务实例是构成后台系统的基本元素，服务实例的运行与协作即为后台系统的运行。

　　服务实例之间基于通信完成协作，一般地，把服务实例中执行通信的功能单元称为端点（Endpoint），譬如网络监听端口。一般一个服务实例只需要一个

Endpoint 对象即可实现与其他服务实例之间的通信，因此在某种程度上（在某些特殊场景中可能存在多个），Endpoint 也可以代指服务实例。

Endpoint 和 Group 是 Tbuspp2 中的关键概念，用来表示通信节点与集群。后台系统内的通信天然需要围绕节点与集群展开，业务逻辑可以指定将消息发送到具体的通信端点，或者指定将消息发送给某个集群中的一个或者多个通信端点。Endpoint 封装通信资源，Group 封装消息路由与集群治理能力。对于其他通信组件亦如此，只是在称谓上可能有所区别，但本质相同，譬如，Istio 中的 VirtualService，本质是定义群组（在 VirtualService 项目定义中，使用 hosts、destination 等属性定义了群组中的成员节点，使用 match、route 等属性描述了路由规则，其核心是定义群组成员及发送目标为该群组消息的路由规则）。

下面介绍几个和 Endpoint、Group 表示有关的概念。

- Busid：唯一标识一个 Endpoint 实例，定义为 64 位整数。类似 IPv4 地址，Busid 中的连续的位可被划分为多段，取各分段对应的十进制数值。可表示为点分字符串形式，以方便表达，譬如"1.0.1""1.500.0.1"。与 IP 地址不同的是，Busid 分段数目和各分段位数可以配置，这个配置即为 BusidTemplate（Busid 模板）。

- BusidTemplate：定义当前系统的 Busid 内部结构，一个系统只有一个 BusidTemplate 取值，即系统内所有 Busid 内部结构的划分相同。其定义格式为：Field1Size[.Field2Size]*。

  Field1Size、Field2Size 为各分段位数，从左至右按从高位到低位布局，所有分段大小总和最大为 56，高 8 位保留作其他用途。Busid 按最低位对齐，即如果总位数不足 56 位，则高位部分置 0。

  譬如，设置 BusidTemplate 为"8.8.16"，则表示 Busid 分为三段，总共 32 位，第一分段占用 24~31 位，第二分段占用 16~23 位，第三分段占用 0~15 位。在该模板定义下，若 Busid=0x0A000001，则其对应的点分字符串为"10.0.1"。在实际应用中，会对 BusidTemplate 中定义的各分段赋予不同含义。如上面的示例，可以设定第一分段为游戏逻辑分区 ID，第二分段为模块 ID，第三分段为实例编号，Busid 自身即可描述服务实例身份信息。

- Gid：GroupId 的缩写，唯一标识一个 Group 对象。Gid 与 Busid 的关系类似子网地址与 IP 地址，Gid 在内部表示上与 Busid 完全相同，可以认为是一组特殊的 Busid 取值。与 IP 地址体系存在子网掩码相同，Tbuspp2 中也存在 GidMask，用于计算 Busid 对应的 Gid 值。

- GidField & GidMask：在实践中，赋予 Busid 不同分段具体含义后，某些分段值相同的 Busid 自然构成一个群组，共同承担某种职责，这些决定 Busid 是否属于同一分组的分段被称为 GidField，对所有 GidField 字段所包含比特位取掩码则获得 GidMask（即，GidField 字段所包含比特位设置为 1，其余比特位设置为 0，构成 64 位无符号整数）。譬如，在上面的 BusidTemplate 示例中，如果从逻辑分区+模块类型的维度进行分组，则对应的 GidMask 为 0xFFFF0000。显然，Busid、Gid、GidMask 之间存在如下关系：Gid = Busid & GidMask。

为了避免二义性，Tbuspp2 对 Busid 取值的限制如下：

- 0 不是一个具体的 Endpoint Busid 取值，其用来表示全网广播地址。
- 具体的 Endpoint Busid 取值不能与所属 Group Gid 相同，约定最右侧非 GidField 字段取值不能为 0。对于上面的示例，第三分段取值不能为 0，"1.0.0" 不是一个合法的 Busid，但 "1.0.1" 是合法的。
- GidField 字段的取值不能全为 0。按上面示例 BusidTemplate/GidMask 的配置，"0.1.1" "1.0.1" 均为合法的 Busid，但 "0.0.1" 不是合法的 Busid，因为其对应的 Gid（组 ID）为 "0.0.0"，而 "0.0.0" 对应的 Busid 的数值为 0，所以不是合法的 Gid。

Endpoint Busid、Gid 和广播 ID 共享同一取值空间，互不重叠，本章在没有歧义的情况下，也用 Busid 泛指以上三种 ID。在了解 Endpoint 与 Group 的概念与表示方式后，就可以描述系统的节点构成及功能单元了，进而支持服务注册、发现及消息通信。

Busid 编码规范决定了一个 Endpoint 对象只会归属于一个 Group，这在我们的实践中是够用的，因为一个进程实例天然只需要归属于一个集群。

6.3.2.2　消息

一个 Tbuspp2 消息主要包含如下信息：

- SrcAddr。发送者地址，即发出消息的 Endpoint Busid。
- DestAddr。消息目标地址，可以是 Endpoint Busid，或者 Gid，或者广播 ID。
- MetaData。消息元信息，用来保存消息发送控制参数或者其他扩展信息，若无额外说明，该部分可空缺。
- Payload。消息负载，即 AppSvr 提交的需要传递的消息数据。

按照消息目标地址与发送方式差异，可将消息划分为如下类型：

- P2P 消息（Peer To Peer）。发送侧指定了具体的目标 Endpoint，DestAddr 为 Endpoint Busid，这类消息在 Agent 中无须做路由选择。

- P2G 消息（Peer To Group）。DestAddr 为 Gid，发送侧 Agent 在发出消息之前，需要根据对应 Group 的路由策略与消息 MetaData 中的路由参数，选择具体的 Group 成员目标进行发送。P2P/P2G 消息均只有一个接收者，下面的消息类型存在多个消息接收者。
- Multicast 消息（多播）。AppSvr 可以在消息中设置多个目标地址（Endpoint Busid/Gid），Agent 按每个目标地址要求的发送方式，将消息发送到对应目标。
- Broadcast 消息（广播）。DestAddr 为 Gid 或者广播 ID，AppSvr 在 MetaData 中设置广播标志，请求 Agent 将消息发送至指定的 Group 的全部成员，或者发送到系统内所有的 Endpoint 对象。

有了通信端点、群组、消息等概念，便建立了服务间通信的基本模型，可以描述服务之间的通信事务。

6.3.2.3　Stateful Group 和 Stateless Group

Group 的关键属性有两项：

- Members。成员 Endpoint 清单。
- RouteTypes。所支持的路由策略类型，譬如 Random、Hash、OnMaster（选主）等。

RouteType 决定了如何为 P2G 消息选择目标 Endpoint，一个 Group 至少拥有一项路由策略类型（RouteType），根据路由类型差异，将 Group 划分为两种类型：

- Stateless Group。若某个 Group 只具备 Random RouteType，则对于目标是该 Group 的 P2G 消息，可以发送给任意成员处理。将这种消息与目标 Member 之间无特殊映射关系的 Group 称为 Stateless Group。
- Stateful Group。若某个 Group 具备 Hash 或者 OnMaster 类型，则对于目标是该 Group 的 P2G 消息，消息与目标 Member 之间存在特定映射关系。譬如对于 Hash 策略，则所有具备同一 HashKey 的消息，需要发送给同一成员；对于 OnMaster 策略，所有目标为该 Group 的 P2G 消息，都需要发送给当前 Master 成员进行处理，将这种 Group 称为 Stateful Group。

对于无状态服务，天然构成 Stateless Group。对于有状态服务，若路由在 Agent 中实施（也可能调用侧 AppSvr 自身选择好目标，均以 P2P 模式发出消息），则必然会设置 Hash/OnMaster 或者其他某种具备特定映射关系的路由策略，构成 Stateful Group。

6.4　Tbuspp2 核心实现机制

领域建模描述了系统内核心实体与工作流程的概念，即本质上，Tbuspp2 需要支持对 Endpoint 及 Group 对象的动态管理，实现对 P2P、P2G 消息的转发，并主要通过对 P2G 消息路由策略的控制实现对流量的管控。

概念模型描述了系统最核心的工作原理，要将模型实现为能支持大规模游戏后台系统稳定高效通信的服务网格软件，重点需要解决如下问题：

- 如何处理 AppSvr 与 Agent 之间的信息交互，以提供高性能的消息转发？
- 如何以最小成本支持大规模系统内的路由同步，避免当系统部署规模超过一定量级时，路由同步成本过高，导致系统运行抖动？
- 如何对 Stateful Group 的消息收发提供强一致的支持？

上面问题的解决方法决定了 Tbuspp2 所能提供的功能范围与性能表现，也是与其他服务网格产品在技术实现上的核心差异。

6.4.1　信令、数据独立信道，支持高效可靠信息交换

系统运行的第一个环节是建立 Agent 与 AppSvr 之间的信息交换，交换的消息包括信令与数据两种类型。

- 信令消息。AppSvr 与 Tbuspp2 之间的控制与通知消息，譬如服务注册、注销、Group 对象查询等交互请求与应答，有些信令处理仅发生在 AppSvr 与 Agent 之间，有些需要经由 Agent 转发到 NameSvr 进行处理。通过信令，可以实现 AppSvr 与网格层更紧密有效的协作，全面覆盖有状态/无状态服务治理的需求，并可以在网格层统一为业务人员提供与具体应用场景相关的全局性管理逻辑，进一步降低业务人员的开发成本。
- 数据消息。即通过 Agent 转发的 AppSvr 之间的业务消息，这是 Agent 与 AppSvr 之间交换的主要消息类型，在没有歧义的情况下，消息即指数据消息。

信令与数据消息采用独立信道进行传输，信令采用 Loopback Tcp Connection（回环 TCP 连接），数据采用 SHMMQ（共享内存队列）。

Agent 在 Loopback Address（127.0.0.1）上监听信令端口，AppSvr 会首先连接信令端口，建立信令通道。

AppSvr 通过信令通道发送注册请求，将自身拥有的 Endpoint 注册到网格系统

中，Agent 在执行 Endpoint 注册请求时，会为 Endpoint 分配两份 SHM 实例，分别建立输入、输出消息队列，并在 Endpoint 注册应答中将 SHM 队列路径（mmap path/SYSV shmid）返回给 AppSvr，AppSvr 将对应的 SHM 实例映射到自身进程空间，完成数据通道的创建。

信令与数据通道均针对每个 Endpoint 对象建立，如果 AppSvr 实例中包含多个 Endpoint 对象，则拥有多组信令与数据通道，如图 6.3 所示。

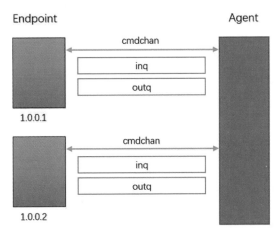

图 6.3　Agent、Endpoint 交互模型

图 6.3 中包含的新名词说明如下。

- cmdchan：信令通道。
- outq：输出队列，保存 AppSvr 发出的消息。
- inq：输入队列，保存发给 AppSvr 的消息。

outq、inq 均为 FIFO 队列，由于按 Endpoint 对象独立分配，亦均为单写单读，读写无须加锁，故可实现为高效无锁队列。

数据通道采用 SHM 队列，可以帮助 AppSvr 获得更高的消息转发性能，并可以为游戏后台服务提供特殊价值。

数据消息交换是 Agent 与 AppSvr 在运行期间的主要交互行为,降低其开销，可以直接提升消息转发性能。对于大规模 IPC，SHM 是开销最低的渠道，进程之间可以完全在用户空间完成数据交换，相比于其他服务网格产品采用的套接字交换业务消息的方式，SHM 消除了系统调用与额外的内存拷贝开销，如图 6.4 所示。

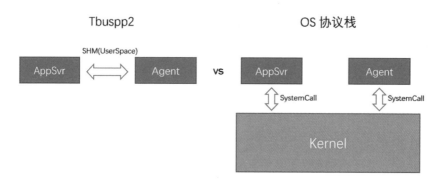

图 6.4 两种数据交换方式的对比

对于战斗场景 GameSvr 而言，读写消息成本降低，意味着可以将更多 CPU 用在游戏逻辑处理上，更好地保障稳定的帧率。另外，SHM 队列可以在 AppSvr 或者 Agent 重启期间保留，这个特性对 GameSvr 进程的热更新很有帮助，在进程重启期间不影响消息接收，完成重启后继续处理，最小化重启对用户体验的影响。

信令通道采用独立回环 TCP 连接，有助于实现更高的系统整体运行稳定性与可维护性。

若信令与数据消息共用通道，由于数据消息的体量远大于信令，因此信令处理可能会被数据消息阻塞，独立通道可以规避此问题，更好地保障信令处理的及时性。

信令交换是低频操作，不影响系统性能。在这个场景下使用 SHM 队列没有优势，相反会引入额外问题（需要事先为不同 Endpoint 对象准备信令队列，若共享则涉及跨进程加锁）。使用回环 TCP 连接更简单可靠，且可以将数据通道对应的 SHM 资源分配与管理收到 Agent 内部，动态创建的 SHM 内存块访问路径可以通过信令连接发送给 AppSvr，无须事先配置或者通过其他工具在 Agent 与 AppSvr 之间协商数据通道 SHM 的访问路径。

6.4.2 两级队列模型，提供功能扩展弹性

数据消息传输的总体流程如图 6.5 所示。

图 6.5 消息传输流程

AppSvr 可能会同时向多个目标发送消息，因此，在 outq 中会保存需要发送到不同目标的消息，Agent 在转发消息时，首先需要解决不同目标消息可能互相

阻塞的问题，故障或者低速目标不能阻塞高速目标的传输，不同目标的消息需要能并发传输，以保障吞吐效率。

由此，Tbuspp2 建立了两级队列模型，如图 6.6 所示。在 Agent 私有内存中建立可以动态管理（生存期、大小）的传输队列（tx_queue），tx_queue 按不同目标建立独立队列，这里的目标可以是 Endpoint Busid，也可以是 Group Gid，针对 Endpoint 建立的传输队列称为 endpoint_txq，针对 Group 建立的传输队列称为 group_txq。

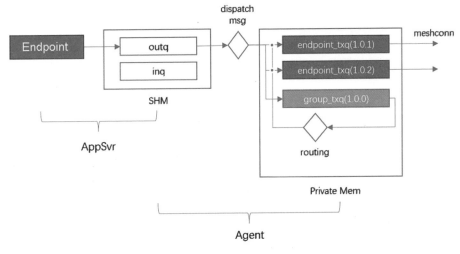

图 6.6　两级队列模型

图 6.6 中所示的 meshconn 为 Agent 之间转发业务消息的 TCP 连接。Agent 从 outq 读取消息后，首先根据消息目标，选择将消息写入不同的 tx_queue 队列。之后对 endpoint_txq 中的消息，建立对应的 meshconn，通过连接将消息发送到网络。对 group_txq 中的消息，路由选择确定具体目标的 Endpoint 后，再将消息写入对应的 endpoint_txq 中。

消息从 outq 取出到写入 tx_queue 的过程不会阻塞，而 tx_queue 已按不同目标独立管理，付出一次（或者两次）额外数据拷贝的代价，解决了不同目标消息可能互相阻塞的问题。

以上机制即为两级队列分发机制，即结合 SHM 共享队列，与 Agent 进程中的私有队列，建立管线模式的消息分发处理流程。两级队列分发机制的建立，除了可以解决不同目标消息可能阻塞的问题，还大大增加了 Agent 消息分发处理流程的弹性，在暂时不具备消息发送条件时，可以将其暂存于不同的 tx_queue 队列中，为处理其他事务赢得时间，譬如支持 meshconn 断线重连，也为下文将要说明的按需路由同步，以及为有状态组变更协调提供了必要的条件。

6.4.3 按需路由同步，从容支持大规模集群

Tbuspp2 建立了按需同步路由状态的机制。Agent 在向外转发消息时，如果目标路由状态缺失或者不满足需求，则可以暂时将消息保存在针对不同目标的 tx_queue 中，并即时向 NameSvr 查询目标路由信息，去除对路由变更的全服广播，这可大大降低路由同步开销，也具备更好的容错能力，可以容忍短期的目标路由缺失。

6.4.3.1 按需路由同步

路由状态是对消息进行路由与传输所必需的信息，包括目标实例信息（EndpointInfo）、目标群组信息（GroupInfo）、目标实例绑定 Agent 信息（AgentInfo），三者的具体介绍如下。

- EndpointInfo。主要包含 busid、agent_id 等属性，其中，busid 唯一标识服务实例，agent_id 标识服务实例所关联的 Agent 实例。
- GroupInfo。主要包含 gid、group_version、members、route_conf 等属性，其中，gid 唯一标识群组，group_version 为当前状态版本，唯一标识了（members，route_conf）这组属性的取值状态，members 为成员 busid 清单，route_conf 为路由策略，包括支持的路由类型，以及不同类型路由的具体策略配置（譬如一致性哈希每节点虚拟副本的数量）。
- AgentInfo。主要包含 agent_id、mesh_addr 等属性，其中，agent_id 唯一标识 Agent 实例，mesh_addr 为网格地址，即该 Agent 实例提供给其他 Agent 实例的网络访问地址。

Agent 从 NameSvr 查询上述路由状态信息，基于 tx_queue 提供的消息缓存支持，可实现按需路由同步，即只有当需要获取某项路由信息时，才从 NameSvr 获取（Pull 模式）。对于 endpoint_txq，若对应的 meshconn 未建立，或者被对端主动关闭（对端 Agent 或者 Endpoint 实例退出），则从 NameSvr 查询目标 EndpointInfo 与 AgentInfo，建立 meshconn，并将消息发送到对端。对于 group_txq，若对应的 GroupInfo 不存在，或者已经变更（后续说明 GroupInfo 变更发现机制），则从 NameSvr 查询对应最新版本的 GroupInfo，并执行路由选择处理。

相对于全量路由状态同步，按需同步会将路由同步成本最小化，NameSvr 在系统路由状态存在变化时，无须将最新状态推送到集群内所有的 Agent 实例。

在 Envoy 定义的 xDS 协议中，上面介绍的路由状态信息大致分别对应于 LDS、EDS、CDS、RDS 协议内容。不同的服务网格产品，要解决的本质问题是相同的，只是在具体实现方式上各有侧重，为解决问题所需要的核心数据也是类似的。

Tbuspp2 在实现上将集群（CDS）与路由策略（RDS）信息集中到 GroupInfo 中，简化了概念与路由状态同步的流程。

6.4.3.2 GroupInfo 变更发现

Agent 针对 GroupInfo 保存了两个版本号：local_version 和 remote_version。local_version 指当前本地保存的状态信息对应的版本号，remote_version 指 NameSvr 侧的最新版本号。在执行路由选择时，若发现 local_version 与 remote_version 不匹配，则从 NameSvr 查询最新的完整状态信息，返回最新状态后再恢复对应 group_txq 中的消息发送。

Tbuspp2 提供了三种机制更新 remote_version：

- 周期性路由状态核对，若 NameSvr 发现 Agent 上报的 group_version 条目存在差异或者缺失，则下发对应 Group 当前的 group_version。
- NameSvr 在执行完 Group 状态变更后，广播最新的 group_version。
- 对于 Stateful Group，提供额外的一致性保障机制，支持发送侧更及时地获得目标 Group 的最新 group_version。

对于目标为 Stateless Group 的 P2G 消息，支持 GroupInfo 最终一致性已够用；但对于 Stateful Group，需要提供更高级别的一致性，以保障消息发送目标的正确性。支持有状态服务动态扩缩容是游戏后台治理的一个难点，下一节将对有状态群组变更支持展开介绍。

6.4.4 Stateful Group 治理，全面支持游戏后台需求

有状态服务集群的变更管理是分布式系统治理的一个难点，主要难在需要在保障一致性（服务调用者、提供者均看到一致的服务群组状态）的前提下尽量提供可用性（服务调用者以最新一致的群组状态执行消息路由）。在变更过程中，群组成员之间可能存在数据搬迁，变更过程需要持续较长时间。

因此，Stateful Group 变更需要通信层与服务之间进行密切的协调。在 Tbuspp2 中，NameSvr 是 Stateful Group 变更事务处理的协调者，协调收发侧 Agent 的收发处理，以及 Group Member 之间的数据搬迁处理（如果有）。在保障功能完备的前提下，最小化 AppSvr 自身的参与，以支持业务以最低的成本实现有状态服务逻辑。

6.4.4.1 名词说明

为描述 Stateful Group 的变更处理流程，先介绍如下名词。

- GroupOwner：每个 Group 对象在 NS（NameSvr）集群中存在一个具体实例，用于对其状态进行管理，这个 NS 实例即为该 Group 对象的 Owner，这样可以保障 Group 对象的状态在 NS 侧的一致性。

- NSLeader：每个 NS 集群中存在唯一实例，用于执行全局协调处理，该实例被称为 NSLeader，GroupOwner 即由 NSLeader 进行分配。NS 集群实现对 NSLeader 的选举协商处理。

- GroupTrans：Group 对象的一次变更处理协商过程，可完成某些新成员实例的加入，或者某些已有成员的退出，或者变更 RouteType 配置等。

- SendAgent：消息发送侧 Agent。

- RecvAgent：消息接收侧 Agent。

- MemberAgent：Group Member Endpoint 对象所连接的 Agent 实例，在描述 P2G 消息发送时，MemberAgent 会作为消息接收方，同时也可被称为 RecvAgent。

- GroupSubscribe：组订阅，Tbuspp2 提供为 AppSvr 显式登记依赖关系的机制，一个 Endpoint 对象可以订阅其依赖的 Group 的变更通知。当 Group 发生变更时，GroupOwner 会向所有该组的订阅者发送变更通知（GroupChangeNotification）。

- GroupConf：对某个 Group 属性的配置，包括 RouteTypes、GroupTrans 控制参数等，GroupConf 保存在 NameSvr 中。

6.4.4.2 如何保障一致性

对于有状态服务，如果路由状态不一致，则会导致将消息发送至错误目标，可能会导致预期之外的错误，如图 6.7 所示。

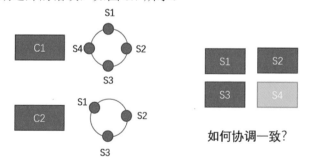

图 6.7　有状态服务的路由状态不一致

Tbuspp2 基于对 Group 状态的版本化管理，可保障 Stateful Group 路由状态的一致性，机制如下：

- MemberAgent 具备最新的 group_version。Group 路由状态发生变更时，基于下文将介绍的 2PC 协商机制，GroupOwner 可以协调 GroupMember 在分布式环境中设置好的一致的 group_version 值，即 MemberAgent 具备最新的 group_version 值。
- MemberAgent 通过核对消息中携带的 group_version 来保障一致性。

SendAgent 在发出 P2G 消息时，在消息中携带自身拥有的 group_version。MemberAgent（即 RecvAgent）检查 P2G 消息携带的 group_version 与自身的是否一致，决定消息是否可以接收，从而保障一致性，但可能损失一定的可用性（存在消息丢失，如图 6.8 所示）。

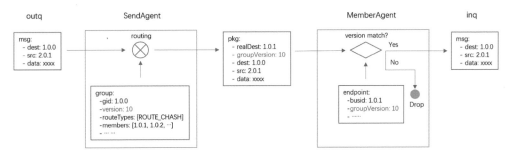

图 6.8　基于 group_version 的有状态 P2G 消息路由一致性检查

6.4.4.3　GroupTrans

GroupTrans 处理流程参考分布式 DB 的两阶段提交（2PC）事务设计（参见图 6.9）。从本质上看，Stateful Group 变更处理也需要 MemberAgent 提交的最新的 group_version 值。

图 6.9　两阶段提交事务

2PC 事务，支持在未发生网络分区的情况下，在多个存储节点实现一致变更。GroupTrans 的协调者是 GroupOwner，其处理流程较经典 2PC 流程要复杂。

根据需求场景不同，支持如下三种不同能力等级的协商流程（见表 6.1），不同的等级具备不同数量的参与者角色类型。

表 6.1　GroupTrans 的分级模型

等级	参与者角色	能力说明
L1（Basic）	MemberAgent	在分布式环境下，协调 GroupMember 之间 group_version 的一致变更。变更事务执行期间不干预消息发送，存在一定消息被拒收的概率（发送者的 group_version 落后于接收者的）
L2（Normal）	MemberAgent、SendAgent	在 L1 基础上，增加对消息发送的干预，基本可消除丢包现象
L3（High）	MemberAgent、SendAgent、MemberEndpoint	在 L2 基础上，增加对 AppSvr 数据搬迁处理的调度，支持需要执行 AppSvr 运行状态数据搬迁的场景

下面以 L2 级别为例，说明 GroupTrans 的执行流程（参见图 6.10）。

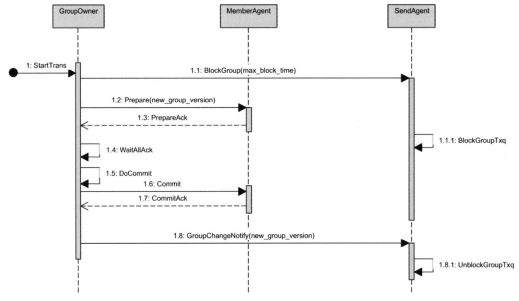

图 6.10　L2-GroupTrans 的执行流程

流程如下：

（1）BlockGroup。GroupOwner 启动一个 GroupTrans 处理，向所有 SendAgent 发送 BlockGroup 消息，请求暂停对目标 Group 对应的 group_txq 中消息的分发处理，消息会携带最大阻塞时长，以避免后续因为 SendAgent 未接收到 UnblockGroup 或者 GroupChangeNotify，导致永久阻塞。同样地，两级队列分发机制为 Stateful

Group 处理提供了弹性。

Agent 之间的连接关系并不会发送给 NameSvr，因此，GroupOwner 实际并没有对应的 SendAgent 清单。当系统部署规模较小时，可以广播到系统内的全部 Agent；对于部署规模较大的系统，可以基于 Tbuspp2 提供的 GroupSubscribe 机制，由 AppSvr 主动登记依赖关系，以订阅者关联的 Agent 清单作为 SendAgent，减少参与者规模，这需要 AppSvr 额外调用 GroupSubscribe API，在 GroupConf 中配置采用何种方式。

该阶段在 L1 级别的流程中不存在，在 L2 中加入该步骤是为了尽量避免在 RecvAgent 丢包，但并不能保障绝对不丢包。如果阻塞时间过长，也可能会耗尽 group_txq，进而在 SendAgent 内丢包。因此需要控制 BlockGroup 时长，GroupOwner 只等待一定比例的 SendAgent 返回 BlockGroup 应答。

（2）Prepare。向所有 MemberAgent 发送最新的 group_version。MemberAgent 接收到 PrepareReq 后，会返回 PrepareAck。与 BlockGroup 不同，GroupOwner 会在限定时间内等待所有 PrepareAck 返回，若未收全 PrepareAck，或者某个 MemberAgent 返回拒绝 GroupTrans，则 GroupOwner 通知所有 MemberAgent 取消事务，并向 SendAgent 发送 UnblockGroup 通知。否则，进入下一步。

由于等待 PrepareAck 的时间可能会超过上一步设置的 max_block_time，因此 GroupOwner 会在 Prepare 阶段周期性地向 SendAgent 发送 BlockGroup，以尽量避免接收侧丢包。

（3）DoCommit。在 GroupOwner 节点提交 Group 状态变更事务（增删 Member、RouteTypes 变更），设置 group_version 为最新值，事务在 NameSvr 已完成提交。若 DoCommit 失败，如 Prepare 失败，则取消 GroupTrans。

（4）Commit。GroupOwner 向所有 MemberAgent 发送 commit 通知，在 MemberAgent 内更新 group_version。允许丢失 commit 通知，GroupOwner 也不要求全部 MemberAgent 返回 CommitAck。在 MemberAgent 检查对应 Group 消息时，若 MemberAgent 通过 GroupPrepareReq，P2G 消息携带的 group_version 值与本地 group_version、new_group_version 其中之一相同，则接收该消息，因为只有 GroupOwner 完成 DoCommit 处理，SendAgent 才能获取到 new_group_version。

（5）UnblockGroup。向所有 SendAgent 发送 GroupChangeNotify，同步最新 group_version，SendAgent 收到该通知消息后，即确认 GroupOwner 已提交 GroupTrans。SendAgent 会从 GroupOwner 查询到最新的 Group 状态，更新本地路由状态，恢复对应 group_txq 消息的路由与分发处理。

L1 级别不包含图 6.10 中的 "1.1" 和 "1.8" 这两步，L3 级别的流程比较复杂，GroupOwner 会增加对 GroupMember 数据搬迁的协调处理，这里不详述。Tbuspp2

为业务人员管理有状态服务提供了统一的解决方案,基于版本化 Group 路由状态、两级队列分发机制提供的消息缓存弹性,以及侵入式设计提供的控制面、数据面、AppSvr 之间的紧密协作能力,可以保障有状态服务消息路由的强一致性,并提供了分级能力,及业务需要的可用性。

6.5　总结

行文至此,已对 Tbuspp2 这款服务网格架构基础组件的缘起、设计取舍原则与原理模型、核心实现机制进行了介绍。Tbuspp2 的设计与实现贴合游戏后台的特殊需求,其侵入式实现机制亦具备以下鲜明的特色。

- 设计了结构化的 Busid,其表示系统内的通信处理对象:Endpoint、Group。
- 在控制层面,可以实现服务网格的控制面、数据面与应用服务之间紧密协作,以全面覆盖游戏后台有状态/无状态服务治理需求,并实现按需路由状态同步,以消除集群部署规模扩大对路由同步的影响。
- 在数据面,建立了基于 SHM 队列实现本地代理与应用服务之间进行消息交换的机制,最小化消息交换成本,并支持 P2P/P2G/多播/广播等多种通信模式,全面支持游戏后台多样化的通信模式需求。

Tbuspp2 还具备高性能、极致稳定、简单易用的特点。

- 在万兆网卡下,Tbuspp2 可支持百万级 TPS 小包通信(128 字节),单 Agent 支持 1 万个并发连接通信,及支持建立 10 万个节点规模的网格集群。
- NameSvr、Agent、AppSvr 中任何实例的重启均能立即恢复状态,系统整体具备高度容灾与自愈能力。
- 开箱即用,不依赖其他外部系统(譬如 Kubernetes),支持 Linux/Windows 多平台编译与运行,支持 C/Go 等多种语言 API,业务接入方便。

Tbuspp2 为支撑游戏后台系统运行与管理提供了全方位的支持,除以上基础功能外,还提供诸如安全认证、监控与链路追踪集成、多集群互通等全球化部署背景下所需要的支撑能力,限于篇幅这里不再一一介绍。

通信组件是后台系统的基础设施软件,其功能与性能直接决定了后台系统的开发成本及上线后能否经受业务增长的考验,其技术选型必须切实符合项目需求,希望本章能为大家对新形势下的游戏后台实现技术选型提供有益的参考。

混合语言程序的混合
调用栈火焰图

针对游戏业内广泛存在的 C/C++ 与脚本语言同时编写业务逻辑的混合语言开发模式，本章提出了一种在不需要修改目标程序代码的情况下获取跨进程的包含原生函数与脚本函数的混合调用栈的采样方法，并在这个采样方法之上构建了混合调用栈火焰图的监控服务，解决了 C/C++ 与脚本语言混合开发时的混合语言程序性能热点排查问题。

7.1 混合语言程序

在程序开发过程中，程序逻辑时常需要进行更新与迭代。在核心框架基本固定，而业务逻辑变动频繁的项目中，一般使用 C/C++ 这两种原生语言来编写核心框架，同时使用脚本语言来编写业务逻辑。在这样的开发模式下，框架层保证执行效率和稳定性，逻辑层用于快速迭代开发与容错。这种同时使用 C/C++ 与脚本语言进行开发的程序就是混合语言程序。图 7.1 所示的是一个简单的 C++ 与 Lua 混合编程计算斐波那契数的例子。

我们首先提供一个 C++ 层的 mixed_stack_fib.so 供 Lua 使用，导出了一个 fib_Cpp 的接口。在这个 fib_Cpp 的接口中，有一个分支会尝试调用 Lua 脚本层的 lua_fib2 函数去获取结果。同时，我们在脚本中调用的 lua_fib 函数又会去调用在前述代码里暴露的 fib_Cpp 的接口。

```
#include <lua.hpp>                              function lua_fib2(a)
int fib_cpp(lua_State* L, int a)                    if a <= 1 then
{                                                       return 1
    if(a > 10)                                      else
    {                                                   return lua_fib2(a-1) + lua_fib2(a-2)
        return fib_cpp(L,a-1)+fib_cpp(L,a-2);       end
    }                                           end
    else
    {                                           local function lua_fib(a)
        lua_getglobal(L, "lua_fib2");               if a > 20 then
        lua_pushinteger(L, a);                          return lua_fib(a-1) + lua_fib(a-2)
        if(lua_pcall(L,1,1,0) != LUA_OK)            else
        {                                               return fib_cpp.fib_cpp(a)
            return 1;                               end
        }                                       end
        int a = (int)luaL_checknumber(L,-1);
        return a;
    }
}
```

图 7.1 　混合语言程序样例

如果执行 lua_fib(20)，则会触发 lua_fib[lua]->fib_Cpp[C++]->lua_fib2[lua]这样的函数调用栈。在这个调用栈中既有 Lua 的脚本函数，又有 C++函数。这种脚本函数与 C/C++函数的互相调用是混合语言程序逻辑开发中的常态。

热更新在游戏开发中是必不可少的需求，在开发过程不仅使用热更新来调试逻辑，在运营过程中也经常使用热更新来解决线上问题。由于 C/C++是编译执行的，所以在支持热更新时困难重重，而脚本语言是通过虚拟机解释执行的，天然支持热更新。因此，混合语言的开发模式在游戏业获得了巨大成功，在主流的游戏引擎 Unity、Unreal 中也逐渐涌现出针对 Lua、Python、JavaScript 等脚本语言的多种混合语言开发框架。

混合语言程序在脚本语言的便利性加持下极大地提升了开发效率，但是这种混合语言方案也带来了自身特有的问题。例如，数据在 C++层与脚本层不停地转换带来的消耗、脚本层缺乏类型检查等，但是最突出的问题是，如何了解程序的运行状态，程序的性能热点在哪里。

7.2　混合调用栈火焰图

火焰图由于其优秀的可视化交互特性，使得其在程序性能分析方面得到了广大开发运维人员的认可。但是常规的火焰图只支持单一语言的性能分析，当分析对象为混合语言程序时，火焰图存在很多不足，需要做很多改进才可以使用。

7.2.1　性能热点与火焰图

对于程序的性能热点探查，最直观的方式是定期获取程序的调用栈，在采集一定调用栈样本之后生成调用栈的火焰图。图 7.2 所示的是一个火焰图样例，y 轴表示调用栈，每一层都是一个函数。调用栈越深，火焰就越高，顶层是正在执行的函数，下方都是它的父函数。x 轴表示抽样数，一个函数在 x 轴占据的宽度越宽，表示它被抽样到的次数越多，即执行的时间越长。

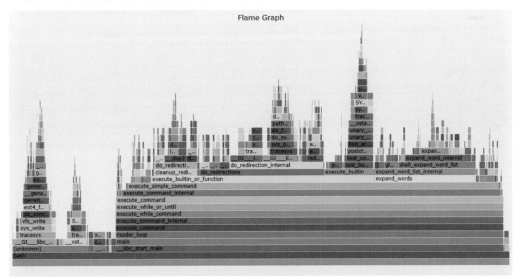

图 7.2　火焰图样例

因此我们也尝试利用现有的工具来对混合语言程序进行调用栈采样，并通过官方转换工具 FlameGraph 生成火焰图，以此来分析混合语言程序的性能热点。

7.2.2　原生调用栈获取问题

获取原生语言程序的火焰图比较简单，在 Linux 平台上可以通过自带的 Perf 系统调用来对目标进程进行调用栈采样，对采样结果进行后处理即可获得火焰图；在 Windows 平台上也可以通过自带的 Event Tracing For Windows 工具来对进程进行调用栈采样，其结果可视化工具也提供了火焰图的生成功能。这两个工具的工作原理是类似的：通过系统调用，通知进程内部添加定时器来定期输出调用栈信息，并将信息共享到一段内存上，然后采样程序周期性地去消费共享内存上的调用栈信息。此外，Intel VTune 软件通过封装上述平台的自带功能也实现了调用栈火焰图的生成。

在 Linux 平台上，我们用 Perf 来对下面这段代码中不断计算 lua_fib(35) 的 C++＋Lua 混合程序进行 profile（性能热点探查）并生成火焰图，结果如图 7.3 所示。

```
while true do
    print(lua_fib(35))
end
```

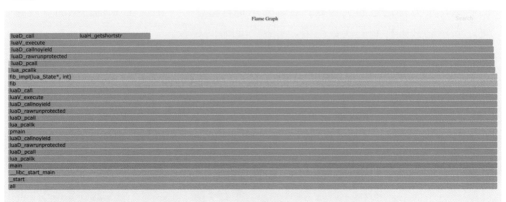

图 7.3　纯 C++调用栈的 Lua

从图 7.3 中可以发现，火焰图中只存在 C++的函数名，Lua 脚本层的函数名都不存在，这些 Lua 脚本层的调用栈都被 Lua 虚拟机的相关函数所代理了。其中，luaV_execute 是 Lua 虚拟机执行 opcode 的函数，可以将其看作一个无限循环，利用 switch (GET_OPCODE(i))根据不同的 opcode 进行不同的虚拟机字节码执行过程。因此所有脚本层的函数调用在 C++调用栈上的表现都是 luaV_execute，我们拿不到脚本层的函数信息。基于类似的理由，常规的对 C/C++进行性能分析的工具在面对脚本语言时都无能为力，所探查出来的结果只有虚拟机的相关信息，无法探查到脚本函数层。

7.2.3　脚本调用栈获取问题

对于脚本语言，脚本调用栈的信息基本可以通过其运行时自带的调试功能来获取。Lua 可以通过 debughook 加 traceback 来达到定期采样调用栈的目的，Python 也可以通过 PyEval_SetTrace 加 traceback 来获取周期性的调用栈采样。通过对调试器进行采样，汇总结果之后也能生成纯脚本语言的火焰图。

如果我们通过脚本自带的工具去获取纯脚本的调用栈，首先遇到的就是效率问题。我们采用图 7.4 所示的代码测试最简单的 Python 版本的 Fibonacci（计算斐波那契数）程序，使用 Linux 的 time 指令来测量运行时间，fib(32)耗时 0.5s。

```
def fib(n):                             time python ./fib.py
    if n <= 1:
        return 1                        real    0m0.513s
    else:                               user    0m0.509s
        return fib(n-1)+fib(n-2)        sys     0m0.004s
fib(32)
```

图 7.4　使用 time 指令测试 Python 语言实现的 Fibonacci 程序的耗时

如果使用 cProfile 模块来测量脚本性能，可以看出程序的执行效率被拖慢了 50%，这种性能损耗让人很难接受。

```
$ python3 -m cProfile -s time ./fib.py
7049425 function calls (270 primitive calls) in 1.290 seconds

   Ordered by: internal time

   ncalls  tottime  percall  cumtime  percall filename:lineno(function)
7049155/1    1.290    0.000    1.290    1.290 fib.py:3(fib)
        1    0.000    0.000    0.000    0.000 {built-in method marshal.loads}
        3    0.000    0.000    0.000    0.000 <frozen
importlib._bootstrap_external>:1431(find_spec)
        7    0.000    0.000    0.000    0.000 {built-in method posix.stat}
        1    0.000    0.000    0.000    0.000 {built-in method posix.listdir}
        1    0.000    0.000    0.000    0.000 {built-in method
builtins.__build_class__}
```

对应地，我们使用 Lua 自带的工具来测量脚本的执行效率。我们也照样实现一个纯脚本的 Fibonacci 程序，结果如图 7.5 所示。

```
local function fib(i)                   $ time lua ./fib.lua
    if i <= 1 then
        return 1                        real    0m0.226s
    else                                user    0m0.226s
        return fib(i-1) + fib(i-2)      sys     0m0.000s
    end
end
fib(32)
```

图 7.5　使用 time 指令测试 Lua 语言实现的 Fibonacci 程序的耗时

面对同样计算 fib(32)的任务，Lua 的执行时间只需要 0.226s。我们使用 debug.sethook()来度量脚本性能：

```
local calls, total, this = {}, {}, {}
debug.sethook(function(event)
  local i = debug.getinfo(2, "Sln")
```

```
  if i.what ~= 'Lua' then return end
  local func = i.name or (i.source..':'..i.linedefined)
  if event == 'call' then
    this[func] = os.clock()
  else
    local time = os.clock() - this[func]
    total[func] = (total[func] or 0) + time
    calls[func] = (calls[func] or 0) + 1
  end
end, "cr")
fib(32)
debug.sethook()
-- print the results
for f,time in pairs(total) do
  print(("Function %s took %.3f seconds after %d calls"):format(f, time,
calls[f]))
end
lua ./fib.lua
Function fib took 20.925 seconds after 7049155 calls
```

程序的执行时间从 0.2s 暴涨到 20s，有 100 倍的差距，导致这种记录所有脚本函数调用的探查完全不可用。

7.2.4　混合调用栈获取问题

在前述内容中，我们尝试了使用现有的工具来分别获取混合语言程序中的原生语言调用栈与脚本语言调用栈，但是这两种方式存在各自的问题：

- 纯 C/C++调用栈丢失了脚本层的运行信息。
- 纯脚本的调用栈获取由于性能损耗太大导致无法在实际项目中使用。

虽然我们能够以某种方式低成本地获取脚本调用栈，但随后带来的问题是，我们通过 Perf 获取的 C++调用栈与脚本调用栈不是同一时刻发生的，C++调用栈是 Perf 接收的被动信息流，无法控制获取时机。因此，C++调用栈与脚本调用栈之间的关联被切断了。

在混合语言程序中，脚本语言与原生语言的函数是互相调用的，分别获取两份调用栈信息并不能给我们呈现出程序的运行全貌。为了对混合语言程序做性能分析，我们需要获取在同一时刻的 C++调用栈与脚本调用栈，并将这两份信息进行逻辑合并，生成一个混合调用栈，以消除脚本语言与原生语言之间交互信息消失的问题。

在图 7.6 中，我们呈现了一个将原生调用栈与脚本调用栈进行混合以生成混合调用栈的例子。

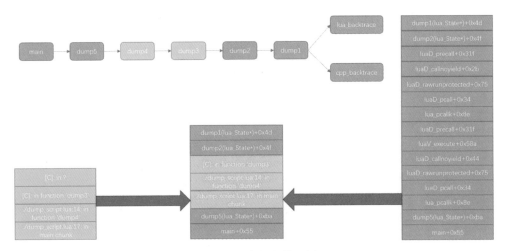

图 7.6　混合调用栈示例

在图 7.6 中，黄色背景框代表的是 Lua 函数调用，绿色背景框代表的是 C++ 函数调用。完整混合调用栈为 main->dump5->dump4->dump3->dump2->dump1，在 dump1 中，我们分别调用 lua_backtrace 与 cpp_backtrace 来获取 Lua 调用栈（见图 7.6 左侧）与 C++调用栈（见图 7.6 右侧）。在 Lua 调用栈中我们丢失了 C++ 函数的信息，而在 C++调用栈中，Lua 调用栈信息被 Lua 虚拟机的函数覆盖了。我们对这两个栈进行混合之后，生成了图 7.6 中间的混合栈，完美呈现了完整的调用栈信息，从而观察到了这次采样时程序运行的全貌。

由于混合语言程序的原生调用栈与脚本调用栈的混合规则依赖于其使用的脚本语言的虚拟机实现机制，同一个脚本语言之间的不同版本也会造成混合规则的不同，因此需要对每种目标脚本语言都做一套混合规则。

7.2.5　混合调用栈火焰图监控服务

在完成了获取混合语言程序的混合调用栈之后，我们可以在程序内部开启一个计时器，以一定的间隔进行混合调用栈采样。采样持续一定时间后，综合所有的混合调用栈信息，利用相关工具即可生成与图 7.7 类似的混合调用栈火焰图。

在实际的生产环境中，项目方不想在自身代码中引入混合调用栈火焰图作为依赖，以避免额外的代码维护工作。因此我们的混合调用栈采样程序需要实现为类似于 Linux 中的 Perf 工具，在不修改目标程序代码的情况下对目标进程进行调用栈采样。而混合调用栈采样程序为了采样同一时刻的原生调用栈与脚本调用栈，不能采取 Perf 这种被动消费的方式，需要主动地对目标进程进行周期性暂停，并根据瞬时的进程内部信息来获取所需要的两种调用栈，这两个功能需要将当前的混合调用栈采样程序实现为一个 GDB 的精简版，以支持对目标进程的调试控制。

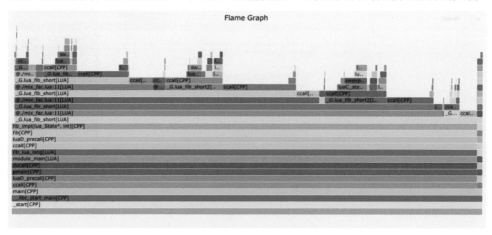

图 7.7　混合调用栈火焰图示例

　　此外，为了满足项目方对线上程序的大批量持续性监控需求，支持对 CPU 热点的火焰图进行查询，混合调用栈采样程序的角色需要从单次运行的单机性能探查工具转变为持续运行的联网性能监测工具。作为一个性能监测工具，我们还需要采样目标进程的 CPU 利用率信息，将采样的混合调用栈结果和 CPU 利用率发送到数据库，以配合相应的前端页面进行特定机器、特定进程、任意时间点的火焰图查询。

　　在适配了跨进程与数据库这两个需求之后，最终的混合调用栈程序如下所示。

```
pid_t pid; //目标进程的 ID
string script_type; // 目标进程的脚本语言类型
while(true)
{
  map<string, int> stack_count_map; //存储调用栈统计数据
  for(int i = 0; i< sample_count; i++)
  {
    sleep_for(sample_gap); // 每隔 sample_gap 时间进行一次采样
    proc_freeze(pid); // 暂停目标进程的执行
    // 获取目标程序的原生语言调用栈
    auto Cpp_stack = get_Cpp_stack(pid);
    // 获取目标程序的脚本调用栈
    auto script_stack = get_script_stack(pid, script_type);
    proc_continue(pid); // 重启目标进程的执行
    // 将两个调用栈合并
    auto mixed_stack=get_mixed_stack(script_type,Cpp_stack,script_stack);
    stack_count_map[mixed_stack]++; // 添加当前调用栈的计数
```

```
}
// 采样一定时间后汇总数据准备上传
// 将调用栈统计数据进行编码
auto stack_count_info = encode_stack(stack_count_map);
// 获取采样期间内的目标进程的 CPU 利用率信息
auto cpu_usage_info = get_cpu_usage(pid);
// 上传到后台服务器，以供网页端查询，生成火焰图
upload_to_server(cpu_usage_info, stack_count_info);
}
```

为了构建一个高效的混合调用栈火焰图监控服务，我们需要低成本地解决如下五个核心问题。

- 目标进程的调试控制：这部分负责控制目标进程的运行和内部状态的读写，以支持 proc_freeze、proc_continue、get_Cpp_stack、get_script_stack 这四个接口。
- 快速获取跨进程原生调用栈：在目标进程暂停的情况下，通过分析进程快照，进行调用链解析并快速查找对应的函数名，获得原生调用栈，对应上述流程中的 get_Cpp_stack。
- 安全获取跨进程脚本调用栈：在目标进程暂停的情况下，通过分析进程快照，使用安全的跨进程指针操作模拟各个脚本语言的 traceback 实现，获得脚本调用栈，对应上述流程中的 get_script_stack。
- 合并脚本语言调用栈与原生调用栈：生成混合调用栈，对应上述流程中的 get_mixed_stack。
- 优化混合调用栈统计数据编码：对汇总后的混合调用栈数据进行编码，减小体积，以方便网络发送到后台存储，对应上述流程中的 encode_stack。

下面我们将对这五个核心问题的解决方案进行详细阐述。

7.3　目标进程的调试控制

整个火焰图的获取流程依赖于我们能够对目标进程获取快照信息并进行分析，即我们的堆栈获取程序需要实现一个调试器的功能。实现一个调试器需要利用系统提供的相关接口，Linux 平台为 ptrace 系统调用，Windows 平台为 dbghelp.dll 提供的相关接口。为了缩小平台差异，方便后续内容的描述，我们对这些接口进行封装，接口功能包括但不限于：

- proc_freeze 暂停目标进程的执行，单步执行 singlestep 及使用 proc_continue 恢复目标进程的执行。

- 读写目标进程的内存：readmem、writemem。
- 读写目标进程的寄存器状态：readreg、writereg。
- 获取目标进程特定符号的地址：getsymbol。
- 根据地址获取目标进程的函数名：addr2func。

进程的运行控制、内存读写、寄存器读写、根据地址获取函数名都可以通过简单地对原生平台接口进行封装来实现。但是对于符号获取 getsymbol 这个功能，平台差异性很大。在 Windows 平台中，我们可以利用 dbghelp.dll 提供的 SymFromName 函数直接获取这个名字对应的地址。但是在 Linux 平台中，获取符号对应的地址则复杂很多。以 Python 为例，在获取_PyThreadState_Current 时：

- 如果目标进程静态链接了 Python，这个符号是一个普通的全局变量，可以直接通过解析二进制文件来获得这个符号的地址。
- 如果目标进程动态链接了 Python，则这个符号并不在最终的可执行文件里，而是在 Python 的动态链接库里。找到动态链接库文件后再对这个二进制文件进行解析，可获取对应符号的地址。

不管是动态链接还是静态链接，都需要查找二进制文件 elf 的符号表，来获取符号的地址。不过这里获取的符号地址并不是目标进程运行时真正的地址，还需要加上这个二进制文件在进程中的加载偏移。进程中所依赖的各个二进制文件的加载信息可以通过 cat /proc/$pid/maps 来获取：

```
00400000-00401000 r-xp 00000000 fc:01 70051         /usr/bin/Python3.6
00601000-00602000 r--p 00001000 fc:01 70051         /usr/bin/Python3.6
00602000-00603000 rw-p 00002000 fc:01 70051         /usr/bin/Python3.6
01060000-01152000 rw-p 00000000 00:00 0             [heap]
7f7fe08ad000-7f7fe08c2000 r-xp 00000000 fc:01 59742
/usr/lib64/libgcc_s-4.8.5-20150702.so.1
7f7fe08c2000-7f7fe0ac1000 ---p 00015000 fc:01 59742
/usr/lib64/libgcc_s-4.8.5-20150702.so.1
7f7fe0ac1000-7f7fe0ac2000 r--p 00014000 fc:01 59742
/usr/lib64/libgcc_s-4.8.5-20150702.so.1
7f7fe0ac2000-7f7fe0ac3000 rw-p 00015000 fc:01 59742
/usr/lib64/libgcc_s-4.8.5-20150702.so.1
7f7fe0ac3000-7f7fe0bac000 r-xp 00000000 fc:01 25827
/usr/lib64/libstdc++.so.6.0.19
7f7fe0bac000-7f7fe0dac000 ---p 000e9000 fc:01 25827
/usr/lib64/libstdc++.so.6.0.19
7f7fe0dac000-7f7fe0db4000 r--p 000e9000 fc:01 25827
/usr/lib64/libstdc++.so.6.0.19
7f7fe0db4000-7f7fe0db6000 rw-p 000f1000 fc:01 25827
/usr/lib64/libstdc++.so.6.0.19
```

```
7f7fe8586000-7f7fe858a000 rw-p 00000000 00:00 0
7f7fe858a000-7f7fe8816000 r-xp 00000000 fc:01 69889
/usr/lib64/libPython3.6m.so.1.0
7f7fe8816000-7f7fe8a16000 ---p 0028c000 fc:01 69889
/usr/lib64/libPython3.6m.so.1.0
7f7fe8a16000-7f7fe8a19000 r--p 0028c000 fc:01 69889
/usr/lib64/libPython3.6m.so.1.0
7f7fe8a19000-7f7fe8a7f000 rw-p 0028f000 fc:01 69889
/usr/lib64/libPython3.6m.so.1.0
```

- 第一列：虚拟地址空间的开始和结束地址 vm_start-vm_end。
- 第二列：映射地址的权限。
- 第三列：映射偏移。vm_pgoff 对有名映射，表示此段虚拟内存起始地址在文件中以页为单位的偏移。对匿名映射，它等于 0 或者 vm_start/PAGE_SIZE。
- 第六列：映射文件名、堆或栈。对有名映射来说，映射的是文件名。对匿名映射来说，映射的是此段虚拟内存在进程中的角色。[stack]表示在进程中作为栈使用，[heap]表示作为堆使用，其余情况则无显示。

通过 elf 解析好目标符号在对应二进制文件里的地址 elf_addr 之后：

- 如果对应符号是全局变量，则从/proc/$pid/maps 里找对应二进制文件的数据段（带 rw-p 权限）的 vm-start 和 vm_pgoff。
- 如果对应符号是函数，则从/proc/$pid/maps 里找对应二进制文件的代码段（带 r-xp 权限）的 vm-start 和 vm_pgoff。

最后的符号地址是 elf_addr + vm-start – vm_pgoff * PAGE_SIZE。

不管是 Windows 平台还是 Linux 平台，获取符号对应地址都依赖于二进制文件中携带的符号相关信息。但是很多程序在分发过程中，为了减小程序的文件大小及避免被逆向，符号信息会单独生成一个新的文件。Windows 平台默认将符号信息放在 pdb 文件中，Release 模式需要手动添加 flag 来生成 pdb。Linux 平台中的二进制文件默认带符号信息，但是可以通过 strip-all 命令将二进制文件的符号表剥离出来。在没有提供这些额外的符号文件的情况下，我们无法获取符号对应的地址，所以在进行符号解析时可能需要提供这些额外的文件信息。对于 Linux 平台，通过包管理器安装的 Python 来说，我们可以通过 debuginfo-install python 命令将对应版本的 Python 符号信息安装到系统默认的符号文件夹中，解析 elf 文件时会自动读取这个符号文件夹的补充数据。

7.4 快速获取跨进程原生调用栈

各个平台都提供了自有的跨进程原生调用栈获取接口，但是这些接口的应用场景主要是对程序进行调试和跟踪。在此场景下，调用栈接口的正确性需求远远大于其效率需求，而且调用频率很低，所以其运行效率并未得到很大的关注。但是当前我们所要构建的火焰图监控服务会持续不断地对目标进程执行原生调用栈获取，这个跨进程原生调用栈获取接口的操作每秒会被执行成百上千次。而且目标进程不仅仅是开发期的程序，还包括对外发布的线上程序，我们要避免监控程序获取原生调用栈时过多地影响目标程序的性能。为此，我们在监控程序中对各个平台的原生调用栈获取进行了封装，加入了很多优化手段，极大地提升了跨进程原生调用栈的获取效率。

7.4.1 优化 Linux 平台的原生调用栈获取

libunwind 是当前 Linux 平台中使用最广泛的获取调用栈的方法，下面的样例代码就可以完整打印出执行位置的调用栈。

```
#define UNW_LOCAL_ONLY
#include <libunwind.h>
#include <stdio.h>
// 调用此函数来获取完整调用栈
void backtrace()
{
  unw_cursor_t cursor;
  unw_context_t context;
// 获取当前执行环境信息，初始化 cursor，准备开始堆栈回溯
  unw_getcontext(&context);
  unw_init_local(&cursor, &context);
// 通过 cursor 一步一步寻找上一层堆栈
  while (unw_step(&cursor) > 0)
  {
    unw_word_t offset, pc;
    unw_get_reg(&cursor, UNW_REG_IP, &pc);
    if (pc == 0)
    {
      break;
    }
    printf("0x%lx:", pc);
    char sym[256];
    if (unw_get_proc_name(&cursor, sym, sizeof(sym), &offset) == 0)
    {
      printf(" (%s+0x%lx)\n", sym, offset);
    }
```

```
    else
    {
      printf(" -- error: unable to obtain symbol name for this frame\n");
    }
  }
}
void foo()
{
  backtrace(); // <-------- backtrace here!
}
void bar()
{
  foo();
}
int main(int argc, char **argv)
{
  bar();
  return 0;
}
```

　　unw_getcontext 和 unw_init_local 执行相关的初始化工作，unw_step 则从顶到底遍历所有的调用栈帧，unw_get_reg 负责获取当前帧的 IP（即当前执行的指令地址），unw_get_proc_name 负责从指令地址获取对应的函数名及当前指令在函数内的偏移。

　　进行 gcc -o libunwind_backtrace -Wall -g libunwind_backtrace.c -lunwind 之后，运行程序，可以得到如下结果：

```
0x400958: (foo+0xe)
0x400968: (bar+0xe)
0x400983: (main+0x19)
0x7f6046b99ec5: (__libc_start_main+0xf5)
0x400779: (_start+0x29)
```

　　上述结果里的每一行包括两个信息，指令地址及对应的函数名称。如果还需要知道对应指令所在的函数位置，即源文件名+行号，则需要使用 addr2line：

```
$ addr2line 0x400968 -e libunwind_backtrace
libunwind_backtrace.c:37
```

　　由于 C++支持函数重载和函数模板，所以导致函数的名字会被编译器进行符号名称编码，直接通过 unw_get_proc_name 获取的函数名字不那么直观。以下面的代码为例：

```
namespace ns
{
  template <typename T, typename U>
  void foo(T t, U u)
```

```
  {
    backtrace(); // <-------- backtrace here!
  }
} // namespace ns
template <typename T>
struct Klass
{
  T t;
  void bar()
  {
    ns::foo(t, true);
  }
};
int main(int argc, char** argv)
{
  Klass<double> k;
  k.bar();
  return 0;
}
```

上述代码的执行结果为：

```
0x400b3d: (_ZN2ns3fooIdbEEvT_T0_+0x17)
0x400b24: (_ZN5KlassIdE3barEv+0x26)
0x400af6: (main+0x1b)
0x7fc02c0c4ec5: (__libc_start_main+0xf5)
0x4008b9: (_start+0x29)
```

这里的_ZN2ns3fooIdbEEvT_T0_就是一个被进行过符号名称编码的名字，这个名字可以通过 c++filt 这个工具解析出来：

```
$ c++filt _ZN2ns3fooIdbEEvT_T0_
void ns::foo<double, bool>(double, bool)
```

此外，更方便的方法是直接使用 cxxabi.h 所提供的 abi::__cxa_demangle 功能来解析函数符号，libstdc++和 libc++都支持这个文件，我们利用这个接口来优化函数名的打印：

```
if (unw_get_proc_name(cursor, symbol_name, sizeof(symbol_name), &offset) == 0)
{
  char* nameptr = symbol_name;
  int status;
  char* demangled = abi::__cxa_demangle(symbol_name, nullptr, nullptr, &status);
  if (status == 0)
  {
    nameptr = demangled;
  }
  printf(" (%s+0x%lx)\n", nameptr, offset);
```

```
    free(demangled);
}
else
{
  printf(" -- error: unable to obtain symbol name for this frame\n");
}
```

这样获取的调用栈就是 C++ 函数名了：

0x400b3d: *(**ns::foo**<double, bool>**(double, bool)+0x17)***
0x400b24: *(**Klass**<double>**::bar()+0x26)***
0x400af6: *(**main+0x1b)***
0x7fc02c0c4ec5: *(**__libc_start_main+0xf5)***
0x4008b9: *(**_start+0x29)***

libunwind 同时也支持获取跨进程的原生调用栈，前提是已经通过调试器的 proc_freeze 功能将目标进程暂停，而我们的调用栈获取程序只需要做很少的修改：

```
// 引入一个新的头文件
#include <libunwind-ptrace.h>
// 创建远程地址空间
unw_addr_space_t addr_space = unw_create_addr_space(&_UPT_accessors,
__BYTE_ORDER__);
void* rctx = _UPT_create(pid);
// 初始化远程调用栈环境
if (unw_init_remote(&cursor, addr_space, rctx))
{
  cerr << "unw_init_remote failed" << endl;
}
else
{
  // 打印堆栈，对应之前获取本地调用栈程序的 while (unw_step(&cursor) > 0) 部分
  print_backtrace(&cursor);
}
_UPT_destroy(rctx);
```

这样我们就得到了跨进程的一个完整的 C++ 调用栈信息。

然而直接使用上述代码来做跨进程调用栈采样有非常严重的性能问题，探查一个不断计算 fib(45) 的纯 C++ 程序时，我们的采样程序会消耗 25% 的 CPU，而 fib 程序的 CPU 利用率则会从 100% 降低到 75%。

```
 PID USER      PR  NI    VIRT    RES    SHR S  %CPU  %MEM     TIME+ COMMAND
3084 qian      20   0    5880   1608   1432 R  75.7   0.0   1:19.66 fib.out
3577 qian      20   0    6492   3768   3428 S  24.6   0.0   0:08.30
unwind_stack.ou
```

这种程度的性能损失是不可接受的，通过探查发现其核心热点在于 unw_step

和 unw_get_proc_name，这两个接口都会尝试读取跨进程的内存，而每次读取跨进程内存时都会调用 ptrace 这个系统接口，从而导致消耗很多 CPU。libunwind ptrace 官方对于这种情况提供了 unw_set_caching_policy 选项，开启这个选项之后，libunwind 将在本进程缓存一些跨进程的信息，避免重复读取，从而提升效率。我们在采样程序中开启这个选项，发现的确可以取得很好的加速效果，性能损耗从25%降低到了不到10%。

```
PID USER      PR NI    VIRT    RES    SHR S  %CPU  %MEM    TIME+ COMMAND
3084 qian      20  0    5880   1608   1432 R  91.7   0.0  4:56.56 fib.out
5735 qian      20  0    6492   3776   3436 S   8.7   0.0  0:01.82
unwind_stack.ou
```

7.4.2　优化 Windows 平台的原生调用栈获取

Windows 平台的 dbghelp.dll 里提供了 StackWalk 函数，用来遍历调用栈，但是相关参数的设置非常烦琐，所以我们使用 GitHub 上开源的 StackWalker 作为基础来获取 Windows 平台的原生调用栈。我们新建一个继承自 StackWalker 的子类 WinStack，然后重写下面这个方法即可获取本次采样时的调用栈：

```
void win_stack_impl::OnCallstackEntry(CallstackEntryType eType,
CallstackEntry& entry)
{
  Cpp_stack_info cur_stack_info;
  cur_stack_info.func_addr = reinterpret_cast<void*>(entry.offset -
entry.offsetFromSmybol);
  cur_stack_info.func_name = entry.undFullName;
  cur_stack_info.offset = reinterpret_cast<void*>(entry.offsetFromSmybol);
  m_Cpp_stacks.push_back(cur_stack_info);
}
```

这里的 undFullName 是内部已经进行过符号名称解码的 C++ 函数名，不需要再像在 Linux 平台中那样手动后处理 cxademangle。

但是在实际测试过程中发现这个采样程序的效率很低，严重影响了目标进程的执行效率。为了探究 StackWalker 的性能热点，我们使用 Intel Vtune 来对采样程序进行采样，结果见图 7.8。

在图 7.8 所展示的信息中可以看出：在 32s 的时间内，采样程序的 CPU 时间为 8.3s，直接将目标进程的效率降低到了原来的 3/4！在图 7.8 显示的热点函数中，SymGetModuleInfo 函数的作用是获取当前指令地址所在的动态链接库的名字，而这部分信息是火焰图不需要的。因此在获取调用栈时传入忽略 ModuleInfo 的标志，以减少这部分的消耗。经过这样的逻辑优化，我们得到了图 7.9 所示的探查结果。

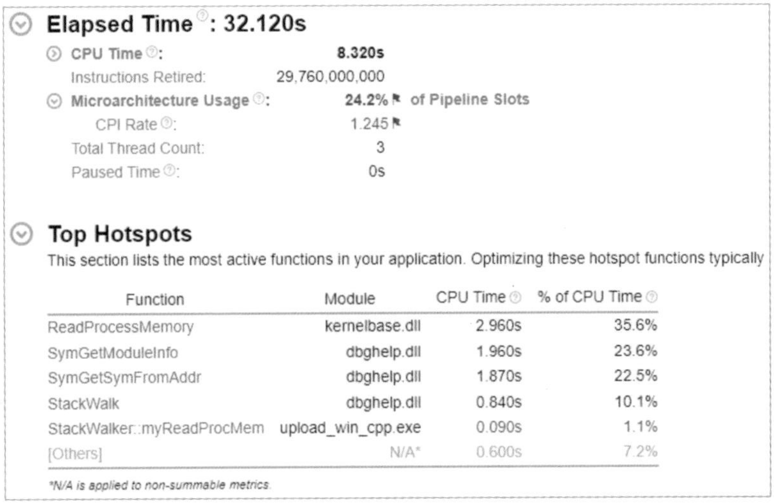

⊙ **Elapsed Time** ⊙ : 32.120s
⊙ CPU Time ⊙ :　　　　　　　　　 **8.320s**
　　Instructions Retired:　　　　 29,760,000,000
⊙ Microarchitecture Usage ⊙ :　 **24.2%** ⚑ of Pipeline Slots
　　CPI Rate ⊙ :　　　　　　　　 1.245 ⚑
　　Total Thread Count:　　　　　 3
　　Paused Time ⊙ :　　　　　　　 0s

⊙ **Top Hotspots**
This section lists the most active functions in your application. Optimizing these hotspot functions typically

Function	Module	CPU Time ⊙	% of CPU Time ⊙
ReadProcessMemory	kernelbase.dll	2.960s	35.6%
SymGetModuleInfo	dbghelp.dll	1.960s	23.6%
SymGetSymFromAddr	dbghelp.dll	1.870s	22.5%
StackWalk	dbghelp.dll	0.840s	10.1%
StackWalker::myReadProcMem	upload_win_cpp.exe	0.090s	1.1%
[Others]	N/A*	0.600s	7.2%

*N/A is applied to non-summable metrics.

图 7.8　初始的 Vtune 结果

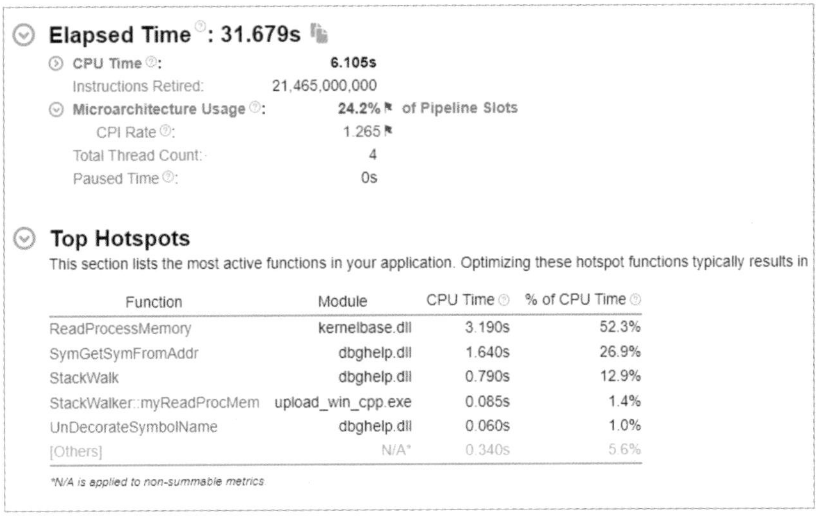

⊙ **Elapsed Time** ⊙ : 31.679s
⊙ CPU Time ⊙ :　　　　　　　　　 **6.105s**
　　Instructions Retired:　　　　 21,465,000,000
⊙ Microarchitecture Usage ⊙ :　 **24.2%** ⚑ of Pipeline Slots
　　CPI Rate ⊙ :　　　　　　　　 1.265 ⚑
　　Total Thread Count:　　　　　 4
　　Paused Time ⊙ :　　　　　　　 0s

⊙ **Top Hotspots**
This section lists the most active functions in your application. Optimizing these hotspot functions typically results in

Function	Module	CPU Time ⊙	% of CPU Time ⊙
ReadProcessMemory	kernelbase.dll	3.190s	52.3%
SymGetSymFromAddr	dbghelp.dll	1.640s	26.9%
StackWalk	dbghelp.dll	0.790s	12.9%
StackWalker::myReadProcMem	upload_win_cpp.exe	0.085s	1.4%
UnDecorateSymbolName	dbghelp.dll	0.060s	1.0%
[Others]	N/A*	0.340s	5.6%

*N/A is applied to non-summable metrics.

图 7.9　取消获取模块动态链接库信息后的 Vtune 结果

对比图 7.8，避免了将近 2s 的性能浪费，成果非常显著。但是目标程序的执行效率也只有之前的 4/5，还需要继续优化。现在的主要热点在 ReadProcessMemory 这个系统调用，这个函数是用来读取另外一个进程的内存空间的，无法避免。为了了解这个函数的调用情况，我们对这个函数的调用次数与读取的内存字节大小做了统计：

```
[win_stack] [info] read_mem_counter 3761959 read_mem_sz 51622248
```

在 32s 的采样时间里，平均每次调用只读取了不到 16 字节，高频率的调用系统接口导致耗时很多。考虑到在获取调用栈的过程中，目标进程处于暂停之中，内存区域是不会被修改的，因此，可以在读取跨进程内存时封装一个页面的缓存，以期望降低调用 ReadProcessMemory 的次数：

- 将要读取的内存区域(addr_low, addr_high)按照 page_size 切分为一个或者多个(page_seq, low_addr_in_page, high_addr_in_page)。
- 对于切分后的每个(page_seq, low_addr_in_page, high_addr_in_page)，如果 page_seq 不在缓存中，则调用 ReadProcessMemory 读取整个 page_seq 对应的内存页，放入缓存中。
- 按照 page_seq 的顺序将缓存中读取的 low_addr_in_page、high_addr_in_page 内存区域拼接为一个连续的缓存，并作为结果返回。

经过此项内存读取缓存优化后，性能得到了大幅度的提升。图 7.10 展示了采取跨进程内存读取缓存优化后的 Vtune 结果，在 32s 的执行时间里，采样程序自身消耗的时间降低到了不到 3s，目标进程的执行效率也从 4/5 提升到了 9/10，达到了可以接受的性能损失范围。

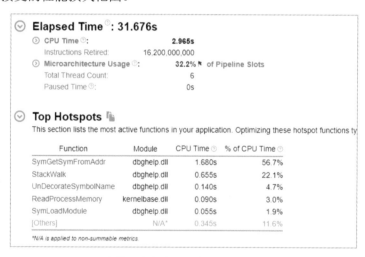

图 7.10　跨进程内存读取缓存优化后的 Vtune 结果

7.4.3　addr2func 的查询优化

图 7.10 中所示的 SymGetSymFromAddr 函数的作用是，对于给定的一个指令地址，获取这个指令所在的函数名。在前述的 Linux 平台的跨进程调用栈获取中，

也有一个功能类似的接口——unw_get_proc_name，这两个接口就是我们所封装的 addr2func 的各自底层平台的实现。堆栈获取程序在使用上述方法进行性能优化之后，两个平台的性能热点都落在了这个获取指令对应符号名的接口上，如果不优化这个功能的实现，则调试器带来的性能损耗会持续在 10%左右。这种性能损耗在生产环境中很难被项目组接受，需要继续优化。

考虑到进程加载完所有依赖的动态链接库之后，可执行区域的地址空间将不再移动，因此在程序的执行期间，每一条指令对应的函数名是一个简单的映射关系，我们可以使用 map<uint64, string>建立一个这样的映射关系缓存，以避免执行相关系统调用所带来的开销。但是给每一条指令都建立一个映射会导致采样程序的内存消耗剧增。考虑到一个函数对应的所有指令地址是连续的，各个函数的指令地址区间是不可能相交的。利用这个离散区间的特性，我们提出了一个快速查找指令对应的函数名的结构，function_map_table：

```
struct function_info
{
  uint64_t base_addr; // 当前函数第一条指令的地址
  uint64_t instruction_size; // 当前函数的指令的内存大小
  string func_name; // 当前函数的名字
};
class function_map_table
{
  // 记录所有已知的符号名称及对应的指令范围
  map<uint64_t, function_info> cached_info;
public:
  // 对于给定 IP, 查找 base_addr<=ip && base_addr + instruction_size > ip 的函数
  bool get_func_info(uint64_t ip, function_info& result) const;
  // 添加或者扩展现有的函数信息
  void add_func_info(uint64_t base_ip, uint64_t exec_size, const string&
func_name);
}
```

有了这个加速结构之后，在实现 addr2func 时优先在这个缓存中查找。如果在缓存里找不到函数信息，再调用平台接口获取这个指令对应的函数信息并同时更新到缓存中。在 Windows 平台上，我们尝试用这个加速结构来替代 SymGetSymFromAddr。

最新的 Vtune 结果如图 7.11 所示。SymGetSymFromAddr 从 Vtune 的热点中完全消失了，加速成果很显著，对目标进程的性能影响降低到了 4%左右。在 Linux 平台中的测试也达到了 5%以内。这种性能损耗达到了在生产环境中应用的水平。

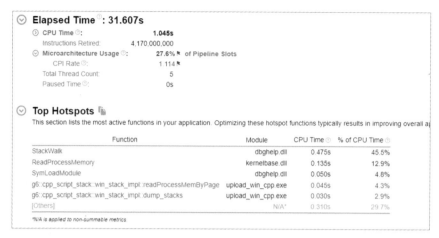

图 7.11　加速 addr2func 查找后的 Vtune 结果

7.4.4　Linux 平台中 UE 的堆栈获取

UE 在打包 Linux 平台中的 Development 及 Shipping 版本时，打包程序会默认将二进制程序中的调试信息与符号信息剥离，以减少分发过程中的包体大小。这样的打包方式会导致我们使用 libunwind 的 unw_get_proc_name 时失败，无法获取指令地址对应的函数名。为了获取这个缺失的符号信息，我们需要研究 UE 在 Linux 平台中的打包流程。相关代码逻辑在 Engine/Source/Programs/UnrealBuildTool/Platform/Linux/LinuxToolChain.cs 中，简化后的逻辑如下：

（1）使用 UE 自带的 dump_syms 程序将初始编译出来的 OutputFile 里的符号信息输出到 SymbolsFile，这个文件的格式为 Google BreakPad 格式。

（2）使用 UE 自带的 BreakpadEncode 程序将 SymbolsFile 转换为 EncodedBinary-SymbolsFile 文件

（3）使用 objcopy --strip-all 将 OutputFile 中的符号信息和调试信息进行剥离，剩下的内容生成 StrippedFile 这个简化的可执行文件。

在打包的后处理中会删除 SymbolsFile，所以最后的符号表信息其实是存放在 EncodedBinarySymbolsFile 中的。

最后生成的 Binaries 会包括如下三个文件

```
/UnrealProjects/ShooterGame/Binaries/Linux$ ls -ahl
total 2.4G
drwxrwxrwx 1 qian qian  512 Aug 25  2022 .
drwxrwxrwx 1 qian qian  512 Aug  4  2022 ..
-rwxrwxrwx 1 qian qian 159M Aug  4  2022 ShooterGame
```

```
-rwxrwxrwx 1 qian qian 2.0G Aug  4  2022 ShooterGame.debug
-rwxrwxrwx 1 qian qian 141M Aug  4  2022 ShooterGame.sym
```

ShooterGame 是程序的可执行文件，ShooterGame.debug 是程序的调试信息文件，ShooterGame.sym 则是程序的符号表文件。

为了能获取 UE 的符号信息，必须去解析这个 EncodedBinarySymbolsFile。UE 提供了 BreakpadEncoderPath 的代码，在 Engine/Source/Programs/BreakpadSymbolEncoder 中。BreakpadSymbolEncoder 负责读取之前导出的 Google BreakPad 格式的符号表，生成一个更简单的符号表格式。这个简单的符号表格式可以从它的序列化写文件操作中获取：

```cpp
#pragma pack(push, 1)
struct RecordsHeader
{
  /* 当前文件里所有的 Records 结构的数量 */
  uint RecordCount;
};
// 每个 record 代表某个文件里某一行代码生成的指令的开始地址
struct Record
{
  // 当前 record 的第一条指令的地址
  uint64_t Address;
  // 当前 record 的行号
  uint LineNumber;
  // 所属的文件名的索引
  uint FileRelativeOffset;
  // 所属的函数名的索引
  uint SymbolRelativeOffset;
};
#pragma pack(pop)
struct FileWithOffset
{
  string Name;
  uint RelativeOffset;
};
vector<Record> Records; // 存储了所有的符号数据
RecordsHeader Header{static_cast<uint>(Records.size())};
os.write((char*)&Header, sizeof(RecordsHeader)); // 写入当前符号的个数
os.write((char*)Records.data(), RecordsSize); // 写入所有符号的内容
// 写入所有的文件名
for (size_t i = 0; i < FileRecords.size(); i++)
{
  os.write((char*)&FileRecords[i].Name[0], FileRecords[i].Name.size() *
sizeof(char));
}
// 写入所有的函数名
for (size_t i = 0; i < SymbolNames.size(); i++)
```

```
{
  os.write((char*)&SymbolNames[i].Name[0], SymbolNames[i].Name.size() *
sizeof(char));
}
os.close();
```

所以解析的时候按照这个序列化的反向操作就可以了。但是这里的 Address 并不是指令在进程执行时的地址，而是指令在二进制文件里的偏移地址。最终进程中的地址建立在这个偏移地址的基础上，还要加上对应二进制文件的代码段在内存中的加载偏移值，即 elf_addr + vm-start – vm_pgoff*PAGE_SIZE。

值得注意的是，上面的 Record 粒度太细了，记录了二进制文件里的每一条汇编指令对应的文件名、函数名、行号信息。我们的符号表用不上汇编级别的粒度，文件名信息也可以直接忽略，因此反序列化之后，我们把同一个函数的所有 Record 汇聚起来，获取这个函数指令的开始地址和大小，并存储到前述的 function_map_table 中，以加速 addr2func 的查询。通过上述方法解决了符号查找问题之后，就可以获得图 7.12 所示的 UE 的火焰图了。

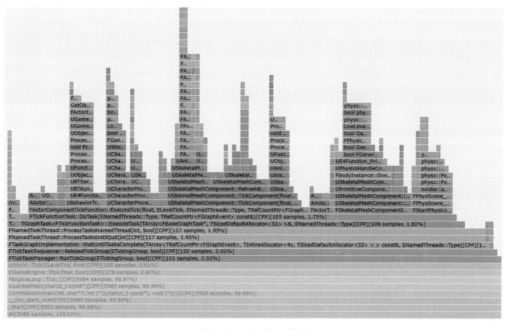

图 7.12　UE 的火焰图

7.5　安全获取跨进程脚本调用栈

各种脚本语言提供的脚本调用栈获取接口只支持在同进程中同步调用，而支持跨进程地进行脚本调用栈获取并不是脚本虚拟机负责的内容。在目标进程被调试器暂停的情况下，脚本调用栈只能通过模拟其虚拟机提供的调用栈回溯接口的执行流程得到，而模拟这个流程的前提则是已经获取了脚本虚拟机的执行环境指针，并用它来充当这个调用栈回溯接口的参数。

7.5.1　获取执行环境指针

所有获取脚本调用栈的方式都依赖于脚本的执行环境，也就是脚本虚拟机运行时的状态描述结构体指针。在 Lua 中，这个结构体叫作 lua_state，而在 Python 中，其名称为 PyThreadState。由于当前目标是非侵入式地获取跨进程的混合堆栈，所以我们要获取另外一个进程的脚本执行环境。通过对现有的多个知名脚本语言（Lua、Python、JavaScript）的虚拟机实现进行具体分析，这个执行环境指针主要可以通过以下三种方式来获取。

- 程序中有一个全局变量存储了这个指针的值，通过对目标进程的地址空间进行符号搜索，定位到变量的地址之后，通过跨进程内存读取接口即可获取执行环境的值。在 Python 的虚拟机实现中，_PyThreadState_Current 变量存储了当前正在执行的 PyThreadState 的地址。
- 程序中有一个全局静态的无参函数可以获取这个指针的值，此时我们对目标进程的地址空间进行符号搜索，定位到这个函数的地址之后，在目标进程中执行这个函数来获取结果，即可获取执行环境的值。在 Python 的虚拟机实现中，PyInterpreterState_Head 就是这样一个静态的无参函数，返回的就是当前正在执行的 PyThreadState 的地址。对于使用了其他脚本语言的程序，也可以通过在框架代码中增加一个类似的接口来暴露其脚本执行环境。
- 在 Lua 和 JavaScript 等脚本语言的虚拟机实现中，很多接口都需要提供所属脚本环境的指针作为第一个参数。此时我们在目标进程中对这个接口增加断点，当断点命中之后获取传入的第一个参数，即可获取执行环境的值。

对于给定的进程 pid，下面我们利用封装好的调试器接口来实现前述的三种获取脚本执行环境的细节。

7.5.1.1　跨进程获取符号地址对应的值

这种方式比较简单，可以拆解为如下几个步骤：

（1）proc_freeze(pid)暂停目标进程的执行。

（2）symaddr = getsymbol(pid, var_name)获取变量 var_name 对应的地址。

（3）state = readmem(pid, symaddr)利用上一步骤获取的地址获取对应的值。

（4）proc_continue(pid)恢复进程的执行。

7.5.1.2　跨进程执行无参函数并获取返回值

这种方式最为复杂，我们需要执行如下步骤：

（1）proc_freeze(pid)暂停目标进程的执行。

（2）symaddr = getsymbol(func_name)获取函数 func_name 对应的地址。

（3）oldregs = readreg(pid)保存原始的寄存器现场。

（4）rip = old_regs.rip 获取下一条指令的地址。

（5）value = readmem(pid, rip)获取下一条指定地址上的内存值。

在目标进程中分配可执行的内存页，在 Windows 平台中直接执行 VirtualAllocEx 即可，而在 Linux 平台中则需要执行图 7.13 所示的几个步骤。

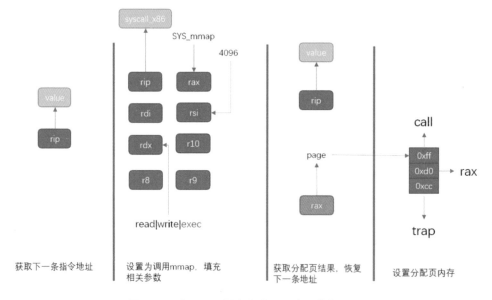

图 7.13　在 Linux 平台中获取一个可执行页面

（1）writemem(pid, rip, syscall)设置下一条指令地址对应的内存值为系统调用。

（2）writereg(pid, xxx)根据平台相关定义填充好相关寄存器参数，使得执行下一条指令后我们能从系统中得到一个可以读写并执行的内存页面。

（3）singlestep(pid)进行单步执行，触发系统调用来分配所需的内存页面。

（4）pageaddr = readreg(pid).xxx 根据平台定义来获取函数返回值所在的寄存器的值，并将其作为内存页面的地址。

（5）writemem(rip, value)恢复原始下一条指令地址上的内存值。

（6）writemem(pid, pageaddr, xxx)根据平台相关定义将若干字节写入这个页面的头部，xxx 内包含两个部分：

- call(rax)的二进制代码为 0xff0xd0，代表直接调用存放在 rax 寄存器中的函数指针。
- trap 0xcc 触发系统中断，让调试器捕获。

（7）writereg(pid, xxx)设置 rax 寄存器的值为 symaddr，同时设置 rip 寄存器的值为 pageaddr，以配合 call 指令来调用无参函数。

（8）proc_continue(pid)恢复目标进程的执行，直到触发中断。

（9）new_regs = readreg(pid)获取中断时的寄存器状态。

（10）state = new_regs.xxx 根据平台定义来获取函数返回值所在的寄存器的值。

- Linux 平台中的返回值位于 rax 寄存器中。
- Windows 平台中的返回值位于 rcx 寄存器中。

（11）writereg(pid, oldregs)恢复原始的寄存器状态。

（12）proc_continue(pid)恢复进程的执行。

图 7.14 简单地展示了在 Linux 平台中执行无参函数并获取返回值的过程。

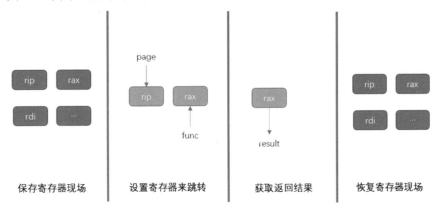

图 7.14　在 Linux 平台中调用无参函数并获取返回值

7.5.1.3　跨进程对函数进行断点并获取参数

通过加断点的方式来获取脚本执行环境，相对于前面的操作容易很多：

（1）proc_freeze(pid)暂停目标进程的执行。

（2）funcaddr = getsymbol(pid, func_name)获取函数 func_name 对应的地址。

（3）value = readmem(pid, funcaddr)获取函数开头的第一条指令。

（4）writemem(pid, funcaddr, (value&0xff)|0xcc)设置第一条指令为中断指令。

（5）proc_continue(pid)恢复进程的执行，等待执行到 func_name 来触发中断。

（6）regs = readreg(pid)获取中断时的寄存器状态。

（7）state = regs.xxx 获取代表第一个参数的寄存器的值，并将其作为脚本环境。

● Linux 平台中的 xxx 为 rdi 寄存器。

● Windows 平台中的 xxx 为 rax 寄存器。

（8）writemem(pid, funcaddr, value)将函数的第一条指令设置为原始值，以避免后续中断。

（9）regs.rip = funcaddr 设置下一条地址为 func_name 的开始地址。

（10）writereg(pid, regs)更新程序计数器的 symaddr。

（11）proc_continue(pid)恢复进程的执行。

图 7.15 描述了在 Linux 平台中执行添加断点并获取第一个参数的细节。

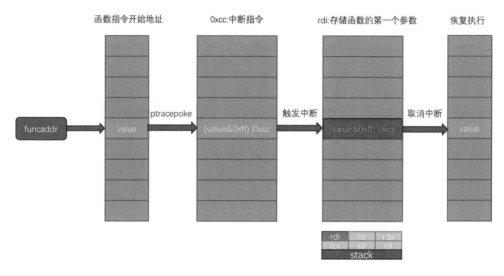

图 7.15　在 Linux 平台中添加断点并获取第一个参数

7.5.2　模拟调用栈回溯

在前述过程中，我们通过多种方式获取了脚本的执行环境指针，有了这个 state 指针，就可以按照脚本语言的 print_traceback()定义来模拟执行调用栈回溯的过程了。

以 Lua 虚拟机为例，我们执行 print_traceback()，主要是要按照图 7.16 展示的 Lua 调用栈模型去解析。我们获取的脚本执行环境指针 state 对应的就是 lua_State 的地址，state→ci 对应的是顶层调用栈，state→Base_ci 对应的是底层调用栈，这两个字段都是 CallInfo 类型的指针，CallInfo 是一个双链表，因此我们可以获取所

有的调用栈 CallInfo 信息。然后根据 Lua 源代码的 ldebug.c 文件来获取每个 CallInfo
里的函数名、文件名、行号等信息，这样我们就获取了完整的 Lua 脚本调用栈信
息。

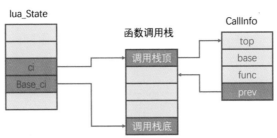

图 7.16　Lua 调用栈结构

　　由于我们要获取的是跨进程调用栈，所以在模拟 print_traceback() 时有一个非
常大的限制：无法调用脚本虚拟机的相关函数，因为函数定义在目标进程中。这
个限制的解决方案为：在调用栈获取程序中也实现一套对应脚本语言的
print_traceback() 的逻辑，为 print_traceback() 中引用的虚拟机函数实现一个等价的
函数。不过读取成员变量时用的是调试器提供的 readmem 接口，因为无法通过结
构体成员访问的方式来读取跨进程结构体成员变量的值。以下面的两个结构体 A
和 B 的定义为例，在给定 B 结构体指针 addr 的情况下，要获取 addr→a→c 的值，
需要做图 7.17 所示的多个操作。

```
struct A                        #define offsetof(TYPE, MEMBER) ((size_t) &((TYPE *)0)->MEMBER)
{                               B* addr;
    char* b;                    // addr->a->c
    int c;                      void* addr_1 = reinterpret_cast<void*>(addr);
};                              void* addr_2 = addr_1 + offsetof(B, a);
struct B                        void* addr_3 = reinterpret_cast<void*>(readmem(addr_2));
{                               void* addr_4 = addr_3 + offsetof(A, c);
    int c;                      long addr_5 = readmem(addr_4);
    float d;                    int dest;
    struct A* a;                memmove(&dest, reinterpret_cast<void*>(&addr_5), sizeof(dest));
    int f;
}
```

图 7.17　跨进程读取结构体成员变量的烦琐步骤

　　从上面的代码可以看出，使用 readmem 接口对这些函数进行改造显得非常烦
琐而且容易出错。此外，由于这部分地址来自另外一个进程，所以在本进程中很
可能没有分配，其间一旦对这些指针进行解引用，就会导致程序异常退出。为了
增强在跨进程读取内存时的安全性与便利性，我们利用 C++ 的模板技术封装了一
个跨进程的指针 remote_addr。

```
template <typename T>
class remote_addr
{
  T* addr;
  pid_t pid;
public:
  remote_addr(T* input_addr, pid_t in_pid)
    : addr(input_addr)
    , pid(in_pid)
  {

  }
}
```

对这个 remote_addr 的解引用，我们也提供了一层封装：

```
typename enable_if_t<!is_pointer_v<T>, T> operator*() const
{
  T result;
  readmem(pid,
reinterpret_cast<void*>(addr),reinterpret_cast<void*>(&result), sizeof(T));
  return result;
}
typename enable_if_t<is_pointer_v<T>, remote_ptr<remove_pointer_t<T>>>
operator*() const
{
  T result;
  readmem(pid, reinterpret_cast<void*>(addr),reinterpret_cast<void*>(&result),
sizeof(T));
  return remote_ptr<remove_pointer_t<T>>(pid, result);
}
```

在这个 remote_ptr 的封装下，通过模板技术重载这个类型的解引用操作符。如果解引用之后不是指针，则直接用调试器的 readmem 来填充 T 并返回，如果解引用之后还是指针，则将 readmem 的返回值继续用 remote_ptr 封装，这样杜绝了直接对跨进程指针解引用的危险。

在这个 remote_ptr 的结构上，我们提供了成员变量地址访问的接口，以及配套的宏 REMOTE_FIELD_ADDR、REMOTE_FIELD_VALUE：

```
#define offsetof(TYPE, MEMBER) ((size_t) &((TYPE *)0)->MEMBER)
#define fieldtype(TYPE, MEMBER) decltype(declval<TYPE>().MEMBER)
template <typename C>
remote_ptr<C> field(size_t offset)
{
  C* field_addr = reinterpret_cast<void*>(addr) + offset;
  return remote_ptr<C>(pid,  field_adr);
}
```

```
#define REMOTE_FIELD_ADDR(VAR, FIELD) VAR.field<field_type(decltype(VAR),
FIELD)>(offsetof(decltype(VAR), FIELD))
#define REMOTE_FIELD_VALUE(VAR, FIELD) (*REMOTE_FIELD_ADDR(VAR, FIELD))
```

在 REMOTE_FIELD_ADDR 的帮助下，我们获得的成员变量的指针仍然是一个 remote_ptr，其类型同时也能得到正确的设置。而 REMOTE_FIELD_VALUE 也利用了 REMOTE_FIELD_ADDR 的功能及 remote_ptr 的安全解引用功能，实现了对远程结构体成员变量值的读取。

通过这两个宏，原来访问 a→b→c 的代码可以简化为如下两行：

```
auto addr_1 = REMOTE_FIELD_VALUE(addr, a);
auto dest = REMOTE_FIELD_VALUE(addr_1, c);
```

对比之前的基于 readmem 的实现，我们用 remote_ptr 封装的实现在跨进程读取结构体的时候，提供了非常大的便利性与安全性。

对于给定 remote_addr<Python::PyInterpreterState> m_i_state，以及相关结构体的定义之后，跨进程获取 Python 调用栈的实现非常简单，下面就是实际使用的完整的代码：

```
vector<script_stack_info> remote_py_stack::dump_stack()
{
  auto cur_tstate = REMOTE_FIELD_VALUE(m_i_state, tstate_head);
  auto cur_thread_id = REMOTE_FIELD_VALUE(cur_tstate, thread_id);
  auto cur_thread_frame = REMOTE_FIELD_VALUE(cur_tstate, frame);
  vector<script_stack_info> result;
  while (cur_thread_frame)
  {
    script_stack_info one_stack_info;
    auto f_code = REMOTE_FIELD_VALUE(cur_thread_frame, f_code);
    auto cur_func_name_ptr = REMOTE_FIELD_VALUE(f_code, co_name);
    auto cur_func_name = read_Python_string(cur_func_name_ptr);
    one_stack_info.func_name = cur_func_name;
    auto cur_file_name_ptr = REMOTE_FIELD_VALUE(f_code, co_filename);
    one_stack_info.file_name = read_Python_string(cur_file_name_ptr);
    one_stack_info.line_no = REMOTE_FIELD_VALUE(f_code, co_firstlineno);
    cur_thread_frame = REMOTE_FIELD_VALUE(cur_thread_frame, f_back);
    result.push_back(move(one_stack_info));
  }
  reverse(result.begin(), result.end());
  return result;
}
```

7.6　合并脚本调用栈与原生调用栈

在同时获取到脚本调用栈和原生调用栈之后，需要将这两个栈合并为一个混合栈，以对运行状态进行统一呈现。但是合并规则依赖于目标进程的脚本语言虚拟机的实现原理，这就需要做一个 case by case 的合并规则代码实现，以适配不同项目组采取的不同语言的不同版本。通过深入研究 Python、Lua、JavaScript 等虚拟机的实现，我们抽象出了一个对脚本调用栈与混合调用栈进行合并的框架。这个框架需要预先设置好一个函数名集合 S，以及一个接口函数名 F：

- S 里包含的是原生函数的签名，代表这些原生函数将在混合调用栈中被忽略。这里主要包括的是虚拟机里为了执行一个脚本函数所需要执行的原生函数调用链。由于脚本虚拟机执行一个脚本函数的调用链是固定的，所以可以忽略这些信息。
- F 代表的是脚本虚拟机里执行的一个脚本函数的原生函数入口。在 Python 语言里，我们可以设置 F 为 _PyEval_EvalFrameDefault。在 Lua 语言里，我们可以设置 F 为 lua_pcallk。

在给定了 S 与 F 之后，我们通过如下操作将原生语言调用栈数组 A 与脚本语言调用栈数组 B 进行合并，生成混合调用栈数组 C。遍历原生调用栈数组 A 的每个函数 D：

- 如果 D 在 S 集合中，不做任何操作，继续下一次遍历。
- 如果 D 等于 F，则从脚本语言调用栈数组 B 的头部移出一个元素 E，将函数 E 添加到数组 C 的末尾（push_back）。
- 上述两个分支都不满足条件时，将函数 D 添加到数组 C 的末尾 push_back。

对于 Lua 来说，执行一个脚本函数的调用链为 lua_pcallk→luaD_pcall→luaD_rawunprotected→luaD_precall→luaV_execute→luaD_precall，因此我们把集合 S 设置为{luaD_pcall, luaD_rawunprotected, luaD_precall, luaV_execute, luaD_precall}，然后对给定的原生调用栈与混合调用栈执行上述合并算法，同时对 Lua 脚本调用栈中的 main_chunk 做特殊处理，即可生成图 7.6 所示的混合栈。

7.7 优化混合调用栈统计数据编码

我们通过上述方法获取的跨进程混合调用栈是一个字符串数组，记录了从 main 函数开始到顶层调用栈的所有函数名。而混合调用栈火焰图的生成需要采样多个混合调用栈的样本，最后统计出来的样本信息为一个 map，key 为一个调用栈，value 为统计期间这样的调用栈出现的次数，输出到文本为如下形式：

```
__libc_start_main[CPP];main[CPP];hive_app::run(int, char const**)[CPP] 1
__libc_start_main[CPP];main[CPP];hive_app::run(int, char const**)[CPP];
```

```
lua_call_function(lua_State*, string*, int, int)[CPP] 8
__libc_start_main[CPP]; main[CPP];hive_app::run(int, char const**)[CPP];
lua_call_function(lua_State*, string*, int, int)[CPP];@common/tools.lua:
239[LUA];luaD_precall[CPP];luaB_xpcall[CPP] 1
__libc_start_main[CPP];main[CPP];hive_app::run(int, char const**)[CPP];
lua_call_function(lua_State*, string*, int, int)[CPP];@common/tools.lua:
239[LUA];luaD_precall[CPP];luaB_xpcall[CPP];empty:305[LUA];_G.tcall[LUA] 1
__libc_start_main[CPP];main[CPP];hive_app::run(int, char const**)[CPP];
lua_call_function(lua_State*, string*, int, int)[CPP];@common/tools.lua:
239[LUA];luaD_precall[CPP];luaB_xpcall[CPP];empty:305[LUA];_G.tcall[LUA]
;luaD_precall[CPP];tbus_mgr::update(lua_State*)[CPP];ssmgr::dispatch_pac
kage(lua_State*, unsigned int, char*, int)[CPP];ssmgr::on_data(lua_State*,
unsigned int, char const*, int)[CPP] 1
__libc_start_main[CPP];main[CPP];hive_app::run(int, char const**)[CPP];
lua_call_function(lua_State*, string*, int, int)[CPP];@common/tools.lua:
239[LUA];luaD_precall[CPP];luaB_xpcall[CPP];empty:305[LUA];_G.tcall[LUA]
;luaD_precall[CPP];tbus_mgr::update(lua_State*)[CPP];ssmgr::dispatch_pac
kage(lua_State*, unsigned int, char*, int)[CPP];ssmgr::on_data(lua_State*,
unsigned int, char const*, int)[CPP];lua_call_function(lua_State*, string*,
int, int)[CPP] 1
```

　　每一行都是一个调用链，前面的字符串为用;拼接的调用栈函数名，最后的数字为这个调用链出现的次数。火焰图生成工具可以读取这个格式的文本并生成火焰图。如果直接将获取的调用栈数据按照这个规则拼接为一个调用链，使用 map 来存储次数，在调用链种类很多的时候会出现一定的内存浪费。

　　不过相对于内存浪费，更严重的是带宽的浪费，因为需要将这个混合调用栈的统计信息上传到后台服务器以供查询。在实际项目中，以 10ms 为间隔采样一次调用栈，采样 60s 后，这个调用栈数据输出的文本文件有 500KB 左右，监控一个进程一天的流量消耗就有 700MB 左右。除了流量浪费以外，对于后端的数据存储也造成了很大的压力。公司内某合作项目在上线前同时部署了上千台服务器，对于每一台服务器都有若干游戏进程开启了混合调用栈火焰图的监控服务，导致后端数据库一天将写入近 200GB 的数据。

　　为了降低相关资源的浪费，我们必须选择其他方式来对这个调用栈数据进行打包。通过观察汇总后的调用链数据发现，文本中有很多重复的单元，即函数名，同时很多调用链都与其他调用链有一个公共的头部，即底层的若干行调用栈是相同的。如果我们将函数名构造成字典，然后在调用链中将这些函数名替换为这些函数名在字典中的索引，上传数据时同时上传字典及替换后的调用链统计数据，这样就可以非常大地减少用于上传的数据流量，同时也可减轻后端的存储压力。

　　此外，在进行前端火焰图展示时，我们发现，在图中会出现很多细线，非常影响火焰图的查看。调查后发现，这些细线是因为调用链统计中出现了很多调用频次很低的调用链。这种低频信息在火焰图里没有用，但是在输出的文本中经常会占到一半大小，极大地浪费了流量与后台存储资源，非常有必要缩短这类调用链，将相关频次信息转移到其上层调用链上。

为此，我们存储调用链数据时采取多叉树的形式来建立统计信息，树里的每个节点携带如下信息：

```cpp
using str_map = map<string, uint>;
struct call_stack_node
{
  unordered_map<string, call_stack_node*> children; // 当前调用链的子调用链
  uint count = 0; // 当前调用链在采样统计里出现的次数
  uint total_count = 0; // 当前调用链引发的子调用的次数
  string name; // 当前节点代表的函数名
  call_stack_node* parent = nullptr; // 当前节点的父节点
  // 获取子节点，如果不存在则创建新节点
  call_stack_node* add_child(const string& child_name);
  // 删除所有调用次小于 min_count 的子节点
  void remove_invalid(uint min_count);
  void to_map(str_map& result, str_map& func_dict, string prefix) const;

  void clear();
  ~call_stack_node();
};
```

给定一个根节点，我们这样将一次混合栈采样信息加入这棵调用链统计树中：

```cpp
void add_call_stacks(call_stack_node* base_node, const
vector<script_stack_info>& cur_mix_stack)
{
  int total_sz = 0;
  call_stack_node* pre_node = base_node;
  for (auto& one_stack : cur_mix_stack)
  {
    // 对调用链上的所有节点增加其子调用次数
    pre_node->total_count++;
    pre_node = pre_node->add_child(one_stack.func_name);
  }
  pre_node->count++; // 增加自身计数
  pre_node->total_count++; // 增加子调用次数
}
```

在这个结构的支持下，我们可以很方便地实现节点的低频过滤：

```cpp
void remove_invalid(uint min_count)
{
  vector<string> invalids;
  for (const auto& one_child : children)
  {
```

```
    if (one_child.second->total_count < min_count)
    {
      // 如果子调用链的次数小于 min_count 则删除
      // 同时将对应的 total_count 转移到当前节点的 count
      count += one_child.second->total_count;
      delete one_child.second;
      invalids.push_back(one_child.first);
    }
    else
    {
      // 递归执行剔除
      one_pair.second->remove_invalid(min_count);
    }
    for(const auto& one_child: invalids)
    {
      children.erase(one_child);
    }
  }
}
```

在过滤掉低频节点之后，再执行带字典压缩的调用链序列化：

```
void to_map(str_map& result, str_map& func_dict, string prefix) const
{
  if (!name.empty())
  {
    // 获取当前函数名对应的字典索引
    auto temp_iter = func_dict.find(name);
    if(temp_iter == func_dict.end())
    {
      temp_iter = func_dict.insert(make_pair(name, func_dict.size())).first;
    }
    auto cur_func_idx = temp_iter->second;
    if (prefix.empty())
    {
      prefix = to_string(cur_func_idx);
    }
    else
    {
      prefix += ";";
      prefix += to_string(cur_func_idx);
    }
    if (count != 0)
    {
      result[prefix] += count;
    }
  }
  for (const auto& one_child : children)
  {
    // 递归地进行序列化
```

```
    one_child.second->to_map(result, func_dict, prefix);
  }
}
```

在采用函数名字典压缩与低频过滤这两种优化方法之后,原来单次需上传500KB 左右的数据,现在降低到了 10KB 左右,这样单进程全天候监控所需的流量从 700MB 降低到了 13MB 左右,极大地减轻了整个监控系统的压力。

7.8 混合调用栈火焰图获取总结

混合语言编程是游戏行业的主流开发模式,但是对这种混合语言程序的性能热点探查一直没有很好的工具来支持,现有的工具大都只支持原生调用栈或脚本调用栈,对于了解全局性能存在很大的缺陷。

我们通过使用各种系统接口及相关工具实现了一个非侵入式的同时获取跨进程的原生调用栈与脚本调用栈的采样程序,这个采样程序还可以将这两个调用栈信息合并为一个统一的混合栈,这样的混合调用栈使得获取全局运行信息成为可能。

我们还通过各种优化手段将获取调用栈的性能损耗大幅降低,并通过 remote_ptr 结构增加了跨进程指针访问时的方便性与安全性,使得混合调用栈的获取可以在生产环境中使用。我们还对游戏业内常见的脚本语言 Python、Lua 进行了适配,同时解决了 UE 在 Linux 发布程序中的符号丢失问题,基本覆盖了主流的游戏混合语言开发框架。

此外,我们还对采样获得的混合调用栈信息进行了编码优化,极大地降低了后台火焰图存储系统的流量压力及存储压力,使得我们的火焰图服务得以支持大批量的集群部署。配合对应的火焰图监控网站前端,游戏开发人员可以非常方便地查看特定机器、特定进程在任意时刻的混合调用栈火焰图,解决了混合语言程序开发与运维阶段的性能热点排查难题。

第 **8** 章

出海游戏的 LQA 工业化

游戏的本地化工作很大程度地影响了出海游戏的制作周期、成本和质量。本章介绍了一套针对重度、大文本量游戏的 LQA（本地化质量保证）工业化流程，并提出了一套能保证本地化质量、提高本地化效率的工具链，解决了重度 LQA 带来的高成本、长周期、多人力的问题。

8.1 LQA 工业化背景简介

Localization Quality Assurance，即 LQA，是一种用来帮助测试人员确保本地化的内容是正确无误的并切合目标市场的技术。当执行 LQA 时，测试人员一般会关注以下几点。

- 语言内容：本地化的内容是否含有拼写错误、语法错误、翻译错误等，方言俚语、修辞手法是否被准确地诠释，本地化内容是否符合项目标准，是否有未翻译的内容。
- 视觉效果：本地化内容是否符合 UI 设计，是否有任何格式和显示错误，日期和时间格式是否恰当，图片、视频和其他视觉媒体是否进行了本地化。
- 功能性：目标市场的用户使用体验是否符合预期，一些功能特性是否满足目标用户的需求，可点击的链接是否导向了正确的目标。
- 文化和合规：内容和功能是否符合目标市场的法律规范，是否触犯了任何文化禁忌，内容中的文化引用是否能被目标用户所接受。

LQA 的重要性不言而喻，即便游戏的内容品质做得很好，但玩家对游戏中的文字不能很好地理解，那自然体验不到游戏的乐趣。虽然我国已经诞生了一些优秀的出海作品，但国产游戏出海仍处在探索阶段。很多时候，游戏厂商会选择堆人力来解决 LQA 的瓶颈，并且收获了不错的成效，但从长远来看这样做是不可取的。对于内容较少的游戏品类来说（比如 MOBA、简单 FPS 等），增加的这些 LQA 测试的人力成本似乎不算什么，可是当游戏内容达到一个量级之后，糟糕的 LQA 流程体系带来的灾难是毁灭性的。简单地堆人力会带来沉重的成本和管理负担，如果没有在开发初期就设计好本地化框架和 LQA 的流程，后期的版本迭代会变得异常艰难。每次版本更新后，打开游戏随便翻几个界面，就会发现各种漏译、超框、重叠等现象。翻译和 LQA 测试的周期会因为文本量大而拉得巨长，大量的人力花费在进行 LQA 测试和处理 LQA 缺陷上。这时候拥有一套完整高效的 LQA 工业化体系就显得尤为必要，这也是我们未来出海更多品类、更多内容的游戏所必备的技术沉淀。

从图 8.1 中可以很明显地看出，大型多人在线游戏，即 MMO，所承载的文本量与其他品类相比是呈指数级增长的。再加上如果是开发大世界的 MMO，海量的文本势必会对 LQA 工作提出严苛的要求。

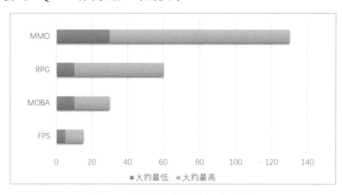

图 8.1　不同品类游戏的文本量

现阶段的游戏出海模式大致分为两类：一类是在游戏设计初期，就进行本地化，最终全球同步发行，这样的模式对 LQA 造成的压力相对较小，但却无法对不同区域进行差异化输出；另一类是不同的地区维护不同的版本分支，不仅从语言上，更从内容上进行深入的本地化，这样的模式会让游戏更加适应不同的市场环境，但是 LQA 的工作就会变得更加艰难。如果使用第二类模式，还会带来版本合并的问题，处理不好的话每次合并会冲掉很多已经进行过本地化适配的文本，造成重复劳动不说，还会有很多意想不到的 bug。虽有三个月的版本周期，但很可能两个月的时间都在处理 LQA 测试和版本合并的问题，会严重影响内容的产出。以开发大世界 MMO 品类的游戏为例，这类游戏内的系统多达几百个，包含 FPS、大世界探索、互动社交等超多玩法；游戏首发覆盖数十个语种，上百万字的文本量；覆盖移动、PC、Steam、模拟器等多种平台；多版本发布包含各个地区各种语言的版本（各版本差异大）。为了保证品牌的高品质，往往会选择游戏内容，基于国内主线版本，在海外进行深度本地化。如此便给 LQA 工作带来很多挑战。如果还是按照传统的从版本合并、翻译，到 LQA 测试，再到适配改 bug 的流程，会导致一系列棘手的问题。

- 成本太高：除了正常的开发和测试成本，翻译和 LQA 的成本也变得不可忽略。
- 时间瓶颈：多语种和大文本量导致翻译配音的工期不定，LQA 测试在全量翻译的合入后才能开始，测试和缺陷处理周期也不可控。
- 版本合并代价高：在将国内主线版本定期合入海外版本时，解决不同版本的冲突是一大难题。
- 跨团队成本高：功能转测需要功能测试、LQA 翻译测试及 LQA 适配测试三个团队经手。

其实不难看出，不仅仅是 LQA 测试整个本地化的流程存在困难，还面临着其他各种问题。不同的语言可能需要不同的国际化适配，也就意味着版本之间的差异会很大，在差异大的情况下再进行版本合并，就会导致头疼的冲突问题。如果处理不好版本合并，美术人员在一个分支上的适配修改很容易被合并覆盖掉。而在实践中也确实如此，美术人员处理的相当一部分 bug 都是上个版本修复过的，甚至多次修复后 bug 还会出现。定期版本合并加分区分服运营让海外版本变得极不稳定，且隐患很多。另外，翻译的文本来源也多种多样，如图 8.2 所示。例如，脚本或 C++ 中的硬编码、蓝图中的文本配置、游戏配置表、音频/视频，后台协议等。于是翻译文本的提取和合入也成了大问题，任何一个方面有遗漏都会产生严重的漏译缺陷。

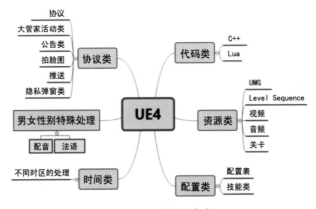

图 8.2　UE4 中的文本来源

综上所述，为了应对大体量游戏的复杂度和文本量，我们需要一条有效的工具链来优化本地化流程，形成一套高效低成本的 LQA 工业化体系，从而应对游戏出海的大趋势和海外市场的激烈竞争。

8.2　LQA 工业化的过程及方法

传统的 LQA 方式如图 8.3 所示，在新版本合入后，先进行文本的全量提取和全量翻译配音，待翻译配音工作结束后进行全量的 LQA 测试和适配。翻译和配音的工期取决于文本增量，工期不定，但基本会超过一个月，全量的 LQA 测试也往往需要两个月以上。两项前后依赖，加起来就会有至少三个月的周期。而这仅仅是建立在版本合并能够稳定的前提上，如果合并不稳定还需要一至两周的时间解决合并冲突。如此下来，四个月能够发一个大版本就已经是突破了，显然这样的周期对于一款 MMO 游戏来说是无法接受的。

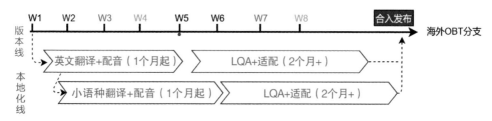

图 8.3　传统 LQA 流程

我们的优化目标很明确，就是要在两个月的版本迭代周期内完成 LQA。传统 LQA 流程的痛点和优化点就在于全量和人力，为了解决这两个瓶颈，我们要把注意力放在增量、分批，以及自动化上面。试想一下，我们可以定期找出增量的文本，不用等版本确定，提前就对这些增量文本进行翻译和配音。翻译配音返回后，测试还能够有针对性地对这些增量文本进行测试。在测试和适配的同时，我们又可以进行新一轮的增量提取和翻译。这样一来，原本可能要面对几百万字的全量测试，现在只需要测试其中增量的 10 万字，翻译和测试可以并行工作，测试提的缺陷也能均摊到每一周，不会导致缺陷扎堆，使开发人员连夜赶工的情况。

如图 8.4 所示，上述设想的核心其实就是分批提取、分批合入和分批测试。为了实现这个设想，我们提出了模块化的理念。简单来讲就是每一个文本来源，都可以追溯到一个测试模块，这样通过扫描文本的变更和修改就可以提取出差异模块，将差异模块进行翻译配音后，又可以单独测试这些模块。如此将全量翻译拆分为独立的模块，就可以实现多批次、增量地翻译和测试。后续我们会进一步介绍模块化的理论和实现。在实现模块化分批提取、分批合入、分批测试的同时，我们还需要对人力成本方面进行优化。每次版本合并后，美术人员总是成为人力瓶颈，除了前面提到过的已经修改过的缺陷被合并冲掉的问题，新增文本的适配也是重复且繁重的工作。为了解决美术人员的瓶颈，我们也提出了一系列蓝图工具，可以对蓝图差异进行精细化分析、自动适配和自动合并。另外，虽然我们对 LQA 流程进行了一定的优化，但是 LQA 测试的人力需求依然很大，并且程序的缺陷修复和美术资源的适配重构都依赖测试，如果每次都等 LQA 测试完成才开始修复缺陷和适配，既会延长周期，又会使缺陷的时间分布不均匀，从而导致前期没活干后期猛加班的情况。因此我们也提出了应采取自动化的 LQA 跑测和 LQA 缺陷的自动识别措施。这两项工作首先在理论上是可行的，我们只需要开发组件自动跑遍所有的 UI 界面，提取出每一个界面中的所有文本和图片信息并截图，然后交给平台自动识别缺陷，最后再配合自动提单，实现程序内部的 LQA 测试闭环。通过这样的流程，我们可以在 LQA 测试返回之前就发现大部分常见的 LQA 缺陷，然后开始提前处理。

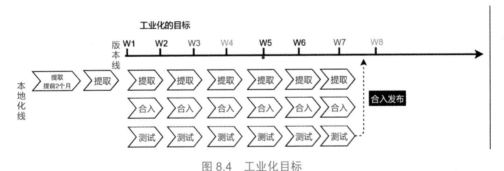

图 8.4　工业化目标

在实践中我们也做了很多尝试，自动化跑测可以同时跑多语言多版本，自动化识别和提单在自研的 Web 平台进行，配套开发的 LQA 缺陷自动识别方法的效果和准确度也很显著。最终我们的工业化流程如表 8.1 所示，下面逐条进行介绍。

表 8.1　LQA 工业化过程及方法

工业化阶段划分	优化前-现状	优化策略
提取阶段	按资源类型提取	分模块提取（语义分析） 拆分游戏，实现分模块提取、分模块合入、分模块测试，大部分游戏的提取是按类型而不是按模块的
翻译阶段	按提取文件全量	差量，利用文本相似性可以减少翻译量

工业化阶段划分	优化前-现状	优化策略	
合入阶段	按类型全量合入	字幕+配音匹配工具，自动检测一致性（ASR+Simhash）	
		分模块合入+影响系统评估（输出文本影响了哪些系统）	
		格式检查，提取识别错误	
		时间戳改造（NLP）	
测试阶段	人工全量测试	非人工阶段（提前暴露问题）	自动化跑测
			LQA 智能分析系统：自动错误检测
			自动化提单系统
		人工阶段	人工跑测
			一键提单
大版本合并	美术资源的适配重构是卡点	蓝图自动合并、UMG 变量检查、UMG 文本框合并	
		文本框自动套用国际化组件	

8.2.1 LQA 工业化的提取阶段

模块化的概念相信大家都不陌生，任何庞大的系统都需要拆分成人力可控的小模块，这样才能高效稳定地运行。LQA 同样如此，以往大部分游戏的文本量不多，系统不复杂，一般会粗略地按照来源提取文本。而这样的方式如果面对百万文本量级的游戏，就会变得极其耗时和不稳定。其实我们的模块化工作要在项目开发初期就设计完善，各个功能模块的文件、源码、资源都要归类存放，并且将功能模块与测试模块打通，最好能够使用一套体系，就如同图 8.5 所示的潮汕牛肉的模块化分解图。

图 8.5　潮汕牛肉的模块化分解

在进行文本提取的时候，我们要以模块来划分，而非按照来源划分，这就需要想办法找到一个模块所有来源的文本。主要的文本来源分为三大类：脚本、蓝图和配置表。如果脚本和蓝图能够很好地分模块存放，那么只需扫描对应模块文件夹下的脚本和蓝图就可以很轻易地拿到对应文本的键值。比较困难的是获取配置表的文本，我们使用的方法是通过 Lua 语法树解析脚本，进而获取脚本中引用的配置表及其字段。

8.2.1.1　模块划分

模块的划分需要根据具体项目进行具体设计，以 MVVM（Module-View-ViewModel）框架为例。在这个框架下，Module 是一个功能组件，View 是一个 UI 界面的控制脚本，ViewModel 是 UI 界面的逻辑模块，一个蓝图会通过 UnLua 的接口绑定一个 View 脚本，一个 View 脚本会绑定一个或多个 ViewModel，用来处理不同情况下的游戏逻辑。由于 LQA 只关心 UI 显示，所以我们选择从 View 切入来划分模块，同一个模块的 View 会放在同一个文件夹下，以文件夹的名字为模块名。通过 View 和蓝图的绑定关系，可以获取到所有模块的蓝图。

8.2.1.2　扫描蓝图

模块划分好之后，我们首先要确定的是每一个模块包含的 UI 界面。以 UE4 为例，我们可以开发编辑器插件，扫描所有的 UI 蓝图资源，导出所有的蓝图和其对应的 View 脚本，再根据 View 脚本的位置来确定模块。除此之外，还需要扫描出蓝图中所有的文本控件，并判断这些控件是否是脚本控制的文本变量。如果不是由脚本控制的，则必然是蓝图配置的文本，反之则可能是在脚本中配置的文本。

8.2.1.3　解析脚本

上一步我们已经关联到蓝图和 View 脚本，并能够拿到蓝图和脚本中的配置文本，可这还远远不够。脚本之间有着复杂的引用，很多文本变量的配置实际上是在 ViewModel 中进行的，如果只考虑 View，则会漏掉相当一部分文本。更何况脚本之间有着很多引用，require 的脚本以及 G 表中的 Lua 块等。为了扫描出一个 UI 界面所有文本变量的赋值，我们要用到 LuaParser，即通过 Lua 语法树来解析 Lua 脚本，然后根据语法树来搜索文本变量的赋值调用链，最终锁定其文本来源。数据库如图 8.6 所示，大致实现步骤如下：

（1）通过 Lua 分析包 LuaParser 将 Lua 脚本读取为结构块内容（chunk body）。

（2）分别对单个 Lua 文件读取到的结构块内容进行进一步分析，解析出我们需要的信息，如变量、参数、函数、引用等，将它们保存在自定义的节点（ModuleNode）中。

（3）对所有的 ModuleNode 进行二次分析，找出蓝图变量的赋值节点并顺藤摸瓜找到函数的调用链，直到找到 LocStr、SetText、GetConfig 等获取文本的方法。在这期间，对于这几个跨脚本之间的引用，都可以根据上一步获取的信息从一个脚本关联到其他脚本。对 MVVM 框架来讲，ViewModel 的关联要特殊处理（通过 DataBindTableList）。

（4）归档。将模块、蓝图、脚本和文本的映射传入数据库。

id 主键	Module Name 模块名字	View Name	Lua Script Lua接口文件名	UIBP 蓝图文件名
424	Guild	UI_RADIATION_ISLAND_TS_INFO_PANEL	UMG/View/Guild/RadiationIsland/RadiationTSInfoPane...	/Game/Assets/UIBP/Guild/RadiationIsland/InfoPanel/...
2031	TeamClimb	UI_TEAM_CLIMB_NOTICE	UMG/View/TeamClimb/TeamClimbNotice.lua	/Game/Assets/UIBP/TeamClimb/UIBP_TeamClimb_NoticeP...
1820	Welfare	UI_PAYBACK	UMG/View/Welfare/Payback/PaybackMainView.lua	/Game/Assets/UIBP/Welfare/FindReward/UIBP_FindRewa...
317	Construct	UI_MANOR_LEFTTOP_SCORE_ITEM	UMG/View/Construct/BuildPanel/ViewManorScoreDetail...	/Game/Assets/UIBP/Construct/Item/LeftTopPanel/UIBP...
1076	Infection	UI_INFECTION_TREE_NODE_SUB	UMG/View/Infection/Component/InfectionSubTreeNode...	/Game/Assets/UIBP/Depot/items/UIBP_Infection_TreeN...
1537	Team	UI_BIGTEAM_TASKLIST_ITEM	UMG/View/Team/BigTeamTaskListItemView.lua	/Game/Assets/UIBP/Team/BigTeam/UIBP_BigTeamTaskIte...

图 8.6　模块关联数据示例

8.2.1.4　生成翻译批次

在拿到模块和文本的关联后，我们只需要对照翻译配置表和翻译来源，就可以锁定到一个模块所有文本对应的翻译字段，将其提取出来即可得到这个模块的翻译批次。

8.2.2　LQA 工业化的翻译阶段

就优化之前的翻译阶段来说，提取所有文件包含的文本全量，发生在每次大版本合并时。一次文本全量的提取，在流水线上要跑很长时间。在查找可优化点时发现，可以仅提取国内游戏修改过的文件包含的文本内容，同时，通过文本相似性算法，筛出仅替换了部分关键字的文本内容，再通过语义分析算法来分析文本被修改但语义与修改前语义一样的内容。如游戏内将所有的"你"替换为了"您"，此时将有很多文本被修改，但文本内容的语义并没有改变。此时，因为是根据文本内容来做映射的，不做翻译的话，将会出现大批翻译内容对照不上的问题，但若做翻译，翻译量极大。而通过文本相似性算法及语义分析算法，可以将此类文本筛出，直接替换掉映射表中被国内游戏修改的文本内容，极大节省了工作量。通过仅提取国内游戏修改过的文件包含的文本内容，可以大大减少文本全量提取的时间，以及给专业翻译人员提供的文本内容。通过文本相似性算法，筛出仅替换部分关键字的文本，或语义内容不变的内容，则可以减少重复翻译的文本内容。算法实现过程基于 NLP 的 Simhash 算法，执行过程如图 8.7 所示。最终，我们将通过计算两段文本的汉明距离来判断它们是否相似。如果汉明距离小于或等于 3，我们就认为这两段文本是相似的。同时，我们还将导出这两段文本之间的差异词汇，方便人工校对。

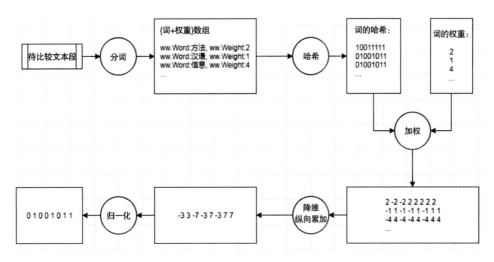

图 8.7　算法执行流程图

8.2.3　LQA 工业化的合入阶段

在 LQA 的翻译合入阶段，会产生一系列问题，诸如语音和字幕不一致、语音难以触发、时间问题等。其中时间问题，主要是不同地区的时区不同及不同地区所需的翻译不同导致的。为了解决上述问题，分别实现了与之对应的自动化工具，自动化工具如下所述。

8.2.3.1　检测字幕和配音是否匹配的工具

该工具采用 ASR+Simhash 的方法。首先通过 ASR 把音频内容转换成文本，然后使用工具获取游戏中音频对应展示的字幕，通过 Simhash 算法比对字幕与 ASR 转换得到的文本，从而自动找出字幕与音频内容不一致的内容。同时，该工具还找出了所有音频对应的字幕，并将其集成到游戏中。这使得测试人员可以直接使用该工具来调用某音频的配音和字幕，并在播放的同时显示对应字幕，让测试人员与策划人员可以快速检测对应的配置，如语音和字幕是否正确。这免去了在游戏中逐步跑测来测试音频和字幕的工作量，并可以快速检测音频本身的问题。该工具最终解决了难以检查语音和字幕不一致的问题，并关联了翻译来源表，免去了策划人员逐句检查台词与翻译表关联的工作量；解决了语音难以触发的问题，免去了测试人员每次需要跑剧情或任务来触发语音的时间。工具执行流程如图 8.8 所示。

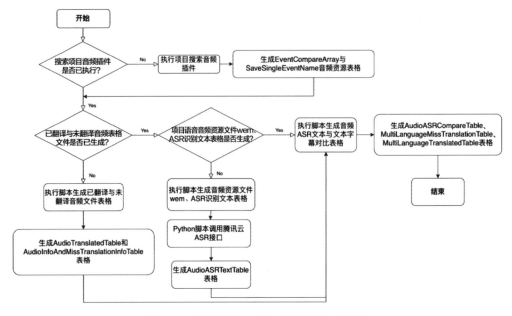

图 8.8　字幕和配音匹配工具的执行流程图

8.2.3.2　时间改造 NLP

时间本地化所需要做的一般是将活动、协议、配置表、代码文本、蓝图文本等含有时间的内容，根据玩家所在时区和服务器所在大区，正确显示在游戏客户端及相关时间判断的过程中。时间本地化遇到困难是全球化过程中常见的问题。游戏中通常采用的做法是正则匹配法，但这种方法依赖于固定的组合方式，不仅执行效率低而且容错及拓展性差。我们最终引入 NLP 的方式，来解决时间本地化的问题。时间本地化样例如图 8.9 所示。

814	20000125	F:/workMain//Client/Designer/Table/xls/m_iHandWeaponID	20000125	未配置
815	20000125	F:/workMain//Client/Designer/Table/xls/m_stHandWeapon[C].m_iWeaponID	20000125	未配置
816	20000126	F:/workMain//Client/Designer/Table/xls/m_iHandWeaponID	20000126	未配置
817	20000126	F:/workMain//Client/Designer/Table/xls/m_stHandWeapon[C].m_iWeaponID	20000126	未配置
818	20000123	F:/workMain//Client/Designer/Table/xls/m_iHandWeaponID	20000123	未配置
819	20000123	F:/workMain//Client/Designer/Table/xls/m_stHandWeapon[C].m_iWeaponID	20000123	未配置
820	20000109	F:/workMain//Client/Designer/Table/xls/m_iHandWeaponID	20000109	未配置
821	20000109	F:/workMain//Client/Designer/Table/xls/m_stHandWeapon[C].m_iWeaponID	20000109	未配置
822	20000109	F:/workMain//Client/Designer/Table/xls/m_iHandWeaponID	20000109	未配置
823	20000109	F:/workMain//Client/Designer/Table/xls/m_stHandWeapon[C].m_iWeaponID	20000109	未配置
824	20100028	F:/workMain//Client/Designer/Table/xls/m_dwWareID	20100028	未配置
825	20100029	F:/workMain//Client/Designer/Table/xls/m_dwWareID	20100029	未配置
826	20101028	F:/workMain//Client/Designer/Table/xls/m_dwWareID	20101028	未配置
827	20101029	F:/workMain//Client/Designer/Table/xls/m_dwWareID	20101029	未配置
828	二个月	F:/workMain//Client/Designer/Table/xls/m_stBaseInfo.m_szTaskName	二个月	未配置
829	两百日	F:/workMain//Client/Designer/Table/xls/m_stBaseInfo.m_szTaskName	两百日	未配置
830	一周年	F:/workMain//Client/Designer/Table/xls/m_stBaseInfo.m_szTaskName	一周年	未配置
831	6月23日	F:/workMain//Client/Designer/Table/xls/m_astParagraph[C]	6月23日	未配置
832	7月11日	F:/workMain//Client/Designer/Table/xls/m_astParagraph[C]	7月11日	未配置
833	7月17日	F:/workMain//Client/Designer/Table/xls/m_astParagraph[C]	7月17日	未配置
834	7月29日	F:/workMain//Client/Designer/Table/xls/m_astParagraph[C]	7月29日	未配置
835	8月12日	F:/workMain//Client/Designer/Table/xls/m_astParagraph[C]	8月12日	未配置
836	6月13日	F:/workMain//Client/Designer/Table/xls/m_astParagraph[C]	6月13日	未配置
837	2019-06-2	F:/workMain//Client/Designer/Table/xls/日期	2019-06-22 10:10:10	未配置
838	2099-06-2	F:/workMain//Client/Designer/Table/xls/m_stSellTime.m_szPutOnTime	2099-06-22 10:10:10	未配置
839	2019-06-2	F:/workMain//Client/Designer/Table/xls/m_stSellTime.m_szPutOnTime	2019-06-22 10:10:10	未配置
840	2019-06-2	F:/workMain//Client/Designer/Table/xls/m_stSellTime.m_szPutOnTime	2019-06-22 10:10:10	未配置

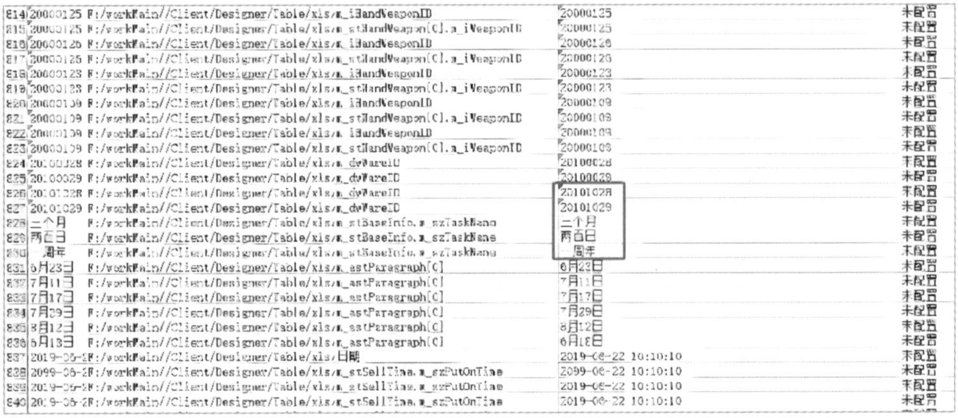

图 8.9　时间本地化文本样例

时间改造工具的流程图如图 8.10 与图 8.11 所示。

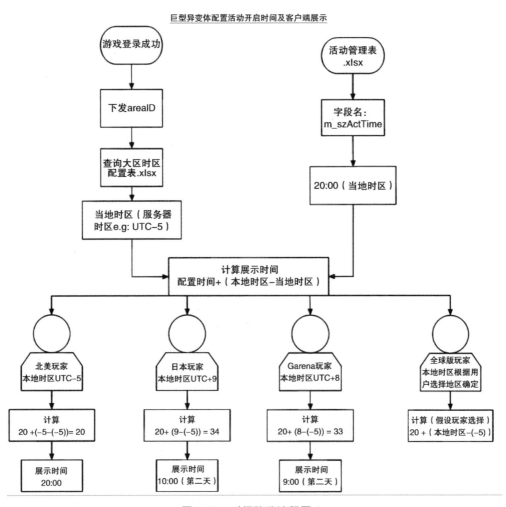

图 8.10　时间改造流程图 1

图 8.11　时间改造流程图 2

　　最终引入 NLP 后的时间本地化的效果和效率与采用正则匹配法的对比如图 8.12 所示。

<table>
<tr><th>复杂度</th><th>样本示例</th><th>正则匹配法</th><th>机器学习NLP模型训练法</th></tr>
<tr><td>简单</td><td>7月29日
2019-06-2210.1010</td><td rowspan="3">#年月日
\d{4}[-/年]d{1,2}[-/月]\d{1,2}日
#周一、周二、周三、周四、周五、周六、周日、每周x、周一、三、五等
[每]{0,1}周[一二三四五六日]([、]{1}[一二三四五六日]){0,6}
#时分秒
\d{1,2}:\d{1,2}:\d{1,2})|(\d{1,2}:\d{1,2}</td><td>得出一个新的词性(词组性)[TIME,nz,u,TIME]。
分解后的单词列表:[辐射岛，航线，将，为，满足，匹配，条件，的，营地，开放，每周二、四、六、日，的，8:00-21:10，等级，达到，30级，以上，的，幸存者，可，前往，进行，探索，请，务必注意，安全]
对应的词性列表:[ns’， ‘n, ’dr, ’p’, v, vm’, ’n, ’u’, ’n, ’V’, ’n’, ”TIME’, ’nz’, ’u, TIME, n, ’n’ , v, ’m’ , T, u,’n’ , V. v, v, ’vn’, ’n’ , v, ’dr, ’v, ’an’, ’n]</td></tr>
<tr><td>复杂</td><td>辐射岛航线将为满足匹配条件的营地开放
每周二、四、六、日的8:00—21:10，等级达到30级以上的幸存者可前往进行探索，请务必注意安全。</td><td rowspan="2">matchFlags = {list: 19} ['n', 'n', 'd', 'v', 'n', 'v', 'n', 'n', 'TIME', 'n', 'vn'
matchWords = {list: 19} ['角色', '能力', '大幅度', '提升', '，', '提升', '生
text = {str} '角色能力大幅度提升，提升生命上限10点、伤害强度3点、
word = {str} '，'
flag = {str} 'n'
matchFlags = {list: 14} ['TIME', 'v', 'm', 'n', 'c', 'TIME', 'an',
matchWords = {list: 14} ['每1秒', '扣减', '2%', '生命', '和', '1
text = {str} '每1秒扣减2%生命和1点健康，受溃烂概率增加3
word = {str} '。'</td></tr>
<tr><td>异常
非时间</td><td>三个月
两百日
一周年
角色能力大幅度提升，提升生命上限10点、伤害强度3点、技能强度提升3点</td></tr>
<tr><td rowspan="2" colspan="2">效果效率对比</td><td>正则：根据案例类型匹配效率低、错误率高、无法应对新组合类型</td><td>NLP机器学习，基于词性分析训练模型找出确证的结果。</td></tr>
<tr><td>执行效率：在28.6万条文本中查找带时间格式的文本耗时2天
大量人工筛查和修改正则公式的耗时</td><td>执行效率:在28.6万条文本中查找带时间格式的文本需要1分钟</td></tr>
</table>

图 8.12　时间本地化效果对比

8.2.4　LQA 工业化的测试阶段

高定位、大制作、高品质加上跨平台，给我们本地化 LQA 工作带来了诸多挑战。

- 翻译成本高：单字成本乘以文本量，再加上 LQA 成本，总额可达 200 多万元。
- 时间成本高：翻译、LQA 加上适配时间（重度游戏的系统有 300 多个）。
- 版本合并代价高：要考虑如何规划版本和工业化生产。
- 跨团队成本高：功能转测需要有功能测试、LQA 翻译测试、LQA 适配测试三个团队。

当前出海的游戏是一款 MMO 大世界游戏，游戏内容繁多，涉及不同的玩法、限时上线的活动等。这些内容也带来了极多的 UI 界面，而测试游戏界面是否有问题的传统方式是，通过测试人员不断点击来查看是否有异常的表现，如界面打不开、界面点击后卡死、文本超框等。因为一款 MMO 大世界游戏的内容太多了，所以需要的测试人员就会很多。在进行 LQA 本地化测试时，每增加一个语种，测试所需要的人力都是成倍增加的。为了缓解测试人力的压力，降低测试成本，同时缓解 LQA 本地化测试的压力，MMO 游戏自动化测试成为必由之路。而为了实现在两个月的周期内合并大版本的目标，达成如图 8.4 所示的制作周期，同样需要实现游戏自动化测试。

8.2.4.1 自动化测试

最开始，为了保证游戏自动化测试与实际点击场景一致，方案一采用了通过程序自动记录测试人员的点击操作步骤，然后输出成标准的测试用例，程序在开启测试时读取测试用例，自动执行测试人员的历史点击操作。但在后续实测中发现，此方案无法一次测试到所有界面，因为不同活动、不同玩法的 UI 界面的解锁皆有其开启的条件，同时自动执行测试人员的历史点击操作，有可能会有误触等操作。同时此方案在针对多语种的 UI 界面进行测试时，无法有效运行，因为为了保证点击的有效性与准确性，UI 设计针对按钮中的图片路径及文本信息做了定位，但在多语种的情况下，每一种语言都有其独特的文本信息，同时有的测试版本有漏译，导致测试结果不稳定。

为了能覆盖到所有界面的测试，方案二采用以单个界面为独立用例，同时自动检测当前界面内所有的选项卡、按钮，通过分类与排序算法，依次自动检测当前界面内的选项卡及所有按钮。同时针对弹出的新界面，进行同样的操作，对于再次跳转到的新界面，不再进行点击操作，并且对所有的界面打开与点击操作进行截图与保存。与此同时，针对每个用例都有对应的标志头，并将错误信息输出到日志文件中。日志文件在自动化测试执行结束后，会进行错误日志的提取，以及将提取到的错误日志上报到 TAPD，输出成 Bug 单，以待开发人员解决。自动化测试整体的架构流程如图 8.13 所示。

方案一的测试结果不稳定，同时无法测到所有的 UI 界面。如，在执行测试人员的历史点击操作时，当前服务器有信息下发，导致预料外的界面被打开，此后的所有操作都会是无效操作；又如，在执行测试人员的历史点击操作时，识别的按钮里的文本有漏译等问题，同样会导致后续操作都无效；还有按钮位置的捕获问题，因为有些按钮存在布局问题或者有偏移，实际位置与捕获的位置有差异，导致点击位置有异常。此类问题，都将导致此方案不能继续进行。方案二的测试结果基本可以保证所有的 UI 界面都被测试到，同时界面中绝大部分可触发的按钮也都被自动点击触发。在日志文件里输出的对应的标志头及错误信息，使开发人员可以准确定位到当前界面的错误。同时针对 LQA 的漏译、超框等问题，也有检测与可视化的工具输出。这既可减少 UI 界面的测试人力，又可减少 LQA 漏译、超框等问题所需的测试人力，还可以加快测试进度，提高整个项目的版本迭代周期。通过对比，最终选择使用方案二。

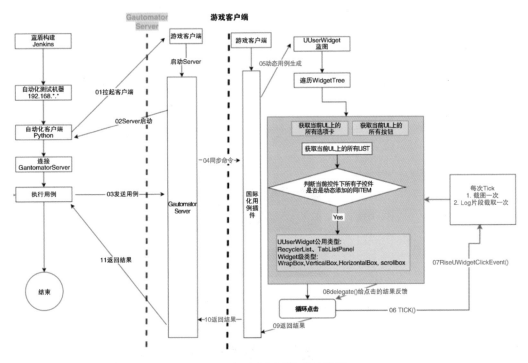

图 8.13　自动化测试架构流程图

此时，自动化测试的跑测阶段已经完成，接下来需要对跑测过程中生成的数据进行分析处理。分析处理工作分为两部分，一部分是界面 Bug 的报错信息分析与上报，一部分是界面 LQA 相关问题的分析与上报。其中，界面 Bug 的报错信息分析与上报按如下步骤进行：

（1）脚本分析自动化跑测输出的日志文件，解析并获取用例报错信息提示，同时找到报错用例对应的界面截图。

（2）脚本自动将解析获取到的用例报错信息与用例界面截图提交到 TAPD。

（3）分配开发人员进行处理。

界面 LQA 相关问题的分析与上报按如下步骤进行：

（1）自动化跑测生成界面截图与界面信息。

（2）上传（1）中生成的界面截图与界面文本信息。

（3）LQA 分析工具解析上传的信息，自动筛出有漏译、超框等 LQA 问题的界面。

（4）自动提交 LQA Bug 单。

（5）分配美术人员进行处理。

8.2.4.2 智能 LQA 错误识别系统

为了配合自动化测试，我们开发了配套的智能错误识别系统。在自动跑测过程中，可以对每一个界面进行信息提取和截图，跑测结束后将这些信息和截图上传至 Web 平台。Web 平台会自动识别截图中的 LQA 问题，并将其展示出来，测试或开发人员可以在 Web 端快速浏览和编辑截图并一键提单。识别系统支持常见的 LQA 缺陷，例如超框、漏译、文本重叠、乱码，等等，识别准确率可以达到 95%以上，如图 8.14 所示。

能检测的错误类型	颜色自动标注	举例
超框	红色	 esources Food esources Food
漏译	黄色	 2 帽不框(8/14) 2 帽不框(8/14)
重叠	粉色	 Remove first to unlock the level cap. Remove nlock the lev l cap
乱码	青色	 □□□□□□□□□□□□□□□□
多文本框	紫色	 Additional stats Max HP +15 Max Armor +16 Damage +12 Skill Strength +8 l stats 5 Max Armor +1 Damage +12 th +8

图 8.14 智能 LQA 错误识别系统

我们并没有使用任何机器学习的模型，也没有调用任何图片文字识别的服务接口。在实际使用中，这样的功能非常不稳定，对于使用效率来讲，宁可漏识别也不想误判，因此经过综合考虑，我们还是选择从 UE 中导出各种控件的位置信息，通过做比对来识别错误。事实上这并不是一项简单的工作，UE 的控件种类繁多，且每种控件对于子控件的管理规则也不同，要想获取到所有可见文本和图片的准确位置并不是一项简单的工作。挑战主要在于，筛选出可见的文本和获取或计算出文本的实际位置。在我们拿到 UE 原生的文本位置之后，并不能直接使用，因为文本在引擎中绘制的范围要略大于肉眼实际看到的，如图 8.15 所示。

从图 8.15 中可以看出，如果采用 UE 原生的文本框范围，会出现大量误判，这时需要对文本框做一些小操作。首先，我们把一个文本框截取出来，存为一个仅包含文本的小图片，然后使用图像分簇算法将图片根据颜色通道值分为两个簇，取和文本颜色值最相近的那个分簇，我们认为这就是文字部分，最后扫描整张图片的像素，计算出新的文本框。经过这个流程，文本框就可以贴近文本，从而避免大量误判。在提取到准确的文本框大小和位置后，汇总其他文本和图片的信息及截图，将所有信息上传至管理平台进行自动化错误识别，识别的方法主要是矩形框的对比（文本与文本对比，文本与图片对比）。图片在剔除掉背景图、特效图之后基本上就是我们关心的不和文本重叠的图片了，将这些图片和文本框进行对比可以准确地判断是否超框和重叠。对于一些不影响界面显示的重叠，可以通过平台将图片加入白名单，后续不再进行自动比对。漏译和乱码的识别主要通过字符的编码区间来实现，这样做是有一些局限性的。比如，日语中的中文、简体中文、繁体中文等这些共用很多字符的语言很难准确识别。即便如此，通过编码区间的对比也可以识别出大部分漏译问题，因为主要对比的是中文和其他语言，所以上面讲的图 8.14 中所示的问题几乎不存在。一句话，要么全翻译，要么全部没翻译。所以对于有共享字符的语言，只要一句话中有一个字符漏译就可以判定为漏译，因此图 8.15 中的问题也不会太多地影响到准确率。当然，使用语言识别接口的方法我们也尝试过，无论是效率还是准确率都不如直接对比编码区间。

图 8.15　文本框贴紧文本

8.2.5　LQA 工业化的大版本合并阶段

如果想要对一款出海游戏做到各个地区差异化运营，很容易牵扯到大版本合并，即国内维护一支主线，定期合并到海外版本，海外版本同时也要分出各个地区的版本进行差异化输出。这样做的代价就是合并的成本。即使我们做了很多海外版本和国内版本的隔离，还是难免会有很多耦合的地方，每次合并仍然会产生不少意外的冲突。其中冲突量最大、解决最耗时的就是 UMG。UMG 存在 LQA

文本适配和本地化方面的局限性，与国内版本无法直接合并，于是牵扯到一系列问题：如何快速解决合并冲突、如何保留美术人员已经完成的大量的国际化适配，以及如何快速对新增的文本做适配。为解决这些问题，我们开发了一套蓝图工具，如图 8.16 所示，尽力实现自动化，以替代人工。

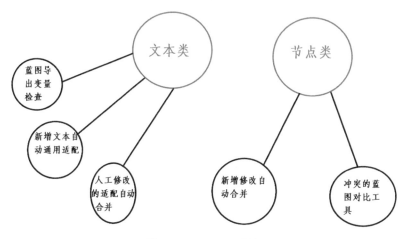

图 8.16　UMG 工具链

8.2.5.1　UMG 对比工具优化

UE4 本身就具备蓝图对比工具，我们在其基础上进行改造，添加蓝图控件选项卡，基于 UE 树形控件 STreeView 对蓝图控件树进行展示，使用检查器 SKismetInspector 对控件属性进行展示。此工具的界面如图 8.17 所示，该工具可以帮助美术人员进行合并冲突的人工处理。

图 8.17　UMG 对比工具

8.2.5.2　UMG 节点自动合并，减少人工参与

首先，扫描两个版本的所有 UMG 蓝图，分别导出一份有关蓝图节点属性的信息文件。然后在我们想要合并的版本上再次运行该工具，对比两份信息文件并生成差异表。差异如图 8.18 所示。

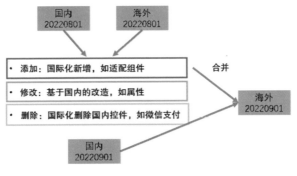

图 8.18　差异对比

在导出差异表的同时，可以选择自动将国际化的适配合并到版本中。例如，缩放（加 ScaleBox）、长文本加省略号、长文本加自动滚动、自动换行等。这样的自动合并，既可以协助美术人员进行版本合并后的美术资源排查，也可以自动将已经做过的国际化适配重新合并到合并后的版本，避免适配被反复合并导致的重复性劳动。另外，除了自动合并美术人员已经做出的适配，还可以找出国际化适配的范例，用工具对一些常见的适配进行自动适配。实践证明，无论是导出的差异表，还是自动合并，对美术人员的工作效率的提升都是巨大的。大部分的问题都可以通过排查差异表查找出来，往往处理完差异表之后立刻就可以跑出较为稳定的版本，不再需要等测试人员提单子。这样既节省了美术人力，也压缩了合并适配的工作周期，真正实现降本增效。

8.2.5.3　UMG 变量检查

在基于 Lua 的项目里，UMG 的蓝图变量可以直接在 Lua 脚本中绑定使用，这样就使得蓝图变量的新增、删除、改动都需要在 Lua 脚本中进行对应的改动。此时如果合并造成了蓝图变量的变化，随之而来的就是 Lua 的报错和功能的缺陷。每次大的版本合并总是会造成满屏的 Lua 报错，究其原因是蓝图变量出了问题，因此我们开发了 UMG 蓝图的变量检查工具，对每次版本合并前后的蓝图变量进行扫描和对比，生成一份变量差异表。这与上面提到的 UMG 节点差异表有点儿类似，美术人员可以通过排查变量差异表来扫清变量带来的缺陷。导出的表格如图 8.19 所示。

大版本合并是一件听起来就令人挠头的事情，太多不可控因素导致版本不稳定，太多隐患很难被发现，其中最耗时耗力的无非就是蓝图的合并，几乎每一次

合并都会冲掉大部分美术人员已做出的国际化适配。有了前面介绍的几个工具，美术人员的工作和合并带来的风险就逐渐变得可控。其实对于国际化的适配来讲，很多操作都是有固定范例的重复劳动，未来我们将探索更多的自动化工具，进一步解放美术人力。

A	B	C	D
/Game/Assets/UIBP/WareCompose/UAVCompose/UIBP_UAVCc	新增	UIBP_EmptyState	
/Game/Assets/UIBP/WareCompose/UAVCompose/UIBP_UAVCc	新增	Image_line	
/Game/Assets/UIBP/WareCompose/UAVCompose/UIBP_UAVCc	新增	Image_0	
/Game/Assets/UIBP/WareCompose/UAVCompose/UIBP_UAVCc	新增	UIBP_EmptyState	
/Game/Assets/UIBP/WareCompose/WareComposeUnlock/Ware	新增	Anim_IN	
/Game/Assets/UIBP/Welfare/FirstCharge/UIBP_FirstCharge	新增	Anim_in_2	Anim_in_1
/Game/Assets/UIBP/Welfare/FirstCharge/UIBP_FirstCharge_S2	新增	Anim_in_2	Anim_in_1
/Game/Assets/UIBP/Welfare/FirstCharge/UIBP_FirstCharge_S3	新增	Anim_in_2	Anim_in_1
/Game/Assets/UIBP/Welfare/FirstCharge/UIBP_FirstCharge_S4	新增	Anim_in_2	Anim_in_1
/Game/Assets/UIBP/Welfare/Fund/UIBP_FundPanel	新增	Anim_IN	EFF_GROUP02
/Game/Assets/UIBP/Welfare/LoriDream/UIBP_LoriDream_Panel	新增	RichTextBox_0	
/Game/Assets/UIBP/Welfare/MonthCard/UIBP_MonthCard_Sup	新增	Anim_IN	EFF_GROUP
/Game/Assets/UIBP/Welfare/MonthSignIn/MonthSignIn	新增	EFF_UI_DLSHL_MASK	line_top
/Game/Assets/UIBP/Welfare/TeresaChallenge/UIBP_TeresaChalle	新增	Anim_IN	Anim_Select
/Game/Assets/UIBP/Welfare/TeresaChallenge/UIBP_TeresaChalle	新增	ItemSlotEffect	
/Game/Assets/UIBP/Welfare/TeresaChallenge/UIBP_TeresaChalle	新增	Anim_StartBtn	Anim_IN
/Game/Assets/UIBP/Welfare/WelfareFlower/Welfare_Flower_UIBI	新增	UIBP_RedDot	
/Game/Assets/UIBP/Welfare/Welfare_Tablist/UIBP_Welfare_Tabl	新增	Anim_Select	
/Game/Assets/UIBP/Welfare/Welfare_Tablist/UIBP_Welfare_Tabl	新增	Anim_Select	Image_select_arrow
/Game/Assets/UIBP/Welfare/XGGift/UIBP_XGGift	新增	Button_0	HorizontalBox_4
/Game/Assets/UIBP/Activity/UIBP_ActivityPanel	缺失	BtnCalendar	BtnCallBack
/Game/Assets/UIBP/Activity/UIBP_FindRewardsTips	缺失	Btn_Close01	Text_Title01
/Game/Assets/UIBP/Activity/NHJT/UIBP_ActivityPVEPanel2	缺失	CloseButton	Image_4
/Game/Assets/UIBP/Archives_New/UIBP_ForceReport_02	缺失	Image_Icon	
/Game/Assets/UIBP/Archives_New/Item/UIBP_ForceReport_Item	缺失	Button_1	Image_8

图 8.19　变量差异

8.3　总结

本章提出了一套完整的 LQA 工业化体系，主要针对地区差异化和大体量的出海游戏进行了工业化赋能。传统的 LQA 方法涉及很多不可控的问题，如依赖人力、依赖版本、节奏不清晰、全量翻译难以避免、字幕与语音不匹配、时间组合多样、蓝图合并冲突等。这些问题严重影响了版本制作进度和游戏质量。经过对 LQA 体系的工业化改造，上述问题得到了较好的解决。大量自动化工具替代人工劳动，降低人力和时间成本；在分拆阶段，形成提取、翻译、合入、自动化跑测、人工跑测的流水线；模块化提取合并，可让流水线并行，合理分配人力；各种高效能工具解决复杂问题，如文本相似度分析评估影响面、语音识别自动匹配字幕、NLP 机器学习进行时间改造、自动化 LQA 错误识别一键提单、蓝图工具解决合并冲突等。这样一系列的优化使得 LQA 的工期至少缩短三分之一，不再成为版本周期的瓶颈。未来我们会有更详尽的优化计划，例如，可以扩大自动化测试覆盖面，在每月版本合并后自动跑测；实现多台设备同步测试，达到多语言的一次性人力跑测；增加定期报表系统，对新增文本量、蓝图文字差量、LQA 国服影响系统提前预警，使国内未知合并的内容变得可预知及能应对；工具插件化，增加可移植性，使其增益于其他出海游戏。

第 9 章

在 TPS 类游戏中应用可微渲染进行资源转换与优化

TPS 类游戏具有自由度高、游戏世界大的特点，本章内容介绍如何尝试应用可微渲染对 TPS 项目的资源进行优化，使得较重的游戏资源经过转换后能在较低配置的机器上运行起来。

9.1 在 TPS 类游戏中应用可微渲染简介

传统的可微渲染器一般用于重建类或神经网络训练类任务，其处理游戏资源的功能并不完善。为此，本章内容介绍如何根据游戏资源处理的特点，对可微渲染器进行了改造与重构，使其更符合游戏资源的使用习惯。TPS 类游戏场景的复杂度较高，本章内容介绍如何根据项目特征生成基于玩法的可见视角，用于资源的拟合处理。此外，对于项目中大量的复杂材质和纹理资源，本章内容介绍如何创建一套可微渲染材质资源的"翻译"框架，能够处理 UE 现有的复杂资源，支持材质的混合及自定义等功能，并自动生成拟合之后的材质，尽量做到材质的"一键转化"。对于角色类的复杂效果，本章内容介绍如何对材质进行按层分离和按层拟合，实现角色的动态效果。对于场景的网格资源，本章内容介绍如何结合 UE 现有的 LOD（Level of Detail）生成和使用规则，应用可微渲染技术来生成和修正网格的 LOD 资源。本章将详细介绍 NExT Studios 的《重生边缘》项目及 IEG 共建项目 Tech Future DRToolkit 中可微渲染应用方面的研发成果。

9.2　背景知识

本节将介绍可微渲染的基本概念和现有的一些实现方案，以及可微渲染需要适配的 TPS 类游戏的特点。

9.2.1　什么是可微渲染

可微渲染（Differentiable Rendering）是一种新型的计算机图形学技术，它将渲染过程与反向传播算法相结合，使神经网络可以直接学习和优化渲染参数。

在传统的渲染过程中，渲染器根据场景的几何、材质和光照信息按照指定的观察相机生成一张二维图像。这个渲染过程通常出于效率方面的考虑，会利用大量加速技术来完成渲染计算。传统的渲染过程无法直接计算微分，也不能直接使用基于梯度的优化算法。可微渲染通过对渲染过程进行重新建模和近似，使渲染结果对于输入参数的梯度可计算，从而允许使用反向传播算法进行参数优化。

可微渲染的计算主要有两个挑战：如何在现有设备上完成微分的计算，如何处理渲染中的不连续性。现在对于深度学习的相关问题，虽然有成熟的自动微分框架，但是受限于要渲染的计算图的复杂性，如果直接套用自动微分框架，无法有效完成稍微复杂一些的渲染计算。学术界通过重新设计渲染相关算法和开发专门应用于渲染的自动微分框架来解决这些问题。

可微渲染的实现有基于蒙特卡洛的实现方法和基于光栅化的实现方法，技术分类如图 9.1 所示。基于蒙特卡洛的实现方法有基于边缘采样的 Edge-Sampling[1] 和

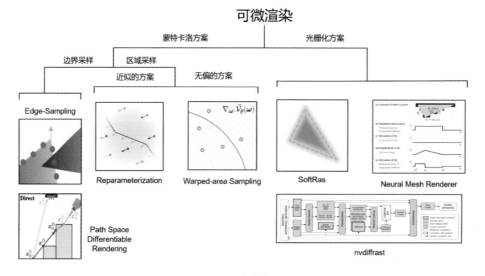

图 9.1　可微渲染技术分类

Path Space Differentiable Rendering[2] 等方案，与基于区域采样的有偏的 Reparameterization（重参数化）方案[3] 和无偏的 Warped-area Sampling 方案[4]。基于光栅化的实现方法有软光栅化 SoftRas[5]、Neural Mesh Renderer[6] 和 nvdiffrast[7] 等方案。

如 9.2.1 节所述，当前基于光栅化的可微渲染器的两个主流实现是 SoftRas 与 nvdiffrast[7]。SoftRas 引入了软光栅化和聚合函数，解决了 xy 屏幕空间上不连续性和 z 深度方向上不连续性的问题，如图 9.2 所示，该方案被 PyTorch3D 所采用[8]。

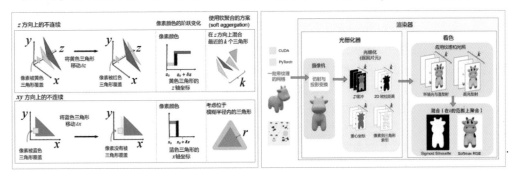

图 9.2　PyTorch3D 中 SoftRas 软光栅化方案

nvdiffrast 通过自定义的图形管线基本操作：光栅化、属性插值、纹理过滤和抗锯齿，实现了一个基于延迟着色的可微渲染系统。在效率方面，因为借用了传统的渲染管线，并且没有使用概率图和聚合函数的软光栅化模式，效率有明显提升。在连续性方面，其将 xy 平面上的连续性和 z 深度方向上的连续性通过前三个模块传递到最后的抗锯齿模块，并在抗锯齿阶段使用合理的设计保证了基本的连续性，最终能够完成梯度的传递。其渲染管线流程如图 9.3 所示。

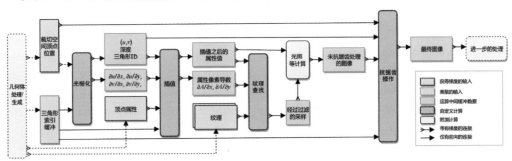

图 9.3　nvdiffrast 可微的渲染管线

在 nvdiffrast 基础上，派生出了一系列项目及应用：nvdiffmodeling[9]、nvdiffrec[10]、nvdiffrecmc[11]。这一系列项目的基本内容参见表 9.1。

表 9.1　nvdiffrast 相关项目的内容

项目	内容
nvdiffrast	基于光栅化的延迟着色的可微渲染系统,内部自定义了高性能实现的四种基本操作：光栅化、属性插值、纹理过滤和抗锯齿
nvdiffmodeling	nvdiffmodeling 对 nvdiffrast 进行了单 drawcall 的类似着色器操作的封装。其增加了对顶点 TBN 空间变换、顶点动画和顶点偏移的支持，封装了专门的顶点变换，实现了类似顶点着色器中顶点的操作。此外，其引入了 PBR 材质、光源、相机信息的内容。其能够根据视觉相似性进行基本的跨渲染系统的资源转换，如图 9.4 所示。但是其无法处理光影效果，也仅能处理合并到一起的单一的网格模型
nvdiffrec	nvdiffrec 主要专注于重建（reconstruction）的操作。在 nvdiffmodeling 的基础上，nvdiffrec 并不是直接使用传统的三角形网格拓扑方式来表现物体的表面，而是首先对物体表面的隐式表示进行可微分的 marching tetrahedra，以得到新的三角形网格模型。此外，对于材质，该方法通过位置编码的 MLP 来记录体素纹理的表现，即建立位置与材质参数的对应关系，进而对 DMTet 得到的三角形网格模型生成对应的 PBR 纹理。环境光照方面其实现了用可微分的 split sum 的环境光照方法来提取环境光照
nvdiffrecmc	在 nvdiffrec 的基础上，使用了更真实的着色模型，结合光线追踪和蒙特卡洛积分改进对形状、材料和光照的分解，并使用多重重要性采样和去噪提高了收敛性

图 9.4　nvdiffmodeling 的跨渲染系统的资源转换

上述这些光栅化方案都是基于通用自动微分（Automatic Differentiation，AD）库和手动微分（Manual Differentiation，MD）的 CUDA 编码共同混合实现的。对于纯自动微分方案，Dressi 方案[12]提出了一个完全基于自动微分设计的基于 Vulkan 的与硬件平台无关的可微渲染器。

9.2.3　可微渲染在游戏和虚拟现实行业中的应用

如前文所述，通过对渲染进行微分，可微渲染架起了 2D 和 3D 处理方法之间的桥梁，可以通过反向传播来优化 3D 场景参数。目前可微渲染技术已经被游戏和虚拟现实行业使用。

基于可微渲染的重建技术，开发者可以从现实世界的照片或视频中提取几何、材质和光照信息，用于游戏美术资产生成。比如，Polyphony Digital 公司在制作赛车游戏 Gran Turismo 时，内村创[13]使用了可微分渲染器 Mitsuba3，从实际测量的 BRDF 数据中拟合材质参数。对于追求照片级真实感的游戏来说，重现多样且复杂的真实材料至关重要。通常，艺术家通过肉眼调整材质感，但由于个人感知差异和光照环境不同，这项工作极为困难。通过测量实际物理特性并通过可微渲染复原材质参数，这一工作过程得以大大简化，并在游戏中实现了照片级真实感的车辆材质效果。

在资源转换方面，王者荣耀项目将可微渲染用于资源辅助生产，极大地加速了 LOD 资产的生产，视觉效果比肩于高精资产，可帮助项目从容应对严苛的性能和品质需求的双重挑战[14]。

此外，可微渲染能够学习和生成复杂的角色动画，近年来在虚拟现实行业及虚拟人领域被广泛使用。比如，在 2021 年，Habermann 等人[15]提出了一种具有深度真实感的 3D 人物角色模型，该模型可以在新的弱监督方式下从多视角影像中得到高度逼真的形状、动作和动态外貌。在训练过程中，该方法不需要使用复杂的人体动态捕捉，就可以完全在弱监督的多视角视频中完成训练。为此，该方法提出了一个参数化和可微的角色表示，允许将动态形变（例如，服装褶皱）建模为时空连贯的网格几何体，这些几何体配有依赖于运动和视角的高质量动态纹理。该方法仅通过提供新的骨架动作就可以创建相应的表面形变、物理上可信的动态服装形变。在此基础上，为了在可产生动画的全身虚拟形象中表现逼真的服装外观和服装运动，2022 年 Xiang 等人[16]实现了一个姿态驱动的全身虚拟化身。该方法提出了一个服装外观神经模型，该模型利用神经网络生成具有视角依赖性和动态阴影效果的逼真外观，并依赖可微的光栅化器完成渲染。

9.2.4　TPS 类游戏的特点

在游戏中使用前文介绍的可微渲染技术，需要结合游戏的具体特点，本节将主要讨论 TPS 类游戏的特点。TPS 类游戏，即第三人称射击游戏（Third-Person Shooter Game），在这类游戏中，玩家以能够看到自己控制角色的第三人称视角（Third-Person View）来与环境和敌人进行互动。TPS 类游戏通常包括射击、战斗和解谜等元素，强调战术操作和角色移动。和第三人称视角类似的，常用的游戏视角还有用于第一人称射击游戏（First-Person Shooter，FPS）的第一人称视角（First-Person View，FPV）和用于 MOBA/RTS 游戏的俯瞰视角（Top-down view）或者斜视角（Isometric view）。与 FPS 游戏类型相比，TPS 类游戏为玩家提供了更广阔的视野和更丰富的场景交互。与 MOBA/RTS 游戏类型相比，TPS 类游戏的视角方向变化更多，游戏世界更大。如图 9.5 所示，以《重生边缘》中的新手关卡为例，玩家的游戏从远处的出生点开始，随着技能的增强，经历多场强度递增的战斗，到达最终战斗逃离点消灭 boss 并撤离战斗。

图 9.5　《重生边缘》中的新手关卡

从设计角度，第一人称视角和第三人称视角会给玩家带来不同的游戏体验，参见表 9.2。

表 9.2　两种主要视角游戏体验的比较

	第一人称视角	第三人称视角
玩家体验	玩家直接置身于游戏世界，通过控制角色的眼睛直接观察游戏世界，直接沉浸感更强	玩家通常从控制角色后方进行观察，能够看到控制角色的所有动作，对场景信息感知更全面，更多地通过和场景的交互来获得沉浸感
视角	视野相对较窄	视野相对较宽
打击精度	前方的事物容易被注意到，枪械射击精度高	因为可以观察到角色全身，近战、格斗类的打击和躲避精度更高
角色与场景交互	因无法直接观察到所控制角色全身，交互相对较弱	能够展现很多角色与场景交互的操作，更容易在场景中精细地控制角色
角色移动速度与游戏的节奏	设计上移动速度会稍高，节奏稍快	设计上移动速度会稍慢

从技术角度看，虽然 TPS 和 FPS 的技术非常接近，绝大部分技术是通用的，但是和一般 FPS 的位于玩家头部位置的相机管理不同，TPS 类游戏的相机管理相对比较复杂[17]，一般有如下几种行为模式，如表 9.3 所示，在实际项目中可能存在几种模式的切换或混合。

表 9.3　TPS 类游戏常见的相机模式

相机模式	使用情况
固定相机和跟踪相机（Fixed/Tracking Camera）	最简单的相机模式，相机位置固定，以类似监视摄像头的方式观察玩家
环绕相机（Orbit Camera）	围绕主角旋转的相机，大部分情况下相机应始终位于以玩家为中心的球面上
越肩视角相机（Over-the-Shoulder Camera）	默认情况下位于主角肩膀后方且始终跟随主角面朝的相机。尽管这种相机是第三人称的，但它大部分时候像是一台第一人称相机向后移动了几米。射击瞄准处理相对复杂
第一人称相机（First-Person Camera）	第一人称视角相机，位置可以相对于角色固定，也可以附加到骨骼上，能够实现呼吸和侧身（Lean/Peck）等效果。在需要提高射击精度的开镜瞄准模式（Aim Down Sight）时一般会切换到此模式下
轨道相机（Camera on Rails）	相机位置遵循轨迹移动（如样条线）。角色一般位于相机画面的指定区域，并能够平滑拖动相机

基于这些差异，在应用视角相关的资源优化中，需要注意 TPS 类游戏的特点：TPS 的视角大，变化多，游戏场景更大且存在更多角色与场景交互的情形。

9.3　基于可微渲染进行资源转换与优化的一般框架

与一般神经网络的训练流程类似，基于可微渲染进行资源转换与优化同样具有类似或相同的数据准备、模型定义、选择损失函数及优化算法、训练/拟合循环、模型评估与部署的流程。在当前使用情形中，拟合纹理这类数据相当于训练单层的网络，所以本章更倾向于使用"拟合"而非"训练"。可微渲染进行资源拟合的基本流程如图 9.6 所示。

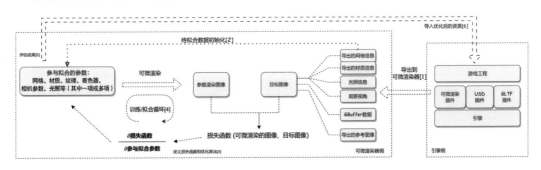

图 9.6　基于可微渲染进行资源拟合的基本流程

首先，从游戏引擎导出数据，包括物体的网格数据、材质和纹理、变换矩阵、环境光照信息，以及摄像机的观察位置和渲染目标纹理。接下来，初始化所有待拟合数据，并定义训练/拟合循环中的损失函数和优化算法。然后，进行训练和拟合循环，包括正向传播、损失计算、反向传播、参数更新、验证和提前停止。拟合数据通过可微渲染器进行正向传播，计算损失函数关于拟合数据的梯度，并根据优化算法更新拟合数据。若连续多轮无明显提升，提前终止拟合过程。最后，在不同视角下评估拟合结果，确认效果后，将拟合后的数据导回游戏引擎并完成设置。UE 的集成流程将在后续章节详细介绍。

9.4 可微渲染器的实现

当前学术界的可微渲染器主要用于网格的重建或神经网络的训练，此类重建工作每次只需要重建一个模型网格，不会生成多个模型网格。所以重建所采用的渲染是单 drawcall（绘制调用）的，即一次绘制当前的一个网格。此外，此网格的 UV 坐标也会被合并到一个 UV 空间下。而在游戏的应用场景中，即便是一个简单的静态网格物体也往往由多个子网格组成，每个子网格使用不同的材质和纹理实现，若这个静态网格物体在游戏场景中出现多次，那么会复用这些资源。所以学术界的可微渲染器无法直接应用到实际游戏项目中。考虑到计算性能的要求，在本章中对可微渲染器进行了类游戏引擎渲染队列的改进，并增加了引擎内部常用的着色器计算的手动微分支持和材质的"转译"优化。

9.4.1 可微渲染器基本功能的实现

在对可微渲染器进行相关改造之前，本节将先介绍如何完成渲染相关的微分计算与基于光栅化的可微渲染器的基本实现。

9.4.1.1 渲染相关的微分计算

关于如何计算微分，在可微渲染中常用的是自动微分和手动微分两种形式。自动微分的核心思想是将复杂函数分解为简单函数的组合，并利用链式法则来计算导数。深度学习框架（如 PyTorch）内置了自动微分功能，可以方便地计算梯度并优化神经网络模型。这些框架通常实现了计算图（Computational Graph）的概念，用于表示和优化复杂计算的数据流。计算图使自动微分更加高效，因为它可以利用图结构来计算导数，从而避免重复计算和存储中间结果。以 GGX 模型中分布项 D 项对于粗糙度相关值 alphaSqr 的导数的计算为例，可以通过在 PyTorch 中按照类 HLSL 中的方式进行定义并使用[9]。

```python
def bsdf_ndf_ggx(alphaSqr, cosTheta):
    _cosTheta = torch.clamp(cosTheta, min=specular_epsilon, max=1.0 -
specular_epsilon)
    d = (_cosTheta * alphaSqr - _cosTheta) * _cosTheta + 1
    return alphaSqr / (d * d * math.pi)
```

与一般的深度学习问题不同，渲染问题所使用的计算图存在大量分支、循环及多态结构，所以简单地直接套用常用的自动微分的深度学习框架（如 PyTorch）会面临两个问题：一是计算图复杂，显存占用过高；二是分支过多，矢量化效率较低。对于循环和分支的处理，可以通过编译优化的手段，减小计算图尺寸，减少或避免分支。对于确定的算法，可以使用手动微分来实现这些算法的微分计算，并使用这些算法的手动微分实现的版本替换自动微分实现的版本，以降低这些算法计算时的显存占用。

手动微分就是对每一个目标函数都手动算出对应的求导公式，然后依照求导公式编写代码，代入数值，求出最终梯度。前文提到的 GGX 模型中分布项 D 项对于粗糙度相关值 alphaSqr 的导数，可以通过手动计算进行化简（如图 9.7 所示）。

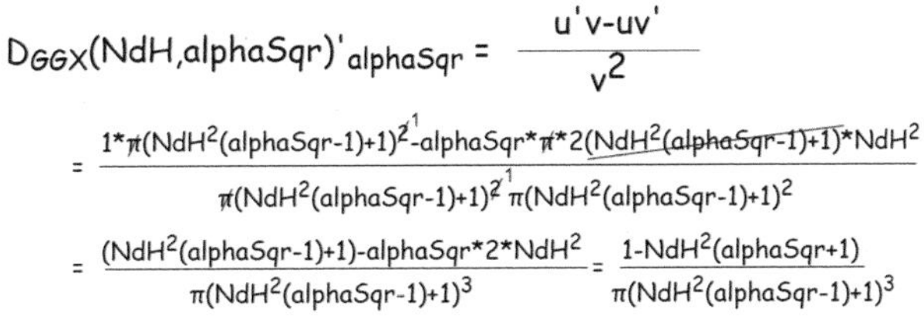

$$D_{GGX}(NdH,alphaSqr)'_{alphaSqr} = \frac{u'v-uv'}{v^2}$$

$$= \frac{1*\pi(NdH^2(alphaSqr-1)+1)^2-alphaSqr*\pi*2(NdH^2(alphaSqr-1)+1)*NdH^2}{\pi(NdH^2(alphaSqr-1)+1)^2\pi(NdH^2(alphaSqr-1)+1)^2}$$

$$= \frac{(NdH^2(alphaSqr-1)+1)-alphaSqr*2*NdH^2}{\pi(NdH^2(alphaSqr-1)+1)^3} = \frac{1-NdH^2(alphaSqr+1)}{\pi(NdH^2(alphaSqr-1)+1)^3}$$

图 9.7　以手动计算的方式求导

接下来，根据化简完成的结果在 Cuda 中进行正向传播和反向传播，编码如下[9]。

```cpp
// Ndf GGX
__device__ float fwdNdfGGX(const float alphaSqr, const float cosTheta)
{
    float _cosTheta = clamp(cosTheta, SPECULAR_EPSILON, 1.0f -
SPECULAR_EPSILON);
    float d = (_cosTheta * alphaSqr - _cosTheta) * _cosTheta + 1.0f;
    return alphaSqr / (d * d * M_PI);
}
__device__ void bwdNdfGGX(const float alphaSqr, const float cosTheta, float&
d_alphaSqr, float& d_cosTheta, const float d_out)
{
    float _cosTheta = clamp(cosTheta, SPECULAR_EPSILON, 1.0f - SPECULAR_
EPSILON);
    float cosThetaSqr = _cosTheta * _cosTheta;
    d_alphaSqr += d_out * (1.0f - (alphaSqr + 1.0f) * cosThetaSqr) / (M_PI
* powf((alphaSqr - 1.0) * cosThetaSqr + 1.0f, 3.0f));
```

```
if (cosTheta > SPECULAR_EPSILON && cosTheta < 1.0f - SPECULAR_EPSILON)
{
    d_cosTheta += d_out * -(4.0f * (alphaSqr - 1.0f) * alphaSqr * cosTheta)
/ (M_PI * powf((alphaSqr - 1.0) * cosThetaSqr + 1.0f, 3.0f));
    }
}
```

因为游戏渲染相关的计算已经有极为成熟的计算流程和算法，所以对于常用的函数（如顶点属性变换、光栅化、插值、纹理 mip 采样、着色、PBR 光照计算和引擎中内置的材质函数等）均可以使用手动微分的方式完成编码，以求较高的执行效率和较少的显存占用。对于整个着色流程，可以使用自动微分将渲染过程串起来，最终完成着色的微分计算。

9.4.1.2　光栅化可微渲染器的实现

渲染器首先通过光栅化建立世界坐标和离散像素坐标之间的动态映射，再通过插值将顶点属性扩展到像素空间，之后在像素空间中完成着色[7]。

在光栅化阶段之前，网格模型的顶点位置由模型空间经过"WorldView-Projection"变换到 NDC 空间，并将必要的顶点属性转换到世界空间（如顶点的位置、法线和切线方向等属性）。接下来绘制一个网格，主要会经过光栅化、顶点属性插值、纹理采样及着色这些步骤。

光栅化：在光栅化阶段的正向过程中，光栅化器输入 NDC 空间的顶点位置和对应的索引，输出数据为二维数组。数组中的每个位置存储一个元组$(u_{bc}, v_{bc}, z_c/w_c, ID_{triangle})$，其中$(u_{bc}, v_{bc})$是当前像素位于对应三角形内部的重心坐标（见图 9.8 的左图），z_c/w_c对应于标准化设备坐标（NDC）中的深度（见图 9.8 的中图），$ID_{triangle}$是所对应的三角形 ID（见图 9.8 的右图）。此外，光栅化器输出一个缓冲区作为辅助输出，其中有每个像素的重心坐标(u_{bc}, v_{bc})相对于屏幕空间坐标的雅可比矩阵$J_{uv} = \partial\{u_{bc}, v_{bc}\}/\partial\{x_{screen}, y_{screen}\}$，这些数据稍后用于纹理采样。

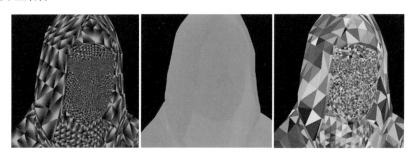

图 9.8　光栅化之后的数据（左图：重心坐标，中图：深度，右图：三角形 ID）

在光栅化阶段的反向过程中，光栅化器接收每个像素对应光栅化器输出的重心坐标的梯度 $\partial L/\partial\{u_{bc},\ v_{bc}\}$，并计算每个输入顶点在 NDC 空间中的梯度 $\partial L/\partial\{x_c,\ y_c,\ z_c,\ w_c\}$。重心坐标和 NDC 空间中位置之间的透视映射通过解析的形式进行计算，并且通过以下方式获得必要的输出。

$$\left[\frac{\partial L}{\partial(x_c,\ y_c,\ z_c,\ w_c)}\right]=\left[\frac{\partial L}{\partial(u_{bc},\ v_{bc})}\right]\left[\frac{\partial\{u_{bc},\ v_{bc}\}}{\partial(x_c,\ y_c,\ z_c,\ w_c)}\right]$$

作为辅助输出的 $\partial L/\partial \mathbf{J}_{uv}$ 也可以通过相同的方式得到。

顶点属性插值：在顶点属性插值的正向过程中，为当前像素找到 $\text{ID}_{\text{triangle}}$ 所对应的三角形的三个顶点 $(i_0,\ i_1,\ i_2)$，可根据当前像素位于此三角形的重心坐标 $(u_{bc},\ v_{bc})$ 对三个顶点的属性进行插值：$A=u_{bc}A_{i_0}+v_{bc}A_{i_1}+(1-u_{bc}-v_{bc})A_{i_2}$。

和光栅化过程类似，辅助输出的顶点属性对于屏幕空间的雅可比矩阵可以通过下式得到：$\left[\dfrac{\partial A}{\partial(x_{\text{screen}},\ y_{\text{screen}})}\right]=\left[\dfrac{\partial A}{\partial(u_{bc},\ v_{bc})}\right]\left[\dfrac{\partial\{u_{bc},\ v_{bc}\}}{\partial(x_{\text{screen}},\ y_{\text{screen}})}\right]$。至此，可以得到像素和顶点属性之间的映射，图 9.9 的左图和图 9.9 的中图为通过插值得到的贴图 UV 坐标和顶点法线方向。

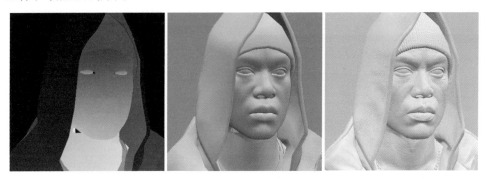

图 9.9　顶点属性插值完成后的数据（左图：UV 坐标、中图：顶点法线方向），及采样与着色阶段应用法线纹理的效果（右图）

在反向过程中，因为顶点属性的线性插值的线性特性，显然存在 $\partial A/\partial(A_{i_0,\ i_1,\ i_2})=\{u_{bc},\ v_{bc},\ 1-u_{bc}-v_{bc}\}$。属性 A 对于重心坐标 UV 的梯度为

$$\left[\frac{\partial L}{\partial u_{bc}}\right]=\left[A_{i_0}-A_{i_2}\right]^{\mathrm{T}}\left[\frac{\partial L}{\partial A}\right],\quad \left[\frac{\partial L}{\partial v_{bc}}\right]=\left[A_{i_1}-A_{i_2}\right]^{\mathrm{T}}\left[\frac{\partial L}{\partial A}\right]。$$

纹理采样及着色：在着色过程中，通过自定义的类着色器代码完成着色的正向传递和反向传递计算。对于着色阶段引用到的纹理采样操作，正向阶段可以使用类似顶点属性插值的方法在纹理数据中进行三线性插值，也可以利用硬件的加速来完成此操作。对于反向传递的阶段，在反向传递中，纹理过滤部分接收输入的梯度 $\partial L/\partial g$。每次查找的纹理坐标梯度 $\partial L/\partial s$ 和 $\partial L/\partial t$ 都是根据这些输入和插值中使用的纹素的内容计算得来的。同时，纹理图像梯度被累积到每个 mip 层级中。为了得到全分辨率纹理图像梯度，需要加总所有 mip 层级的累积梯度。

基于插值部分得到的顶点法线、切线数据可以建立 TBN 空间，并根据插值部分得到的贴图 UV 坐标对法线纹理进行采样。在着色阶段完成像素法线的计算，即可得到图 9.9 的右图所示的结果。更复杂的着色结果可以在此基础上继续完成。

至此已经完成了一个单独 drawcall 的绘制，再经过混合与抗锯齿的操作即可完成整个管线的渲染。

9.4.2 游戏方面的修改与扩展

在前文介绍的可微渲染的单网格绘制的基础上，需要扩展完成多个网格的绘制。

在此前传统可微渲染的单 drawcall 的基础上，本方法将网格信息、材质信息和位置信息按照网格部件完成封装和渲染，并增加多 drawcall 结果的合并操作和抗锯齿操作，从而支持多网格部件的渲染，过程如图 9.10 所示。

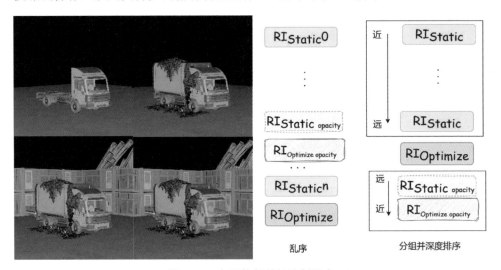

图 9.10　多网格部件的绘制顺序

从引擎导出待渲染物体列表时，将导出所有物体相关信息的元组（网格部件、材质实例、坐标列表）。在统计完所有的待渲染网格部件之后，将这些网格部件转换为待进行渲染的渲染项（RenderItem，RI）。这些渲染项被分为两类，有待

优化内容的渲染项 $RI_{optimize}$ 和没有待优化内容的渲染项 RI_{static}。

　　本方法将有待优化内容的渲染项当作"类半透明"的内容进行排序处理，相当于在队列中增加了一种需要处理的"半透明"物体。首先对所有没有待优化内容的不透明渲染项根据距离排序，并按照由近及远的顺序进行渲染。由近及远地进行的主要目的是在渲染阶段利用深度进行剔除，减少不必要物体的绘制。之后绘制有待优化内容的不透明的渲染项。渲染项的排序如图 9.10 所示。

　　排序完成的待渲染列表按照顺序进行渲染，并对每个渲染项的渲染结果进行合并混合，混合的主要标准来自于深度和透明度。对于先后两次渲染，可以使用基于比较光栅化器输出的深度通道，来挑选处于最前面的像素。对于一组结果可以依次使用深度比较合并，但这种方法的效率不高。另外，也可以将所有深度输出堆叠到一起，利用自动微分框架提供的函数来确定每个像素距离摄像机最近的网格，再提取正确的颜色。

　　此外，如果希望能够将深度相关的信息传播到更远的深度距离上，也可以使用 SoftRas[5] 的聚合函数来替代上面的深度合并操作，实现 soft-zbuffer 的效果。

　　因为对于深度的处理不同，半透明网格需要通过深度剥离来进行半透明的处理，所以使用两个不同的合并操作来进行合并，如图 9.11 所示。

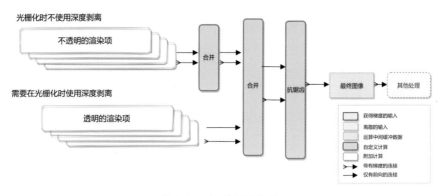

图 9.11　渲染项的合并

　　与 nvdiffrast[7] 相同，如图 9.12 所示，合并之后的抗锯齿操作的基本思想如下。检查三角形的边缘，看是否有任何剪影边缘穿过相邻像素中心之间的线段。对于水平像素对，只考虑垂直方向的边缘 ($|w_{c,1} \cdot y_{c,2} - w_{c,2} \cdot y_{c,1}| > |w_{c,1} \cdot x_{c,2} - w_{c,2} \cdot x_{c,1}|$)，反之亦然。如果一个剪影边缘穿过像素中心之间的线段，并通过检查这个交叉发生在哪里来计算混合权重，然后调整像素颜色，以反映像素中各表面的近似覆盖范围。

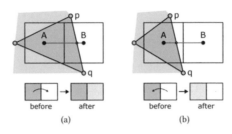

图 9.12　像素抗锯齿的处理

9.5　材质拟合相关处理

对 TPS 类游戏进行材质资源拟合，除了需要进行上文所述的可微渲染器方面的修改，还需要针对游戏类型进行适配。适配的工作主要有以下两点：

- 更好地适配 TPS 类游戏的视角。
- 处理游戏逻辑相关的项目自定义的复杂材质。

9.5.1　观察视角相关内容的处理

重建任务通常会按照近似半球均匀分布的相机位置来捕获场景，这种观察视角的分布方式并不适用于 TPS 类游戏，因为这种方式分布的观察方向是基本均匀的。在 TPS 类游戏中，玩家实际使用的视角分布并不均匀，并且因为存在相机的碰撞逻辑，这种观察半球的半径也是变化的。因此，需要按照玩家实际可能所处的位置来确定观察视角的位置与方向。对于每一个模型，期望的观察位置与方向也因模型形状的差异而有所不同。比如在某些视角下更容易捕获模型的特征，那么这个视角对于处理材质/网格也是有意义的。此外，游戏中的相机导轨、自动化测试的脚本点这些位置信息也是极具参考价值的。图 9.13 所示的是根据导航网格生成的观察视角图。

图 9.13　由导航数据生成的观察视角示例

对于某一网格视角的观察位置与朝向，可以使用如下启发式的方法寻找关键的观察方向，再由当前网格的尺寸反推观察方向对应的 LOD 级别观察的距离和位置，并根据玩家可到达性对位置进行一些修正。如对近处的观察位置考虑物体的遮挡，可以使用玩家的相机逻辑更新位置。对远处的观察位置，可能需要按照玩家的导航网格进行一定的修正。

对于单体网格观察方向的确定，可以使用如下启发式的方法获得对于轮廓特征最为明显的k个方向[18]，并使用生成这k个方向的区域法线作为正对物体的视角方向。

- 对于模型中相邻的两个三角形，如果两个三角形的法线方向的夹角在一定阈值内，则将其合并到同一区域（region），并对每个区域计算面积。
- 接下来，使用 L2 度量为每个区域拟合一个平面，得到一组拟合平面的集合 K。
- 对于 K 中的每一个平面对，它们的法线方向的叉积将产生一个平行于两个平面的方向，从而产生视图方向集合 D。（因为考虑到要评估网格的轮廓，所以需要按照平行于网格表面的方向进行观察。）
- 对方向集合 D 中的每一个方向d，计算方向权重。方向权重可以是产生当前方向d的平面区域的面积之和，因为权重越高表明当前轮廓由更大的表面区域产生。
- 按权重对 D 中的视图方向进行排序，并选择权重最大的k个方向作为最终的轮廓特征明显的方向。

如图 9.14 所示，根据前面生成的视角，本方法对当前场景中的吊车资源进行了拟合。相比于原始的 PBR 材质，拟合后的材质基本保留了细节，并将 PBR 中的粗糙度、环境光遮挡等信息，以合理光照结果叠加到当前的拟合纹理中。仅使用基本的 Lambert 漫反射，类似的效果即可达到。图 9.15 为吊车车体和履带部分 PBR 材质固有色纹理和拟合后材质纹理的对比。

图 9.14　场景中吊车资源的拟合结果

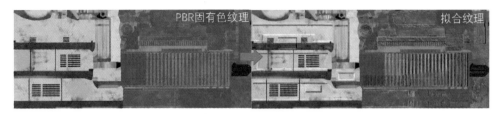

图 9.15　PBR 材质固有色纹理和拟合后材质纹理的对比

9.5.2　材质的处理

实际项目中材质的实现及使用情况往往比较复杂。以《重生边缘》中的怪物为例，为了支持大量建筑物的绘制，一个建筑尽量仅使用一个绘制调用完成绘制。为此，其使用了通过顶点色控制纹理数组的方式来实现材质的混合。此外，建筑物不可进入的窗户部分采用了内部映射（Interior Mapping）技术，以实现玻璃的镜面反射效果。对于仅由一个立方体组成的示例建筑（如图 9.16 左侧的线框图所示），可以使用内部映射技术来计算天花板、地板和墙壁的效果（如图 9.16 的中间图所示）。最终场景中玻璃的效果如图 9.16 右侧图所示。这些内容无法预先被烘焙到一套固定纹理中，进而无法直接使用之前的拟合过程。为此，本方法将建筑的效果拆分为需要进行拟合处理的内容（比如相对基础的材质层）和不参与拟合处理的动态内容（比如内部映射实现的反射部分），需要进行拟合处理的部分，在运行时可叠加不参与拟合处理的动态内容。

图 9.16　建筑物使用内部映射来实现玻璃的反射效果

引擎中复杂材质的内容需要将现有的材质导出到引擎外并进行拟合处理。如图 9.17 所示，实际游戏项目的材质编辑器内的材质往往比较复杂，会存在大量由技术人员连接的材质节点，用来表达期望的美术效果，以及与质量等级相关的切换控制、与游戏逻辑相关的一些叠加特效（如技能流光）等内容。此外，这些效果中有部分效果是通过自定义节点实现的。自定义节点的主要内容是一段 HLSL 的着色器代码，其在材质翻译阶段被插入引擎翻译生成的代码。所以为了在外部可微渲染器中实现一致的效果，需要将项目现有的材质翻译到外部的可微渲染器中使用，以完成相同的计算效果。

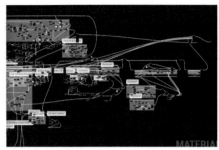

实际项目中的材质往往比较复杂　　　　　　在自定义节点中会使用HLSL代码

图 9.17　UE 中的材质的复杂情况

在 UE 中，技术人员常通过开关或节点来控制动态材质的强度。本章中在将 UE 材质翻译为可微渲染器使用的材质时，将这些控制节点固定为关闭状态，过滤掉相应动态内容的材质节点代码，从而简化材质节点的翻译并导出为 PyTorch 代码，如图 9.18 所示。此外，还需对 HLSL 代码的自定义节点进行额外的处理。

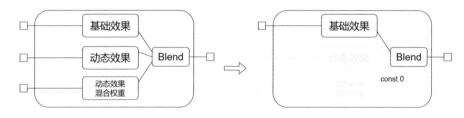

图 9.18　材质节点导出处理

在 UE 的材质编辑器中，开发人员可以通过自定义节点来使用自定义的 HLSL 代码，以控制材质的输出，从而实现更复杂和个性化的效果。因为自定义节点中的内容是 HLSL 代码，并不能使用前面介绍的节点翻译的方式来进行处理，所以需要对其进行额外处理。本方法使用基于微软的开源工程 DXC 来做着色器的预处理，通过改造 DXR 的重写（Rewrite）功能将 HLSL 翻译为 DSL，然后使用 C#完成工具开发，后续流程都基于 DSL 进行，包括翻译到 Python 语法、函数单出口变换、建立词法范围与数据流结构、循环展开及最核心的向量化推导。HLSL 代码的翻译流程如图 9.19 所示。

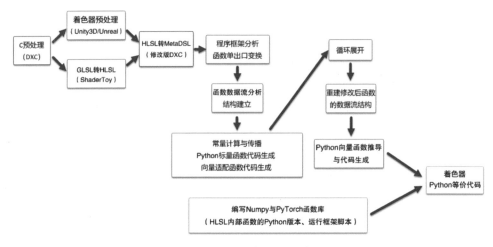

图 9.19　HLSL 代码翻译流程

至此，UE 材质编辑器中通过材质节点连接创建的材质就都能够被处理了。

9.5.3　材质转换之后的效果

在材质的翻译阶段，因为本方法将游戏逻辑控制的动态层和基础材质拟合层做了分离的操作，所以拟合与转换并不影响游戏玩法逻辑相关的表现效果。

如图 9.20 所示，对于拟合后的建筑材质，在墙面部分使用了拟合的纹理，而在窗户部分则使用内部映射的技术来实现。如图 9.21 所示，拟合后的纹理在原有基本固有色的基础上叠加了光照的拟合效果。如图 9.22 所示，对于场景中物件及地形的混合也可以采用相同的处理方法完成拟合，该方法支持多层的材质混合操作。

图 9.20　带有内部映射的建筑的拟合效果

图 9.21　场景建筑材质的 PBR 原始固有色纹理与拟合纹理对比

图 9.22　场景地表资源拟合对比

　　进行了场景整体的材质转换实验后，结果如图 9.23 所示，左侧图使用的是正常的渲染模式，右侧图使用的是极简的渲染模式。在极简模式中，仅使用顶点法线进行 Lambert 漫反射的光照计算。金属或者类金属部分拟合后，高光比较明显。非金属部分也能将环境光遮蔽和法线的一些效果叠加到拟合纹理上。

　　对于拟合，在本章中使用了类似 IBL Normalize（归一化的基于图像的光照）的方式将高光叠加到固有色/漫反射纹理中，所以在使用拟合纹理的时候避开了高光计算。此外，因为极简模式使用顶点法线来计算光照，并不需要维护像素法线所使用的切线空间的内容，所以省略了 TBN（切线、副法线、法线）相关的计算，仅保留顶点法线的计算。因为避免了大量的计算，在光照是计算瓶颈的情况下，这种优化收效显著。对于前向管线，这种优化非常便于使用，引擎不需要做较大规模修改。对于延迟管线修改略微复杂，如果追求精度，固有色可能需要保存额外的数据。在这种情况下，如果仅更换一两个物件，在高低配资源共存的模式下，收效有限。拟合资源的使用最好用于对低配机型进行全局切换，因为全局切换有较大的性能和显存收益。对于使用 GTX1050 这一档位显卡的 PC，及使用像 Steam

Deck 这样的掌机或搭载 Intel 1195G7 处理器的低配 PC，收益比较显著，在不进行额外优化的情况下，游戏能够在 720p 分辨率下以 30fps 稳定运行。在掌机画面上，相较于将纹理降分辨率并使用简化的 PBR 着色的低配机方案，使用未经降分辨率的拟合纹理的方案具有更清晰的表现效果。

图 9.23　整体场景的材质转换效果对比

9.6　网格的处理

虽然可微渲染在场景重建方面已经展现出很强的实力，但是单纯地使用可微渲染进行网格的处理还存在一些问题。比如，独立优化顶点位置可能导致三角形法线翻转或自相交，而一旦出现这些缺陷，优化通常会陷入局部最小值，从而产生褶皱塌陷。

从项目的实际角度出发，当前 UE 和 DCC 管线中各个特定的使用场景均有一些较为成熟的 LOD 方案，但是这些 LOD 方案更多的是基于 QEM 或者体素化等方案实现的，这些方案通常并不以游戏中物体最终的表现作为参考来进行优化，而使用先减面再通过烘焙生成纹理的方式来实现。这些传统的减面流程及纹理烘焙方案的环境与引擎最后实际使用的环境存在差异，因此对于传统的减面流程可以使用可微渲染流程提升表现效果。本章对模块化的资产进行了测试，对资产的每个组件在使用引擎默认减面流程后，进行了上一节介绍的材质拟合，整体效果如图 9.24 所示。

图 9.24　模块化的资产的处理效果

对于非传统方法的网格处理，可尝试修改 Continuous Remesh 的方案来进行网格的简化。Continuous Remesh[19]是一种同时进行优化和重新网格化的方法。该方法提出了由粗到细进行优化的策略，通过不断自适应地对表面进行网格划分，避免了三角形的反转和自相交这些问题。与其他方法比较，该方法能够更快生成更精细的网格，缺陷更少，参数调整更少，并且可以重建更复杂的网格对象。

该方法考虑到模型位置的空间坐标方向上的一致性，将传统优化所使用的 Adam 优化修改为各向同性的 Adam 优化。这样减少了计算量，并且当拟合平面靠近目标平面时，更新速率会降低。为了保证不会过度翻转三角形，修改更新规则并重新定义 α 以获得一个尺度不变的学习率。此外，该方法还引入了边长控制器来控制三角形的剖分。该方法通过边长的容差tol来控制对边进行拆分和塌陷的长度 l_{max} 和 l_{min}，所有边长大于 l_{max} 的边会被并行拆分。根据边长与 l_{min} 的比例和是否存在法线的翻转来挑选潜在的塌陷边来进行塌陷，并通过最小化所有顶点误差之和，来挑选需要进行翻转的边。最后通过速度加权的平滑来完成网格平滑的处理。

为了能够更好地控制边拆分发生的区域，在 Continuous Remesh 的基础上，本方法为顶点增加了tol的scale$_{vertex}$值。根据缩放需要的位置的tol$_{vertex}$适当缩放 l_{max}，来激发/抑制此处边的拆分。这个值在使用中可以通过原模型顶点色进行人工干预。

如图 9.25 所示，利用修改后的 Continuous Remesh 进行岩石的减面，避免了底面的过度拆分。最终，处理后的网格和材质资源，在低配机器中的呈现效果如图 9.26 所示。

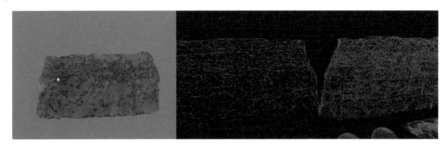

图 9.25　岩石的处理效果

图 9.26　处理后的资源和实际效果

9.7　总结与展望

本章针对 TPS 类游戏的特点尝试将可微渲染技术应用于游戏资源的转化与优化，并在各方面均取得了一定的成果。本章对可微渲染器进行了改造与重构，使其更符合游戏类资源的使用习惯。接下来我们会进行光线追踪及 GI 方面的扩展，以及进行更高效的自动微分的尝试。对于项目中大量的复杂材质和纹理资源，在本章中创建了一套可微渲染材质资源的"翻译"框架，能够处理现有 UE 中的复杂资源，并对材质进行按层分离和按层拟合，实现复杂的混合效果。接下来我们会进行更复杂的着色模型及材质系统的实验，比如适配 UE 的 Substrate 材质系统。对于场景的网格资源，在本章中结合 UE 现有的 LOD 生成和使用规则，应用可微渲染来生成和修正网格的 LOD 资源。因为 LOD 的应用场景比较具体，很难有一个算法适用所有场景，所以我们希望能够根据项目需要覆盖更多不同的 LOD 应用场景。接下来，我们将尝试全局效果，包括大气散射、体积雾和复杂后处理等，并进行光源类型和参数转换的测试。

DirectX Shader Compiler 适配 UE4 移动平台

随着移动游戏在画面效果上的进步，其所使用的着色器（Shader）也越发复杂，所使用的变体（Permutation）数量也随着场景、光照的复杂度的增加而直线上升。在这两者中找到平衡是游戏开发需要面临的严峻问题。

10.1 着色器与变体

为了减少着色器变体的数量，开发者会在着色器中使用动态分支来支持更多的渲染特性，这样的着色器统称大着色器（Uber Shader）。使用大着色器、实现复杂的渲染特性，会增加 GPU 对寄存器的使用量。而寄存器的使用会降低 GPU 执行时的占用率，从而导致 GPU 整体利用率降低，最终增加渲染耗时。若硬件寄存器数量超过限制，则会发生寄存器溢出，产生 GPU 对外存的读写，导致更严重的性能问题。

移动端的性能分析与优化是一个复杂的话题，接下来让我们来看看移动端性能评估的标准，以及在移动端架构下各个参数对整体性能的影响，从而了解为何 DirectX Shader Compiler[1]在性能优化中扮演了重要的角色。

10.1.1 移动平台性能评估标准

在移动端架构下，降低功耗和发热是一个永恒的话题。与优化帧时间相比，降低功耗和发热被认为是更高的要求。然而，在达到目标帧率之前，优化帧时间可以提高帧率（FPS），但这可能会导致设备总功耗上升。因此，我们需要采用类似于帧时间（Millisecond/Frame）的标准来评价功耗优化，即帧功耗（Watt/Frame）。

对开发者而言，优化帧时间与降低帧功耗是相同的目标。但帧时间的优化方案并不一定能够降低帧功耗，例如运算量不变，将部分工作在 CPU、GPU 之间调度，或在 CPU 不同核心之间调度，都有可能将耗时更长的工作分配到更快或更多数量的核心去执行，最终减少帧时间。但其不一定会减少帧功耗，如果新的调度方案改变了 CPU 或 GPU 的执行频率，而且其影响超过能耗比最优的设置，就会带来更高的功耗。

CPU 或 GPU 均无法无级调节频率。例如，当计算量增加 1 周期时，频率就提升 1 Hz，这是不现实的。实际情况是，当计算量超过当前频率时，频率会直接提升到下一个档位，例如从 100 MHz 提升到 200 MHz。然而，频率的提升往往伴随着电压的提升，从而带来功耗的提升。

优化帧功耗比优化帧时间更为复杂。虽然有一些措施可以优化帧功耗，例如通过优化着色算法来减少计算量，但这些优化往往需伴随着效果和性能的权衡，不是无代价的优化。相比之下，我们通过对 DirectX Shader Compiler 的改造而达到对寄存器和 FP16（半精度浮点数）的优化，在精度满足需求的前提下，不存在效果上的损失。

为了更好地了解帧率与 GPU 的关系，可以参考下面简化后的帧率公式（未考虑其他瓶颈因素）：

$$FPS = \frac{GPU\ 总算力 \times 利用率}{渲染总算量}$$

$$渲染总算量 = 像素数 \times （指令数/像素） \times （时钟/指令）$$

$$GPU\ 总算力 = GPU\ 核心数 \times GPU\ 时钟频率 \times 浮点运算单元数$$

通过表 10.1 能够看到历代硬件的能力（数据为 Mali 芯片的，其他厂商的数据与此类似）。

表 10.1　Mali GPU

	FP16/Clock	FP32/Clock	Threads	Work Registers(128b)
T720	32	20	256	16
T820	28	16	256	16
T880	78	42	256	16
G71	48	24	384	16
G76	96	48	768	16
G78	128	64	1024	16

其中有两点需要关注。

首先，FP16 的算力在较新的芯片上是 FP32 的两倍，可理解为将 FP32 指令替换为 FP16 后，可减少一半的运算时间。

其次，寄存器的使用量越多，能够并行执行的线程数量越少，导致占用率降低，最终能够按时完成任务的概率就会下降。这也会增加 GPU 读取外部存储空间的风险，以及增加额外的功耗。

因此，提升 FP16 指令的使用率，降低寄存器的使用数量，是 GPU 优化的重中之重。

相较于 HLSLCC（HLSL Cross Compiler），在本章中通过改造编译器，降低了寄存器的使用量并提升了 FP16 指令的占比。这间接提升了硬件算力，并降低了整体运算量，有更大的概率使用更低的算力达到既定的 FPS 目标，让 GPU 运行在更低的时钟频率上，从而降低帧功耗。

10.1.2　DirectX Shader Compiler

DirectX Shader Compiler 是微软为 DirectX 运行时所开发的着色器编译程序，能够将 HLSL 着色器编译至 DXIL（DirectX Intermediate Language）这种 GPU 更易理解与执行的格式。近年来，Vulkan 运行时飞速发展，见图 10.1，硬件厂商开发的 Vulkan 驱动程序也越来越完善。因此为了完善 Windows 平台对 Vulkan 运行时的支持，DirectX Shader Compiler 实现了着色器向 SPIR-V（Standard Portable Intermediate Representation）编译的功能，提供了游戏引擎着色器交叉编译的可能性。

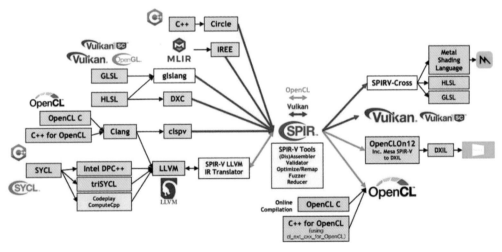

图 10.1　SPIR-V 的生态环境

SPIR-V 凭借组件 SPIRV-Cross[2]，能够将 HLSL 着色器交叉编译至 GLSL
（OpenGL Shading Language）、MSL（Metal Shading Language），完全覆盖安卓
与 iOS 两大操作系统的着色器语言。

SPIR-V 的生态环境仍在蓬勃发展，在架构层面也有很强的扩展性。使用组件
SPIRV-Tools[3]，可轻松实现对 SPIR-V 这种 IL 语言的正确性校验与性能优化等功
能，是次世代跨平台游戏引擎在着色器编译器方向的首选技术方案。

10.2　适配 UE

UE 在 4.27 版本全面引入 DirectX Shader Compiler，替换自主开发的 HLSLCC
方案。UE 中交叉编译至移动平台的流程工作正常，其当前的整合缺少对半精度数
据的支持，这对移动平台来讲是致命的问题，因此我们对 UE 做了进一步适配，
实现了对半精度数据类型的交叉编译功能。

10.2.1　OpenGL & Vulkan RHI 适配

UE 中的 OpenGL & Vulkan RHI 通过 HLSLCC 方案已实现对半精度数据类型
的支持，半精度指令的使用率也处于理想的水平，但其寄存器使用数量有优化空
间，本节重点介绍如何在保证半精度指令使用率较高的前提下，降低对寄存器的
使用数量。

DirectX Shader Compiler 能够通过打开参数 enable16bittypes 来支持半精度数
据类型。但是 GLSL 的核心功能没有对固定精度类型数据的支持，为了达到更高
的设备兼容性，通常使用 mediump、highp 来标记着色器对数据精度的要求。因此，
更好的做法是通过 SPIR-V 中的 RelaxedPrecision 标签来标记数据类型。

```
min16float == OpTypeFloat 32 + RelaxedPrecision
```

在 HLSL 中，将数据类型声明为 min16float 类型，即可编译出拥有
RelaxedPrecision 标签的数据类型，能够顺利将数据交叉编译到 GLSL 中。在 UE
中，使用宏重新定义 HLSL 中的半精度类型可实现此功能：

```
#elif (COMPILER_DXC && (ES3_1_PROFILE || VULKAN_PROFILE))
#define half min16float
#define half1 min16float1
#define half2 min16float2
#define half3 min16float3
```

UE 的 GLSL 后端需要支持 mediump 类型的 Uniform Buffer，可修改

OpenGLShaderCompiler.C++中着色器打包 Uniform Buffer 的逻辑：

```
void GetSpvVarQualifier(
    const SpvReflectBlockVariable& Member, FString& Out) {
    switch (masked_type) {
    case SPV_REFLECT_TYPE_FLAG_FLOAT:
        if (Member.decoration_flags &
            SPV_REFLECT_DECORATION_RELAXED_PRECISION)
            out = "m";
        else
            out = "h";
    // ...

void GetPackedUniformString() {
    // ...
    else if (Key == TEXT("m")) {
        OutputString = "uniform mediump vec4 ";
        OutputString += UniformPrefix;
        OutputString += "_m[";
        OutputString += std::to_string(Index);
        OutputString += "];\n";
```

与 HLSLCC 的编译结果进行对比，发现新编译器未正确编译出接口参数的数据精度。需修复新编译器对接口参数 RelaxedPrecision 标记的支持，并加入 ADCE（Aggressive Dead Code Elimination）对未使用接口参数的剔除功能：

```
bool isRelaxedPrecisionType(
    QualType type, const SpirvCodeGenOptions &opts) {
    // Reference types
    if (const auto *refType = type->getAs<ReferenceType>())
        return isRelaxedPrecisionType(
            refType->getPointeeType(), opts);

    // Pointer types
    if (const auto *ptrType = type->getAs<PointerType>())
        return isRelaxedPrecisionType(
            ptrType->getPointeeType(), opts);
```

同时，新编译器未对贴图采样器（Texture Sampler）添加半精度标记，因此寄存器的使用量仍然高于 HLSLCC 编译的结果。可以通过扩展 SPIR-V Tools 中的优化 Pass（指一个阶段或一系列步骤），新增针对采样器的处理。当采样器在当前上下文中将采样结果存储为半精度类型时，我们即可认为，将此采样器标记为 RelaxedPrecision 是安全的：

```
bool RelaxImageOpsPass::RelaxImageOps(/*bb*/, Instruction* inst) {
  Instruction* load_inst = nullptr;

  // 检测当前指令是否可标记为 relaxed
  if (image_ops_.count(inst->opcode()) > 0) {
    // OpImageXXX 以(Result Type, Result Id, Image Id ...)开始
    load_inst = get_def_use_mgr()->GetDef(
        inst->GetOperand(2).words[0]);
  } else if (sampled_image_ops_.count(inst->opcode()) > 0) {
    // OpImageXXX 以(Result Type, Result Id, Sampled Image Id ...)开始
    uint32_t sampled_image_id = inst->GetOperand(2).words[0];
    auto sampled_image_inst = get_def_use_mgr()->GetDef(
        sampled_image_id);
    // OpSampledImage (Result Type, Result Id, Image Id ...)
    load_inst = get_def_use_mgr()->GetDef(
        sampled_image_inst->GetOperand(2).words[0]);
  }

  if (!load_inst || IsRelaxed(load_inst->result_id())) return false;

  // 通过判断 OpImageXXX 的值有没有被设置为 relaxed 存储模式来判断当前指令是否
  // 可被标记为 relaxed
  bool relaxable = false;
  get_def_use_mgr()->ForEachUser(inst,
  [this, &relaxable](Instruction* user) {
    if (IsRelaxed(user->result_id())) {
      relaxable = true;
    }
  });
  if (!relaxable) return false;

  // 将必要的操作标记为 relaxed: 通过 OpLoad 获取到 OpVariable
  auto texture_variable = load_inst->GetBaseAddress();
  // 标记 OpVariable 为 relaxed
  SetRelaxed(texture_variable->result_id());
  SetRelaxed(load_inst->result_id()); // Mark OpLoad as relaxed
  SetRelaxed(inst->result_id()); // Mark OpImageXXX as relaxed

  return true;
}
```

最终，在编译器本身进行的指令优化的基础上，大大降低了编译结果对寄存器的使用数量。使用 Snapdragon Profiler[4]分析高通骁龙 865 设备，确认当前寄存器使用的数量小于 HLSLCC 方案，数据见表 10.2。

表 10.2　GLSL 寄存器数量

着色器	HLSL Cross Compiler	DirectX Shader Compiler
建筑	18	16
车辆	28	24

Vulkan RHI 可直接使用上文介绍的 OpenGL RHI 所用的技术方案来支持半精度数据类型。

10.2.2　Metal RHI 适配

UE 中的 Metal RHI 不支持在全局变量、着色器参数中使用半精度数据类型，本节重点介绍如何在上述结构中使用半精度数据类型，以增加半精度指令的使用率，同时减少寄存器的使用数量。

当传入 Enable16bittypes 这个参数及将 ShaderModel 的值修改为 6.2 以后，DXC 就能正常编译半精度的数据类型了。计算方面的半精度修改不会有任何问题，但是数据的存储与传输遇到了一个大问题，UE 在 CPU 端并没有半精度的表达。

```
BEGIN_GLOBAL_SHADER_PARAMETER_STRUCT_WITH_CONSTRUCTOR(FMobileDirectional
LightShaderParameters, ENGINE_API)
    SHADER_PARAMETER_EX(FVector4f,
        DirectionalLightDirectionAndShadowTransition,
        EShaderPrecisionModifier::Half)
    SHADER_PARAMETER_EX(FVector4f,
        DirectionalLightShadowSize,
        EShaderPrecisionModifier::Half)
    SHADER_PARAMETER_EX(FVector4f,
        DirectionalLightDistanceFadeMADAndSpecularScale,
        EShaderPrecisionModifier::Half)
    SHADER_PARAMETER_EX(FVector4f,
        DirectionalLightShadowDistances,
        EShaderPrecisionModifier::Half)
END_GLOBAL_SHADER_PARAMETER_STRUCT()
```

我们用移动端方向光的 Uniform Buffer 中的一段代码来举例子，将上述定义转换为 C++ 的结构体时会变为如下结构：

```
struct FMobileDirectionalLightShaderParameters {
  float4 DirectionalLightDirectionAndShadowTransition;
  float4 DirectionalLightShadowSize;
  float4 DirectionalLightDistanceFadeMADAndSpecularScale;
  float4 DirectionalLightShadowDistances;
}
```

　　虽然将每个参数都标识为了 Half，但是实际上在 C++中定义出来的结构体还是全精度类型的。FVector4f 并不会随着 EShaderPrecisionModifier::Half 的定义来修改 MemoryLayout，EShaderPrecisionModifier::Half 只用来指导着色器中的精度定义。在 FeatureLevel31 以上的后端都不会响应 EShaderPrecisionModifier::Half 的提示，可强制使用 Float 来表示所有精度，其中就包括了 Metal，可生成如下的着色器代码：

```
cbuffer MobileDirectionalLight {
  float4 DirectionalLightDirectionAndShadowTransition;
  float4 DirectionalLightShadowSize;
  float4 DirectionalLightDistanceFadeMADAndSpecularScale;
  float4 DirectionalLightShadowDistances;
}
```

　　此时一切都没有问题，但是当我们让 FeatureLevel31 以上的后端根据 EShaderPrecisionModifier::Half 的提示来生成正确的 HLSL 时，生成的着色器代码会变成如下所示的样子：

```
cbuffer MobileDirectionalLight {
  half4 DirectionalLightDirectionAndShadowTransition;
  half4 DirectionalLightShadowSize;
  half4 DirectionalLightDistanceFadeMADAndSpecularScale;
  half4 DirectionalLightShadowDistances;
}
```

　　这个时候问题就出现了，CPU 端和 GPU 端的 MemoryLayout 并不匹配，导致出现数据传输错误、渲染错误，甚至发生崩溃。HLSLCC 的处理就是统一把数据存储及传输的精度修改为 Float（指单精度浮点数），只保留计算中的 Half（指半精度浮点数）。这个处理比较简单粗暴，容易导致整个计算的 Half 占比提不上去，因为如果计算保留 Half，但是输入数据是 Float 的，就会频繁出现 Half 和 Float 同时参与计算。为了保证计算的精度不出问题，编译器一定会将 Half 的数据转换为 Float 的来与 Float 的数据进行计算，参与计算的寄存器和结果都是 Float 的，如果代码中的结果使用 Half 保存，还会多一次 Float 到 Half 的转换。所以当整个计算过程中的 Half 数据的占比很少时，性能提升非常不明显，甚至还会因为 Half 和 Float 之间的强转换带来性能损耗。可见，支持数据传输的 Half 的精度对性能的提升很重要。我们的目标是让 UE 支持一套半精度的数据结构，但是要尽可能地只对少量的地方进行修改，要避免触发引擎代码中对结构体大小（都有最小精度是 Float 的假定）的断言。我们在 C++中声明了一套半精度带 Padding（填充）的数据结构，其在大小上和全精度一致，在传递给着色器时能正确地传递 Half 类型的数据。

```
class FVectorHalf4Padding {
  FFloat16 X, Y, Z, W;
  FFloat16 Padding[4];
};
```

同时我们需要生成如下格式的 Uniform Buffer：

```
cbuffer MobileDirectionalLight {
  half4 DirectionalLightDirectionAndShadowTransition;
  char _m1_pad[8];
  half4 DirectionalLightShadowSize;
  char _m2_pad[8];
  half4 DirectionalLightDistanceFadeMADAndSpecularScale;
  char _m3_pad[8];
  half4 DirectionalLightShadowDistances;
  char _m4_pad[8];
}
```

这样 CPU 端与 GPU 端的 MemoryLayout 就对齐了。虽然由于传入的数据无效，带宽并未减少，但仅输入数据使用 Half 表达就既能减少计算量，又能减少寄存器消耗。

在 CPU 端，我们需要找到一个时机，自动地将全精度的数据结构根据 EShader-PrecisionModifier::Half 的提示替换成其对应的数据结构，此时需要修改 SHADER_PARAMETER_EX 的宏定义：

```
#define SHADER_PARAMETER_EX(MemberType,MemberName,Precision) \
INTERNAL_SHADER_PARAMETER_EXPLICIT(
  TShaderParameterTypeInfo<MemberType>::BaseType,
  TShaderParameterTypeInfo<MemberType>,
  MemberType,MemberName,,,Precision,TEXT(""),false)
// 当 Precision 为半精度时
// 将 MemberType 从 FVector 转换为 FVectorHalfWithPadding
TShaderParameterTypeInfo<TShaderParameterConvert<MemberType>::
  Type<Precision>>
```

这个修改会将 Precision 当作类型传给 TShaderParameterConvert，该模板会声明一系列特化的版本，将对应的全精度的数据类型转换为半精度带 Padding 的版本，代码修改如下：

```
TShaderParameterConvert<MemberType>::Type<Precision>
// 具体实现
template<typename T>
struct TShaderParameterConvert
{
    template<int P>
    struct TPrecisionType { using Type = T; };
    template <int P>
```

```
    using Type = typename TPrecisionType<P>::Type;
};

#if PLATFORM_IOS && SUPPORT_HALF_UNIFORM
// 特化模版, 实现类型转换功能
template<>
template<>
struct TShaderParameterConvert<float4>::
  TPrecisionType<EShaderPrecisionModifier::Half>
{
    using Type = FVectorHalf4Padding;
};
```

　　这里有一点需要注意, OpenGL ES 的 Uniform Buffer 是支持 Half 类型数据的, 但是并不要求传入的数据是真正的 Half 类型的, 只需要加上 mediump 修饰符就能在着色器中将变量定义为 Half 类型的, 所以这里不会针对 GLES 平台去做类型转换。

　　这样在 CPU 端就会根据用户定义的 Uniform Buffer 生成对应的数据结构。接下来需要处理着色器端的代码生成, 思路是在每个 Half 类型的数据后面添加相同字节数量的 Padding。更重要的是, 需要选择正确的时机来进行这个操作。有两个方法可行, 一个是全部修改在 UE 里, 另外一个是修改在 DXC 和 SPIRV-Cross-MSL 中。

　　在 UE 中的修改如图 10.2 所示

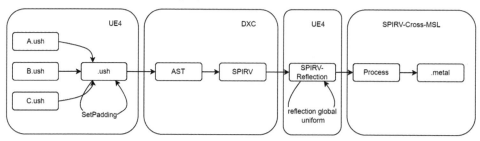

图 10.2　在 UE 中做 Padding

　　可以选择在 HLSL 中生成 Uniform Buffer 的时候去修改, 此处加 Padding 可以覆盖所有 Uniform Buffer Struct 的路径, 但无法覆盖全局变量:

```
// ShaderParameters.C++
void CreateHLSLUniformBufferStructMembersDeclaration() {
    if(HLSLBaseOffset != AbsoluteMemberOffset) {
        // 当数据类型是 Half 时, 增加 padding
        if (PreviousBaseTypeName == TEXT("half"))
            Offset = 2;
```

　　UE 会将全局变量合并为一个单独的结构体: 全局 Uniform Buffer Struct, 统称为 Globals。

```
struct type_Globals
{
    float3 MappingPolynomial;
    packed_half3 InverseGamma;
    char _m2_pad[6];
    float FilmSlope;
    float FilmToe;
    float FilmWhiteClip;
    half3 ColorScale;
    char _m8_pad[8];
    half4 OverlayColor;
    char _m9_pad[8];
```

由于 Globals 并不通过 CreateHLSLUniformBufferStructMembersDeclaration 生成代码，所以无法在此处添加 Padding。我们需要在 SPIRV 反射回 UE 时，记录 Globals 里数据的精度信息，再对应地去修改给全局 Uniform Buffer Struct 设置值时的数据精度，代码如下：

```
// MetalDerivedData.C++
// Global uniform buffer -
  if (strstr(Binding->name, "$Globals"))
  {
    TCBDMARangeMap CBRanges;
    GLOString = FString::Printf(TEXT("Globals(%u): "), Index);

    FString MbrString;
    for (uint32 i = 0; i < Binding->block.member_count; i++)
    {
      SpvReflectBlockVariable& member = Binding->block.members[i];
      uint32 MbrOffset = member.absolute_offset;
      uint32 MbrSize = member.size;

      bool bHalfFloat = false;
      uint32 BaseType = 0;
      uint32 ArrayDim = 0;
      {
        const SpvReflectTypeDescription* TypeDesc =
          member.type_description;
        switch (TypeDesc->op)
        {
          case SpvOpTypeFloat:
            bHalfFloat = (member.numeric.scalar.width == 16);
            // 根据数据的 width 来记录精度
            BaseType = EShaderParameterBaseType::ESPBT_Half;
                break;
```

第二种方式是通过修改 DXC 和 SPIRV-Cross-MSL 去添加 Padding，如图 10.3 所示。

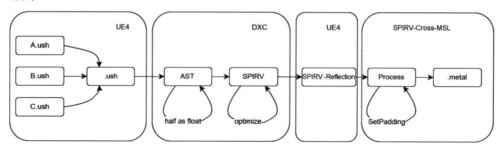

图 10.3　在 DXC 中做 Padding

在 DXC 中处理 AST 时，将 Half 类型包装为 Float 类型去做对齐：

```
// 1. DXC 生成正确 Padding，与 C++对齐
void AlignmentSizeCalculator::getAlignmentAndSize() {
    case BuiltinType::Half: // AST 解析时，认为 Half 类型与 Float 类型的大小与
                            // 对齐一致
        return spvOptions.alignHalfAsFloat {4, 4} : {2, 2};
```

交叉编译时再根据数据类型去补齐成员变量所在位置的偏移值，即可完美覆盖 Uniform & Global 两条路径：

```
// 2. 在 SPIRV 中补齐 Half 缺失的 Padding
void CompilerMSL::align_struct() {
    if (spirv_mbr_offset > aligned_msl_offset || half_padding > 0)
        set_extended_member_decoration(
            padding_bytes + half_padding);
```

这两种方式都需要修改 SetShaderValue 接口。给全局变量赋值，需要根据数据类型选择正确的 C++类型：

```
// 兼容 SetShaderValue 接口
void SetShaderValue(TRHICmdList& RHICmdList, /**/) {
    // 将全精度转换为带 Padding 的数据类型
    if (Parameter.IsPackedType()) {
        typename TConvert<ParameterType>::template Type<Half> Half;
        DeepCopyShaderParameter(Value, Half);
        RHICmdList.SetShaderParameter(&Half);
```

第一种在 UE 里修改的方式需要分开处理 StructUniform 和 GlobalUniform，逻辑比较分散。但是由于 Padding 的方案是给 UE 定制的，并非通用方案，所以相关逻辑写在 UE 里更合理。第二种在 SPIR-V Tools 里修改的方式的逻辑更统一，而

且不同平台生成的 HLSL 是同一套，逻辑兼容性更好，也能减少与 UE 后续的更新冲突。

FORCE_FLOAT 的选择：这是一个典型的牺牲性能快速解决精度问题的办法，当为材质勾选 FORCE_FLOAT 选项后，所有着色器的 Half 数据都会被强制定义为 Float 类型。

```
#if FORCE_FLOATS
    #define half float
    #define half1 float1
    #define half2 float2
    #define half3 float3
```

Uniform 的精度和 MemoryLayout 相关，所以肯定不支持强制替换，我们可以选择将 FORCE_FLOAT 的定义放在 Uniform 的定义之后，来最大程度地还原 FORCE_FLOAT 的功能。

```
// Common.ush
// 为生成的 Uniform Buffer 数据定义类型
#include "GeneratedUniformBufferTypes.ush"

// 引擎为当前编译的着色器所生成的相关 Uniform Buffer 定义数据
#include "/Engine/Generated/GeneratedUniformBuffers.ush"

// Uniform Buffer 专属数据
#include "CommonViewUniformBuffer.ush"

#if FORCE_FLOATS
    #define half float
```

但是更合理的方案是让 FORCE_FLOAT 只影响 MATERIAL_FLOAT。由于写材质时无法指定精度，难免出现精度不够的情况，所以需要提供材质代码的 FORCE_FLOAT 属性来保证正确性。而 UE 程序在着色器中对精度是能完全把控的，不应该出现需要 FORCE_FLOAT 的情况。

最终，将 HLSLCC 替换为 DXC 后，以最简单的 FirstPersonShooter 模板的 BasePass 为例，测试真机性能，数据如表 10.3 所示。

表 10.3　FirstPersonShooter 模板的性能数据

	DXC	HLSLCC
Time	1.84ms	1.92ms
ALU Utilization	62.81%	63.62%
F32 Utilization	39.01%	58.97%
F16 Utilization	26.42%	16%

	DXC	HLSLCC
FS Occupancy	79.62%	69.93%
FS ALU Float Instructions	29.40%	45.70%
FS ALU Half Instructions	42.03%	25.47%

DXC 对 Half 数据的支持更加完整，从数据上看，有约 16%的 ALU Float Instructions 被转移到 ALU Half Instructions，无损优化了 8%的总指令数。

FS Occupancy 从 69.93%提升到 79.62%，GPU 的利用率提升了约 10%

可以看到，在 GPU 时间上的优化并不多。因为测试场景中的材质比较简单，并没有太多延迟需要隐藏，所以占用率的提升在时间优化上的表现不算明显，在复杂的材质与场景下会有更多的优化。

大规模复杂场景下光照烘焙
面临的挑战及解决方案

在游戏制作中，光照烘焙是实现全局光照的重要环节，且随着开放世界类型游戏的兴起，游戏场景规模越来越大，光照复杂度越来越高，从而对光照烘焙提出了新的挑战。UE 和 Unity 中已有的烘焙插件，在光照真实性、烘焙效率及对复杂场景的处理上均有各自的不足。为提升烘焙效率，追求烘焙的物理真实，我们自研了一款基于路径追踪算法（Path Tracing，PT）的光照烘焙器 Dawn。Dawn 采用 GPU 硬件光线追踪，同时支持本地单 GPU 烘焙和多机多卡 GPU 烘焙系统服务，提供 UE 与 Unity 插件，以便于集成和使用。本章着重介绍自研烘焙插件在研发与实际项目应用中遇到的一些挑战及相应的解决方案。

本章的内容组织如下：第 1 节主要介绍光照烘焙的背景知识；第 2 节介绍当场景中存在超大规模的光源时（包含自发光与虚拟光源），如何有效管理这些光源并提升采样速度；第 3 节介绍在场景主要由间接光照亮且间接光光路较窄的时候，如何对场景中复杂光路的间接光进行采样以解决传统的 BRDF 采样不足的问题；第 4 节介绍了在样本数有限的情况下，如何通过后处理降噪的方案提升光照贴图质量。接缝优化相关的内容请参见第 12 章。

11.1　光照烘焙的背景与现有解决方案

在游戏生产特别是手游生产过程中，高质量全局光照需要通过烘焙直接得到（LightMap，LM）或者通过间接计算得到（VLM、ILC、SDF、PRT 等）。一款功能完善、烘焙效率高、烘焙质量好、对各种场景资源计算稳定性强的烘焙器是业内长期的诉求。本章我们将针对 UE 和 Unity 这两款商业引擎中现有的烘焙器进行对比分析。UE 官方提供了 CPU Lightmass 和 GPU Lightmass 两种烘焙解决方案。其中，GPU Lightmass 结合采用硬件光线追踪实现的路径追踪算法来计算全局光照，但由于其一直处于试用阶段，配套的功能尚不完备，因此在游戏制作过程中主要用于烘焙效果对比，最终进行批量生产还是以 CPU Lightmass 为主。CPU Lightmass 使用 Photon Mapping（光子映射）技术来计算全局光照，同时利用 Irradiance Caching（辐照度缓存）加速计算过程，但是 CPU Lightmass 方案存在两大不足：一是，Photon Mapping 使用 KD-Tree 数据结构，其特殊性使 Photon Mapping 无法使用 GPU 硬件进行加速计算；二是，Photon Mapping 属于有偏算法，因此即使发射的光子数量再多，也无法做到完全物理正确，光照的光反弹次数越多（室内场景如图 11.1 所示），带来的偏差越大。在功能完备性上，当前游戏制作中经常会生成 HLOD 的代理模型，而 CPU Lightmass 无法对此提供支持。

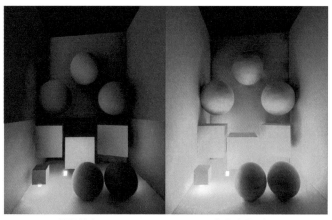

a. CPU Lightmass   b. Path Tracing

图 11.1　CPU Lightmass 引入偏差的效果图

目前，Unity 官方提供了 GPU/CPU Progressive Lightmapper 两款光照烘焙器，第三方提供了 Englighten 和 Bakery 烘焙器。Englighten 由于烘焙速度慢，且光照算法不如 Photon Mapping 和路径追踪算法便于理解，再加上其暴露的参数对美术制作不友好，后来慢慢被弃用。Bakery 和 Progressive 烘焙器都支持 GPU 硬件光线追踪，烘焙速度较快，烘焙质量也比较高。但是它们在功能完备性方面有所不足：不支持可以产生更加平滑边缘及更少锯齿感的 SDF 烘焙，不支持 HLOD 模型的烘焙；对开放世界游戏的超大规模场景烘焙较慢等。它们对烘焙中一些特殊的光源效果支持得也不够充分：不支持一些高级光源效果（胶囊形虚拟光源、具有遮挡属性的矩形光源、IES 光源贴图等）；对大量自发光物体的场景烘焙效果较差等。

　　另外，对于一些困难的光照场景，现有的光照烘焙方案都没有对采样方法和降噪器进行优化，也会间接影响烘焙效率与质量。综上所述，我们将自研的光照烘焙解决方案与现有的解决方案进行对比，结果如表 11.1 所示。由于篇幅所限，我们仅选取了与自研烘焙器的采样优化与降噪优化相关的工作进行介绍。

表 11.1　不同烘焙解决方案的对比

特性	Dawn	CPU Lightmass	GPU Lightmass	Bakery	Lightmapper
跨引擎	是	否	否	否	否
大世界拆分	是	否	否	否	否
烘焙速度	较快	快	较快	快	较快
分布式烘焙	是	是	否	否	否
GPU 硬件	是	否	是	是	是
烘焙质量	较高	高	较高	较高	较高
SDF	是	是	否	否	否
HLOD	是	否	否	否	否
高级光源	是	是	是	否	否
大量自发光	是	否	否	否	否
间接光优化	是	否	否	否	否
降噪器优化	是	否	否	否	否

11.2　光照烘焙中大规模光源的管理方案

　　经典的路径追踪算法如图 11.2 的左图所示，从视点出发，到光线击中光源为止，通过渲染方程计算最终视点的出射光的颜色：

$$L(x, w_o) = \int_{\Omega} L_i(x, w_i) f(x, w_i, w_o)(w_i \cdot w_n) \mathrm{d}w_i$$

　　　a. 经典光线追踪　　　　　　　　　　　b. NEE 主动采样光源

图 11.2　经典路径追踪的完整光路示意图

其中 $L(x, w_o)$ 表示出射光的颜色，$L_i(x, w_i)$ 表示入射光的颜色，f 表示双向反射分布函数。在渲染方程中，涉及积分计算，通常会采用蒙特卡洛重要性采样解决积分的问题，经典路径追踪算法仅根据交点的表面材质（BRDF）来生成采样光线。但平行光中没有体积的虚拟光源，以及距离特别远的光源通常很难（甚至无法）找到交点，这样会导致算法收敛特别慢。NEE（Next Event Estimation）方法则将直接光与间接光的计算分开处理，每次光线反弹时，算法主动对光源采样，可以大大加快收敛速度。

路径追踪中的 NEE 方法的效果如图 11.2 的右图所示，分别计算着色点 P 的直接光与间接光，然后利用如下公式进行融合：

$$L(x, w_o) = \int_{\Omega_{\text{direct}}} L_{\text{direct}}(x, w_{\text{direct}}) f(x, w_{\text{direct}}, w_o)(w_{\text{direct}} \cdot w_n) \mathrm{d}\omega_{\text{direct}}$$
$$+ \int_{\Omega_{\text{brdf}}} L_{\text{indirect}}(x, w_{\text{indirect}}) f(x, w_{\text{indirect}}, w_o)(w_{\text{indirect}} \cdot w_n) \mathrm{d}\omega_{\text{indirect}} \tag{1}$$

光源主动采样的本质是，如何高效地从大量光源中随机对光源上的一个样本点采样。我们将其分为两步：第一步，从大量光源中随机选择一个光源；第二步，从选取的光源上随机对一个样本点采样。最后利用多重重要性采样（Multi Important Sampling，MIS）将主动采样光源的样本与被动击中光源的样本进行融合，进一步提升收敛速度。如果仅使用被动击中光源来计算光照贡献，其效果如图 11.3 的 a 图所示；加入 NEE 主动光源后，效果提升明显，如图 11.3 的 b 图所示。

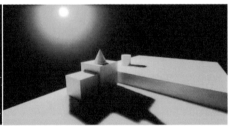

a. 被动击中光源　　　　　　　　　　　　　b. NEE 主动光源采样

图 11.3　被动击中光源与主动采样光源效果对比

11.2.1　单个光源的选取

光源均匀随机采样（Uniform Sampling）和遍历评估光源是光线追踪中使用较多的光源选取方案。下面分别介绍这两个方案的原理与不足。

1. 光源均匀随机采样

光源均匀随机采样是目前最常使用，也是最简单的光源采样方法，其原理如下：

$$\text{LightId} = \text{RandowSample} * \text{LightCount}$$
$$\text{Pdf} = 1.0 / \text{LightCount}$$

(2)

2. 遍历评估光源

图 11.2 中的着色点 P，遍历场景中的所有光源并计算在 P 点的辐照度，将其作为采样权重，然后根据采样权重随机选取一个光源，遍历评估光源算法的流程如下所示。

```
LightCount: 光源数目（输入）
WorldPosition: 待着色点 P 的世界坐标（输入）
WorldNormal: 待着色点 P 的法线（输入）
Lightld: 随机选择的光源 Id（输出）
Pdf: 采样此光源的概率（输出）
LightPickingCdf[ ]//临时变量，存取每个光源的累积分布值
LightPickingCdfSum//临时变量
for(index: 0→LightCount)
{
//估计此光源对着色点的贡献
LightPickingCdfSum += EstimateLight (index, WorldPos, WorldNormal)
LightPickingCdf[index]= LightPickingCdfSum
}
// 根据计算得到的累计分布函数来随机采样光源，返回光源的 Id 和 Pdf
(LightId, Pdf) = SelectLight(RandomSample, LightCount, LightPickingCdfSum,
LightPickingCdf)
```

遍历评估光源的方法充分考虑了每个光源对于采样点的影响，光源的影响越大，采样到此光源的概率越高，因此该方法的收敛效果最好。但是，面对超大规模光源的场景，遍历每一个相关光源的效率太低。

我们来看一下光源剔除与层次化包围盒相结合的大量光源管理方案。

在实际项目中会有两种类型的光源，一种是虚拟光源（点光源、面光源、聚光灯、平行光、天光），它们有一个比较重要的属性——影响半径（其中平行光、天光的影响半径为无限远），只有影响半径内的着色点才会受此光源的影响，数量通常不会特别大。另一种是自发光光源，它们由许多小三角形构成，数量十分巨大，影响范围无限远。针对这些不同，下面分别介绍对虚拟光源和自发光光源进行管理的方法。

1. 层次化包围盒管理自发光光源

层次化包围盒的光源管理示意如图 11.4 所示。论文[1]提出了一种层次化包围

盒的光源管理方法（Light BVH），非常适合管理大规模的三角形光源，我们在实际项目中也采用了该方案管理大规模的自发光光源。

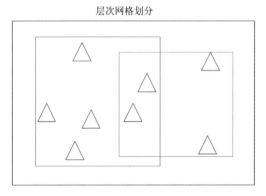

层次网格划分

图 11.4　层次化包围盒的光源管理示意图

层次化包围盒的光源划分与光线追踪场景中物体的层次化包围盒类似。不同的是，在构建层次化包围盒时，会考虑光源的朝向和光源的光通量，因此在选择划分平面的时候会将原来的基于表面积的启发式算法（Surface Area Heuristic，SAH）改进为基于表面积朝向的启发式算法（Surface Area Orientation Heuristic，SAOH）：

$$\cos t_{\text{SAH}}(L,R) = \frac{n(L)a(L) + n(R)a(R)}{n(L \cup R)a(L \cup R)}$$

$$\cos t_{\text{SAOH}}(L,R) = \frac{\Phi(L)a(L)M(L) + \Phi(R)a(R)M(R)}{a(L \cup R)M(L \cup R)}$$

（3）

其中，n 表示节点中光源的数目，a 表示此节点中光源的表面积，Φ 表示光源的光通量 Flux，M 表示光源朝向的评价函数。在采样时，为了随机选择不同的子节点，同样会评估每个子节点分布对待着色点 P 的影响，然后再随机选取子节点并继续采样，依次递归直到采样到叶子节点，然后再利用遍历评估的方法随机选取一个光源。

2. 光源剔除与层次化包围盒管理虚拟光源

对于属性各异的虚拟光源，层次化包围盒不能考虑每个虚拟光源的影响半径，因此在遍历包围盒节点的时候，无法提前过滤不在影响范围内的光源，这样会浪费采样样本，效果如图 11.5 所示。

a. 虚拟光源影响半径　　　　　　　　　b. Light BVH 光源采样效果

图 11.5　Light BVH 直接管理虚拟光源的效果

影响半径是虚拟光源影响光源采样的一个很重要的因素，朝向对于聚光灯和平行光的采样也很重要。在对虚拟光源进行管理时，空间网格划分的第一阶段为构建阶段，首先预计算所有虚拟光源的影响区域并计算全局的影响区域，然后将整个区域根据设置的分辨率进行等比例划分，分别存储影响每个网格的光源索引。第二阶段为光源采样阶段，即根据待着色点的世界空间坐标，计算这个点落在哪个网格，然后遍历评估此网格中所有的光源并随机采样。平行光的影响范围是无穷远，因此平行光对每个网格都有影响。当落在此网格中的光源数目太多时，遍历光源的代价比较大。对于大规模的虚拟光源，我们首先利用空间网格划分对每个区域的有效光源进行剔除。如果该区域的光源数目超过某个阈值（在实际应用中设置为 256），再结合层次化网格划分进一步对同一区域的光源进行管理。经过剔除后的区域，光源影响半径有一定的相似性，很好地克服了 Light BVH 的不足，如图 11.6 所示。

3. 光源管理方案的实现流程

在实际应用中，我们使用 Light BVH 管理所有的自发光光源。对于虚拟光源的管理，我们采用结合网格空间划分的光源剔除与 Light BVH 两层结构进行管理。两种类型的光源管理方案都包含构建和采样两个阶段：可以将构建阶段当成预处理阶段，用于生成采样阶段所需要的数据结构（见图 11.7 的左图）；采样阶段则负责在直接光源采样时随机选择某个光源（见图 11.7 的右图）。

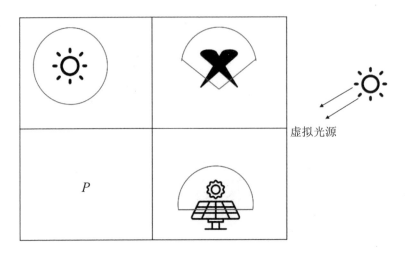

图 11.6 考虑光源朝向与影响半径的光源剔除

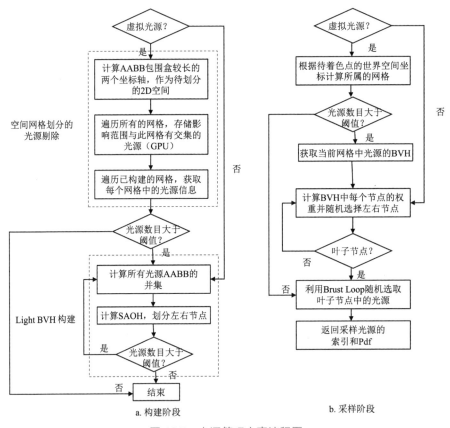

图 11.7 光源管理方案流程图

在构建阶段，对于虚拟光源，我们首先计算所有光源的影响半径的并集的包围盒 AABB，并选取三维空间 AABB 包围盒的较长的两个坐标轴作为待划分平面。将其划分为 Resolution×Resolution 大小的网格，最后遍历每个网格，存储影响此网格的光源的索引，至此，虚拟光源删除处理完成。当某个网格中光源的数量大于某个阈值时，会对此网格中的光源再构建层次化包围盒来提高采样时遍历光源的速度。对于自发光光源，直接构建层次化包围盒进行管理，首先也是先计算所有自发光光源的 AABB 包围盒，然后通过 SAOH 算法选择划分平面，将光源分为左右节点，重复划分过程直到节点中光源的数目小于某个阈值时停止。

在采样阶段，首先对虚拟光源进行采样。我们首先根据待着色点 P 的世界坐标位置，计算出它所属的网格。当网格中的光源数目大于某个阈值时，获取此网格中光源的 BVH，从而选取最终待采样的光源。对自发光光源则直接对光源的BVH 采样，首先计算左右节点对待着色点的影响权重[1]，然后根据权重随机选择一个节点继续对其子节点采样，直到当前采样的节点为叶子节点。到叶子节点时，会读取叶子节点中所有的光源，采用遍历评估光源的方式进行随机采样。

最终的采样结果需要对虚拟光源与自发光光源两种采样方式进行融合，我们提供两种模式：（1）随机法，计算所有虚拟光源的光通量及所有自发光光源的光通量作为权重，随机对虚拟光源和自发光光源采样；（2）同时采样，由于最终着色的结果是积分，因此可以同时对自发光光源和虚拟光源采样。方法（1）适合实时渲染，效率高，方法（2）适合对渲染质量要求高的场景。

11.2.2　单个光源的采样

光源管理方案完成了光源的选择，接下来就是在已选择的光源中对一个样本点采样。目前烘焙中支持的光源类型有：点光源（包含具有长度的胶囊形光源）、聚光灯（本质上是带有朝向的点光源）、矩形面光源、天光，以及自发光光源中的三角形光源。这里仅介绍天光的重要性采样，其他基础类型光源的采样可以参考 PBR（物理渲染）[2]。

天光的重要性采样，目的是根据不同方向天光亮度的权重，来生成光源光线。首先需要对球面进行参数化投影，常规的八面体映射（Octahedral Map）能解决椭圆映射存在的边界接缝难以处理的问题，但是它不是等面积映射，我们用于生成光源表面随机样本的映射纹素所代表的立体角需要等面积映射。因此我们参考了论文[3]中提出的使用同心八面体等面积映射的方法进行球面参数化。天光重要性采样的具体步骤如下：

（1）在预处理阶段，我们将光源光线的重要性保存在 N×N 大小的 2D 贴图上。首先根据每个贴图的中心位置，反向映射回球面的空间得到光线的方向，再与天光的 Cube（四面体贴图）求交得到天光的颜色，将其当作样本方向的重要性。

（2）将 $N×N$ 的 2D 贴图采用线性插值的方法生成 $\log_2 N + 1$ 层 Mipmap。

（3）在采样阶段，将 Mipmap 贴图当成一棵四叉树，从 $\log_2 N$ 层（根节点）开始，将每个子节点存储的颜色作为采样的重要性，选取下一步要采样的子节点。

采样到第 0 层的时候（叶子节点），在该像素区域随机对一个点采样，作为最终样本，然后反向映射回球面坐标得到最终的采样光线。

Mipmap 树重要性采样算法的工作流程如下所示。

```
RandwomSample2D：二维随机向量（输入）
MipmapTexture：已构建的 Mipmap 纹理（输入）
MipmapCount：Mipmap 的层数（输入）
OutDirection：采样得到的光源光线方向（输出）
Pdf：采样此方向的概率（输出）
PixelUVLoad = (0, 0, MipmapCount - 2)
for(Level: (MipmapCount-2)→0)
{
//采样 4 个子节点对应的颜色
P00 = SampleTexture (PixelUVLoad.x + 0, PixelUVLood .y + 0, PixelUVLoad .z)
P01 = SampleTexture (PixelUVLoad.x + 0, PixelUVLood .y + 1, PixelUVLoad .z)
P10 = SampleTexture (PixelUVLoad.x + 1, PixelUVLood .y + 0, PixelUVLoad .z)
P11 = SampleTexture (PixelUVLoad.x + 1, PixelUVLood .y + 1, PixelUVLoad .z)
//分别根据随机数与各子节点的能量，决定采样的子节点
```

$$\text{if}\left(\text{RandwomSample2D.x} > \frac{P00 + P01}{P00 + P01 + P10 + P11}\right)$$

$$\text{PixelUVLoad.x} += 1$$

$$\text{Normalize(RandwomSample2D.x)}$$

$$\text{if}\left(\text{RandwomSample2D.y} > \frac{P00 + P01}{P00 + P01 + P10 + P11}\right)$$

$$\text{PixelUVLoad.y} += 1$$

$$\text{Normalize(RandwomSample2D.y)}$$

```
// 更新下一个层级的纹理贴图中的像素索引
PixelUVLoadx*= 2
PixelUVLoady*= 2
}
// 将二维纹理上的坐标反向投影成球面坐标，并返回对应的 Pdf
OutDirection = EquiAreaShpericalMapping(PixelUVLod.x, PixelUVLoody)
```

$$\text{OutPdf} = \frac{\text{SampleTexture(PixelUVLoad.x, PixelUVLoad.y, 0)}}{4\pi*\text{SampleTexture(0, 0, MipmapCount - 2)}}$$

11.2.3 基于多重重要性采样的样本融合

由图 11.2 可知，光源对采样点 P 的贡献由主动采样光源和被动击中光源两部

分组成，这两部分分别由光源管理方案对采样分布的计算和 BRDF 采样的分布计算得到。多重重要性采样提供了将多重采样分布结合起来的无偏估计方法，假设有 N 种采样分布，我们利用蒙特卡洛采样，对每种分布分别对 n_i 个点采样，则最后的估计为：

$$\text{Result} = \sum_{i=1}^{N} \frac{1}{n_i} \sum_{j=1}^{n_i} w_i(x_{i,j}) \frac{f(x_{i,j})}{\text{Pdf}_i(x_{i,j})}$$

其中，$w_i(x_{i,j})$ 表示不同采样分布所占的权重，只要保证：

$$\sum_{i=1}^{N} w_i = 1 \text{ 无论何时 } f(x) \neq 0 \text{ 且}$$

$$w_i(x) = 0 \text{ 无论何时 } \text{Pdf}_i(x) = 0$$

对上面条件的理解是，只要 $f(x)$ 有值的地方，一定有某个分布能够采样到，而且，当某个分布采样的样本无效时，该分布对应的权重应该为 0。我们采用了简单高效的平衡启发式算法来计算权重：

$$w_i = \frac{\text{Pdf}_i(x)}{\sum_{j=1}^{N} \text{Pdf}_j}$$

因此，对于我们的光源管理方案，除了需要提供采样函数，用于生成光源光线的方向与对应的概率密度，还需要提供一个概率估计函数，用于估计在已知采样方向的情况下，计算得到对应的概率密度，然后分别带入平衡启发式算法，得到对应的权重。在评估 Light BVH 对应的概率密度时，可以复用光线与场景的求交运算，只需找到击中的三角形在 Light BVH 中对应的索引值就能进一步计算得到相应的概率密度，而不需要对 Light BVH 求交。

11.2.4　方案的收益

将不同的光源管理方案在三个场景中进行烘焙测试，可以看到在相同采样数量的情况下，我们的方案的渲染质量与 Brust Loop 接近，远优于 Light BVH 和 Uniform Sampling 的效果（如图 11.8 所示）。在耗时方面，虽然我们的方案采用了两层结构管理全局光源，但该方法收敛较快，且路径追踪通常会使用自适应采样，使得收敛较快的算法能较早地结束，以便继续采样。因而我们的方案与 Uniform Sampling 这种简单方法耗时接近，远小于 Brust Loop 的耗时（如表 11.2 所示，测试场景中有 93 个虚拟光源）。

| a. 我们的方案 | b. Brust Loop | C. Light BVH | d. Uniform Sampling |

图 11.8　不同方案渲染效果对比

表 11.2　计算直接光照耗时（93 个虚拟光源，单位：s）

	我们的方案	**Brust Loop**	**Light BVH**	**Uniform Sampling**
时间	4.5	7.8	4.9	4.8

11.3　烘焙中复杂光路下的采样优化

NEE 结合高效的光源管理方案能在绝大多数游戏场景中取得较好的烘焙质量。但存在一些极端情况，当场景主要由间接光照亮，且有效光路特别狭窄时（如图 11.9 所示），大量的采样样本将被浪费，需要对间接光采样进行优化。我们在实践过程中提供了两种优化方法，一种是 GPU 版的路径引导算法（Path Guiding）[4, 5]，该方法完全无偏，采用空间方向树的数据结构（Spatio Directional Tree，SDTree）进行光路管理，适用于多次反弹的采样优化，开销也比较大，用于最后产品级的烘焙；另一种是借鉴了实时渲染的基于时空蓄水池的路径重采样算法（Path Resampling for Real Time Path Tracing，ReSTIR GI）[6]，该方案有偏，会引入非蒙特卡洛的噪声，需要结合定制的降噪器进行处理，面向快速预览的烘焙。

11.3.1　一种基于 GPU 实现的空间方向树的自适应路径引导算法

采用了 NEE 对光源主动采样之后，渲染方程可以表示为前文中的公式（1）。其中，$L_{direct}(x, w_{direct})$ 和 $L_{indirect}(x, w_{indirect})$ 分别表示直接和间接入射光的颜色，f 表示双向反射分布函数（BRDF）。直接光部分可以直接利用 NEE 结合光源管理进行采样优化；对于间接光，当场景中的物体被遮挡，我们仅根据表面材质的 BRDF

对间接光进行重要性采样时，大部分的采样光线都会被浪费掉，如图 11.9 所示。

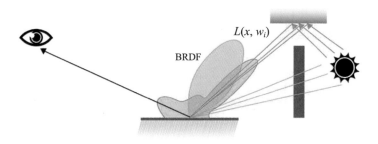

图 11.9　复杂场景中的采样路径

因此，我们需要考虑场景中间接光的入射光分布，在入射光能量分布较多的地方多采样，在能量分布较少的地方少采样。$L_{indirect}(x, w_{indirect})$通常可以表示为一个 5 维函数（位置坐标 3 维，方向 2 维），因此我们使用了空间方向树来拟合这 5 维函数的分布，从而实现间接光的采样优化。

实际上，路径引导算法也能对直接光 $L_{direct}(x, w_{direct})$的分布建模，将直接光与间接光统一成入射光。但是由于烘焙中将场景中的材质都简化为了 Diffuse（漫反射）材质，在实际对比中发现，对于纯 Diffuse 材质的场景，路径引导的效果略差于 NEE 光源主动采样的效果。如果场景中存在高光材质，此时就能体现出路径引导算法的优势。

1. 自适应空间二叉树的划分

采用空间二叉树对场景进行划分，如图 11.10 所示。我们根据在每个 Bounce 里光线击中某个叶子节点的次数是否超过一定阈值，来判断是否需要继续进行划分。这样的划分方式使被击中概率较高的区域的划分比较密集，击中概率较低的区域的划分粒度较粗。

空间划分

图 11.10　场景空间树划分示意图

2. 自适应方向二叉树的划分

首先将世界空间的方向，转换到二维的柱状坐标系下（如图 11.11 所示）。柱状坐标系一方面能保证等比例投影，另一方面由于 x 轴是天顶角（θ）的余弦函数，所以对其均匀采样时，能够较容易地实现 $\cos\theta$ 的重要性采样，可以有效采样到法线周围的方向。自适应方向二叉树可以利用每个叶子节点缓存的入射光能量与父节点能量的比值来决定是否需要进行划分，以有效节省方向树的存储空间及提升能量分布密集方向的采样精度。

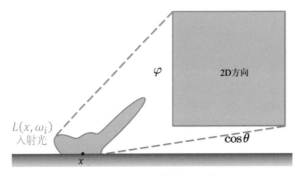

图 11.11　方向投影示意图

自适应空间方向树是空间树与方向树的组合，它的划分可以根据场景的不同情况，产生不同精细程度的 SDTree（空间方向树），这能够减少 SDTree 的缓存空间和提升光照烘焙的质量，其实现流程如下所示。

```
buildingSDtrees: 待构建的 SDtree
samplingSDtrees: 用于采样的 SDtree
fluxThreshold: 每个节点的辐照度占比的阈值
maxSampleThreshold: 每个节点包含的光路的阈值
renderSpp: 渲染的光线样本数
for(every iteration)
  for(every mesh instance)
      // 利用前一次采样的 Stree 中记录的光路密度重新划分二叉空间树
// 利用前一次迭代用于采样的 Dtree 中每个节点的 radiance 占比重新划分四叉方向树
```

$$\text{resetSDtrees}\begin{pmatrix} \text{samplingDtrees, buildingDtrees,} \\ \text{fluxThreshold, maxSampleThreshold} \end{pmatrix}$$

```
// 使用采样的 Dtree 生成新的光线，同时将每个方向的 radiance 及交点的光线样本数目
// 累加到待构建 Dtree 的叶子节点上
render (samplingDtrees, buildingDtrees, 1 << iteration*renderSpp) .
// 1. 自底向上将待构建的 Dtree 中子节点的 radiance 和光线样本数目求和并赋值给父节点
// 2. 将累加好的 Dtree 替换用于采样的 Dtree
buildSDtree(samplingDtrees, buildingDtrees)
```

3. 结合空间方向相似性的 Box Filter（箱体滤波）提升构建质量

空间方向树表示入射光 radiance 的分布，在构建空间树时，子节点的每次划分都假设两边子树的纹素（texel）数目是一致的，在真实场景中这样的假设一般不成立，特别是在物体的拐角处。另外，在构建方向树时，每次都是找到与交点最近的空间树的叶子节点，使得计算的分布符合每个叶子节点中心点的方向分布，边缘的方向分布差异较大。因此我们在构建阶段，结合 Box Filter 方案，能提升 SDTree 的构建质量。这里以 2D 的方向四叉树的 Box Filter 为例进行介绍。

GPU 实现 2D 方向树的 Box Filter 的流程如下：

```
rayPoint: 2D 方向表示（输入）
radiance: 当前方向的能量值（输入）
//GPU 不支持递归，用于遍历二叉树的临时变量
Nodelnfor nodeQueue: 遍历节点的队列缓存
nodeSize = getLeafNodeSize (rayPoint) //到输入方向的叶子节点包围盒的大小
nodeIndex=0→nodeQueue //将访问的第一个节点加入队列中
while(nodeQueue not empty) //访问队列不为空
nodeQueue -> nodclndex //将访问节点的信息出队列
for (childIndex of nodeIndex) // 遍历该节点的 4 个子节点
{
  //计算每个子节点与 nodeSize 的重合面积
  w= computeOverlappingArea(childIndex, nodeSize)
  if(w > 0) //该节点与输入方向的叶子节点存在交集
  {
    if(isLeafNode(childIndex)) //该节点是叶子节点
    {
      atomicAdd(childIndex, radiance*w)    //将剩余能量存入当前叶子节点
    }
    else //不是叶子节点
    {
      childIndex→nodeQueue  //将该子节点放入队列
}
}
}
```

3D 空间树的 Box Filter 实现方式与 2D 方向树的类似，在查找每个光线起始点位置时，会在周围与之有重合的节点上进行权重滤波。在实际项目的测试中发现，如果对空间树进行 Box Filter，那么对空间树对应的所有方向树也需要进行 Box Filter。在场景比较大的时候，计算成本非常高，因此我们对于空间树滤波引入了一种随机偏移的方法：根据空间中一个点的坐标，找到对应空间树的叶子节点，并让该点在[-0.5LeafSize, 0.5LeafSize]范围内随机偏移，再重新找到偏移后的点所对应的空间树的叶子节点，然后对该叶子节点上的方向树进行 Box Filter。

4. 在烘焙中实际使用的流程

自适应空间方向树的路径引导算法需要一定数量的探测光线进行构建，且是一个迭代过程，后一次迭代使用前一次构建的结果进行采样，因此我们将光线引导的构建与采样任务根据硬件特性进行了划分：在构建时，利用 GPU 提供的光线追踪能力并行发射探测光线，同时缓存每个交点的光路数量和光线方向的能量，利用 CPU 的逻辑运算能力，进行空间树和方向树的节点划分；构建完成后，将空间方向树的相关信息传入 GPU，然后在 GPU 侧对空间方向树生成的满足入射光分布的光线方向采样，如图 11.12 所示。

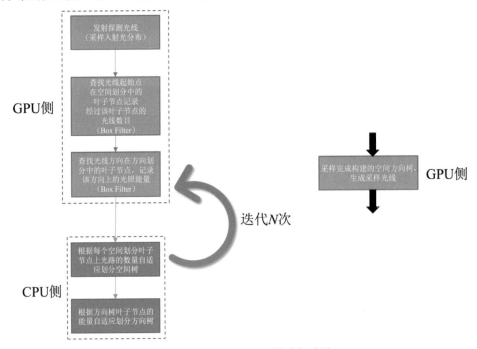

图 11.12　空间方向树的构建与采样

由于空间方向树可以作为一个全局的数据结构进行更新，也可以作为每个任务的独立数据结构，而我们在烘焙计算光照的时候，是将每个物体或者一块区域的探测作为一个独立任务并行进行烘焙的，因此存在图 11.13 所示的两种构建流程。左边的串行构建对任务较多的大场景来讲，速度太慢，因此在实际项目中，我们采用独立的空间方向树进行并行构建，这样每个独立任务的构建样本产生的光照结果能保存到最终的光照计算中，对大场景计算友好。

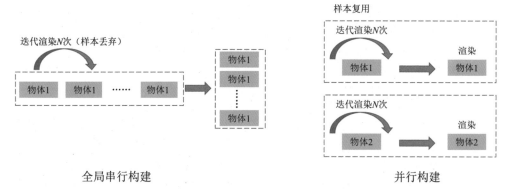

图 11.13　两种构建方式示意图

5. 方案收益

测试场景 1 由于物体相互遮挡，大部分物体只能被间接光照亮，测试场景 2 中只有一个自发光光源且不参与直接光采样（当成间接光），如图 11.14 所示。

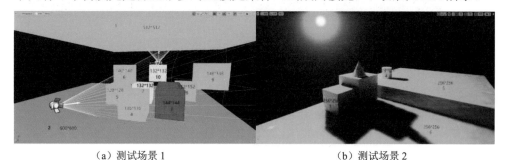

（a）测试场景 1　　　　　　　　　　　　（b）测试场景 2

图 11.14　测试场景

在测试场景 1 中，以 2 号地板和 10 号物体为例，光线引导的构建光线样本为 256spp，采样光线数目为 500spp，不开启光线引导的采样样本分别为 800spp（>256+500）以及 1600spp，结果如图 11.15 所示。在开启光线引导的情况下，光照烘焙质量甚至超过了 2 倍采样数目的质量。

在测试场景 2 中，由于自发光光源离物体较远，有效光路比较窄，因此如果按照当前 Dawn 中生成光线的方案，即使使用 8192spp 的采样光线，效果也不是很好，开启光线引导后，只需要使用 500spp 的采样光线就能取得较好的烘焙质量（见图 11.15）。

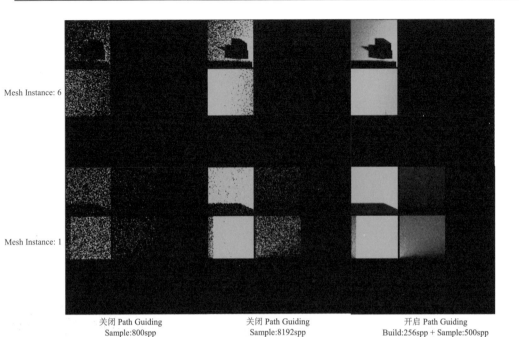

关闭 Path Guiding
Sample:800spp

关闭 Path Guiding
Sample:8192spp

开启 Path Guiding
Build:256spp + Sample:500spp

图 11.15　测试场景 2 光线引导效果对比

- 自适应空间方向树划分的收益：与论文[7]中只考虑纹素表面位置与几何信息进行空间划分的方案相比，自适应方案在空间划分时，根据当前叶子节点光路的密度进行划分判断，在光路较多的地方，划分较为精细，在光路较少的地方，划分较为粗糙。两种划分方法的划分结果如图 11.16 所示。由图 11.16 可知，对于论文[7]中介绍的划分方法，由于法线差异较大，空间划分会非常精细，大量的存储空间被浪费。本自适应划分方案在整体上比较均匀，叶子节点较少。

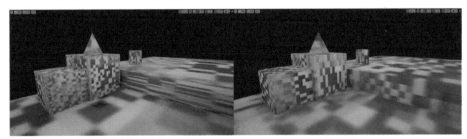

只考虑几何信息的空间划分　　　　　　　　　　　自适应空间划分

图 11.16　不同空间划分方法的结果对比

- 构建空间方向树时 Box Filter 的收益：在构建空间方向树时，根据空间叶子节点和方向叶子节点间的相似性，利用 Box Filter 可以提升空间方向树的构建质量,使用 Box Filter 后,图 11.14 所示场景的光照烘焙效果如图 11.17 所示。

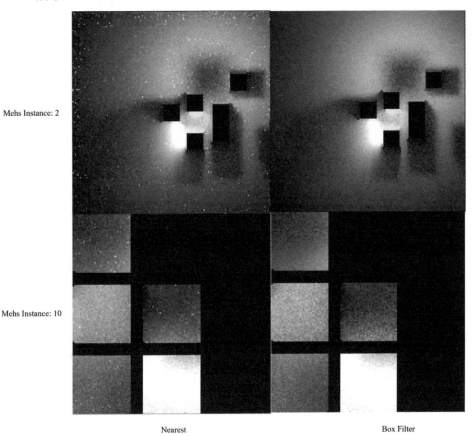

图 11.17　空间方向树进行 Box Filter 后的效果

11.3.2　基于时空蓄水池的路径重采样算法

本节将介绍一种用于间接光采样优化的基于时空蓄水池的路径重采样算法。我们首先介绍重要性采样、加权蓄水池采样、时空蓄水池的重采样技术的基本原理,最后介绍该技术在光照烘焙中的应用。

11.3.2.1　重重要性重采样(Resampled Important Sampling,RIS)

在利用蒙特卡洛方法求解积分方程 $\int f(x)\mathrm{d}x$ 时,通常涉及给定某个概率密度分布函数 $g(x)$,我们需要根据该分布来生成随机样本。如果 $g(x)$ 越接近被积函数 $f(x)$,则收敛速度越快。如果概率密度函数 $g(x)$ 的概率分布函数 $p(x)$ 存在解析解,且$g(x)$在积分域上已经被归一化过，那很容易根据逆变换算法得到符合$g(x)$分布的随机样本。但在大多数情况下，这两个条件都很难得到满足，而重要性重采样的方法（Important Resampling，IR）则可以通过如下步骤生成满足$g(x)$分布的样本。

（1）从一个满足逆变换算法条件的概率密度函数$p(x)$中生成M个候选样本：

$$X = \{x_1, x_2, \cdots x_M\}$$

（2）对每个候选样本计算权重：

$$w_j = \frac{g(x_j)}{p(x_j)}$$

（3）以w_j作为概率权重，从M个候选样本中随机选取一个样本y。

这样得到的样本y的分布近似于$g(x)$。

如果使用重要性重采样来计算蒙特卡洛积分，在进行蒙特卡洛采样时会生成N个符合$g(x)$分布的样本，则蒙特卡洛积分计算的结果为：

$$\text{Result} = \frac{1}{N}\sum_{i=1}^{N}\text{weight}(X_i, y_i)\frac{f(y_i)}{g(y_i)}$$

其中X_i为每次采样生成的M个候选样本的集合，$\text{weight}(X_i, y_i)$则表示M个候选的权重平均值：

$$\text{weight}(X_i, y_i) = \frac{1}{M}\sum_{j=1}^{M}w_j = \frac{1}{M}\sum_{j=1}^{M}\frac{g(x_{ij})}{p(x_{ij})}$$

用重要性重采样计算蒙特卡洛积分的方法称为重重要性重采样，最后蒙特卡洛积分的结果为：

$$\begin{aligned}\text{Result} &= \frac{1}{N}\sum_{i=1}^{N}\left(\frac{f(y_i)}{g(y_i)} \cdot \frac{1}{M}\sum_{j=1}^{M}\frac{g(x_{ij})}{p(x_{ij})}\right)\\ &= \frac{1}{N}\sum_{i=1}^{N}f(y_i)W_i\end{aligned} \tag{4}$$

当M趋向于无穷大时，每次从候选样本中采样得到的样本y的分布就是$g(x)$，当$M=1$时，就是普通的重要性采样。因此，重要性采样是RIS方法的一种特例。对$g(x)$的选取，只需要满足如下条件：

- $f(x)>0$时，$g(x)>0$。
- $g(x)$相比$p(x)$更接近$f(x)$。

- $g(x)$的计算代价比$f(x)$小。

当$g(x)=f(x)$时，RIS 退化成 $N \times M$ 个符合$p(x)$样本的重要性采样。

11.3.2.2　加权蓄水池采样（Weighted Reservoir Sampling，WRS）

当我们利用重要性重采样生成 M 个候选样本时，需要根据每个样本的概率权重，从候选样本中选择一个样本y。通常采用的是带有前缀和表的二分查找算法：计算M个样本的累计概率密度 CDF，然后在 CDF 中查找随机数落下的范围区间，并返回对应的样本。计算的时间复杂度为$O(\log(M))$。当 M 比较大时，生成样本的方式太慢，而加权蓄水池算法则能高效地从数据流中随机抽选出 N 个样本（每次采样 1 个样本），且每个样本被抽取的概率为 $P(y_i) = \dfrac{w(y_i)}{\sum\limits_{j=1}^{M} w(x_j)}$，效率较高，

相应的伪代码描述如下。

```
class Reservoir              //蓄水池类
  y                          //样本
  Wsum = 0                   //权重和
  M = 0                      //累计样本数目
  update(xi, wi)             //更新蓄水池的函数
    Wsum += wi
    M += 1
    if(rand() < wi/Wsum)
      y = xi
WeightedReservoirSampling(X)//加权蓄水池采样函数，X 代表输入的样本集合
    Reservoir r
    for i in range(X.Num)
      r.update(X[i], wreigh[X[i]])
```

11.3.2.3　时空蓄水池的重采样技术

WRS 和 RIS 为我们提供了一种快速生成接近$g(x)$分布样本的方法，但是如果需要生成的样本完全符合$g(x)$分布的方法，那候选样本 M 需要非常多。论文[6]与论文[8]提供了一种从上一帧和周围像素获取样本从而增加 M 的方法，这与实时 GI 领域的时空滤波降噪算法[9]的思路类似，只是将时空样本复用提前应用到了采样阶段。时空蓄水池重采样的核心知识点还是前文介绍的 RIS 与 WRS，只是增加了时空上的样本复用，使用 3 个分辨率不同、大小相同的缓冲区存储每个像素的如下信息：（1）每帧产生的候选样本（初始样本），类型为 Sample；（2）找到上一帧对应的抽取蓄水池样本（Reservoir），并利用当前帧的候选样本（Sample）

调用 Update 函数进行更新；（3）为当前像素的蓄水池样本（Reservoir）找到周围的蓄水池样本，并调用 Merge 函数进行更新。

11.3.2.4 时空蓄水池的路径重采样算法在烘焙中的应用

烘焙与实时光线追踪的不同之处在于，它不存在严格意义上的时域复用，因为它没有上一帧的概念。在初始候选样本生成的时候，直接以当前纹素为起点，利用均匀随机采样生成一条光线，其在场景中经过多次反弹，得到一个候选的路径样本。我们直接将被积函数 $f(x)$ 也就是该路径上多次反弹的 Radiance 作为目标概率密度函数 $g(x)$。由于在烘焙时，本身就需要多次采样来计算最终的渲染结果，因此这里候选样本的生成不产生额外的开销，我们将 N 个 spp 的候选样本加入蓄水池进行更新，实际效果与直接利用均匀采样的效果是一致的（可参考 11.3.2.1 节中最后的推导），不会有额外收益。主要收益来源于对空间蓄水池样本的复用，并不是所有不同像素的蓄水池都可以进行合并，需要进行可见性测试，以防止漏光等现象的产生，详情请参考论文[8]。当蓄水池完成空间复用后，我们最后使用公式（4）计算最终的积分结果，此时 $N=1$。空间蓄水池复用在加快烘焙收敛速度的同时，破坏了相邻像素之间的独立性，使得在最终烘焙得到的光照贴图中引入偏差，不能保证物理正确，因此我们将此方法用于快速预览，提升美术烘焙的用户体验，加入路径重采样后的烘焙效果如图 11.18 和图 11.19 所示。

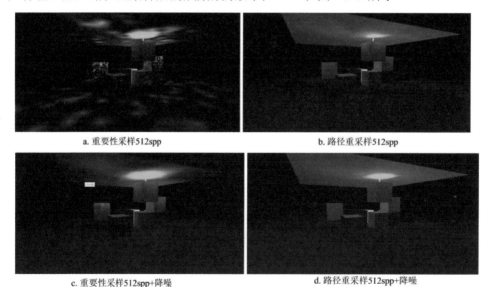

a. 重要性采样512spp   b. 路径重采样512spp

c. 重要性采样512spp+降噪   d. 路径重采样512spp+降噪

图 11.18　路径重采样的效果对比

a. 重要性采样512spp + 降噪　　　　　　　　　b. 路径重采样64spp + 降噪

图 11.19　路径重采样预览模式的效果

11.4　烘焙中的降噪器优化

业界目前使用的商用光线追踪降噪器是基于 AI 算法的，分别为英伟达的 Optix Denoiser（降噪器）和 Intel 的 OIDN。我们的烘焙使用的是前者，它存在如下不足：

- 它是针对一般图像的降噪算法，因此在光照贴图的特殊之处（如 UV 岛及填充区域）容易引发瑕疵。
- 由于光照贴图由 UV 拆分得到，因此实际物体上距离很近的纹素，在光照贴图中却可能距离很远。普通图像的滤波方案会根据像素距离减小复用的权重，这在光照贴图中并不合理，会引发接缝瑕疵。
- 只能对颜色数据降噪，难以处理如球谐系数表示下的光照。
- 缺乏具有明确意义的可调参数，艺术家使用者很难通过灵活调配产生更适合场景的效果。

针对以上问题，我们提供了两种降噪方案供选择，一种是基于双边滤波的自研光照贴图降噪器，另一种是结合双边滤波的 Optix 降噪器。

11.4.1　基于双边滤波的自研光照贴图降噪器

自研光照贴图降噪器参考了 SVGF[9]的相关思路，同时也考虑了光照贴图的特殊性。当前的实现包含如下四个部分：

- 去除原始光照计算结果的异常值。
- 针对光照贴图特性设计了改进版本的联合双边滤波。
- 针对光照贴图特性设计优化了双边滤波对周围样本的采样。
- 根据光线追踪的遮挡信息解决漏光问题。

下面将分别对这 4 个部分进行介绍。

11.4.1.1 去除原始光照计算结果的异常值

由于光线追踪的蒙特卡洛采样易产生高频噪声，所以其中会有类似于萤火虫的极亮点存在。由于其数值可能非常大，直接滤波容易把"亮点"扩散成"亮片"，因此需要在滤波前，就把这些"异常值"截断到正常的范围内。我们将相对于周围来说亮度特别低或特别高的值统称为"异常值"，因此该步骤可称为异常值去除（Outlier Removal）。

算法的具体实现步骤如下：

（1）对于每一个纹素，遍历其周围一定范围（如 7×7，实际会根据光照贴图的分辨率动态调整），统计该范围内所有纹素亮度的均值 μ 和方差 δ。

（2）设定一个正常的数值范围 $[\mu - k\delta,\ \mu + k\delta]$，其中 k 影响允许偏离均值的程度，实践中一般取 $k \in [1, 3]$。

（3）如果当前纹素的亮度值超过了（2）中设定的正常数值范围，则将其截断到正常范围中。

如图 11.20 所示，经过此部分处理后，图像中没有亮度过高或过低的值，为后续的滤波打好了基础。

a.异常值去除前   b.异常值去除后

图 11.20　异常值去除前后的效果对比

11.4.1.2 优化联合双边滤波器

联合双边滤波算法由于可以灵活地使用额外信息指导的特点，在实时光线追踪降噪（如 SVGF）中被广泛采用，其计算过程如下：

$$\hat{c}_{i+1}(p) = \frac{\sum_{q \in \Omega} h(q) w(p,q) \hat{c}_i(q)}{\sum_{q \in \Omega} h(q) w(p,q)}$$

其中 p 代表当前像素，q 代表周围像素，$\hat{c}_{i+1}(p)$ 表示在 $i+1$ 次迭代后 p 点对应的像素值。h 为固定滤波核提供的权重，离像素中心越远，权重越低。$w(p,q)$ 为联合双边滤波的权重：

$$w(p,q) = w_z \cdot w_n \cdot w_l$$

$$w_z = \exp\left(-\frac{|z(p) - z(q)|}{\sigma_z|\nabla z(p) \cdot (p-q)| + \varepsilon}\right)$$

$$w_n = \max\left(0,\ n(p) \cdot n(q)\right)^{\sigma_n}$$

$$w_l = \exp\left(-\frac{|l(p) - l(q)|}{\sigma_l\sqrt{g_{3\times3}(Var(l_i(p))) + \varepsilon}}\right)$$

考虑到光照贴图相比于屏幕空间的特殊性，SVGF 中的联合滤波算法无法直接被应用于光照贴图，因此我们对上述算法进行了改进：

$$\hat{c}_{i+1}(p) = \frac{\sum_{q \in \Omega} w(p,q)\hat{c}_i(q)}{\sum_{q \in \Omega} w(p,q)}$$

$$w(p,q) = w_d \cdot w_n \cdot w_l$$

$$w_d = \exp\left(-\frac{\mathrm{Dis}(p,q)}{\sigma_d}\right)$$

由于烘焙光照贴图时并不存在相机，所以没有屏幕空间深度 z，因此我们将该指导项替换为世界空间距离指导，即在世界空间中相距越远的点，其贡献的权重越小。且由于光照贴图 UV 空间的非连续性，光照贴图中相邻的位置可能在拆分 UV 后保持很远的像素距离。因此，我们去除了原公式中的 h 项，即在光照贴图滤波时不考虑像素距离，通过世界空间距离判断两个纹素实际的距离。

公式中的 c 原本代表颜色，但在实际应用时，c 可以是任何数据结构，因为联合双边滤波的核心是相互影响的权重，数据本身是什么类型或结构都可以，因此我们的方法可以对烘焙中常使用的球谐系数等进行滤波。

11.4.1.3　优化双边滤波器对周围样本的采样

我们发现，在光照贴图中，实际空间中邻接的位置，可能由于拆分 UV 而保持很远的像素距离。因此，如果要完善地利用纹素实际空间内周围的信息，则滤波核最好可以覆盖到整张光照贴图。而光照贴图的分辨率不确定，高分辨率下甚至可能超过 1024×1024，如果简单地遍历整张图像，性能上难以承受。

于是，我们设计了针对光照贴图的采样算法，既能使滤波核覆盖全图，又能稳定开销，不使时间开销随分辨率呈线性增长。我们的算法的核心结合了两种高效的大范围采样技术：A-Trous Wavelet 和 Blue Noise 采样。

A-Trous Wavelet 是一种渐进式增长滤波范围的算法（如图 11.21 所示），下面以其在 SVGF 中的应用为例进行介绍。（在二维下）固定滤波核为 5×5，每执行一次，样本间的间距变为上一次的两倍（$i=0$ 时，间距为 1），在上次滤波后的图像上再次滤波。这样迭代 5 次，即可覆盖 65×65 的范围，而其时间开销只相当于 5 次 5×5 的滤波。每次滤波都在上一次滤波后的图像上进行，可以保证其频率在数学上的正确性，实现了大范围高效滤波的目的。

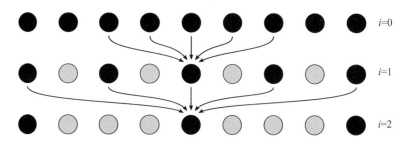

图 11.21　A-Trous Wavelet 一维滤波示意图

但我们实践后发现，在对光照贴图滤波时不能只使用 A-Trous Wavelet 算法，原因是，在 SVGF 中对普通图像滤波，执行 5 次覆盖到 65×65 的范围就够用了，而要想覆盖整个光照贴图，往往需要覆盖超过 256×256 的范围。而在光照贴图中，在 UV 岛之间存在很多中间填充区域，其内容是无效的，对于高分辨率的光照贴图，由于 A-Trous Wavelet 的抽头数量太稀疏，很容易采样到无效区域，这就无法很好地工作。

因此，我们需要一种密度较高的采样方式，来覆盖远离中心点的区域，于是选择了预先生成好的蓝噪声序列。蓝噪声是指均匀分布的随机无偏噪声，在图像领域有广泛的应用，其有最小的低频分量，且无能量高峰，适合采样。我们通过泊松盘分布预计算生成了 32×32 和 64×64 两组蓝噪声序列，分别具有 1024 和 4096 个采样点（应用于不同分辨率）。

这样一来，即使光照贴图的分辨率很高，我们也至多采用 4096 个采样点，稳定了时间开销。同时，即使对于 1024×1024 分辨率的光照贴图，也能保证每 16×16 的区块内会分布一个采样点，相比之下，A-Trous Wavelet 总共只有 25 个采样点，太过稀疏。

即使蓝噪声采样有诸多优点，直接在一张高分辨率图像上应用它也会引发频率上的问题，容易产生瑕疵。因此类似于 A-Trous Wavelet 的思路，需要先用小范围滤波将缺失的频率补足，然后再在已经滤波过的较低频图像上应用蓝噪声采样。

综上所述，我们为光照贴图设计的 A-Trous Wavelet + Blue Noise 采样算法，可以在稳定开销的前提下，实现覆盖整个光照贴图的大范围滤波。

11.4.1.4　根据光线追踪的遮挡信息解决漏光问题

滤波时可能会引入漏光的瑕疵，这是由于同一块区域可能处于两个明暗差异很大的光照环境（如一边在室外很亮，另一边在室内墙角较暗），滤波时暗的纹素可能会接受亮的纹素的贡献，导致出现好像光从室外漏进室内的现象，因此称为"漏光"，如图 11.22 所示。

　　a. Optix降噪器效果　　　　　　　b. 标记被遮挡的纹素　　　　　　c. 自研降噪器效果

图 11.22　防漏光效果对比

虽然漏光瑕疵可以通过联合双边滤波中的亮度指导项进行一定程度的抑制，但是不能根除。亮度指导的原理是亮度差异越大，贡献的权重越小，但仍然会有贡献。我们的方案巧妙地利用了光线追踪时提供的纹素遮挡信息，可以完全避免墙内墙外纹素的相互贡献，根除漏光瑕疵。

算法的步骤如下。

步骤 1：在通过光线追踪计算光照时，可以顺便记录下纹素的遮挡信息。如果一个纹素发出的所有光线都最近相交在表面的背面，则说明该纹素完全被遮挡。例如，在一个平面上放置一堵墙，则墙底下的平面上的纹素就处于被遮挡状态。我们标记这些被遮挡的纹素。

步骤 2：我们希望滤波时不要跨越这些被遮挡纹素所形成的边界（通俗来说，墙一侧的纹素不要受到墙另一侧纹素的影响），因此我们对每个纹素都检测其到四周的安全距离，安全距离以内的纹素都不会跨越边界。在实践中，我们从当前纹素开始选择 8 个方向（上、下、左、右、左上、左下、右上、右下）进行探测，第一次遇到被遮挡纹素就停止前进，记录遇到被遮挡纹素前的安全距离。

步骤 3：在滤波过程中，在考虑周围纹素对当前纹素的贡献时，首先判断周围纹素是否已经超过了步骤 2 中记录的安全距离，如果超过了，则直接跳过该周围纹素（贡献为 0），这样就不会跨越被遮挡纹素的边界进行滤波了。

11.4.2　结合双边滤波的 Optix 降噪器优化

在烘焙数据中，需要降噪的光照贴图包含光照的颜色数据（3 通道）、光照的方向数据（5 通道），以及 Sky Bent Normal 数据（3 通道）。Optix 降噪器不支持对含有负数的光照的方向和 Sky Bent Normal 降噪，且无法调节，但 Optix 降噪器普适性较强。针对 Optix 降噪器的不足，我们分别对光照贴图的颜色、方向系数与 Sky Bent Normal 进行降噪，其流程如图 11.23 所示，且在最后加入了一个 32×32 大小的联合双边滤波器的后处理，这样就能通过平滑系数进行降噪程度的调节了。

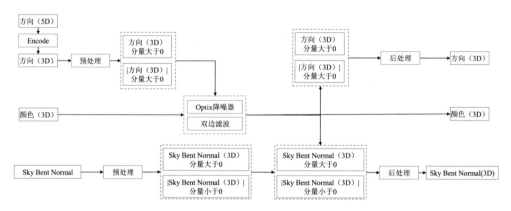

图 11.23　优化后的 Optix 降噪流程

光照烘焙中基于 GPU 实现的接缝修复方案

为了满足不断提高的游戏画质要求，高质量全局光照渲染已经成为制作优秀游戏的必要条件之一。然而，实时计算全局光照需要大量的硬件资源，并且对玩家硬件的限制和全平台的稳定性都提出了挑战。尽管类似 Lumen 的实时全局光照方案已经出现，但是商业应用尚未普及，基于预计算的光照烘焙依然是业界主流方案。针对光照烘焙中的接缝问题，本章提出了一种基于 GPU 侧光线追踪的接缝修复方案，可极大提升接缝修复效率和渲染质量，并且可修复世界空间连续多个物体间的接缝问题。

12.1 光照烘焙及接缝问题简介

随着烘焙场景大小和复杂度的不断提升，面光源、网格光源（Mesh Light）等光照环境变得越来越复杂。同时，全局光照（GI）算法本身需要大量计算，基于 CPU 的光照烘焙器逐渐被基于 GPU 硬件加速的光照烘焙器所替代。然而，在光照烘焙过程中，2UV 不连续导致边缘两侧的光照计算结果不完全相同，从而产生接缝瑕疵。因此，我们研发了一套基于 GPU 的接缝修复方案，其可以轻松接入 GPU 路径追踪烘焙器的管线中，从而极大地提高了接缝修复效率和渲染质量。

本章首先介绍光照烘焙的相关背景知识，然后分析其中产生接缝问题的原因，并探讨业界的接缝修复方案及不足，接着针对这些不足给出我们的解决方案并阐述实现细节，最后总结并扩展基于本方案的应用，希望能够为读者提供帮助。

12.2 相关背景知识

由于篇幅限制，我们简单介绍一下与光照烘焙相关的概念、光线追踪算法及相关的数学概念。

12.2.1 关键术语

下面我们对本章涉及的关键术语进行简单介绍。

- **光照烘焙：** 在游戏开发过程中，由于实时计算的光照效果耗时较长，一般选择离线预计算好场景中的直接光和间接光，并以贴图的形式将其保存为美术资产，这个过程就叫光照烘焙。

- **全局光照：** Global Illumination，简称 GI。全局光照是指既考虑场景中直接来自光源的光照（Direct Light），又考虑经过场景中其他物体反射后的光照（Indirect Light）的一种渲染技术。使用全局光照能够有效地增强场景的真实感。

- **2UV：** 指模型中的第二组 UV 映射坐标，通常用于实现光照贴图，即将模型表面的光照信息映射到纹理上，使得模型在受光照时能够显示出更真实的效果。

- **UV Island:** 指 UV 孤岛，即在 UV 映射中存在一些未连接的孤立 UV 区域，这些区域与其他 UV 区域不相互连接或重叠，看上去像孤岛一样。这些 UV 孤岛可能会导致采样纹理贴图时产生接缝等瑕疵效果。

- **UV Side Normal:** UV 侧面法线，指在 2UV 空间中的三角形中，对面顶点到当前边的垂线。

- **Texel Radius:** 模型展 2UV 光栅化后，一个纹素在世界空间中所占用的近似最小面积的圆的半径，可通过纹素采样的Pos_{world}与对纹素四个角分别采样 Pos'_{world} 的最小距离来计算。

- **Unmapped Texel:** 模型展 2UV 光栅化后，光照贴图中没有被模型映射覆盖到的纹素。

- **Lightmap Seams:** 光照烘焙的视觉效果上有明显的接缝瑕疵，通常发生在 3D 空间中连续的网格展 2UV 时产生 UV 孤岛的边缘位置。这些边缘两侧的烘焙结果无法完全匹配，渲染时对光照贴图中的烘焙结果进行采样差值计算，会产生视觉接缝瑕疵效果。

- **Seam Fix:** 本发明方案在自研烘焙器 Dawn 中落地的产品名称，算法包含 Seam Finder、Seam Filter 两个阶段。

- **Seam Finder**：在光照烘焙过程中，对模型可能产生光照接缝的位置进行查找并标记，经过一系列的 Seam 判别器，输出 Seam 纹素对组的集合列表，并记录相关的几何信息。
- **Seam Filter**：以 Seam Finder 输出的 Seam 纹素对组中的两个纹素为中心，沿各自 UV Side Normal 方向向四周扩散采样，基于几何信息的权重加权，进行卷积滤波。

12.2.2　光线追踪

如图 12.1 所示，在光线追踪算法中，通常由相机发出一条射线，与物体相交后进行着色计算。我们的方案与之最大的区别是，从物体表面一定高度向物体发出射线（即物体表面法线的反方向），与物体相交后进行几何数据的对比收集，从而找到 UV 孤岛边缘两侧的纹素对组数据。

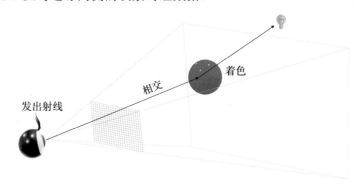

图 12.1　光线追踪示意图

12.2.3　联合双边滤波

双边滤波（Bilateral Filter）是一种非线性的滤波方法，结合图像空间距离（空域核）和颜色距离（值域核）信息的指导，达到保边去噪的目的[1]。滤波权重的计算公式如下：

$$(i, j, k, l) = \omega_d(i, j, k, l) \cdot \omega_r(i, j, k, l)$$

$$= \exp\left(-\frac{(i-k)^2 + (i-l)^2}{2\delta_d^2} - \frac{(i-k)^2 + (i-l)^2}{2\delta_r^2}\right)$$

联合双边滤波（Joint Bilateral Filter）基于双边滤波引入一幅引导图像，可以简单理解为双边滤波中值域权重的计算，再加入引导图像上灰度信息的权重。在我们的方案中引入了更多的几何信息作为"引导图像"的权重[2]。对于图像中的位置 P，滤波结果计算如下：

$$A_p^{\text{NR}} = \frac{1}{k(p)} \sum_{p' \in \Omega} g_d(p'-p) g_r(F_p - F_{p'}) A_{p'}$$

12.2.4 SVGF

SVGF[3]（Spatiotemporal Variance-Guided Filtering）基于联合双边滤波算法，结合时间和空间上的信息一起做滤波，在空间滤波中使用了 A-Trous Wavelet 渐进式增长滤波范围的方法，并通过 Edge-Stopping 函数来保留边缘信息。

颜色加权平均计算公式如下，其中 p 是当前像素，q 是周围像素，$\widehat{c}_{i+1}(p)$ 是迭代 $i+1$ 次后的像素值，$h(q)$ 是固定滤波核权重，表示离当前像素越近权重越高，$w(p,q)$ 是联合双边滤波权重：

$$\hat{c}_{i+1}(p) = \frac{\sum_{q \in \Omega} h(q) \cdot w(p,q) \cdot \hat{c}_i(q)}{\sum_{q \in \Omega} h(q) \cdot w(p,q)}$$

$w_i(p,q)$ 考虑了将深度、法线、亮度作为 Edge-Stopping 函数的参数，具体如下：

$$w_i(p,q) = w_z \cdot w_n \cdot w_l$$

其中，深度权重具体如下：

$$w_z = \exp\left(-\frac{|z(p) - z(q)|}{\sigma_z |\nabla z(p) \cdot (p-q)| + \varepsilon}\right)$$

法线权重具体如下：

$$w_n = \max\left(0, n(p) \cdot n(q)\right)^{\sigma_n}$$

亮度权重具体如下：

$$w_l = \exp\left(-\frac{|l_i(p) - l_i(q)|}{\sigma_l \sqrt{g_{3 \times 3}\left(\text{Var}(l_i(p))\right)} + \varepsilon}\right)$$

12.3　工业界现有光照烘焙接缝修复方案

在光照烘焙中，由于模型展 2UV 时在 3D 世界空间中连续而在 2UV 空间中不连续会出现边缘，边缘两侧的光照计算结果不完全相同导致的接缝瑕疵需要得到修复。然而，随着烘焙场景越来越大，需要修复接缝的模型也变得越来越复杂且数量不断增加，现有基于 CPU 实现的接缝修复方案已无法满足需求。

- 在 *The Last of Us* 中，接缝边缘的查找是在 CPU 中遍历模型顶点，找到在 3D 空间连续而在 2UV 空间中不连续的纹素对组，这些纹素对组光栅化后得到的线有可能产生接缝边缘。[4]单模型算法的复杂度为 $O(n^2)$，但在开放大世界场景中，模型数量增多，算法复杂度将升至 $O(n^3)$，这将导致性能开销巨大。接缝的修复通过最小二乘拟合使边缘两侧的颜色匹配，性能开销较大，这很难移植到 GPU 中加速，只能修复单模型内部的接缝瑕疵，无法处理连续物体间拼接导致的接缝。

- 在 Bakery 中，接缝边缘的查找方法与上述类似，也通过在 CPU 中遍历模型顶点来完成，只能处理单个模型内的接缝[5]。接缝修复基于在 GPU 中对边缘两侧进行画线混合，没有卷积处理，参考样本单一，接缝修复效果有限。

- 使用 Unity Progressive Lightmapper 烘焙光照贴图时，可以选择开启 Seam Stitching（默认是关闭的）特性，这会进行额外的计算来识别应该缝合在一起的一对边缘，并在接缝处产生尽可能平滑的照明，以改善每个接缝的视觉效果[6]。该修复效果仅适用于 UV 空间中由矩形边引起的接缝问题（即 UV 坐标系中的 U 轴垂直或水平对齐的边缘），该算法只能在 CPU 中计算，且烘焙时性能开销较大。它仅能处理单个物体内的接缝瑕疵，而无法处理 3D 空间中多个连续物体间拼接导致的接缝瑕疵。此外，该算法也不能修复 10 千米以上大世界复杂场景中的接缝问题。

- 在 UE4 Lightmass 烘焙中，没有对接缝做修复处理，遇到明显的接缝瑕疵时，需要美术人员手动调整美术资源，如调整 2UV 映射、光照贴图分辨率、模型几何结构等。[7-8]

本方案是首次提出基于 GPU 侧光线追踪的接缝修复方案，其利用显卡 RT Core 硬件加速结构及其并行计算优势，高效标记出场景中可能存在接缝的纹素位置，接着基于联合双边滤波的改进算法进行接缝修复，可极大提升接缝修复效率和渲染质量。本方案还能修复在世界空间连续的多个物体间的接缝问题，在这方面也是行业内首创。

12.4 实现细节

我们的方案已落地在自研的 Dawn GPU 光照烘焙器上。为了提升美术方面的用户体验，针对不同的场景烘焙需求，我们隐藏复杂的数学调参，精简到两个接缝修复参数：Seam Fix Level 和 Smooth Level。

- Seam Fix Level 调整 Seam Filter Pass 的迭代次数，在我们的项目中限制为最多 3 次，通常 2 次对于大部分的接缝问题就能得到不错的修复效果，并且随着迭代，每一次 Seam Filter Pass 会扩大卷积核。
- Smooth Level 通过调整 Seam Filter Pass 中指导权重的缩放系数，可影响 SVGF 中 Edge-Stoping 的速度，进而影响卷积后的平滑等级，范围是[1, 10]。

该方案比较独立，通常可以接入光照烘焙导出光照贴图前的后处理，也可以接入其他类型的映射图导出前的 Pass（指阶段或步骤）。主要包含两个 Pass，依次是 Seam Finder Pass（基于 GPU 光线追踪管线）和 Seam Filter Pass（基于联合双边滤波的改进算法）。

12.4.1 Seam Finder Pass

关键流程如图 12.2 所示。

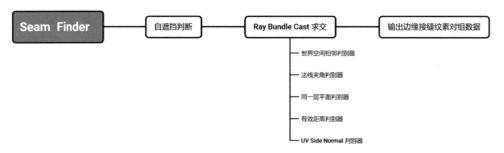

图 12.2 Seam Finder Pass 的关键流程

首先要进行自遮挡判断。沿法线方向在一个纹素半径内有其他三角面，则认为该纹素被紧贴着的三角面所遮挡，忽略该纹素。

接下来 Ray Bundle Cast 求交的过程如图 12.3 所示。构建一组 Ray Bundle Cast，当前采样点沿法线向外拉一个纹素半径作为中心点，然后以纹素半径为偏移量，在切空间中向周围扩散作为射线的起始点，组成一个 3×3 格子的线束，以法线反方向作为射线方向，分别进行光线追踪。当与物体相交后，若其 2UV 索引不连续，或者是不同的物体，则认为是潜在的 UV 孤岛；然后经过下面 5 个判别器来筛选相交点，得到最终的边缘接缝纹素对组数据。

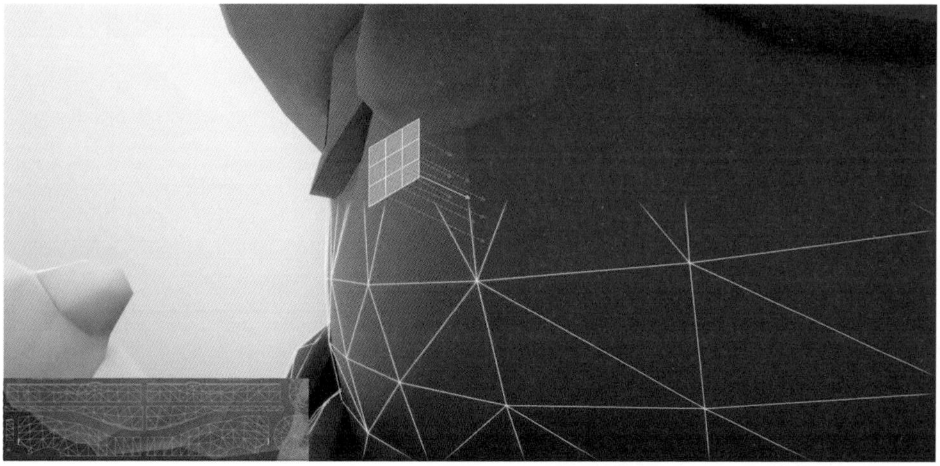

图 12.3　Ray Bundle Cast 求交示意图

- 世界空间相邻判别器。由于狭长的三角形光栅化会导致一个纹素半径跨多个三角面，上一步找到的相交点所在的三角面有可能在世界空间中并不连续，这一步需要排除这种情况。以 1/2 纹素半径递减的速率反向做射线求交，直到与当前纹素自己相交，则上一次的交点进入下一步判断，从而排除在世界空间不连续的相交点。

- 法线夹角判别器。判断相交点所在三角面与当前三角面的法线夹角是否过大。如果过大，光照结果差异较大，为了保留细节，需要排除这样的相交点（在我们的项目经验中，法线夹角超过 30° 即忽略）。

- 同一层平面判别器。判断相交点是否与当前三角面几乎处于同一层平面，排除腰带等装饰物悬浮于衣服表面被误以为是接缝的情况。同一平面中的相交点方向应几乎与当前三角面法线方向垂直，所以当相交点方向投影到当前三角面的法线方向的长度值大于一定阈值时，认为该交点与当前三角面处于不同层的平面，则忽略该交点。

- 有效距离判别器。相交点距离超过当前纹素半径距离时，忽略该交点。

- UV Side Normal 判别器。在实际项目中，会有接缝边缘两侧的纹素不是整齐分布的情况，所以需要通过 UV Side Normal 找到边缘两侧纹素相交面积最大的纹素对组。

经过这 5 个判别器后得到的纹素对组即是 Seam Finder Pass 的输出结果，用于下一个 Pass。因为我们的算法是在完整世界空间中完成的，所以可以同时找到连续物体间的边缘纹素对组。Seam Finder Pass 算法的细节如下：

```
Algorithm 1 SeamFinder
  procedure SeamFinder (GBuffer)
    TexelStep←TexelRadius from GBuffer // 使用纹素半径作为射线偏移步长
    Ray_center.Origin ← Pos_world + Normal_world x TexelStep
    Ray_center Direction ← - Normal_world
    Ray_center.T_max←TexelStep x 2.0f

    // Step 1. 自遮挡判断
    Payload_visible ← TraceSeamFinder(Ray_center)
    if Payload_visible is miss then
    └ return
    Pos_hit ← Payload_visible
    Distance_visible ← Pos_hit - Pos_world
    if Distance_visible > SMALL_NUMBER then
    └ return // 自遮挡, 如被飘带等物体遮挡

    // Step 2. Ray Bundle Cast
    Payload_last ← Null
    while UV_offset in [-1,1] do
      // 世界空间相邻判别器
      Ray_offset.Origin ← TexelStep and UV_offset
      Payload_seam ← TraceSeamFinder(Ray_offset)
      if Payload_seam is not UV Island then
      └ continue
      Go back with a TexelStep/2 to ensure Payload_seam is UV Island
      // 法线夹角判别器
      if dot(Normal_world_center, Normal_world_hit)
      COS_NORMAL_THRESHOLD then
      └ continue
      // 同一层平面判别器
      ProjectDiff_normal ← 1.0f - dot (Normal_world_center, Normal_world_hit)
      ProjectDiff_hit ← dot (Normal_world_center, Direction_hit)
      if .ProjectDiff_hit - ProjectDiff_normal >
      SAME LAY ER THRESHOLD .then
      └ continue
      // 有效距离判别器
      if Distance_ToCenter > DISTANCE_THRESHOLD then
      └ continue
      // UV Side Normal 判别器
      Direction_world ← Distance_ToCenter.
      UV Normal_world ← GBuffer
      DotWeight_UVNormal ← dot(Direction_world, UV Normal_world)
      if DotWeight_uvNormal > UV NormalWeight_max then
        //找到最靠近 UV Side Normal 方向的共享边缘纹素
        UV NormalWeight_max ← DotWeight_UVNormal
      └ Payload_last ← Payload_seam
    // Step 3. 输出边缘接缝纹素对组数据
    if IsFindSharedUV then
  └ SeamData ← Payload_last
```

12.4.2　Seam Filter Pass

参考 SVGF[3]中的联合双边滤波算法，结合屏幕空间降噪与光照贴图降噪的特殊性，我们改进了适合 Seam Filter 的联合双边滤波算法。

对于原公式中的"颜色加权平均"项，由于光照贴图的映射在 2UV 空间中并不连续，在 2UV 中纹素距离很近，但是由于 UV 孤岛等问题，纹素在世界空间中可能相距会很远，这一点与屏幕空间差异较大，所以我们去掉了原公式中表达离纹素中心越远权重越小的固定滤波核 h 项，同时也不存在屏幕空间的深度 z，因此我们使用世界空间的位置距离代替深度 z，和纹素距离一起作为新的权重指导。

公式中的 c 不仅限于颜色，联合双边滤波的核心是相互影响的权重计算，所以数据本身可以是任意符合线性运算的结构体，因此在烘焙器的实践中，同时对球谐系数、天空遮挡等产生的接缝进行了修复。下面是我们修改后的公式：

$$\hat{c}_{i+1}(p) = \frac{\sum_{q \in \Omega} w(p,q) \cdot \hat{c}_i(q)}{\sum_{q \in \Omega} w(p,q)}$$

对原公式中的权重复用项增加了一项 UV 边法线权重，即 $w_{n'}$，如下所示：

$$w_i(p,q) = w_p \cdot w_n \cdot w_l \cdot w_{n'}$$

原公式中的深度权重项（即相机空间的 z 权重），被替换为以下 4 种权重。

- 世界空间距离权重：

$$w_P = \exp\left(-\frac{|P(p) - P(q)|}{\sigma_P |\nabla P(p) \cdot (p-q)| + \varepsilon}\right)$$

- 世界空间法线权重：

$$w_n = \max\left(0, n(p) \cdot n(q)\right)^{\sigma_n}$$

- 亮度权重：

$$w_l = \exp\left(-\frac{|l_i(p) - l_i(q)|}{\sigma_l \sqrt{g_{3\times3}\left(Var(l_i(p))\right)} + \varepsilon}\right)$$

- UV 边法线权重：

$$w_{n'} = \max\left(0, n'(p) \cdot n'(q)\right)^{\sigma_{n'}}$$

我们参考 A-Trous Wavelet 渐进式增长滤波范围的算法[9]，结合边缘纹素对组的数据特点，对卷积采样点进行了改进。以 SVGF 中的滤波核 3×3 为例，每一次滤波后，样本间距变为上一次的两倍（i=0 时，间距为 1），在上一次滤波后的结果上再次滤波。这样迭代 5 次，即可覆盖 33×33 的范围，其开销只相当于 5 次 3×3 的滤波，实现了大范围高效滤波的目的，如图 12.4 所示。

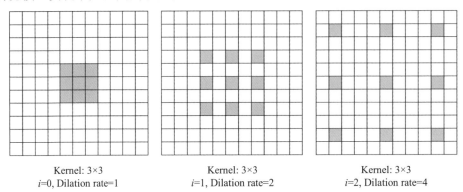

Kernel: 3×3
i=0, Dilation rate=1

Kernel: 3×3
i=1, Dilation rate=2

Kernel: 3×3
i=2, Dilation rate=4

图 12.4　三级带孔卷积示意图

我们的改进算法以上一个 Pass 定位到的 UV 边缘纹素对组作为指导，卷积采样需要覆盖到 UV 边缘两侧，沿 UV Side Normal 方向，避免三角面以外的无效纹素采样，如图 12.5 和图 12.6 所示，算法的详细步骤如下。

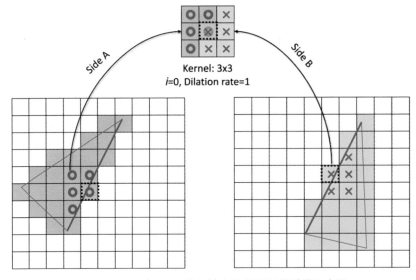

图 12.5　i=0 时，3x3 卷积核在边缘两侧的采样示意图

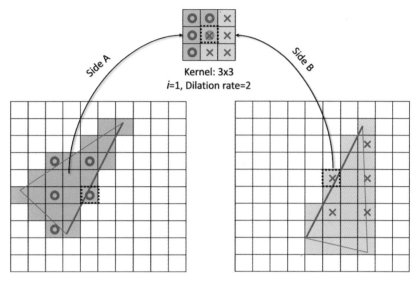

图 12.6　i=1 时，3×3 卷积核在边缘两侧的采样示意图

（1）以 Seam Finder Pass 输出的纹素对组作为输入数据，对 UV 边缘两侧进行带孔卷积，配置参数 Seam Fix Level 决定了 Filter Pass 的执行次数，以及卷积核的范围。如 Seam Fix Level=2 时，Filter Pass 执行两次：第一次 $i = 0$，即图 12.5 所示的卷积核采样范围；第二次 $i = 1$，即图 12.6 所示的卷积核采样范围。

（2）根据配置参数 Smooth Level 动态计算当前纹素的混合系数，分别对边缘两侧的纹素对组采样值进行混合。

（3）Fill Unmapped Texel。在边缘纹素对组中，如果边缘纹素的三角面外侧是 Unmapped Texel，则相互使用对方的纹素值来填充自己相邻纹素的 Unmapped Texel 并置为 mapped 状态。此处优先填充与边缘纹素 UV Side Normal 反向的 Unmapped Texel（即与 UV Side 垂直的纹素），次优填充与边缘纹素成 45° 的 Unmapped Texel。

（4）处理梯度效果。在实际项目中，当接缝边缘被混合后，有时会引起接缝边缘次纹素与刚修复的接缝边缘纹素采样值的高频变化，接缝瑕疵表现为由"接缝细线"变为更淡的"接缝条带"，所以需要处理一下梯度过渡效果。方法是，根据 UV Side Normal 方向可以找到边缘次纹素，然后使用纹素对组中的对方纹素采样值进行次级 Blend 系数混合，以缓解采样值高频变化问题。

12.5　接缝修复效果对比

下面三组图是我们的接缝修复方案在自研的 Dawn 光照烘焙器上落地的效果

对比图，其中图 12.7 和图 12.8 所示的是在单个物体内的接缝修复效果，图 12.9 所示的是连续物体间拼接导致的接缝的修复效果。

Dawn No Seam Fix　　　　　　　　　　Dawn Seam Fix

图 12.7　接缝修复效果

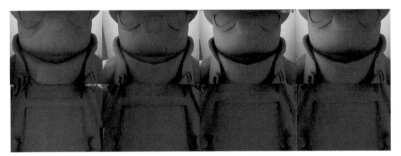

UE CPU lightmass　　UE GPU lightmass　　Dawn No Seam Fix　　Dawn Seam Fix

图 12.8　接缝效果修复与 UE Lightmass 烘焙的对比，物体内接缝效果得到明显修复

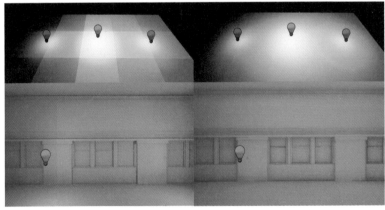

UE CPU lightmass　　　　　　　　　　Dawn Seam Fix

图 12.9　连续物体间拼接导致的接缝的修复效果对比

12.6　总结

本方案解决了复杂场景下超大场景光照烘焙中的接缝问题，是完全基于 GPU 实现的接缝修复方案，是工业界首创。本方案包含两个步骤：第一步通过 Seam Finder Pass 基于光线追踪算法对接缝边缘进行查找；第二步通过 Seam Filter Pass 基于 SVGF 改进算法对边缘纹素对组进行滤波，从而实现接缝修复。本方案非常适合接入光线追踪管线，利用场景已有的 BVH 加速结构，高效标记接缝边缘，连续物体间的接缝边缘也可以被查找到。

此方案不限于离线渲染，随着实时光线追踪的工业化普及，同样可用于实时渲染中的接缝修复。同时，此方案也不限于光照贴图中颜色值的接缝瑕疵修复，可以扩展到任何满足线性运算的类型，如 Directional 光照贴图，基于纹理映射存储的二阶 SH PRT 烘焙。而且，其可以扩展到任何映射类的缓冲区中，如在基于顶点存储的 PRT 烘焙方案中，将基于顶点的缓冲区作为输入，在 Seam Finder Pass 中发射光线来标记出接缝边缘顶点对组，在 Seam Filter Pass 中对接缝边缘顶点对组进行 SVGF 改进算法滤波，实现接缝修复。

VRS 在移动端的集成与实践

近年来，随着移动游戏市场的飞速发展，游戏场景和视觉特效变得愈发复杂。同时，移动设备的屏幕分辨率与刷新率也不断提升，这些因素致使渲染画面成本攀升，在移动设备有限的算力和电能条件下，这不可避免地给游戏开发者带来巨大的挑战。为此，桌面平台上的一种图形渲染技术——可变速率着色（Variable Rate Shading，VRS）逐渐被引入移动平台。

13.1 VRS 概述

VRS 技术可以根据画面的不同区域，以不同的着色率（Shading Rate）进行渲染，旨在充分调配图形处理单元（Graphics Processing Unit，GPU）的算力。借助 VRS 技术，开发者可以更有效地利用 GPU 的资源，提升渲染性能，呈现更精细的视觉效果，并降低功耗。

本章将探讨在 UE4 上，VRS 技术在移动端的集成与实践。首先，介绍 VRS 的概念、原理和作用；接着，详述对着色率控制的三种方式；然后，深入讲解在 UE4 中运用基于绘制（Per-Draw）的方式控制着色率的集成实现；随后，借助一些实践中的案例，列举 VRS 技术在移动端的应用；最后，将总结全文，并展望 VRS 技术在移动端的发展。

13.2 VRS 介绍

本节将介绍 VRS 的概念，阐述技术原理，并对其在游戏渲染中的作用进行说明。

13.2.1　VRS 的概念

VRS 是一种渲染技术，可以根据画面的不同区域调整着色率进行渲染，实现渲染画面的 GPU 算力分布调整，效果如图 13.1 所示。

图 13.1　VRS 的概念

13.2.2　VRS 的原理

VRS 能够实现渲染目标分辨率与光栅化速率的分离，从而允许单独指定片段着色器的调用速率。这项技术使得一组像素可以共享相同的颜色进行着色，有助于根据渲染画面中不同区域按需求灵活地调整渲染精度。VRS 支持在 X 方向和 Y 方向上分别调整着色率，并提供了多种设置选项，如图 13.2 所示，包括 1×1、1×2、2×1、2×2、2×4、4×2 及 4×4 等。

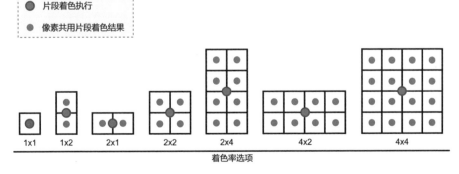

图 13.2　着色率的选项

具体来说，以 2×2 着色率为例，VRS 会在 4 个像素中心执行一次片段着色，并将结果填入这 4 个像素，而不是单独为每个像素进行着色。同时，当覆盖的像素无法构成完整的 2×2 区域时，GPU 将智能地调整片段着色器调用的中心位置以适应实际的像素布局。这种方法在不同区域实现了极佳的渲染精度，并降低了 GPU 上的计算负担。值得一提的是，VRS 能够保持原始的几何渲染分辨率，因此不会影响几何边缘。图 13.3 所示的是 VRS 的 1×1 与 2×2 着色流程的对比。

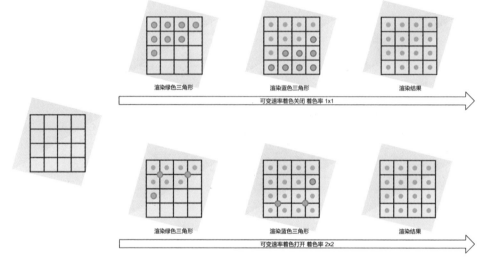

图 13.3　1×1 与 2×2 着色流程对比说明

13.2.3　VRS 的作用

采用 VRS 技术，开发者能够对渲染画面中的不同区域分配不同的着色率，从而更有效地利用 GPU 资源，提升渲染性能，呈现更加精细的视觉效果，并降低功耗。以下是 VRS 技术在性能提升、视觉效果优化和功耗节省方面的主要作用。

- **性能提升**：VRS 可以在颜色变化平缓的区域，使用较低的着色率，从而在保持画质的基础上降低帧渲染运算量。这有助于提高游戏性能，获得更高的帧率，并带来更流畅的玩家体验。
- **视觉效果优化**：VRS 让开发者得以将更多的 GPU 资源集中分配到画面中的关键区域，在面临移动端有限的 GPU 算力和电能限制时，调整 GPU 资源在渲染画面中的分配，有助于解决性能与画质之间的矛盾，实现更精细的视觉效果。
- **功耗节省**：VRS 的应用可以降低 GPU 的计算负担和内存带宽占用。这将有助于降低移动设备的功耗，同时延长电池使用寿命，使游戏开发者在能效和画质之间找到更好的平衡。

13.3　着色率控制方式

VRS 有三种着色率控制方式，分别为基于绘制（Per-Draw）、基于三角形（Per-Triangle）和基于区域（Per-Region）。根据需要，三者可以组合使用。VRS 的应用简单，不需要重新设计渲染管线，各种控制方式的最小用例代码可以参考高通（Qualcomm）提供的 shading_rate 用例[1]或者科纳斯组织（Khronos Group）提供的 fragment_shading_rate 用例[2]。

13.3.1　Per-Draw

Per-Draw 着色率控制方式，允许对每个绘制（DrawCall）进行着色率设置，即对场景中整个物体的着色率进行设置。这只需在绘制发生前，调用着色率设置函数，传入当前绘制着色率参数。在这种方式下，对于烟雾粒子、半透明物体、快速移动的物体、失焦物体或者场景中不重要的物体，可以设置较低的着色率。如图 13.4 所示，在该演示中，左、中、右三个正方体，在绘制前，分别为它们设置 1×1、2×2 和 4×4 的着色率，以实现各个正方体以不同的着色率被渲染。

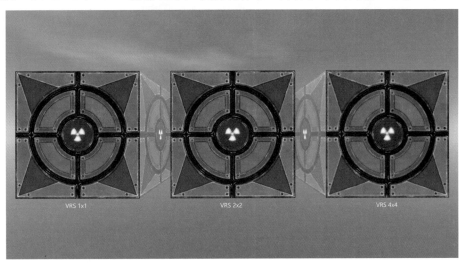

图 13.4　Per-Draw 着色率控制效果演示

13.3.2　Per-Triangle

Per-Triangle 着色率控制方式，通过顶点着色器（Vertex Shader）或几何着色器（Geometry Shader）指定每个三角形面片的着色率，对物体的局部区域进行着色率设置。在这种方式下，对非光源朝向的，或者被美术资源指定的三角形面片，可以设置较低的着色率。如图 13.5 所示，在该演示中，根据正方体的三角形面片的朝向，在顶点着色器中设置不同的着色率，对光源朝向的三角形面片设置 $1×1$ 着色率，而在非光源朝向的三角形面片中，对侧朝向设置 $2×2$ 着色率，下朝向与背朝向设置 $4×4$ 着色率，实现对正方体的三角形面片的不同朝向以不同的着色率进行渲染。

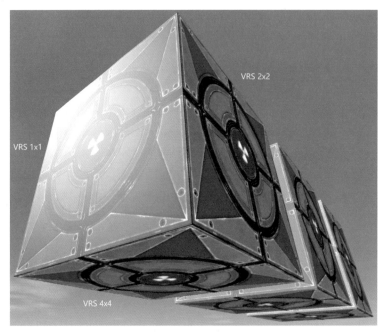

图 13.5　Per-Triangle 着色率控制效果演示

13.3.3　Per-Region

Per-Region 着色率控制方式，通过向 GPU 提交着色率附件（Shading Rate Attachment）以描述屏幕各个区域的着色率设置，实现基于区域的着色率控制。在这种方式下，可以对屏幕区域、非用户焦点区域，或者渲染画面中颜色变化缓慢的区域设置较低的着色率，而在用户聚焦区域，或者画面中有强烈纹理特征（高对比度/边缘）的区域设置较高的着色率。着色率附件可以通过图像编辑器预先生成，或者在运行时结合游戏渲染画面动态计算生成。如果选择动态生成，在动态生成着色率附件时要注意性能影响，需确保着色率附件生成算法的运算量足够低，以避免着色率附件生成的运算量抵消着色率降低带来的性能提升。再有，如果着色率附件算法不能稳定辨析图像中的细节变化状况，有可能产生着色率抖动问题。如图 13.6 所示，在该演示中，在用户注视的中心区域设置高着色率，在非用户注视的外围区域设置较低的着色率，从内到外依次设置 1×1、1×2、2×1、2×2、2×4、4×2 及 4×4 着色率。从视觉效果可见从内往外，渲染清晰度有所下降，实现了屏幕不同区域以不同着色率进行渲染。

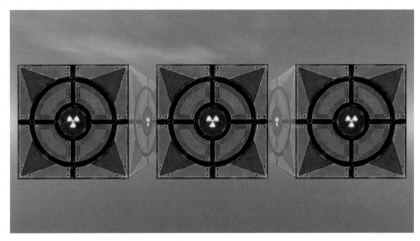

图 13.6　Per-Region 着色率控制效果演示

图 13.7 所示为着色率设置区域说明，将整个场景进行灰度渲染后，根据着色率附件中的参数对不同着色率区域进行颜色深浅调整，并标注了相关着色率设置，便于读者理解屏幕各个区域所设置的着色率参数。

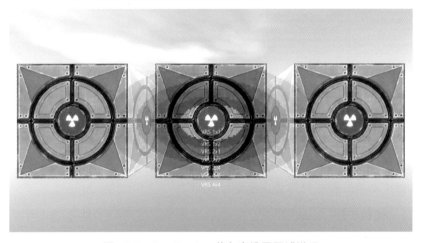

图 13.7　Per-Region 着色率设置区域说明

13.4　VRS 中 Per-Draw 的集成

在实际应用中，Per-Draw、Per-Triangle 和 Per-Region 三种着色率控制方式各

有优劣，并无一种控制方式被视为在所有场景都绝对适用的最佳实践。因此，在开发过程中需要根据具体场景与需求选择合适的着色率控制方式，做到恰当使用。这三种控制方式可以组合使用，它们在原理和实践经验上存在相通之处。

限于篇幅，本节将抛砖引玉，以 Per-Draw 着色率控制方式为例，深入讲解在 UE4 中、在 VRS 中 Per-Draw 着色率控制方式的集成实现，并展示关键代码。虽然各个版本的 UE 代码框架会有所不同，但读者依然可以参照本案例的思路进行实现。VRS 中 Per-Draw 的集成方案如图 13.8 所示，该方案在材质（Material）上增加着色率属性（ShadingRate），在基元组件（PrimitiveComponent）上增加着色率属性及着色率合并规则属性（ShadingRateCombiner）。当物体发生渲染时，材质与基元组件进行渲染指令列表构造前（Construct Render Commands），根据着色率合并规则属性，对材质和基元组件的着色率进行合并（CombineShadingRate），作为绘制着色率（DrawCall ShadingRate），在渲染硬件接口层（RenderHardwareInterface）调用 glDrawArray 之前通过 glShadingRate 进行着色率设置。

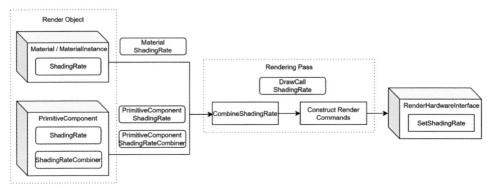

图 13.8　VRS 中 Per-Draw 的集成方案

13.4.1　UE4 中的 VRS 材质

为了在 UE4 中为材质设置着色率，本节将说明引擎材质部分的代码实现方法，并对该功能的操作与效果演示进行说明。

13.4.1.1　代码实现

在 EngineTypes.h 文件中增加着色率的枚举变量，并在 Material.h 文件中增加着色率属性及其函数接口，实现使用材质编辑器设置着色率的功能。

```
// EngineTypes.h
/** Variable Rate Shading Setting for Eidtor. */
UENUM()
enum ERenderShadingRate
```

```
{
    RSR_1x1         UMETA(DisplayName = "1x1"),
    RSR_1x2         UMETA(DisplayName = "1x2"),
    RSR_2x1         UMETA(DisplayName = "2x1"),
    RSR_2x2         UMETA(DisplayName = "2x2"),
    RSR_2x4         UMETA(DisplayName = "2x4"),
    RSR_4x2         UMETA(DisplayName = "4x2"),
    RSR_4x4         UMETA(DisplayName = "4x4"),
    RSR_MAX         UMETA(Hidden),
};
// Material.h
/** Select what Shading Rate to apply for platforms that have variable
rate shading */
    UPROPERTY(EditAnywhere, Category=Material, meta=(DisplayName="Shading
Rate"))
    TEnumAsByte<enum ERenderShadingRate> ShadingRate;

    ENGINE_API virtual ERenderShadingRate GetShadingRate() const override
    {
        return ShadingRate;
    };
```

要在 UE4 中为材质实例设置着色率，需要在 MaterialInstance.h 文件中增加着色率属性变量及其函数接口。

```
// MaterialInstance.h
TEnumAsByte<enum ERenderShadingRate> ShadingRate;
ENGINE_API virtual ERenderShadingRate GetShadingRate() const override;
// MaterialInstance.cpp
ENGINE_API virtual ERenderShadingRate GetShadingRate() const override
{
    return (!Parent || BasePropertyOverrides.bOverride_ShadingRate) ?
(ERenderShadingRate)ShadingRate :
(ERenderShadingRate)Parent->GetShadingRate();
};
```

还需要在MaterialInstanceBasePropertyOverrides.h文件中加入着色率属性和着色率属性重载判断变量，加入这部分代码后可实现使用材质实例编辑器设置着色率的功能。

```
// MaterialInstanceBasePropertyOverrides.h
/** Enables override of the shading rate. */
UPROPERTY(EditAnywhere, Category = Material)
bool bOverride_ShadingRate;

/** Select what Shading Rate to apply for platforms that have variable
rate shading */
UPROPERTY(EditAnywhere, Category = Material, meta = (editcondition =
"bOverride_ShadingRate"))
TEnumAsByte<ERenderShadingRate> ShadingRate;
```

在材质实例初始化时，在材质实例的 UMaterialInstance::UpdateOverridable-BaseProperties 函数中，加入在材质实例编辑器选项卡中设置的着色率参数对材质实例的着色率属性进行初始化的更新代码。

```
// MaterialInstance.cpp
void UMaterialInstance::UpdateOverridableBaseProperties()
{
    // ...
    if (BasePropertyOverrides.bOverride_ShadingRate)
    {
        ShadingRate = BasePropertyOverrides.ShadingRate;
    }
    else
    {
        ShadingRate = Parent->GetShadingRate();
    }
}
```

然后，在 MobileBasePassRendering.cpp 和 TranslucentRendering.cpp 两个文件的关键渲染管线路径中，在 FDrawingPolicyRenderState 渲染状态变量构造时，通过材质资源（FMaterialResource），将当前物体的材质着色率，或者被材质实例覆写的着色率读出，并在函数 FMeshDrawingPolicy::DrawMesh 调用前写入 FDrawingPolicyRenderState 变量中。

```
    // MobileBasePassRendering.cpp & TranslucentRendering.cpp before
DrawCall
    DrawRenderState.SetShadingRate(DrawingPolicy.MaterialResource->
GetShadingRate());
```

最后，在 DrawingPolicy.h 的 CommitGraphicsPipelineState 函数中，将着色率设置到 FGraphicsPipelineStateInitializer 变量中，以将其传递到渲染硬件接口层，将着色率设置到 GPU。

```
// DrawingPolicy.h
void CommitGraphicsPipelineState(/* ... */)
{
    // ...
    GraphicsPSOInit.ShadingRate = DrawRenderState.GetShadingRate();
}
```

13.4.1.2　材质着色率操作与效果演示

通过 UE4 编辑器，选中需要设置着色率的材质，如本例中的汽车载具材质 Master_VH_Base，双击，打开材质编辑器。在细节面板上，找到着色率选项，设置汽车载具材质的着色率为 4×4，设置界面如图 13.9 所示。

图 13.9　在 UE4 编辑器中设置材质着色率

场景中的四辆汽车载具使用的是相同的材质，故四辆汽车载具被同时设置了 4×4 的着色率，效果如图 13.10 所示。

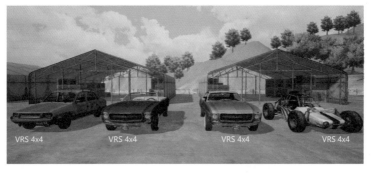

图 13.10　为材质设置着色率的效果演示

13.4.1.3　材质实例着色率设置操作与效果演示

对材质进行着色率设置，其影响面除了材质本身，还会涉及所有的材质实例。对材质实例进行着色率设置，是用于针对某些材质实例应用 VRS，或者某些材质实例需要覆写材质着色率时应用的。具体操作步骤为，通过 UE4 编辑器，选中需要设置着色率的材质实例，双击，打开材质实例编辑器，在细节面板中勾选着色率功能，设置着色率，则可独立设置当前材质实例的着色率。在本例中，对场景中的四辆汽车载具的材质实例分别设置 1×2、2×2、2×4 和 4×4 的着色率，设置界面如图 13.11 所示。

图 13.11　在 UE4 编辑器中设置材质实例的着色率

场景中的四辆汽车载具，即使使用了相同的材质，但由于针对其材质实例进行了着色率覆写设置，故其着色率各自不同，效果如图 13.12 所示。

图 13.12　为材质实例设置着色率的效果演示

13.4.2　VRS 中的基元组件

为了在 UE4 中为基元组件设置着色率，本节将说明引擎基元组件部分代码的实现方法，并对该功能的操作与效果演示进行说明。

13.4.2.1　代码实现

　　基于材质进行着色率设置，会对使用相同材质或者材质实例的物体的着色率产生影响，难以对某个独立物体进行着色率设置。对于这种需求，要以基元组件为单位进行着色率设置。为了在 UE4 中支持对基元组件设置着色率，需要修改基元组件代码，在 PrimitiveComponent.h 中增加着色率属性及接口，实现在关卡编辑器中对基元组件设置着色率。

```
// PrimitiveComponent.h
UPROPERTY(EditAnywhere, Category = "Rendering|Variable Rate Shading",
meta = (DisplayName = "Shading Rate"))
TEnumAsByte<enum ERenderShadingRate> ShadingRate;

UFUNCTION(Category = "Rendering|Variable Rate Shading", BlueprintCallable)
virtual void ShadingRate() const override;
UFUNCTION(Category = "Rendering|Variable Rate Shading", BlueprintCallable)
void SetShadingRate(ERenderShadingRate InShadingRate) override;
// PrimitiveComponent.cpp
ERenderShadingRate UPrimitiveComponent::ShadingRate()
{
    return ShadingRate;
};

void UPrimitiveComponent::SetShadingRate(ERenderShadingRate InShadingRate)
{
    ShadingRate = InShadingRate;
    MarkRenderStateDirty();
}
```

　　增加基元组件着色率属性，除了可对一个物体的材质或材质实例设置着色率，还可以对基元组件设置着色率，两者合并可得出该物体的绘制着色率，并引入着色率合并规则属性对合并规则进行描述。在代码上，需要在 EngineTypes.h 中增加对着色率合并规则中枚举变量的声明，并在 PrimitiveComponent.h 中增加该属性。

```
// EngineTypes.h
UENUM()
enum EPrimitiveShadingRateCombiner
{
    // Choose Material or MaterialInstance ShadingRate
    PSRC_OP_KEEP      UMETA(DisplayName = "Keep"),
    // Choose PrimitiveComponent ShadingRate
    PSRC_OP_REPLACE   UMETA(DisplayName = "Replace"),
    // Choose the min ShadingRate
    PSRC_OP_MIN       UMETA(DisplayName = "Min"),
```

```
// Choose the max ShadingRate
PSRC_OP_MAX        UMETA(DisplayName = "Max"),
PSRC_MAX           UMETA(Hidden),
};
// PrimitiveComponent.h
UPROPERTY(EditAnywhere, Category = "Rendering|Variable Rate Shading",
meta = (DisplayName = "Shading Rate Combiner"))
TEnumAsByte<enum EPrimitiveShadingRateCombiner> ShadingRateCombiner;
```

增加基元组件的着色率属性后,在 MobileBasePassRendering.cpp 和 Translucent-Rendering.cpp 两个关键渲染管线路径中,在函数 FMeshDrawingPolicy::DrawMesh 调用前,需要根据着色率的合并规则,将材质或材质实例着色率与基元组件的着色率合并,写到 FDrawingPolicyRenderState 变量中,设置绘制着色率,以此实现比材质实例更小颗粒度的物体着色率设置。

```
// MobileBasePassRendering.cpp & TranslucentRendering.cpp before
DrawCall
DrawRenderState.SetShadingRate(
    FVRSManager::GetInstance()->CombineShadingRate(
    (DrawingPolicy.MaterialResource->GetShadingRate()))
    PrimitiveSceneProxy->GetShadingRate(),
    PrimitiveSceneProxy->GetShadingRateCombiner());
```

13.4.2.2　基元组件着色率设置操作与效果演示

通过 UE4 编辑器打开关卡,在世界大纲视图中,选中对应的物体,在其细节面板中,可对基元组件进行着色率设置。如本例中的 4 块射击板,它们采用同一个材质实例。如果需求是为 4 块射击板分别设置不同的着色率,那么通过材质实例实现,需要新增 4 个着色率不同的材质实例,附到 4 块射击板上,这会造成较多冗余材质资源。而通过基元组件的着色率设置会相对方便,只需对 4 块射击板分别设置 1×2、2×2、2×4 和 4×4 的着色率。设置界面如图 13.13 所示。

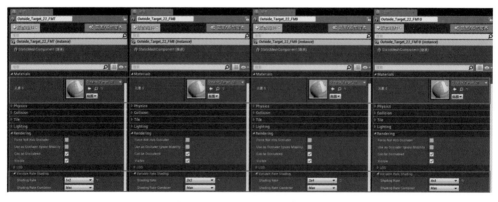

图 13.13　在 UE4 编辑器中设置基元组件的着色率

由于 4 块射击板针对其基元组件被分别进行了着色率设置，故其着色率各自不同，效果如图 13.14 所示。

图 13.14　为基元组件设置着色率的效果演示

13.4.3　VRS 中的渲染硬件接口

VRS 中的渲染硬件接口（RHI）层承接渲染层传递的绘制着色率参数，由 eglGetProcAddress 函数将 glShadingRate API 指针取出，并于 glDrawArray 调用前，通过 glShadingRate 对当前绘制着色率进行设置，实现如图 13.15 所示。

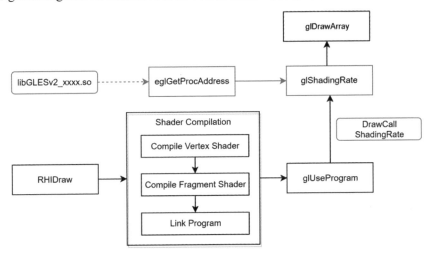

图 13.15　VRS 中的 Per-Draw 渲染硬件接口的实现

在 RHI 层接入 VRS 时，需要在 RHIDefinitions.h 文件中定义枚举变量 ERHIShadingRate，用于标识 DrawCall 在 RHI 层的着色率。

```
// RHIDefinitions.h
enum ERHIAxisShadingRate : uint8
{
    RHIASR_1X   = 0x1,
    RHIASR_2X   = 0x2,
    RHIASR_4X   = 0x4,
    RHIASR_Mask = 0xF,
    RHIASR_Bits = 4,
};

enum ERHIShadingRate : uint8
{
    RHISR_1x1 = (RHIASR_1X << RHIASR_Bits) + RHIASR_1X,
    RHISR_2x1 = (RHIASR_2X << RHIASR_Bits) + RHIASR_1X,
    RHISR_1x2 = (RHIASR_1X << RHIASR_Bits) + RHIASR_2X,
    RHISR_2x2 = (RHIASR_2X << RHIASR_Bits) + RHIASR_2X,
    RHISR_4x2 = (RHIASR_4X << RHIASR_Bits) + RHIASR_2X,
    RHISR_2x4 = (RHIASR_2X << RHIASR_Bits) + RHIASR_4X,
    RHISR_4x4 = (RHIASR_4X << RHIASR_Bits) + RHIASR_4X,
    RHISR_Num,
};
```

在 RHI.h 文件中定义一个全局布尔变量 GRHISupportsVariableRateShading，标记当前设备是否支持 VRS 技术，以便对不支持 VRS 的设备跳过相关逻辑。

```
// RHI.h
/** Whether or not the RHI can support Variable Rate Shading. */
extern RHI_API bool GRHISupportsVariableRateShading;
```

在 RHIContext.h 文件中，函数 FAndroidOpenGL::ProcessExtensions 的主要功能是进行 GLES 扩展函数的处理工作，在此尝试获取 glShadingRate 函数指针。当该函数指针不为空时，表明当前 RHI 设备支持 VRS 技术，将 GRHISupportsVariable-RateShading 设置为 true，否则设置为 false。

```
// RHIContext.h
FAndroidOpenGL::ProcessExtensions()
{
    glShadingRateQCOM = (PFNGLSHADINGRATEQCOMPROC)((void*)eglGetProcAddress
("glShadingRateQCOM"));
    if (glShadingRateQCOM != nullptr)
    {
        GRHISupportsVariableRateShading = true;
    }
}
```

在 AndroidOpenGL.h 文件中，定义厂商硬件相关的 ShadingRate 枚举值，并在 OpenGLCommands.cpp 文件中实现 GLES 的 RHISetShadingRate 函数，当渲染层往

RHI 层设置 GraphicsPipelineState 变量时，也就是进行最后渲染状态设置时，将 RHI
着色率转换为厂商硬件相关的着色率参数，此处以高通的 Adreno GPU 为例。

```
// AndroidOpenGL.h
#define GL_SHADING_RATE_1X1_PIXELS_QCOM        0x96A6
#define GL_SHADING_RATE_1X2_PIXELS_QCOM        0x96A7
#define GL_SHADING_RATE_2X1_PIXELS_QCOM        0x96A8
#define GL_SHADING_RATE_2X2_PIXELS_QCOM        0x96A9
#define GL_SHADING_RATE_4X2_PIXELS_QCOM        0x96AC
#define GL_SHADING_RATE_4X4_PIXELS_QCOM        0x96AE
// OpenGLCommands.cpp
void FOpenGLDynamicRHI::RHISetShadingRate(ERHIShadingRate ShadingRate)
{
    VERIFY_GL_SCOPE();
    // ERHIhadingRate to Platform and SOC dependant API
    switch (ShadingRate)
    {
    case ERHIShadingRate::RHISR_1x1:
        PendingState.ShadingRate = GL_SHADING_RATE_1X1_PIXELS_QCOM;
        break;
    case ERHIShadingRate::RHISR_2x1:
        PendingState.ShadingRate = GL_SHADING_RATE_2X1_PIXELS_QCOM;
        break;
    case ERHIShadingRate::RHISR_1x2:
        PendingState.ShadingRate = GL_SHADING_RATE_1X2_PIXELS_QCOM;
        break;
    case ERHIShadingRate::RHISR_2x2:
        PendingState.ShadingRate = GL_SHADING_RATE_2X2_PIXELS_QCOM;
        break;
    case ERHIShadingRate::RHISR_4x2:
        // QCOM 不支持 GL_SHADING_RATE_2X4_PIXELS_QCOM
    case ERHIShadingRate::RHISR_2x4:
        PendingState.ShadingRate = GL_SHADING_RATE_4X2_PIXELS_QCOM;
        break;
    case ERHIShadingRate::RHISR_4x4:
        PendingState.ShadingRate = GL_SHADING_RATE_4X4_PIXELS_QCOM;
        break;
    default:
        PendingState.ShadingRate = GL_SHADING_RATE_1X1_PIXELS_QCOM;
        break;
    }
}
```

在 OpenGLCommands.cpp 文件中实现 UpdateShadingRateInOpenGLContext 函
数，用于设置当前 Context 状态机的绘制着色率。在此处，通过在 AndroidOpenGL.h
文件中实现 ShadingRate 函数，可将硬件相关的着色率参数通过硬件平台相关的
glShadingRate 函数进行设置，同时，将当前着色率参数保存至 FOpenGLContextState，

以进行着色率对比，避免反复调用着色率设置函数。

```cpp
// OpenGLCommands.cpp
inline void
FOpenGLDynamicRHI::UpdateShadingRateInOpenGLContext( FOpenGLContextState
& ContextState )
{
    VERIFY_GL_SCOPE();
    if (ContextState.ShadingRate != PendingState.ShadingRate)
    {
        FOpenGL::ShadingRate(PendingState.ShadingRate);
        ContextState.ShadingRate = PendingState.ShadingRate;
    }
}
// AndroidOpenGL.h
static FORCEINLINE void ShadingRate(GLenum ShadingRate)
{
    if (glShadingRateQCOM != nullptr)
    {
        glShadingRateQCOM(ShadingRate);
    }
}
```

至此，已在 UE4 中完成了 VRS 中 Per-Draw 的集成，实现了通过 UE4 编辑器设置材质、材质实例及基元组件的着色率，并在渲染逻辑中对材质、材质实例与基元组件的着色率进行合并，生成绘制着色率，再调用硬件平台相关的着色率设置函数，将着色率设置到 GPU，使得场景中各个不同的物体可用不同的着色率进行渲染。

13.5　VRS 中 Per-Draw 的实践

经实践验证，VRS 中 Per-Draw 的方案，在许多用例场景下可以取得良好效果，例如，对具有低频细节材质的物体、快速移动的物体、近处的物体等。然而，需要注意的是，尽管 VRS 支持 1×1、1×2、2×1、2×2、2×4、4×2、4×4 等多种着色率，但在实际应用中，当着色率低于 2×2 时，很容易引入明显的视觉质量损失。所以，在考虑使用比 2×2 更低的着色率时，开发者应结合场景的需求和特点，权衡所获得的性能改进与视觉质量损失之间的关系，采用适当的 VRS 策略，实现优化的性能和画面质量。

13.5.1　将 VRS 用于具有低频细节材质的物体

对于具有低频细节材质的物体，其特点是表面颜色梯度平滑、变化缓慢，没有高频细节，相邻像素颜色相近。在这种情况下，应用 VRS 技术降低着色精度是一个明智的选择，可以大幅度地减轻 GPU 的计算负担，提高整体渲染性能，且不容易引入明显的视觉质量差异。如对烟雾和天空等具有低频细节材质的物体设置 2×2 的着色率，操作如图 13.16 所示。

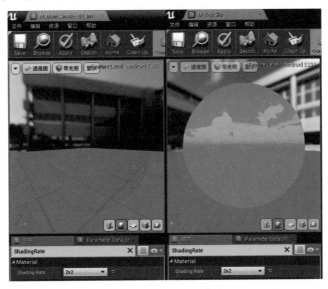

图 13.16　在 UE4 中为烟雾与天空设置 2×2 的着色率

如图 13.17 所示，左图为以 1×1 的着色率进行渲染的场景，右图为以 2×2 的着色率渲染的天空和烟雾的场景，并列比较也不容易看出视觉细节差异。

图 13.17　1×1 与 2×2 的着色率视觉效果比较

13.5.2　将 VRS 用于快速移动的物体

动态模糊[3-5]是用户在观看显示屏时的一种视觉特性，即当显示屏上的物体发生快速移动时会显得模糊不清，如图 13.18 所示。产生动态模糊的原因主要有两个，一是显示屏的响应时间，二是人眼的视觉暂留现象。

图 13.18　显示屏幕中快速移动物体的动态模糊现象

显示屏的响应时间指的是像素从一种颜色（亮度值）切换到另一种颜色（亮度值）所需的时间。当响应时间较长时，屏幕上的图像在切换颜色时可能落后于实际内容的变化速度，从而导致出现模糊现象。另一方面，人眼的视觉暂留是指光线进入眼睛后留在视网膜上的短暂影像。当我们关注一个快速移动的物体时，前一时刻的残留图像与当前时刻的图像重叠，导致物体在视觉上显得模糊。

显示屏的动态模糊特性使得在很多情况下，用户难以分辨画面中快速移动物体的细节。这时可借助 VRS 技术将较少的渲染资源分配给三维空间中发生快速移动（包括相对于摄像机发生旋转）、模糊影响较大的物体，这将降低 GPU 的计算负担，从而提高整体渲染性能。与此同时，可以将更多的渲染资源分配给运动较缓慢且模糊不太明显的区域，这些区域对观众来说更具图像细节价值。基于这个思路，有针对快速移动（包括相对于摄像机发生旋转）物体的着色率设置示范蓝图，如图 13.19 所示。

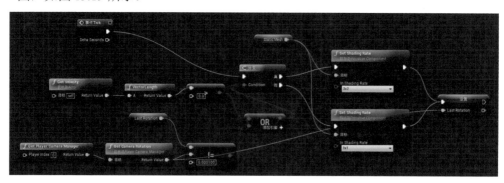

图 13.19　将 VRS 用于快速移动物体的示范蓝图

通过巧妙地将 VRS 技术与显示屏动态模糊特性结合，可以实现更高效的渲染过程，同时在其他区域保持高质量的视觉表现。这样可以提高帧率，降低输入延迟，以及提供更稳定的性能，为观众带来更好的视觉体验。

13.5.3　将 VRS 用于近处的物体

VRS 技术可应用在具有低频细节材质的物体上，但某些材质有一定程度的高频细节，单独从材质角度考虑可能不适合使用 VRS 技术。但当这些材质被应用到基元组件上时，基元组件随着与摄像机视点的距离变化，材质纹理的采样滤波算法发生变化，使得在某些情况下可以使用 VRS 技术。

如图 13.20 所示，近处的射击板、人物和草的材质纹理被放大采样，其细节变化变得平缓，即使并排对比 1×1、2×1 和 2×2 三种着色率配置，也难以察觉到视觉差异。但是，远处的射击板、房屋和草，材质纹理应用分级细化缩小采样，细节变得相对丰富，若此时使用 VRS 技术降低着色率，可能导致纹理失真，将产生明显的视觉差异。

图 13.20　近处物体与远处物体应用不同着色率时的视觉效果对比

近处物体适合降低着色率进行渲染的本质原因是什么？我们回归根源——VRS 的原理，从材质纹理采样，将执行的片段着色（Fragment Shader）结果应用到多个像素。如果这些像素采样所得的材质纹理颜色相近，那么，片段着色的结果在用与不用 VRS 时将是相似甚至相同的！近处的物体就是这样一种情况，纹理被放大贴图，相邻多个像素采样的纹素颜色变得相近。所以，使用 VRS 技术降低近处物体的着色率，不会引入可察觉的视觉差异。

如图 13.21 所示，在材质纹理（Material Texture）发生放大采样（Upsampling）

时，相邻像素采样的纹素颜色值变得相近，渲染物细节变得简单（Details Simple），是 VRS 技术视觉无损应用的最佳时机。同时，对近处物体应用 VRS 技术，由于屏幕占比大，像素数量多，性能优化也会明显。

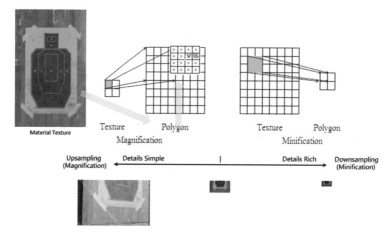

图 13.21　渲染近处物体，纹理放大采样，是 VRS 技术应用最佳时机的说明

　　渲染近处物体适合应用 VRS 技术，是比较反直觉的。直觉上会认为微小的物体、适合做 LOD 的物体，使用 2×2 着色率会比较合适，但事实上是，视觉效果会明显受损，这是因为小物体已经采样不足，如果再降低着色率，进行稀疏采样，效果自然就更差了。而且，对小物体使用 VRS，由于其在屏幕中占有像素数量较少，并不会获得明显的性能收益。相反，在处理近处物体时，由于其在屏幕上占有较多像素，应用 VRS 技术会获得明显的性能收益。

　　由上述原理，通过图 13.22 所示的蓝图，计算摄像机是否在近处物体的包围盒半径内，近似判断纹理是否发生放大采样，进而决定是否对物体设置较低的着色率。需要说明，该方法为近似判断的示范蓝图，读者可尝试探索更多实施方案。

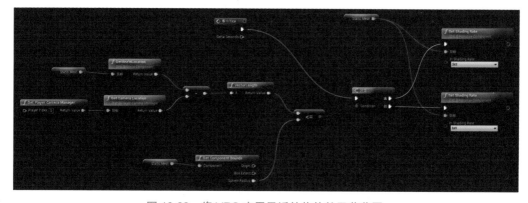

图 13.22　将 VRS 应用于近处物体的示范蓝图

13.6　总结与展望

本章讨论了如何将 VRS 技术集成到 UE4，并在移动设备上进行应用实践。VRS 是一项强大的技术，恰当地使用这项技术，可帮助开发者处理移动设备所面临的渲染瓶颈上的性能挑战，提高性能、优化视觉效果并降低功耗，从而实现高质量的移动手游体验。本章虽然以 Per-Draw 控制方式举例，但很多原理和经验，都是可以应用到 Per-Triangle 和 Per-Region 控制方式中的。希望本章能作为"砖"，引出读者的"玉"。

基于帧预测的移动端高帧率性能优化技术

　　随着硬件技术的发展，越来越多的移动端设备开始支持 90Hz、120Hz 及更高的屏幕刷新率，玩家对于游戏高帧率的需求也随之日益水涨船高。然而，更高的帧率意味着游戏逻辑及渲染绘制需要在更短的时间内完成。由于市面上硬件设备的芯片水平不均，有相当比例的设备无法让游戏稳定运行在目标帧率；同时，对于很多非旗舰设备，若直接开启游戏高帧率模式，高昂的 CPU 使用率、带宽与功耗等性能开销会使设备很快发热降频，帧率反而会降低，若是以降低画质、关闭游戏部分功能的方式减少性能开销则会影响玩家体验。另外，各个硬件厂商对于驱动的实现也是各有不同，为了保证最大程度的兼容性与减少测试及维护成本，使用特定硬件特性与相应 API 扩展也存在一定的风险。此外，第一人称射击等竞技类游戏对于玩家操作的响应时间有很高的要求，从玩家操作触摸屏等输入设备到屏幕根据玩家输入显示相应内容的时间越短，玩家操作的手感越好（即操作的"跟手性"越好）。这使得延长玩家操作响应时间的方案，如"运动估计和运动补偿（Motion Estimate and Motion Compensation，MEMC）"等插帧方案也不再可行（如图 14.1 所示，插帧生成的中间帧需要等待第 $k+1$ 帧绘制完成才能插值生成中间帧，而第 $k+1$ 帧上屏显示需要等待插帧生成的中间帧上屏的垂直同步结束——也就是说，插帧会引入额外的上屏延迟，从而降低跟手性）。为了解决上述问题，《暗区突围》项目组研发了基于屏幕空间逐顶点重投影的帧预测技术，可以根据相机参数及静态物体在之前帧的渲染结果在软件层直接预测生成下一帧的静态物体绘制结果，配合相应的管线即能以较低的功耗开销在绝大部分设备上满足高帧率的需求，且不会增加额外的上屏延迟（如图 14.2 所示，帧预测并不依赖第 k 帧的渲染结果，因此渲染帧和预测帧在生成结束后都可以立即上屏，不会增加玩家的操作反馈延迟）。

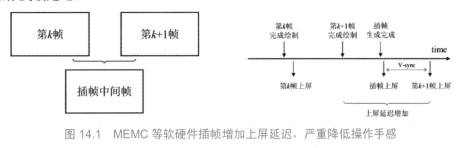

图 14.1　MEMC 等软硬件插帧增加上屏延迟，严重降低操作手感

图 14.2　预测帧不依赖第 $k+1$ 帧，生成后可立即上屏，无额外延迟

14.1　解决思路

众所周知，游戏中将连续的画面、动作、物理行为等离散化为一个个独立的"帧"，使它们可以在每一帧内被独立处理并输出结果；当帧与帧之间的间隔足够小时，每帧依次输出的结果就可以近似地看成是连续的。自然，帧之间的时间间隔越短，对连续的模拟就越精确，这就要求每一帧的运算时间尽可能短；然而，为了给玩家提供更真实的画面效果与更好的体验，渲染就需要更多的时间与计算开销，这样就产生了"游戏品质"与"游戏帧率"之间的矛盾：目前游戏产品普遍的做法是，在选择高帧率时会自动为玩家降低画质以减少每帧的计算开销。为了解决这一矛盾，在调研与分析中我们发现，要想提高帧率，就需要使相机运动更加平滑，也就是使主视角相机在移动和旋转时的画面更加流畅；其他大多数游戏功能的效果（如物理、AI 等）在 60 帧甚至 30 帧时即可获得满意的效果，这些功能在更高的帧率下给玩家带来的体验提升很有限，并且，在大多数情况下，玩家看到的场景中的大部分像素来自不会在场景中运动的静态物体，这些物体的绘制结果中的绝大部分像素可以在上一帧找到对应，因此可以直接复用这些像素的绘制结果而无须重复绘制。

根据这些特点，可以使用将静态物体与动态物体分开绘制的方法，并把每两帧作为一对，在第一帧中首先绘制所有静态场景物体，然后将绘制结果缓存，包括 SceneColor（场景颜色）和 SceneDepth（场景深度）（如图 14.3 所示）；之后继续绘制所有动态物体以完成此帧的绘制，并发送给显示器上屏（如图 14.4 所示）；在下一帧中则直接根据相机位置等参数及缓存的第一帧绘制结果，直接低成本地生成此帧静态场景物体的绘制结果（如图 14.5 所示）；然后继续绘制此帧的动态物体，完成后将此帧上屏（如图 14.6 所示）。这样一来，每两帧就可以节省一次场景中静态物体的绘制。由于多数情况下在场景中看到的物体大都是静态物体，因此这种方式可以相当程度地节省性能开销。

图 14.3　第一帧先绘制静态场景物体，然后缓存其 SceneColor 与 SceneDepth

图 14.4　之后继续绘制 1P 枪手等动态物体，并将其上屏

图 14.5　下一帧相机向前移动，直接低成本生成预测帧的 SceneColor 与 SceneDepth

图 14.6　之后继续在预测帧上绘制 1P 枪手等动态物体，并将其上屏

14.2　生成预测帧的方法

要使用上一帧的 SceneColor 与 SceneDepth 绘制结果及本帧的相机参数生成下一帧的 SceneColor 与 SceneDepth，最容易想到的是基于机器学习的方法。然而机器学习方法的时间、功耗开销很大，预测成本通常很高；且机器学习方法在可解释性上存在困难，很难客观地保证始终准确且稳定地生成下一帧。因此这里选择使用基于重投影的帧预测。

帧与帧之间的重投影在时间域抗锯齿（Temporal anti-aliasing，TAA）、实时光线追踪的时间域降噪等方面有着普遍的应用，其原理如下面的公式所示。在第 k 帧中，$\begin{bmatrix} x\, y\, z\, w \end{bmatrix}_k^{\mathrm{T}}$ 裁剪空间位置坐标（Clip-space coordinates）可以根据第 k 帧的 **MVP** 矩阵及第 $k\text{-}1$ 帧的 **MVP** 矩阵，找到其在第 $k\text{-}1$ 帧中的裁剪空间位置坐标 $\begin{bmatrix} x\, y\, z\, w \end{bmatrix}_{k-1}^{\mathrm{T}}$。同时，对于在场景中静止的物体来说，其每帧的 M 矩阵都相等，即 $M_{k-1} = M_k$，从而 $M_{k-1}\, M_k^{-1} = I$；且 **VP** 矩阵只和相机有关，与场景中的物体无关。这样一来，就可以根据像素在屏幕中的位置及从 SceneDepth 中采样得到的像素深度获取本帧的 $\begin{bmatrix} x\, y\, z\, w \end{bmatrix}_k^{\mathrm{T}}$ 裁剪空间坐标，然后通过本帧与上一帧的相机 **VP** 矩阵找到本帧中像素在上一帧的裁剪空间中的位置；若通过语义判断这两个像素属于同一个静止物体，那么就可以认为这两个像素是以同样的方式渲染的，这样就可以复用之前帧渲染好的结果来进行时间域的抗锯齿、降噪等操作。

$$\begin{bmatrix} x \\ y \\ z \\ w \end{bmatrix}_{k-1} = P_{k-1}\, V_{k-1} \underbrace{M_{k-1}\, M_k^{-1}}_{=\,I}\, V_k^{-1}\, P_k^{-1} \begin{bmatrix} x \\ y \\ z \\ w \end{bmatrix}_k$$

然而对于帧预测来说，需要在第 $k\text{-}1$ 帧绘制完成后，根据第 k 帧的相机信息预测生成第 k 帧的 SceneColor 与 SceneDepth。由于第 k 帧没有经过绘制，无法获取像素的深度值，因此无法通过像素深度获取第 k 帧中 $\begin{bmatrix} x\, y\, z\, w \end{bmatrix}_k^{\mathrm{T}}$ 裁剪空间坐标位置的 z 分量的值，从而在第 k 帧中无法通过一个 Screen Pass 的 Pixel Shader（像素着色器）逐像素地寻找第 k 帧中每个像素在第 $k\text{-}1$ 帧中的位置。因此如下面的公式所示，需要将第 $k\text{-}1$ 帧中的位置重投影到第 k 帧。然而，如果使用 Compute Shader 将第 $k\text{-}1$ 帧中的像素逐一重投影到第 k 帧，因为第 $k\text{-}1$ 帧中不同的像素在重投影后可能位于第 k 帧的同一个像素中，会存在写入的同步问题及无法使用硬件的深度测试选择最靠近相机的像素。此外，逐像素地进行重投影在产生 Pixel Miss（由于相机运动，在第 k 帧中出现了第 $k\text{-}1$ 帧中未绘制的像素）时，需要大量的邻域像素采样来补全：这种邻域像素采样在使用 Tile Based Rendering（基于瓦片的渲染）的移动设备上容易产生大量的 Cache Miss（缓存未命中），可能带来很大的性能开销，因此我们开发了基于屏幕空间深度值还原场景物体顶点及网格三角面，并逐顶点进行重投影的方法。

$$
\begin{bmatrix} x \\ y \\ z \\ w \end{bmatrix}_k = P_k\,V_k\,\underbrace{M_k\,M_{k-1}^{-1}}_{=\,I}\,V_{k-1}^{-1}\,P_{k-1}^{-1}\begin{bmatrix} x \\ y \\ z \\ w \end{bmatrix}_{k-1}
$$

在物体模型绘制完毕后，就会在 SceneColor 和 SceneDepth 留下其颜色与深度信息。在正常绘制场景的过程中，会将视锥内所有未被遮挡的模型依次进行绘制并输出到屏幕（如图 14.7 所示，在渲染图中的三个几何图元时，三个图元中的大部分都因为遮挡、不在视锥内而对渲染结果无贡献）；而若将图 14.7 中所有出现在屏幕上的三角面等效地合并为一个如图 14.8 所示的大的聚合网格体（本章称其为"屏幕空间聚合网格体"，即 Screen Space Aggregated Mesh，SSAM），并将此聚合网格体绘制到屏幕则可以得到同样的结果。这样一来，如果使用第 $k-1$ 帧的 SceneDepth 深度图将屏幕空间聚合网格体还原出来，并对聚合网格体根据第 $k-1$ 帧和第 k 帧的相机 VP 矩阵行逐顶点地进行重投影，即可得到第 k 帧的屏幕空间聚合网格体；之后将第 $k-1$ 帧的 SceneColor 作为聚合网格体的贴图并将其绘制到屏幕，即可得到预测生成的第 k 帧的 SceneColor 和 SceneDepth。这种方法仅使用了基本的光栅化功能，不依赖任何硬件及 API 扩展，有极好的兼容性；并且屏幕空间聚合网格体在重投影后依然连续，未命中的像素会由硬件光栅化自动插值，无须耗费性能手动处理，有很好的健壮性；也不涉及易产生 Cache Miss 的邻域采样操作，进一步降低了性能开销。

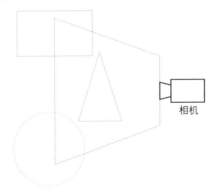

图 14.7　分别渲染三个几何图元

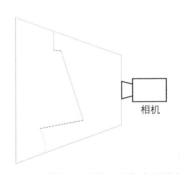

图 14.8　等效的屏幕空间聚合网格体

14.2.1　使用深度在屏幕空间还原场景网格

使用第 $k-1$ 帧的 SceneDepth 深度图还原场景的屏幕空间聚合网格体,最重要的是找到深度图中哪些像素内最可能存在顶点:有了像素 UV 坐标及像素深度,即可获得顶点的完整位置信息。由网格模型的基本知识可知,对于一个由连续三角面组成的网格模型,其模型平面处的平面内可以不存在顶点,而模型出现弯折、凹凸等细节丰富的地方则必须存在顶点,如图 14.9 所示的油桶网格的绘制。可以看到,上下桶盖平面内并不存在独立的顶点,而桶盖边缘弯折处、油桶嘴处则需要顶点:这是由于在弯折、凹凸处产生了曲率的变化,而三角面只能是平面,曲率变化处需由两个不共面的三角面的共同棱来体现,而三角面的棱处则必然存在顶点。

 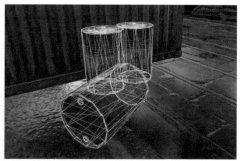

图 14.9　油桶模型绘制结果及三角面

我们假设屏幕空间聚合网格体也是一个由连续三角面组成的网格模型,为了方便将顶点连接成网格并使顶点更均匀地分布,我们在图 14.10 所示的深度图每 $n×n$ 个像素的瓦片(Tile)中分配一个顶点,该顶点位于瓦片中最可能存在顶点的像素处。形象地说,就是先在屏幕上画一个密集的均匀网格面片(网格点的间距是 n 个像素,如图 14.11 所示),然后每个网格点在其负责的瓦片区域内游走并吸附到最可能存在顶点的像素处。这样一来,就像是用一个密集的"网"蒙住了 SceneDepth 深度图,从而形成屏幕空间聚合网格体(如图 14.12 所示),此时 SceneColor 可以被看作网格的表面贴图(如图 14.13 所示)。由于网格顶点更可能存在于弯折、凹凸处,而这部分特征在深度场中的梯度变化往往较大,因此可以认为瓦片中最可能存在顶点的位置即是瓦片内深度场梯度变化最大的位置。因为 SceneDepth 深度图描述的是二维坐标系中的一个标量场,我们使用一个一阶非线性算子 $\left(\frac{\partial}{\partial u}\mathrm{Depth}(u,v)\right)^2+\left(\frac{\partial}{\partial v}\mathrm{Depth}(u,v)\right)^2$,即梯度各分量的平方和来衡量 SceneDepth 深度图中每个像素处深度场梯度变化的大小:这个算子的运算结果是一个标量，可以很方便地比较大小；且平方可以使比较不受梯度正负的影响，从而只考虑梯度的变化率。

图 14.10　场景的 SceneDepth 深度图

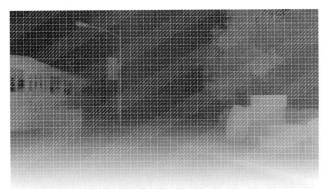

图 14.11　网格面片处于初始状态，所有顶点位于 $n×n$ 瓦片左上角的像素处
（为方便浏览，网格密度小于实际使用的密度）

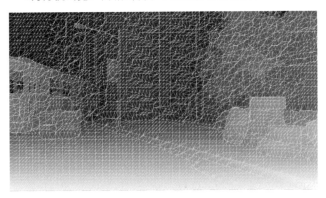

图 14.12　网格面片的网格点已完成吸附，所有顶点位于 $n×n$ 瓦片内梯度平方和
变化最大的像素处，形成了屏幕空间聚合网格体

图 14.13　在 SceneColor 下预览生成的屏幕空间聚合网格体

14.2.2　顶点的重投影及走样的修复

在找到 $n×n$ 瓦片内梯度平方和变化最大的像素后，就可以认为顶点就位于此像素所在的位置。根据该像素在第 $k-1$ 帧 SceneDepth 深度图的 UV 坐标及深度，经过简单的线性变换后即可获得顶点在 Clip 空间（裁剪空间）的位置齐次坐标。将该齐次坐标左乘变换矩阵 $\left(P_k V_k V_{k-1}^{-1} P_{k-1}^{-1}\right)$ 并归一化后，即可得到该顶点在第 k 帧中 Clip 空间的位置齐次坐标。同时第 $k-1$ 帧的 SceneColor 可以看作屏幕空间聚合网格体的贴图，顶点对应贴图的 UV 坐标在重投影前后自然不会发生改变，因此瓦片内梯度平方和变化最大的像素在第 $k-1$ 帧 SceneColor/SceneDepth 中的 UV 坐标即可直接作为顶点的 UV 坐标。根据顶点所在像素的 UV 坐标、深度和从重投影矩阵获得第 k 帧中 Clip 空间的位置齐次坐标的代码如下所示：

```
float3 ReprojectionByUvAndDepth(float2 InUV, float InDepth, float4x4
InReprojMat)
{
    //将 UV 坐标变换到 Clip 空间
    float2 ClipXY = float2(2.0, -2.0) * InUV.xy + float2(-1.0, 1.0);
    //第 k-1 帧 Clip 空间的位置齐次坐标
    float4 ClipPos = float4(ClipXY.x, ClipXY.y, InDepth, 1.0);
    float4 ReprojClipPos = mul(ClipPos, InReprojMat); //重投影矩阵乘法
    ReprojClipPos /= ReprojClipPos.w; //透视除法
    return ReprojClipPos.xyz; //返回第 k 帧 Clip 空间的位置齐次坐标
}
```

然而由于相机运动，落在不同物体上的相邻顶点重投影后在 Clip 空间的位移可能相差很大。例如，透视投影相机在侧向移动时，物体离相机越远，在 Clip 空间的位移就越小，这样就会导致图 14.14 所示的三角面的拉伸走样（位移差方向与顶点邻接方向共线）与图 14.15 所示的剪切走样（位移差方向与顶点邻接方向

垂直），或两者的混合。例如，在图 14.16 所示的示例场景中，相机正在向右运动，此时作为前景物体的巴士和作为背景物体的红色建筑及水泥路面等物体有了 Clip 空间的位移差：在（1）所示的区域内，落在巴士上方的顶点和落在建筑上的顶点由于位移差产生了剪切走样，导致建筑上的窗户发生了扭曲；在（2）所示的区域内，则发生了拉伸走样，落在巴士上和落在作为背景的建筑及路面等的顶点组成的左右相邻的三角面被横向拉伸，导致原先平齐的巴士侧棱由于拉伸幅度不一样而出现了毛刺状凸起。为了减少这些走样，需要进行校正。

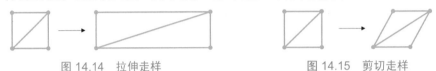

图 14.14　拉伸走样　　　　　　　　　　图 14.15　剪切走样

图 14.16　走样场景示例

对于拉伸走样，由于前景物体和背景物体的交界处会产生深度的突变，因此交界处深度场梯度变化很大，顶点非常容易落在交界处；当三角面的两个顶点落在前景物体的边缘处（如示例中巴士与场景的交界），另一个顶点落在背景上时，此时三角面内像素的 UV 坐标几乎全部处于背景上，仅有前景物体的边缘处的两个顶点所在的棱的 UV 坐标属于前景物体；在重投影后，三角面被拉长，顶点间的像素变多，而在光栅化后像素的 UV 坐标由顶点的 UV 坐标插值而成，这就会导致前景物体的 UV 坐标不再只位于棱上，而是"侵入"到了三角面内。若直接使用插值后的 UV 坐标，从宏观来看就是前景物体的颜色出现了向背景方向的毛刺状凸起。要解决这个问题，只需使三角面内不出现前景物体的 UV 坐标即可：在找到 $n \times n$ 瓦片内深度梯度变化最大的像素后，比较其周围像素的深度并使顶点落在深度值距相机更近的像素中（即顶点落在前景物体上）；同时比较其周围深度最大和最小像素在重投影后的位移差，如果位移差大于一定的阈值，则认为该顶点位于前景物体和背景物体的边界处，且发生了拉伸走样，此时只需让顶点位置位于前景像素上，而顶点的 UV 坐标使用背景像素的 UV 坐标。由于边界处的前景像素和背景像素重投影前在各个方向上最多只有一个像素的 UV 坐标差,这种 UV 坐标偏移产生的扭曲扰动很小;而这样可以使被拉伸的三角面的全部三个顶点的 UV 坐标都使用背景物体的 UV 坐标，拉伸后的三角面在光栅化后自然也不会出现前景物体的 UV 坐标，从而避免了拉伸走样带来的毛刺状凸起。

对于剪切走样，也是由于前景物体和背景物体上的顶点有位移差，三角面经光栅化后，每个像素的位移量由顶点的位移线性插值而成，这种插值会导致位于背景物体上像素的位移量被前景物体放大，且背景物体上的像素越接近前景物体，这种放大就越明显，如在图 14.16 所示的示例场景（1）中，部分三角面下方的顶点落在作为前景物体的巴士上，而上方顶点落在作为背景物体的红色建筑上，当相机向右移动时，巴士在 Clip 空间向左的位移量显著大于红色建筑，因此可以看到巴士与红色建筑交界处、建筑上的窗户等受到了巴士的"拉扯"而产生了向左的扭曲。由于实际像素位移变化不连续（在前景-背景交界处出现），而由顶点位移光栅化插值出的像素位移必然连续，因此不易直接通过顶点属性修正来解决此类走样。然而可以观察到，如果将第 $k-1$ 帧的 SceneDepth 重投影到第 k 帧，即发生了剪切走样，走样后像素的深度值相较于正确的绘制结果也不会有很大变化：如在图 14.16 所示的示例场景（1）中，作为背景物体的红色建筑上的像素只发生了横向平移，其颜色与深度并未受到作为前景物体的巴士的影响，因此可以借助"逐像素重投影"的思想，在绘制重投影后的屏幕空间聚合网格体时，在其 Pixel Shader（像素着色器）中首先根据 Vertex Shader（顶点着色器）插值出 UV 坐标，采样第 $k-1$ 帧的 SceneDepth，然后根据第 k 帧 Pixel Shader 绘制时正在绘制像素的 UV 坐标、采样到的深度及 $\left(P_{k-1} V_{k-1} V_k^{-1} P_k^{-1} \right)$ 矩阵，使用 ReprojectionByUvAndDepth() 重投影到 $k-1$ 帧的 Clip 空间位置，并将其变换为 UV 坐标，再用该 UV 坐标重新采样第 $k-1$ 帧的 SceneDepth，若两次采样获得的深度相差不大则可以认为重投影前后的 UV 坐标对应的是同一个物体的像素，这时就可以直接使用 ReprojectionByUvAndDepth() 重投影获得的 UV 坐标采样 $k-1$ 帧的 SceneColor，而不是使用 Vertex Shader 插值出的 UV 坐标。

经过校正后的帧预测效果如图 14.17 所示。可以看到，区域（1）内由剪切走样产生的扭曲和区域（2）内由拉伸走样产生的毛刺状凸起都有了很好的改善。

图 14.17　走样校正后

14.2.3 帧预测的实现

帧预测的具体实现过程如图 14.18 所示。首先通过一个 Compute Shader Pass 根据第 $k-1$ 帧的 SceneDepth 计算屏幕空间聚合网格体每个顶点的位置与 UV 坐标，然后执行一个网格 Pass 来将屏幕空间聚合网格体绘制到屏幕来生成第 k 帧的 SceneColor 与 SceneDepth。

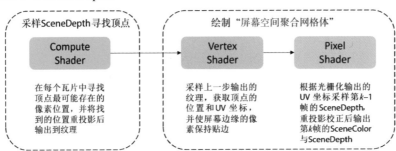

图 14.18 帧预测的实现过程

14.2.3.1 采样 SceneDepth 寻找顶点

在寻找顶点时，首先使用一个 Compute Shader Pass 为第 $k-1$ 帧的 SceneDepth 中的每个瓦片派发一个线程，按行遍历每个瓦片里的所有像素，找出其中最可能存在顶点的位置：可以使用差分 $\left(\left(\text{Depth}(i+1,j)-\text{Depth}(i,j)\right)^2+\left(\text{Depth}(i,j+1)-\text{Depth}(i,j)\right)^2\right)$ 来近似一阶非线性算子 $\left(\frac{\partial}{\partial u}\text{Depth}(u,v)\right)^2+\left(\frac{\partial}{\partial v}\text{Depth}(u,v)\right)^2$ 在像素索引 (i,j) 处的值，这就要求在求解每个像素差分值时要同时知道其右侧和下方像素的深度值。因此使用按行采样的方式，在处理第 m 行的时候同时采样并缓存第 $m+1$ 行像素的深度值，这样在处理第 $m+1$ 行时就可以直接从缓存数组中获取本像素及右侧像素的深度值而不必再次采样。在采样下方像素的深度值时又可以将其缓存从而为处理第 $m+2$ 行做准备，这样可以最大程度地避免重复采样。同时缓存量只有一行（不必缓存整个瓦片），从而取得了时间与空间开销上的平衡（示例可参考图 14.19，在求解红框中的像素的差分值时，其自身和右侧像素的深度值可以直接从缓存数组中读取，只需采样下方粉红色像素，差分计算完成后将粉红色像素的深度值存入缓存数组）。值得注意的是，为了计算瓦片内最右一列和最下一行像素的差分，需要采样并缓存瓦片右方外侧和下方外侧的像素，因此 $n\times n$ 的瓦片使用的缓存数组大小为 $n+1$。

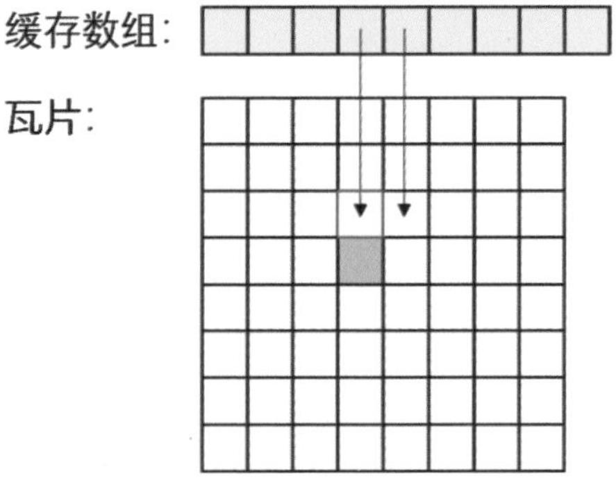

缓存数组：

瓦片：

图 14.19　计算红框内像素的深度的差分值时，仅需采样其下方粉红色像素

在得到像素的差分梯度后，便可以跟之前缓存的最大差分梯度值进行比较并更新。以此方法遍历完瓦片内所有的像素后，可以得到最大差分梯度像素的位置。之后分别采样最大差分梯度像素右侧、下方及右下像素的深度值，获取这四个像素中深度值最大和最小像素的位置，并分别将二者作为前景像素与背景像素。接下来使用 ReprojectionByUvAndDepth() 对前景像素与背景像素分别进行重投影并比较重投影后的位置距离。当重投影前后前景像素和背景像素相对方向不变（比如前景像素在背景像素右侧，重投影后前景像素仍在背景像素右侧）且相对距离超过阈值时，顶点使用前景像素的 Clip 空间位置及背景像素的 UV 坐标以校正拉伸走样；在未发生拉伸走样时则都使用前景像素的 Clip 空间位置和 UV 坐标。之后，将得到的顶点在 Clip 空间的 xy 坐标及 UV 坐标保存到 OutputUAV：为了保证数值精度，建议使用 RGBA32F 四通道 32 位浮点格式的 UAV。此外，为了均衡负载与效果，瓦片的尺寸建议在 4~16 之间（瓦片尺寸为 8×8 时的网格密度如图 14.20 所示）。

图 14.20　使用尺寸为 8×8 的瓦片时的网格密度

HLSL 风格的 Compute Shader 的伪代码如下所示：

```
#define TILE_SIZE 8 //瓦片的尺寸，建议在 4~16 之间，此处取 8
Texture2D DepthTexture; //第 k-1 帧的 SceneDepth 纹理
uint2 DepthTextureSize; //DepthTexture 的尺寸：长宽各为多少像素
float4x4 ReprojectionMatrix; //CPU 计算得到的重投影矩阵
RWTexture2D<float4> OutputUAV; //输出的结果 UAV

[numthreads(8, 8, 1)]
void FramePredictionCS(uint3 DT_ID : SV_DispatchThreadID)
{
    //瓦片左上角像素位置的索引：从这里开始遍历瓦片
    uint2 initPixelPos = uint2(DT_ID.x * TileSize, DT_ID.y * TileSize);
    float cachedDepth[TILE_SIZE+1]; //需额外保存一个外侧的像素
    float maxGradient = 0.0f; //最大差分梯度
    uint2 maxGradientPixelPos = initPixelPos; //差分梯度最大的像素位置坐标

    //遍历瓦片寻找差分梯度最大的像素
    for (uint j = 1; j < TILE_SIZE; ++j)
    {
        for (uint i = 0; i < TILE_SIZE; ++i)
        {
            //从 DepthTexture 或缓存数组 cachedDepth 获取所需深度
            float thisPixelDepth = GetDepth(uint2(initPixelPos.x + i,
initPixelPos.y + j), DepthTexture, cachedDepth);
            float rightPixelDepth = GetDepth(uint2(initPixelPos.x + i + 1,
initPixelPos.y + j), DepthTexture, cachedDepth);
            float bottomPixelDepth = GetDepth(uint2(initPixelPos.x + i,
initPixelPos.y + j + 1), DepthTexture, cachedDepth);

            if (rightPixelDepth 或 bottomPixelDepth 的采样位置超过
DepthTextureSize 范围) break;

            //计算梯度平方和，并更新最大梯度信息：函数 Square(x) 返回 x*x
            float localGradient = Square(rightPixelDepth - thisPixelDepth) +
Square(bottomPixelDepth - thisPixelDepth);
            if (localGradient > maxGradient)
            {
                maxGradient = localGradient;
                maxGradientPixelPos = sampPos;
            }

            //更新缓存的深度（注意对瓦片最右侧像素的特殊处理）
            RefreshCachedDepth(cachedDepth, otherParams...);
        }
    }

    //分别采样 maxGradientPixelPos 处及其右侧、下方及右下像素的深度值，
    //并获取其中深度最大和最小像素，分别作为前景像素与背景像素
    uint2 foregroundPos, backgroundPos;
```

```
float foregroundDepth, backgroundDepth;
for (uint j = 0; j <= 1; ++j)
{
    for(uint i = 0; i <= 1; ++i)
    {
        float sampDepth = GetDepth(uint2(maxGradientPixelPos.x + i,
maxGradientPixelPos.y + j), DepthTexture);
        if (sampDepth 为这四个像素中最大的) { 设为 foregroundDepth 并设置
foregroundPos; }
        if (sampDepth 为这四个像素中最小的) { 设为 backgroundDepth 并设置
backgroundPos; }
    }
}

//重投影
float3 foregroundReprojClipPos =
ReprojectionByUvAndDepth(PixelPosToUv(foregroundPos), foregroundDepth,
ReprojectionMatrix);
    float3 backgroundReprojClipPos =
ReprojectionByUvAndDepth(PixelPosToUv(backgroundPos), backgroundDepth,
ReprojectionMatrix);

//拉伸走样校正：foregroundPos 及 backgroundPos 在重投影前最多差一个像素，
//重投影后位置差距过大则认为发生了拉伸走样
float2 VertexUV = PixelPosToUv(foregroundPos);
if (前景像素和背景像素在重投影前后的相对方向不变 &&
abs(foregroundReprojClipPos.xy - backgroundReprojClipPos.xy) >
THRESHOLD_VALUE)
{
    VertexUV = PixelPosToUv(backgroundPos);
}

//输出计算结果（Clip 空间的 xy 坐标与 UV 坐标）到 UAV：顶点位置位于前景像素上
OutputUAV[DT_ID.xy] = float4(foregroundReprojClipPos.xy, VertexUV.xy);
}
```

14.2.3.2　绘制 "屏幕空间聚合网格体"

在通过 Compute Shader Pass 得到顶点信息后，需要执行一个网格 Pass 来绘制屏幕空间聚合网格体。可以看到，由于顶点所需的信息全部保存在了 Compute Shader 的输出 UAV 中，因此只需要通过一个 Index Buffer 直接调用绘制即可，无须从 CPU 额外向 GPU 传递其他任何数据。在网格 Pass 的 Vertex Shader 中，首先根据顶点 ID 计算该顶点在 Compute Shader 的输出 UAV 中的对应位置并采样，从而获得顶点在 Clip 空间的 xy 坐标及 UV 坐标。可以看到，着色器并没有缓存和使用顶点在 Clip 空间的 z 坐标，这是因为屏幕空间聚合网格体在光栅化后，像素的深度值直接通过从第 $k-1$ 帧的 SceneDepth 深度图采样获得：像素深度值若是直接使用顶点深度插值后的结果，则会导致顶点之间的深度变化均为线性的，原本场景中的高频深度变化会丢失，从而在前景-背景物体交界处出现羽化并导致严重的走样。除此之外，为了防止由于相机运动，重投影后的屏幕空间聚合网格体在绘制时在屏幕边缘产生未绘制的空白，需要使屏幕边缘顶点的 Clip 空间位置及 UV 坐标均保持贴边，从而使边缘部分被光栅化自动插值出的像素填补。而在 Pixel Shader 中，只需根据光栅化插值出的 UV 坐标从第 $k-1$ 帧的 SceneDepth 纹理中获取深度且将其重投影到本帧的深度，并结合将本像素在屏幕上的 UV 坐标重投影到第 k 帧来校正剪切走样。之后使用校正后的 UV 坐标采样第 $k-1$ 帧的 SceneColor 纹理并输出颜色，并将重投影到本帧的深度输出到像素深度。

HLSL 风格的 Vertex Shader 的伪代码如下所示：

```
Texture2D<float4> VertexInfoTexture; //Compute Shader 输出的 UAV
uint2 SizeOfUAV; //UAV 的尺寸

void FramePredictionVS(in uint GlobalVertexId : SV_VertexID
        , out float2 OutUV : TEXCOORD0
        , out float4 OutPosition : SV_POSITION)
{
    //根据顶点 ID 计算该顶点在 VertInfoTexture 的对应位置
    uint2 VertPosInUAV = uint2(GlobalVertexId % (SizeOfUAV.x + 1),
GlobalVertexId / (SizeOfUAV.x + 1));
    //从 UAV 的 xy 通道中获取顶点在 Clip 空间的位置
    OutPosition = GetVertClipPos(VertexInfoTexture, VertPosInUAV);
    //从 UAV 的 zw 通道中获取顶点的 UV 坐标
    OutUV = GetVertUV(VertexInfoTexture, VertPosInUAV);

    //边缘像素保持贴边
    if (VertPosInUAV.x == 0 || VertPosInUAV.x == SizeOfUAV.x)
    {
        OutUV.x = float(VertPosInUAV.x) / float(SizeOfUAV.x);
        OutPosition.x = UvToClipPos(OutUV.x);
    }
    if (VertPosInUAV.y == 0 || VertPosInUAV.y == SizeOfUAV.y)
    {
        OutUV.y = float(VertPosInUAV.y) / float(SizeOfUAV.y);
        OutPosition.y = UvToClipPos(OutUV.y);
    }
}
```

HLSL 风格的 Pixel Shader 的伪代码如下所示：

```
Texture2D ColorTexture; //第 k-1 帧的 SceneColor 纹理
Texture2D DepthTexture; //第 k-1 帧的 SceneDepth 纹理
float4x4 ReprojectionMatrix; //CPU 计算得到的重投影矩阵(从第 k-1 帧重投影到第 k 帧)
float4x4 InverseReprojMatrix; //CPU 计算得到的重投影矩阵(从第 k 帧重投影到第 k-1 帧)
float2 RenderTargetSize; //RenderTarget 的尺寸
```

```
void FramePredictionPS(in float2 VertInterpolatedUV : TEXCOORD0
        , in float4 SvPosition : SV_POSITION
        , out float3 OutColor : SV_Target0
        , out float OutDepth : SV_Depth)
{
    float LastFrameDepth = TexSample(DepthTexture, VertInterpolatedUV).x;
//上一帧的深度
    OutDepth = ReprojectionByUvAndDepth(VertInterpolatedUV, LastFrameDepth,
ReprojectionMatrix).z; //重投影到本帧，并作为输出深度

    //从第 k 帧重投影到第 k-1 帧，以校正剪切走样
    //本像素在屏幕上的 UV 坐标
    float2 ScreenUV = SvPosition.xy / RenderTargetSize.xy;
    //重投影到第 k-1 帧
    float3 InvReprojClipPos = ReprojectionByUvAndDepth(ScreenUV, OutDepth,
InverseReprojMatrix);
    float DepthBeforeReproj = TexSample(DepthTexture,
ClipToUv(InvReprojClipPos.xy)).x;

    //深度大致相等则认为是同一语义
    if (ApproxEqual(LastFrameDepth, DepthBeforeReproj) &&
        //UV 坐标差距大于阈值则认为发生剪切走样
        abs(VertInterpolatedUV.xy - ClipToUv(InvReprojClipPos.xy)) >
THRESHOLD_VALUE)
    {
        OutColor = TexSample(ColorTexture,
ClipToUv(InvReprojClipPos.xy)).xyz;
    }
    else
    {
        OutColor = TexSample(ColorTexture, VertInterpolatedUV).xyz;
    }
}
```

　　图 14.21 与图 14.22 分别呈现了在相机平移和旋转时帧预测的效果。可以看到，屏幕边缘及遮挡缺失的像素都由光栅化插值自动补充。由于在高帧率下，相机在低速运动时这部分像素占比很小，所以光栅化插值的结果与正确的渲染结果差异很小；在相机高速运动时，由于人眼的视觉暂留特性，看到的图像本身就是模糊的，此时光栅化插值自动补充的像素亦不容易被玩家察觉。此外，对于屏幕边缘缺失的像素，在有必要的情况下可以通过预测相机的运动，在渲染绘制第 k-1 帧时在所需的方向上略微扩大相机的视锥范围，并在上屏时根据相机参数对绘制结果进行裁剪；这样一来，第 k 帧在进行帧预测时需要被裁剪到屏幕内的边缘像素均在第 k-1 帧中绘制，从而解决了边缘像素缺失的问题，但同时也需要在第 k-1 帧中绘制更多的像素，从而使绘制开销增加。

图 14.21 在相机向前移动时，进行帧预测的效果（为便于对比，使用了较大的 DeltaTime）

图 14.22 在相机向右旋转时，进行帧预测的效果（为便于对比，使用了较大的 DeltaTime）

14.3 适配帧预测的管线

为了有效地使用帧预测技术降低高帧率渲染的性能开销，《暗区突围》项目组针对不同的硬件设备与性能需求开发了两种适配帧预测的管线，分别为"以'渲染帧-预测帧'为一对的渲染管线"（可简称为"成对渲染管线"），与"直接在渲染线程插补中间帧的渲染管线"（可简称为"中间帧插补管线"）。

14.3.1 以"渲染帧-预测帧"为一对的渲染管线

在场景中物体静止时，$M_{k-1}M_k^{-1} = I$，此时帧预测能通过相机的 **VP** 矩阵与第 $k-1$ 帧缓存的 SceneColor/SceneDepth 纹理，以很低的开销生成第 k 帧的 SceneColor/SceneDepth；对于场景中的动态物体，仍然需要每帧进行绘制。因此可以将两帧作为一对（分别称为"渲染帧"和"预测帧"），并将动态物体与静态物体的绘制分离到不同的 Pass 中：在渲染帧中，静态物体和动态物体均由渲染绘制；而在预测帧中只绘制动态物体，静态物体的绘制结果由帧预测直接生成。

具体的渲染管线如图 14.23 所示。在渲染帧中，首先在 Base Pass Opaque 和 Base Pass Translucent 中分别绘制场景中不透明和半透明的物体，绘制完成后将此时的 SceneColor/SceneDepth 复制到缓存纹理中（此时缓存纹理中只有静态物体）；然后继续在 Render Target 上通过 Movable Pass Opaque 和 Movable Pass Translucent 绘制不透明和半透明的动态物体，之后经过 Tone Mapping（色调映射）等后处理再将 Render Target 上屏（即呈现到屏幕）。在预测帧中，静态物体的绘制结果由帧预测通过缓存的 SceneColor/SceneDepth 直接生成并输出到 Render Target；此后，通过 Movable Pass Opaque 和 Movable Pass Translucent 继续绘制本帧不透明和半透明的动态物体，经过后处理后将 Render Target 上屏。

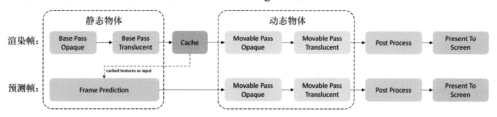

图 14.23　成对渲染管线的结构

值得注意的是，由于静态半透明物体首先在 Base Pass Translucent 中进行绘制，之后会在 Movable Pass Opaque 中绘制动态不透明物体，然后才会在 Movable Pass Translucent 中继续绘制动态半透明物体。然而当出现了如图 14.24 所示的情况时，动态不透明物体 A 出现在静态半透明物体 2 与 3 之间，此时如果先在 Base Pass Translucent 中绘制半透明物体 1、2、3、4，则在 Movable Pass Opaque 中绘制的动态不透明物体 A 就会出现在静态半透明物体 3、4 上方，从而导致绘制结果出错。此时需要将静态半透明物体 3、4 也转移到 Movable Pass Translucent 中绘制以保证绘制顺序。同时，若出现动态半透明物体在静态半透明物体后方的情况，也要进行类似的操作以保证绘制顺序。另外，动态物体与静态物体的区分并不一定是在游戏物体上预先标记好的，为了保证最佳的绘制性能，可以根据物体在屏幕上的占比大小、物体相对上一帧在屏幕空间的位移等多种因素动态地区分：对于自身位置变化很小、距离相机很远且移动速度很慢的物体，它们的 $\boldsymbol{M}_{k-1}\boldsymbol{M}_k^{-1} \approx \boldsymbol{I}$，可以将它们作为静态物体在 Base Pass Opaque 和 Base Pass Translucent 中绘制，从而可以使它们的绘制结果在预测帧中直接由帧预测生成，以进一步降低绘制开销。

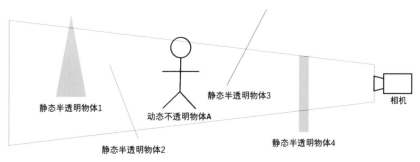

图 14.24　半透明物体的绘制

14.3.2　直接在渲染线程插补中间帧的渲染管线

在成对渲染管线中，渲染帧和预测帧在 Game 线程中仍然是各自独立的逻辑帧，这种方式可以完全保证高帧率的玩家的输入响应时间且能显著降低 GPU 的开销。然而在这种情况下，Game 线程仍然在以高帧率运行，CPU 的负载并没有显著降低。这时如果游戏对玩家输入的响应时间不敏感，同时需要以更低的开销满足高帧率的需求，可以使用图 14.25 所示的中间帧插补管线，在一个逻辑帧中将两个图形帧呈现到屏幕：在 Render 线程开始的时候，首先使用上一帧和本帧的相机参数插值出"中间帧"的相机 VP 矩阵，然后使用插值出的 **VP** 矩阵及上一帧缓存的 SceneColor/SceneDepth 纹理通过帧预测生成"中间帧"所有场景物体的绘制结果；然后插值出所有 Moveable 物体的 **M** 矩阵和其他运动参数，此时可以对所有 Moveable 物体使用两个 Uniform Buffer，在绘制 Moveable Pass 1 时使用包含插值参数（如 **MVP** 矩阵）的 Uniform Buffer 1，而直接使用 Gameplay 逻辑输出参数的 Uniform Buffer 2 则用于之后的 Moveable Pass 2；在使用插值的中间帧参数完成 Moveable Pass 1 的绘制后，进行一次后处理将中间帧呈现到屏幕；此后继续在 Base Pass Opaque 和 Base Pass Translucent 中绘制所有场景物体并缓存，然后使用 Uniform Buffer 2 完成 Moveable Pass 2，进行后处理后上屏。可以看到，这种高帧率的实现方式虽然不能缩短对玩家输入的响应时间以提升操作手感，但可以使相机运动与滑动屏幕旋转十分逼近高帧率渲染的效果，也无须修改 Gamplay 逻辑——例如，若将逻辑帧率定为 60Hz，则此时相机运动的画面效果可以非常逼近 120Hz 的效果，但绝大多数代码逻辑均以 60Hz 运行，因此能以很低的开销大幅提升屏幕帧率及画面的流畅度。

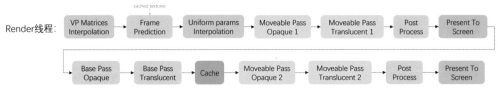

图 14.25　中间帧插补管线结构

需要注意的是，在计算"中间帧"的 **M** 矩阵、**V** 矩阵和 **P** 矩阵等 Uniform 参数时，建议直接插值动态物体和相机的位置坐标、旋转角四元数等因子后重新计算矩阵，而不是直接对矩阵元素插值，因为计算 **MVP** 矩阵时会涉及三角函数等非线性函数，且对旋转矩阵插值的结果并不是正交矩阵。另外，对于 FPS 类游戏，1P 角色的手、武器需始终与相机保持相对静止，且相机的运动取决于玩家的输入操作，其运动并不总是线性变化的——这就导致在绘制 Moveable Pass 1 时，如果使用插值的 **MVP** 矩阵，容易出现由线性插值误差而引起 1P 角色的手、武器与相机产生微小相对运动，从而产生视觉上的抖动。为了避免这种情况，在绘制 Moveable Pass 1 中 1P 角色的手与武器时，建议 Uniform Buffer 1 直接使用 Gameplay 逻辑输出的 **MVP** 矩阵（即 Uniform Buffer 2 中使用的 **MVP** 矩阵的值），而其他参数如骨骼动画等仍可使用插值的结果。

14.4　适配帧预测管线的负载均衡方案

可以看到，由于通过帧预测生成场景物体绘制结果的开销远低于在 Base Pass Opaque 和 Base Pass Translucent 中进行场景物体绘制的开销，所以在成对渲染管线中使得预测帧的 GPU 负载远低于渲染帧的。在中间帧插补管线中也会使在一个逻辑帧中 GPU 的开销在第一个 Present 上屏前远低于上屏后：GPU 驱动是以 Present 上屏为界限来区分两个 GPU 帧的，在这两种管线中都会造成一个 GPU 帧负载大，另一个 GPU 帧负载小。在这种情况下，移动端 GPU 驱动在调度时会发现 GPU 帧的平均负载降低，从而可能会降低 GPU 的频率以节约电量，这样就会出现图 14.26 所示的情况：在成对渲染管线中的渲染帧，或在中间帧插补管线中第二次 Present 上屏时，都会提交大量绘制命令到 GPU，在提交完成后 GPU 开始运行这些绘制命令；此时 CPU 则会继续录制成对管线的预测帧或中间帧插补管线中第一次 Present 上屏前的绘制命令，当提交命令到 GPU 时，由于上次提交的负载量较大，因此需要等待 GPU 处理完成，此时 CPU 处于 Idle 等待状态；在 CPU 等待完成并提交绘制命令后，由于此时提交的负载量小，GPU 很快就可以执行完成，此时 CPU 仍在录制大负载 GPU 帧的绘制命令，此时 GPU 则处于 Idle 等待状态。这种由于每个 GPU 帧负载不均并使 CPU 和 GPU 互相等待的情况，会导致 CPU 和 GPU 都没有得到充分利用，进而可能导致帧率下降。同时还要注意到，在成对渲染管线中，由于在预测帧中静态场景物体并不被绘制，因此它们中的绝大多数无须在预测帧的 Game 线程中进行 Tick 更新游戏逻辑状态；如果武断地跳过这些物体在预测帧的 Tick 更新，则会进一步造成 CPU 的负载不均。为了保证最佳的 CPU 及 GPU 的使用率，使游戏可以在最大帧率运行，需要分别对渲染管线及 Gameplay 逻辑进行负载均衡。

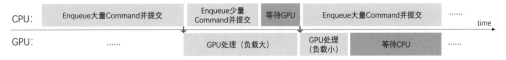

图 14.26　由于 GPU 帧负载不均导致的互相等待

14.4.1 管线的渲染负载均衡

在大多数情况下，场景中的大多数物体都是不透明的静态物体，且在传统光栅化管线中由于使用了深度测试，不透明物体的绘制结果与绘制顺序无关，因此可以将 Base Pass Opaque 分成两部分，将其分配到不同的 GPU 帧中，且对不同的 GPU 帧使用不同的 Render Target（RT）来平衡负载。

在中间帧插补管线中，可以采用图 14.27 所示的平衡方案：将 Base Pass Opaque 分为 Part1 和 Part2，并使用两组 Render Target 即 RT0 和 RT1（它们分别包含各自的 Color Texture 与 Depth Texture）。在插值 **VP** 矩阵后，首先在 Base Pass Opaque Part1 中将部分场景物体绘制到 RT0，之后使用帧预测将预测生成的"中间帧"的所有场景物体输出到 RT1，然后继续在 RT1 上绘制动态物体并在后处理结束后将 RT1 上屏；此后继续在 RT0 上通过 Base Pass Opaque Part2 绘制剩余的场景物体，然后在 RT0 上绘制动态物体并在后处理结束后将 RT0 上屏。这样一来，就可以通过 Base Pass Opaque Part1 和 Part2 中绘制物体的数量来平衡 GPU 负载。

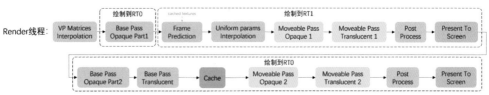

图 14.27　中间帧插补管线的负载均衡

图 14.28 则展示了在成对渲染管线中的负载均衡方案：在预测帧中，首先通过帧预测将静态场景物体绘制结果生成到 RT1，然后继续在 RT1 上绘制动态物体并对其进行后处理。在 RT1 的绘制完成时，暂时不调用 Present 将 RT1 上屏，而是立即开始下一帧即渲染帧的绘制。在渲染帧开始时，同样首先在 Base Pass Opaque Part1 中将部分场景物体绘制到 RT0，在 Part1 绘制完成后调用 Present 将 RT1 上屏，之后继续在 RT0 上绘制动态物体，然后将其进行后处理并 Present 上屏。在这种情况下，由于渲染线程中预测帧的 CPU 耗时小于渲染帧的，因此在这种方案下两次调用 Present 上屏的间隔依然能够保持基本均匀，从而保证了 GPU 负载和提交命令间隔的均衡，同时屏幕帧率也能保持平稳。需要注意的是，这种方法适合在需要充分使用 CPU 及 GPU 硬件资源，以使游戏在极限帧率下运行时使用；当由于游戏逻辑的主动限制使游戏在较低帧率下运行时（如最大帧率为 120Hz 时，主动选择将帧率限制在 90Hz），此时 CPU 与 GPU 本身就存在一定的空闲时间，在这种情况下无须使用此负载均衡方案。

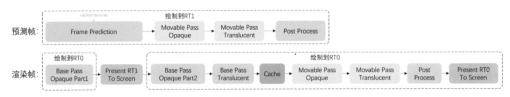

图 14.28　成对渲染管线中的负载均衡

在 UE 等使用了 RHI（Render Hardware Interface）线程的引擎中，图形 API 的调用命令首先会在 Render 线程中收集，收集结束后统一 Dispatch（派发）到 RHI 线程执行；同时，在等待上一帧所有图形 API 的调用命令在 RHI 线程中执行完毕后，才能开始在 Render 线程收集本帧的命令。这样一来，如图 14.29 所示，Frame N 是一个渲染帧，在其 RHI 线程中需要先将上一个预测帧 Present 上屏，在完成渲染帧的绘制命令提交后，需要在垂直同步（V-sync）等待时间结束后将渲染帧上屏——由于两次 Present 调用都在同一个 RHI 帧中，所以垂直同步的时间可能很长。此时，Frame $N+1$ 的 Render 线程需要等待 Frame N 的所有 RHI 命令提交完毕，也就是垂直同步等待结束、将渲染帧上屏之后，才可以开始收集 Frame $N+1$ 的命令；同时由于 Frame $N+1$ 是一个预测帧，图形 API 命令的收集和执行时间都较短，因此在 Render 线程 Dispatch Frame $N+2$ 的 RHI 之前，RHI 线程也会有一个较长的空闲时间，这样就造成了 Render 线程和 RHI 线程的互相等待，从而造成 CPU 的低效率。为了解决这个问题，可以如图 14.30 所示，将 Frame N 渲染帧的 Present 上屏命令从 Frame N 的结尾转移到 Frame $N+1$ 的开始。这样一来，在 RHI 和 GPU 侧，所有命令的执行顺序没有发生任何变化，不会影响绘制结果；而 Render 线程则不必等待长时间的垂直同步，可以更早地开始 Frame $N+2$ 并收集 Frame $N+2$ 的命令，从而减少了 Render 线程和 RHI 线程的互相等待，提高了 CPU 的执行效率。如图 14.31 所示，在使用了负载均衡后，帧率与稳定性会大幅上升。

图 14.29　成对渲染管线的 RHI 负载均衡前

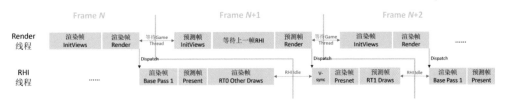

图 14.30　成对渲染管线的 RHI 负载均衡后

303

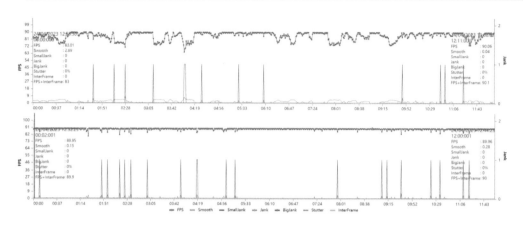

图 14.31　90FPS 下负载均衡前后性能的对比：无负载均衡（上图）与有负载均衡（下图）

　　另外，在游戏中，通常在后处理结束后，仍需在 Render Target 上绘制 UI，然后才能 Present 上屏。然而在绝大多数情况下，UI 对高刷新率的需求不大，因此可以仅在预测帧中将 UI 离屏绘制，等到 Present 上屏前再将其与经过后处理的 Render Target 的 Color 混合后绘制到 Frame Buffer 并 Present 上屏；在渲染帧中，则可以直接复用上一帧（预测帧）离屏绘制的 UI 结果并混合上屏，而无须重新绘制 UI，从而进一步节省开销。

14.4.2　成对渲染管线中 Game 线程游戏逻辑的跳帧更新及负载均衡方案

　　在成对渲染管线中，由于对静态场景物体的绘制仅在渲染帧中进行，因此可以在预测帧中跳过绝大部分静态场景物体的更新逻辑，将这种对于静态场景物体每隔一个逻辑帧才执行一次更新逻辑的做法形象化地称为"逻辑跳帧"。下面以在 UE4 中的实现为例，介绍如何在成对渲染管线中进行 Game 线程游戏逻辑的跳帧更新及负载均衡。

14.4.2.1　UE4 中的 Game 线程逻辑帧简析

　　在 UE4 中，正常的一个 Game 线程逻辑帧按图 14.32 所示的时序更新主要逻辑。

图 14.32　Game 线程一帧的主要逻辑时序图

- Game Thread Idle：当上一帧的 Game 线程实际耗时小于目标帧率的消耗时，Game 线程会休眠一定时间直至单帧耗时与目标帧率的消耗一致。
- Async Loading：资源异步加载及其 Post Load 逻辑。
- Level Streaming：基于 World Composition 的场景关卡动态加载/卸载。
- World Tick：以 World 为粒度的更新，包括网络层消息收发、更新相机、各 Tick Group 更新逻辑，主要包括物理场景、粒子特效，以及包括控制器、移动、动画在内的所有的 Actor/ActorComponent 更新。
- Net Tick/Net Tick Flush：网络层更新逻辑。
- Tickable Tick：更新 Native 层以及脚本层（如 Lua）的全局定时管理器 TimerManager 及所有继承 FTickableGameObject 的 UObject。
- Viewport Draw：屏幕视口绘制，包括场景绘制及 UI 绘制。
- Streaming Manager：贴图、模型等资源加载流送（Texture/Mesh Streaming）。
- Frame End Sync：在 Game 线程帧末阻塞等待上一帧 Render 线程渲染结果（Game 线程最多领先 Render 线程一帧，当 Game 线程运行过快则会等待上一帧的 Render 线程）。

如图 14.33 所示，可以将 Game 线程的各个更新逻辑部分简化成以下逻辑集合，绿色块中的逻辑每帧更新，灰色块中的逻辑降低一半更新帧率，即每两帧更新一次。

图 14.33　Game 线程一帧的主要逻辑集合

14.4.2.2　逻辑跳帧实现框架

Game 线程逻辑跳帧所需要处理的更新逻辑，绝大部分属于游戏世界（World）更新逻辑，所以可以定义枚举 ESkippableTickingWork，每种可跳帧逻辑对应一个枚举值，并为 UWorld 类新增一系列跳帧接口声明，将其放到单独的代码文件 SkippableWorldTick.cpp 中实现。以 World 为粒度来管理逻辑跳帧状态有一个好处，即即使在编辑器环境中开启多个客户端测试，也能够独立维护管理各个客户端的跳帧状态，从而增加兼容性且方便测试。

```
enum ESkippableTickingWork : uint8
{
    // 为每种跳帧逻辑定义枚举
    // ……
    STW_Max,
}
```

```
// World.h 跳帧接口定义

// 每帧更新跳帧状态
void UpdateSkippableWorldTick();
// 当前帧对应 Tick Group 是否应该跳帧。传入默认参数 TG_MAX 时，返回当前帧是否为预测帧
bool ShouldSkipUpdate(ETickingGroup InTickGroup = TG_MAX);
// 当前帧对应枚举逻辑是否应该跳帧
bool ShouldSkipUpdate(ESkippableTickingWork InSkippableTickingWork);
```

在 Game 线程每帧开始时，调用 UpdateSkippableWorldTick 更新当前帧的逻辑跳帧状态。首先需要确认本帧是渲染帧还是预测帧，从而仅在预测帧中跳过不需要执行的更新逻辑。

```
void UGameEngine::Tick(float DeltaSeconds, bool bIdleMode)
{
    // ……

    // 更新渲染帧预测状态
    UpdateFramePredictionState_GameThread();

    // 更新逻辑跳帧状态
    GWorld->UpdateSkippableWorldTick(DeltaSeconds);

    // 更新 Game 线程的各类逻辑
    // ……
}
void UWorld::UpdateSkippableWorldTick(float DeltaSeconds)
{
    // ……

    if (EnableSkippableWorldTick(this)) // 逻辑跳帧系统是否开启
    {
        // 判断此帧是否为预测帧
        bShouldSkipUpdate = IsThisFrameWithPrediction();

    // 更新逻辑
        // ……
    }
    else
    {
        // 清理逻辑
        // ……
    }
}
```

可以看到在上述接口声明中，重载了两个 ShouldSkipUpdate 方法，分别接受

ETickingGroup 和 ESkippableTickingWork 类型的参数。这是因为在 UE4 中，Tick Group 部分的逻辑跳帧处理与其他逻辑不同，需要深度定制并修改其所依赖的 Tick Task Manager 实现。下面分别介绍 Tick Group 逻辑和非 Tick Group 逻辑部分的逻辑跳帧实现。

14.4.2.3　Tick Group 部分的逻辑跳帧实现

在 Game 线程的一个逻辑帧里，Tick Task Manager 会驱动多个 Tick Group 更新，每个 Tick Group 又会遍历更新各自管理的所有 Tick Function。平时 Gameplay 开发高频使用的 Actor/ActorComponent，本质就是由各自的 Tick Function 驱动更新的。所以逻辑跳帧的首要任务是改造 Tick Task Manager，在保证上层逻辑无感知的前提下，对更新逻辑进行选择性跳帧。

图 14.34 简单介绍了 UE4 中 Tick Task Manager 的工作原理：Tick Task Manager 是一个依托于 Task Graph 系统，调度管理所有 Tick Function 周期性更新的管理器。它按时序划分出了 8 个 Tick Group 阶段，每帧在 Queue Ticks 阶段，统筹计算每个 Tick Function 应该于哪个 Tick Group 阶段触发，最晚于哪个 Tick Group 阶段结束，生成对应的 Graph Task 实例对象并挂起，放入以 Tick Group 为一维下标，End Tick Group 为二维下标的多维数组。后续依次进行各个 Tick Group 更新，从多维数组取出属于该 Tick Group 的 Graph Task 进行派发执行。以图 14.34 中的 Run Tick Group End Physics 阶段为例，Tick Task Manager 需要派发执行所有存放于绿色区块的 Graph Task，阻塞等待所有此前已派发的橙色区块的 Graph Task 执行完毕。

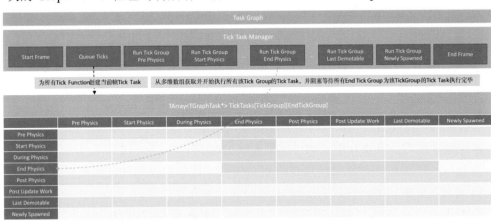

图 14.34　Tick Task Manager 的工作原理

由 Tick Task Manager 的工作原理可知，可以修改 Queue Ticks 逻辑，在预测帧跳过部分 Tick Function 更新来实现跳帧，因此可以为 Tick Function 引入跳帧模式（Tick Mode）的概念，从而确定对应的 Tick Function 是否要在预测帧跳过更新。

Tick Mode 有以下三种选项：

- Follow Tick Group。设置为 Follow Tick Group 的 Tick Function，跟随所在 Tick Group 进行跳帧。
- Skippable。设置为 Skippable 的 Tick Function，不管所在的 Tick Group 是否跳帧，该 Tick Function 始终在预测帧跳过执行。
- UnSkippable。设置为 UnSkippable 的 Tick Function，不管所在的 Tick Group 是否跳帧，该 Tick Function 始终每帧更新。

引入了 Tick Mode 概念后，根据 8 个 Tick Group 的设计意图，如图 14.35 所示，在 Queue Ticks 阶段按如下步骤进行处理。

（1）通过配置掩码控制，对 8 个 Tick Group 的中间 6 个 Tick Group 默认进行跳帧。

（2）首个 Tick Group 的 Pre Physics 负责控制器输入、动画、移动，与 1P 表现强相关，默认不跳帧。

（3）末尾 Tick Group 的 Newly Spawned 为特殊的 Tick Group，用于临时处理当前帧中途加入的 Tick Function 更新，默认不跳帧。

（4）中间跳帧的 Tick Group，可能存在部分 Tick Function，负责角色关键数值计算、特效逻辑等，需要每帧更新，对这些特定组件的 Tick Function 设置 Tick Mode 为 UnSkippable，保持始终更新。

Queue Ticks								
单个Tick Function策略	Pre Physics	Start Physics	During Physics	End Physics	Post Physics	Post Update Work	Last Demotable	Newly Spawned
原始	输入/动画/移动	物理/任意逻辑	物理/任意逻辑	物理/任意逻辑	任意逻辑	任意逻辑(相机已更新)	任意逻辑(相机已更新)	当帧新增Tick
Follow Tick Group		默认整体跳帧	默认整体跳帧	默认整体跳帧	默认整体跳帧	默认整体跳帧	默认整体跳帧	
Skippable	静态物体表现跳帧							
UnSkippable			更新动态物体逻辑				更新动态物体特效	

图 14.35　Tick Task Manager 跳帧处理策略

同时，在开启逻辑跳帧时，对于在预测帧被跳过的 Tick Function，在下一次渲染帧更新时，需要补偿被跳过的预测帧 Delta Time。这一点非常重要，如果不做补偿，上层组件显然会产生逻辑更新错误，比如被跳帧的动画组件播放速率将变为原来的一半。得益于 Tick Function 原本就存在 Tick Interval 设计（设置 Tick Function 按固定时间间隔进行更新），因此此类 Tick Function 通过调用 CalculateDeltaTime 函数，根据当前帧时减去上一次更新时间，计算得出该 Tick Function 当前帧更新所需的 Delta Time。这个计算逻辑同样适用于逻辑跳帧 Tick Function，适配修改 CalculateDeltaTime 逻辑，即可完成逻辑跳帧 Tick Function 的帧时补偿逻辑。

全盘分析 Tick Task Manager 的调度逻辑，在引入了逻辑跳帧控制后，对于设置了固定时间间隔（Tick Interval）更新的 Tick Function 是存在逻辑隐患的。该类 Tick Function 的更新调度如图 14.36 所示，其遵循以下处理步骤：

（1）AllCoolingDownTickFunctions 链表负责存放所有冷却状态的 Tick Function。该链表从链头开始，按剩余冷却时间升序排序所有 Tick Function。

（2）在 Start Frame 阶段，以当前帧的 Delta Time 遍历扣除 AllCoolingDownTickFunctions 链表元素的剩余冷却时间，并将剩余冷却时间小于零的 Tick Function 的状态重置为激活状态。

（3）在 Queue Ticks 阶段，遍历取出 AllCoolingDownTickFunctions 链表中激活状态的 Tick Function，为其创建 Graph Task 实例，并将 Tick Function 放入 TickFunctionsToReschedule 数组。

（4）在 End Frame 阶段，遍历取出 TickFunctionsToReschedule 数组的 Tick Function，重置为冷却状态并放入 AllCoolingDownTickFunctions 链表。

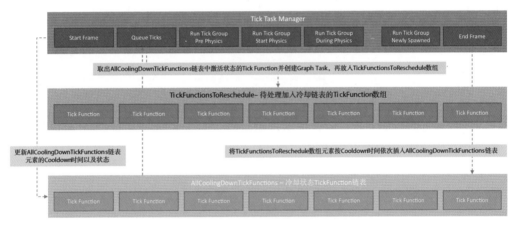

图 14.36　Tick Task Manager 中的 Cooldown Tick Functions 处理逻辑

按照此逻辑，如果在预测帧的 Queue Tick 阶段，从冷却链表取出 Tick Function，碰巧该 Tick Function 属于可跳帧 Tick Function，当前帧无法如常更新调用，却又在 End Frame 阶段被重新放入冷却链表，则需要再次等待 Tick Interval 时间间隔才能取出更新。实际中这个过程可能被连续触发几次，导致对于设置了 Tick Interval 的 Tick Function，上层逻辑长时间无法触发更新调用。要解决这个问题，需要在预测帧的 Queue Tick 阶段，额外判断此类冷却且可跳帧的 Tick Function，将其延后处理，等到下一个渲染帧再从链表中取出创建的 Graph Task 实例对象。

14.4.2.4　非 Tick Group 部分的逻辑跳帧

本节介绍一下 Tick Group 以外的，其他逻辑的跳帧处理。再次观察图 14.33，除了 Tick Group 跳帧逻辑，其他逻辑是由 LaunchEngineLoop::Tick 驱动的，但更新逻辑散落在多个类，因此可以通过图 14.37 所示的一组掩码，控制每种逻辑是否进行跳帧更新。

图 14.37 逻辑跳帧掩码

与 Tick Group 跳帧更新类似，每种跳帧逻辑在下一次更新时，都需要补偿上一帧的帧时。值得注意的是，UE 存在两种帧时类型，一种是真实世界帧时（Real Delta Time），一种是经时间膨胀系数（Time Dilation）缩放计算得到的游戏世界帧时（Delta Time），一般上层开发使用较多的是游戏世界帧时。不同的跳帧逻辑可能使用不同的帧时类型，因此需要每帧记录真实世界帧时和游戏世界帧时，下一帧更新跳帧逻辑时，根据其所使用的帧时类型做对应补偿，如图 14.38 所示。

图 14.38 跳帧逻辑帧时补偿

下面以 TickableGameObject 更新逻辑为例，演示非 Tick Group 部分逻辑跳帧的关键代码逻辑：

```
// TickableGameObject 更新逻辑
if (!GWorld->ShouldSkipUpdate(STW_TickableTick))
{
    // 计算 TickableGameObject 逻辑帧时补偿后的 Delta Time
    float SkipUpdateTimeAdjustment =
GWorld->GetSkipUpdateTimeAdjustment(STW_TickableTick);
    float ActualDeltaSeconds = DeltaSeconds + SkipUpdateTimeAdjustment;

    FTickableGameObject::TickObjects(this, TickType, bIsPaused,
ActualDeltaSeconds);
}
```

14.4.2.5 跳帧逻辑的动态负载均衡

为了防止 CPU 和 GPU 的互相等待，渲染帧和预测帧在 Game 线程的负载也需要均衡。最简单的负载均衡方法是，通过额外配置一组掩码来管理需要跳帧的逻辑，使部分逻辑（如部分 Tick Group）仅在渲染帧更新，另一部分则仅在预测帧更新。然而，由于游戏逻辑是动态变化的，即使将跳帧逻辑分布在连续两帧里先后进行更新，也无法确保在游戏过程中，连续两帧的逻辑帧耗时保持稳定平衡。究其原因，掩码控制只是一种静态负载均衡方案，需要事先分析各类逻辑耗时，人工规划每种逻辑的更新帧，才能获得较好的负载均衡效果。并且对于某一类跳帧逻辑在一段时间内的耗时上升所导致的帧时不平衡现象，并不具备再次负载均衡的能力。所以，需要使用一种动态负载均衡算法，来实时调控各类跳帧逻辑的更新帧，让渲染帧和预测帧耗时始终保持平衡。

为了能在任意时间点重新规划各个跳帧逻辑的更新帧，跳帧逻辑系统需要实时记录并分析过去一段时间 Game 线程及所有跳帧逻辑的性能表现，比如平均耗时、方差等数据。通常，可以采用简单移动平均法（simple moving average，SMA），也就是对 n 个记录数据求平均值得出，其计算公式如下：

$$\text{SMA}_k = \frac{p_1 + p_2 + p_3 + \cdots + p_n}{k} = \frac{1}{k}\sum_{i=1}^{n} p_i$$

但使用 SMA 计算均值需要记录所有历史数据，有所有数据权重相等的局限。这里可以改用指数加权移动平均法（exponential moving average，EMA）来近似计算过去平均帧时，其计算公式如下：

$$\text{EMA}_t = \alpha p_t + (1 - \alpha)\text{EMA}_{t-1}$$

它只由加权当前值 αp_t，以及加权历史平均值 $(1 - \alpha)\text{EMA}_{t-1}$ 两部分构成。其中，当前值加权为 α，历史平均值加权为 $1 - \alpha$，两部分加权值之和为 1。EMA 的公式理论上为无穷级数，可展开为以下形式：

$$\text{EMA}_t = \alpha \times (p_t + (1 - \alpha)p_{t-1} + (1 - \alpha)^2 p_{t-2} + (1 - \alpha)^3 p_{t-3} + \cdots + (1 - \alpha)^{t-1}p_1)$$

可以看到，越新的统计项，均值权重越大，重要性越高。如果只考虑前 $N+1$ 项，则其加权值之和，可近似为：

$$\text{EMA 加权值之和} = \alpha \times (1 + (1 - \alpha) + (1 - \alpha)^2 + (1 - \alpha)^3 + \cdots + (1 - \alpha)^N) \approx 1 - (1 - \alpha)^{N+1}$$

假设代入 $\alpha=0.1$，$N=20$，可得加权值之和约为 90%，即最近的 20 个统计项权重占历史总权重的 90%。因此可以使用 EMA 持续计算历史平均帧时，并可认为其表示过去一段时间的平均帧时近似值。设置权重 $a=0.1$，则可以每间隔 20 帧，重新规划各种跳帧逻辑的更新帧，以达到更好的帧时平衡效果（见图 14.39）。其基本流程如下：

（1）求渲染帧与预测帧的历史工作帧时（Frame Tick）的平均值，得到理想工作帧时。

（2）渲染帧历史工作帧时扣除各项跳帧逻辑耗时，得到除跳帧逻辑外的工作帧时。

（3）理想工作帧时减去除跳帧逻辑外的渲染帧工作帧时，得到渲染帧可跳帧预算时间。

(4) 根据各项跳帧逻辑的平均耗时，计算出可放在渲染帧更新，且不超出预算时间的最佳跳帧逻辑组合。

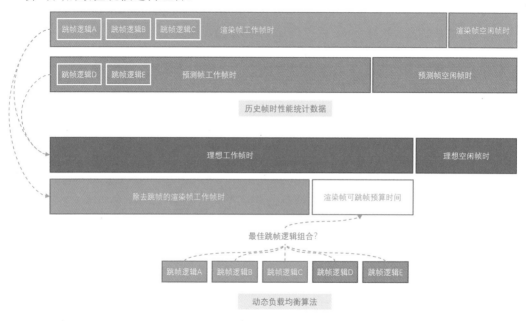

图 14.39　逻辑跳帧动态负载均衡算法原理

当然，动态负载均衡并不需要周期性触发：可以增加渲染帧-预测帧工作帧时偏差阈值判断，如果耗时差低于阈值则无须重新调整跳帧逻辑。

另外，如果只是简单地跳过部分 Tick Group，则可以看到在 Post Physics 阶段会有一段时间的 CPU 停滞。这是由于在 Pre Physics 阶段会派发异步线程任务更新骨骼动画，因此最晚必须在 Post Physics 阶段等待异步线程任务结束时的同步信号；在这期间，Game 线程无事可做，便会挂起休眠。为了更充分地利用 Game 线程，减少这种挂起休眠时间，可以将其他时序不敏感的跳帧逻辑——如 Timer Manager，以及基于 World 的 Tickable Tick——的调用时机重排到 Post Physics 阶段之前，如图 14.40 所示。

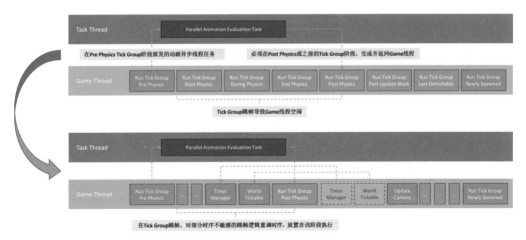

图 14.40　Post Physics Tick Group 的挂起休眠原因及解决方法

值得一提的是，由于在 UE4 中静态物体的绘制命令会被缓存，因此即使此帧不对静态物体执行更新逻辑，静态物体仍能以上一次更新时的状态正常绘制；另外，在目标帧率较低时，由于帧之间的差异较大，帧预测中光栅化插值出的像素变多从而使这部分的失真会变得明显，从而使预测帧的渲染效果变差。因此，Game 线程游戏逻辑的跳帧可以在基础帧率较低、帧预测效果不佳的情况下单独开启，通过仅降低 Game 线程的负载来优化低帧率模式下的帧率和功耗。

14.5　优化效果与总结

本章中提到的帧预测技术及配套的 Gameplay/Rendering 管线已经全面在《暗区突围》等产品的高帧率模式下使用，并已经过数个线上版本的验证。通过在不同设备上进行测试，对于部分原生管线就可以在高帧率下运行的高端设备，成对渲染管线可以在高帧率下节省约 10%~15%的电池功耗，插补中间帧管线则可以节省 20%~30%的电池功耗，且可以显著地减少帧率的波动与卡顿；对于很多在原生管线下无法达到高帧率的设备，帧预测技术可以有效提升这些设备的游戏帧率，在启用帧预测管线后，游戏就可以在高帧率下稳定运行。另外，本章中提到的基于帧预测的高帧率渲染管线也可用于虚拟现实等需要高帧率、低时延的应用开发中，以有效提升应用的帧率并减少用户 3D 眩晕。

经过测试，在搭载某款 2019 年发布的芯片的设备上，使用原始管线、成对渲染管线和中间帧插补管线的性能数据如表 14.1 所示。可以看到，得益于 Gameplay 跳帧与帧预测，每两帧减少了一次静态场景物体的绘制，成对渲染管线相比原始管线帧率提升了 23.7%，功耗下降了 9.38%；而在中间帧插补管线中，由于此时游戏逻辑帧的帧率只有屏幕帧率的一半，进一步减少了 CPU 的开销，此时相比原始管线，其帧率提升了 30.7%，功耗下降了 15.78%。

表 14.1　不同管线性能对比 1

管线种类	平均屏幕帧率（FPS）	平均功耗[mW]	平均 CPU 占用
原始管线	66.05	6629.33	38.4%
成对渲染管线	81.71	6007.28	30.5%
中间帧插补管线	86.31	5583.47	23.0%

在另一款 2020 年发布的芯片的设备上，限制 90FPS 时测试得到的性能数据如表 14.2 所示。可以看到，使用原始管线、成对渲染管线和中间帧插补管线的平均屏幕帧率大致相等，成对渲染管线的功耗较原始管线下降了约 11%，中间帧插补管线功耗则下降了约 21%。

表 14.2　不同管线性能对比 2

管线种类	平均屏幕帧率（FPS）	平均功耗 [mW]	平均 CPU 占用
原始管线	88.29	4634.16	34.2%
成对渲染管线	88.33	4134.99	31.0%
中间帧插补管线	89.56	3662.93	25.1%

第15章

基于 UE4 的开放世界
地形渲染

随着开放世界类型手游的流行，游戏场景中的地形变得愈发庞大，地表的材质种类也愈发丰富。同时，手机受限的硬件指标也对地形渲染效率提出了更高的要求。UE 原生的地形方案已经无法很好地满足这一现实需求，因此，需要引入一套新的地形方案。

15.1 开放世界地形渲染简介

本章介绍一款基于 UE 的全新地形渲染方案，内容包含地表渲染、材质编辑和渲染管线优化，目的是尝试从技术层面赋能美术创作，减少试错成本，提高迭代效率。不同于 UE 本身的地形技术，本方案表层使用基于 MaterialID（材质索引）的地表着色方式，结合底层的 GPU Driven（驱动）渲染管线，实现了超大地形的高效渲染。首先，使用 MaterialID，地表丰富度大大提升，支持超过 200 种纹理混合，而且无须规划每个地块的材质纹理种类；其次，使用 Indirect Draw（间接绘制），地形渲染的 Draw Call（绘制调用）提交数量被压缩到个位数，有效缓解了 CPU 侧渲染线程的压力；再次，使用计算着色器（Compute Shader）做到了大量地块的并行处理，保证了地形的高效裁剪与细分，剔除了无效的三角面，提升了 GPU 侧的执行效率；最后，配合动态纹理数组（Dynamic Texture Array）和虚拟纹理（Virtual Texture）等贴图技术，使得运行时内存开销可控。该方案的制定和使用充分考虑了 PC 端和移动端，支持 DirectX、Vulkan、Metal、OpenGL ES

等图形 API，能在目前的移动端主流机型上高效运行，在开放世界场景下相较于 UE 原生地形系统性能更优。

15.2 方案背景

如今，开放世界游戏成为一个热门品类，广袤的地形自然是场景的基础，地图尺寸可达 32km×32km、64km×64km，甚至更大。巨大的地形需要丰富的地貌，地表的贴图种类可能达到或者超过 200 种。UE 地形设计的初衷是支持线性关卡游戏，在应用于开放世界游戏时存在以下几点不足：其一，在地形较大时，需要根据世界空间位置进行均分，以生成多个地块，这样会产生大量的 Draw Call 调用，给 CPU 侧的渲染线程带来压力；其二，由于在着色时采用了基于 Weightmap（权重图）的混合方式，每增加一个材质层就需要占用 Weightmap 的一个通道，大量的材质种类会导致权重贴图数量急剧上升，这不仅会导致采样数和计算指令的大幅增加，还会占用大量的内存空间，进而产生严重的性能瓶颈。为了解决这两个关键问题，我们从着色方式和渲染管线两个角度出发，在 UE 中设计并开发了一套全新的地形系统。

15.3 方案设计思路

首先分析一下 UE 原生地形的渲染系统。为了支持超大地形的渲染，地形整体由一个名为 World Composition 的系统来管理加载及卸载。地形会被等分成若干地块，系统里叫作地形流式代理（Landscape Streaming Proxy），每个地块又由若干地块组件（Landscape Component）组成，每个 Landscape Component 有其对应的材质权重图通道（Weightmap Channel）和高度图（Heightmap）。为了简化远处的渲染，系统还包括了一套简单代理模型，如图 15.1 的右侧所示。其需要开发人员手动为每个流式代理（Streaming Proxy）生成一个代理模型（Proxy Mesh），以及一张颜色纹理图与一张法线纹理图。在一定距离外，该代理模型会替代原有的地块，配合简易材质进行渲染。

这套系统有其优缺点。从程序角度来看，其优点在于稳定性及耐用性。缺点则是，在支持超大地形时，由于地块被均匀切分，会产生大量的 Draw Call 调用；其次，其采用 CPU 侧的遮挡剔除，剔除的比例及效率均存在较大瓶颈，会导致顶点浪费严重；再次，随着贴图的层数增加，着色的开销会显著增大。从美术角度来看，其优点是相对传统，被接受度高，在项目中的应用广泛。缺点是，由于每个地块的材质数量有限，所以需要提前规划好贴图的使用，后期的修改及增删并不方便。我们的目标是实现一套支持开放世界超大规模的地形整合方案，以提升 UE 地形的美术效果及性能表现。图 15.2 是本系统的设计框架，分为编辑侧和运行时两部分。编辑侧笔刷支持编辑 MaterialID 数据和 Heightmap 数据，同时支持 Edit Layer 分层编辑功能。在运行时侧，资源通过 Texture Streaming 和 Level Streaming 来管理，并利用 GPU Driven 管线替代原有的渲染管线，以提升渲染性能。

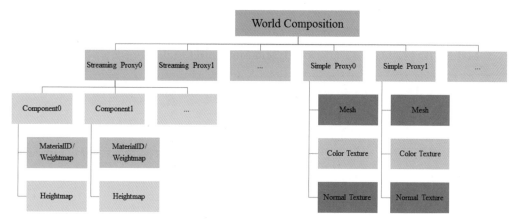

图 15.1　UE 地形框架

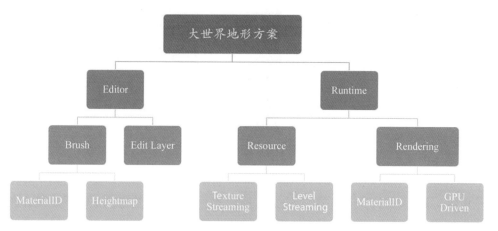

图 15.2　开放世界地形框架

在实现方面，我们着重介绍上层的着色方式及底层的渲染管线优化。为了提高地块所支持材质种类的上限，让美术人员可以随心所欲地添加各类材质，地形的着色方式采用 MaterialID 着色方法，通过一张纹理记录每个点所需的贴图索引，这样的间接采样将材质上限提高到了 256 种，同时开销稳定可控。底层采用一套由 GPU 驱动的渲染管线，保证地块的高效剔除与绘制。

15.4　地形着色方式

UE 的渲染器由上层的材质编辑器（Material Editor）和底层的着色模型（Shading Model）组合而成。在此基础上，我们开发了一套全新的地形渲染算法，在不改变美术编辑模式的前提下，可丰富地形纹理数量。这里先介绍 UE 原本的 Weightmap 混合模式，然后介绍大世界流行的 MaterialID 模式，再介绍我们的基于 MaterialID 模式的改进版本——Hybrid MaterialID 模式。

15.4.1　Weightmap 着色

首先介绍一下 UE 原生的 Weightmap 混合模式。在该模式下，每种纹理贴图对应一份遮罩数据（Mask），多层纹理根据各自的遮罩数据混合后得到结果，因此每多一种纹理贴图，就会多一份遮罩数据，如图 15.3 所示。

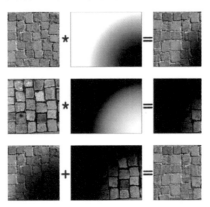

图 15.3　Weightmap 混合模式

这种混合模式的优点是，它相对传统，通过笔刷力度着色，美术人员对其接受度高；同时项目的应用广泛，成功案例较多。缺点是，美术人员需要非常合理地规划纹理的使用，后期增加纹理数量的代价较高，且移动端每个地块最多可支持 4 层纹理混合。从开放世界场景的角度看，其还存在如下问题：由于每点的 Mask 总和为 1，所以改变一层的数据会影响到其他所有层的数据，耦合度太高，不方便大规模修改迭代；编辑器在处理 Edit Layer 功能时，由于需要全局的归一化操作，所以会让上层 Layer 的表现非常奇怪；随着 Edit Layer 功能的增加，编辑器内的内存和操作延时问题会愈加明显；渲染时由于每个地块使用的 Weightmap 各不相同，所以加大了合批处理的难度。

15.4.2 MaterialID 着色

借鉴 MaterialID 模型的经验，如果地形的每个位置都只有一种纹理，那么使用间接索引的方式就可以支持大量的不同纹理，这就是开放世界游戏中流行的地形 MaterialID 算法。渲染时，在地表的每个点采样一张间接索引，取相邻的四个索引值，根据索引值得到对应的材质纹理，再通过双线性混合得到如图 15.4 所示的最终渲染效果。

图 15.4 MaterialID+双线性混合的效果

这种模式的优点是，使用固定长度的 8 位的索引图就足以支持超过 200 种纹理。它的内存占用可控，与具体使用的纹理数量无关。同时，由于不需要归一化操作，编辑器在支持多图层时逻辑简单，只需保证上层 Layer 覆盖下层即可。在双线性混合的基础上，又引入了高度混合算法，可让边界的过渡更加自然，如图 15.5 所示。

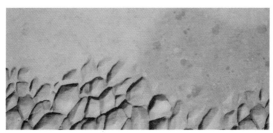

图 15.5 高度混合算法使用效果

15.4.3 Hybrid MaterialID 着色

MaterialID 的使用让纹理数量不成问题，但相较于 Weightmap 算法有一个明显的缺点，就是边缘过渡比较生硬。为了解决这个问题，我们想到增加 MaterialID 的信息，做双层 Material 混合。在原本 MaterialID1 的基础上，再增加一层 MaterialID2，两层之间采用权重混合，如图 15.6 和图 15.7 所示。同时，MaterialID2 的属性是覆盖，所以也可以被作为贴画（Decal）使用，如图 15.8 所示。

图 15.6 双层 MaterialID 混合

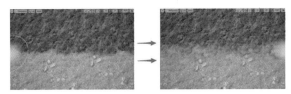

图 15.7 双层 MaterialID 混合细节效果

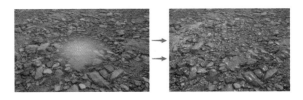

图 15.8 双层 MaterialID 混合 Decal 效果

最后，我们的 MaterialID 图采用 RGBA8 的贴图格式，分布如表 15.1 所示。

表 15.1 Hybrid MaterialID 贴图通道分布

R	G	B	A
MaterialID1	MaterialID2	Weight	Grass ID

15.4.4 MaterialID 编辑工具

传统的 UE 地形材质，支持的贴图数量有限，而 MaterialID 地形会产生大量的贴图，这些贴图如果使用 UE 的编辑工具管理会相当烦琐，所以我们创建了一套专门用于 MaterialID 的编辑工具（如图 15.9 所示），主要为了支持快速添加和删除地形所使用的贴图。使用该工具可以任意修改某一组贴图而不会影响其他组，最终这些贴图会自动组合成纹理数组，Array 的索引对应地形的 MaterialID 值。同时为了支持协同开发（多位美术人员同时操作工具），我们将工具的每层数据独立存盘，某层数据被改动后，整体的 Texture Array 会重新组合，这样，只要美术人员做好分工，就不会产生冲突。

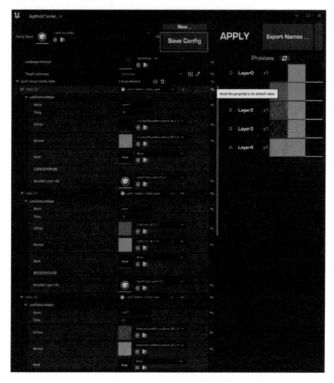

图 15.9　贴图编辑工具

15.5　地形渲染管线

随着 GPU 性能的不断迭代提升，GPU 对大规模并行数据的处理能力已远远超过 CPU，开发者自然希望将渲染管线中更多的步骤放到 GPU 中去执行，GPU 驱动渲染管线（GPU Driven Rendering Pipeline）应运而生，如图 15.10 所示。2015 年，Ubisoft 率先将 GPU 驱动管线技术应用于游戏《刺客信条》中，并在 SIGGRAPH2015 中做了题为 "GPU-Driven Rendering Pipelines" 的相关分享[1]。之后，陆续又有更多的游戏使用了这一技术，其中具有代表性的包括 Ubisoft 在 GDC2018 上分享的 *Far Cry 5* 的地形系统[2]，以及 Sucker Punch 在 GDC2021 上分享的在《对马岛之魂》中实现的基于 GPU 驱动的草地系统[3]等。

图 15.10　GPU 驱动渲染管线实例，图片来源于《刺客信条》、*Far Cry*、《对马岛之魂》

　　GPU 驱动渲染管线具体包括以下几个特点：由 GPU 控制实际需要渲染的物体，包括剔除、顶点的组织与生成等；剔除工作由 GPU 负责，减少了 CPU 的工作量，同时可以实现更加细粒度、更加高效的剔除；使用 Indirect Draw 技术可大大减少 Draw Call 的数量，避免了 CPU 与 GPU 之间的频繁数据交互操作。

　　随着游戏场景中的地形变得越来越大，地块数目越来越多，原有的以地块为单位逐个提交的渲染管线已经不能满足手机等移动端设备的性能要求。针对这个问题，GPU 驱动技术是众多优化途径中理论收益较大的一种方案。

15.5.1　UE4 中的 Landscape 渲染流程

　　UE4 中的 Landscape（地形）的渲染步骤如下（见图 15.11）。

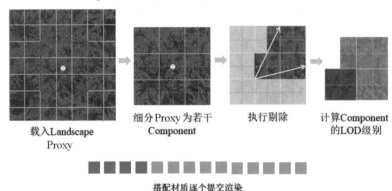

图 15.11　UE 中的 Landscape 管线拆解

　　（1）一张地图被等分成一定数量的 Landscape Streaming Proxy，角色在中间区域，World Composition 系统会载入设定范围（红框）内的 Streaming Proxy。

（2）每个 Streaming Proxy 会被等分成相同数量的 Landscape Component，这也是 UE 中地形的最小渲染单元。

（3）在 CPU 中对每个 Landscape Component 进行视锥剔除和遮挡查询。

（4）完成剔除流程之后，剩下的 Landscape Component 根据其屏幕空间大小被分配 LOD 等级。

（5）搭配材质逐个提交 GPU 渲染，因此有多少 Landscape Component 会被渲染就会有多少次 Draw Call。

15.5.2　GPU Driven Terrain 渲染流程

再来看一下 GPU Driven Terrain 的渲染流程，如图 15.12 所示。

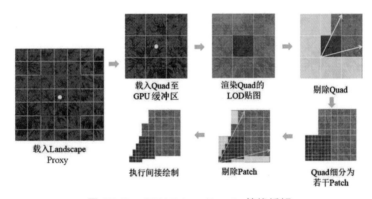

图 15.12　GPU Driven Terrain 管线拆解

（1）视界范围（红框）内的 Proxy 在加载进来之后，会被等分成一定数量的 Landscape Component。

（2）在 Terrain 中，Quad 层级与 Landscape Component 相对应，我们会在 GPU 中为需要加载进来的 Quad 维护一个 GPU 缓冲区，之后对这个缓冲区中的每一个 Quad 进行 LOD 的计算，并生成一张 LOD 贴图。

（3）在完成第（2）步之后，会进行一次 Quad 级别的视锥剔除，剩下的 Quad 会进一步被细分为 Patch，每一个 Quad 进行 Patch 细分的粒度与 Quad 的 LOD 级别有关。

（4）完成 Patch 的细分后，会对 Patch 进行视锥剔除、基于 HZB 的遮挡剔除以及背面剔除。

（5）将缓冲区中剩下的 Patch 通过 Indirect Draw 一次性渲染出来。

在介绍完这两种地形渲染的流程后，我们将它们进行对比。如图 15.13 所示，左边为 Landscape，右边为 Terrain。对比下来可以发现有以下两点区别：

- Landscape 的渲染以 Landscape Component 为单位，在大世界的场景中，Draw Call 量是巨大的。而 Terrain 理论上只需要一次 Draw Call 即可渲染出所有的地形。
- Landscape 的剔除在 CPU 中进行，同样以 Landscape Component 为单位，剔除粒度较为粗糙。而 Terrain 的剔除在 GPU 中进行，以更细粒度的 Patch 为单位，可以实现更高效和更精细的剔除。

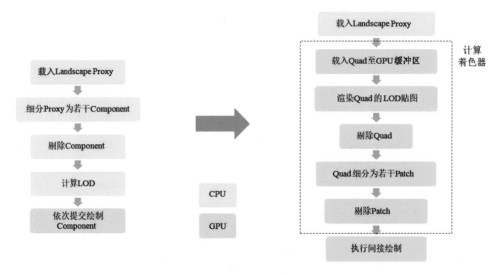

图 15.13　两种地形渲染流程对比

15.5.3　CPU 端技术细节

这一节会介绍 GPU Driven Terrain 在 CPU 端的一些技术细节。

15.5.3.1　CPU 中的主要数据结构

Terrain 中有三个关键的类，如图 15.14 所示。

- TerrainComponent，它的定位类似于 Landscape Component，用于管理 Terrain 用到的材质、贴图数组以及 Transform 等信息。
- TerrainSceneProxy，它是 Component 在场景中的渲染代理，管理材质的渲染信息、Uniform Buffer 及顶点材质工厂等。
- TerrainGPUDriven，它是 GPU Driven 中 Compute Shader 的具体管理者，管理了 Compute Shader 中需要用到的缓冲区及依赖资源，如各类 Texture、Transform 信息等，同时定义了 Compute Shader 中各个 Pass 的具体行为。

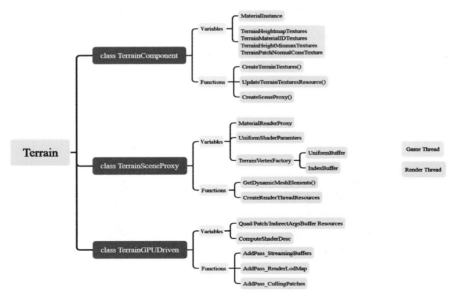

图 15.14　Terrain 的数据结构

15.5.3.2　CPU 与 GPU 的数据同步

下面对 CPU 与 GPU 之间的数据同步做一个较为详细的说明。需要进行同步的数据主要包括两部分：贴图资源与 GPU 缓冲区。在进行数据同步时，系统中会维护两个队列，分别是加载队列和卸载队列。在 Game 线程触发 Patch 的加载和卸载的时候，会将相应的 Landscape Streaming Proxy 填入对应的队列中，Render线程会逐帧查询这两个队列，将其中每个 Landscape Component 用到的贴图资源加载到 Terrain 中对应的贴图集中；之后，会将 Quad 的位置信息和贴图索引信息经过压缩，填入对应的 GPU 缓冲区中，供后续的 Compute Shader 使用。整个过程如图 15.15 所示。

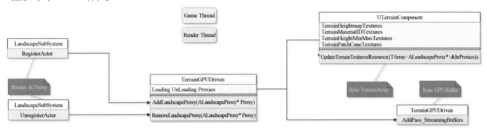

图 15.15　CPU 与 GPU 的数据同步

15.5.3.3　Min/Max Height 和 Patch Normal Cone

Min/Max Height Texture 中存储的是一个 Patch 内高度的最大值与最小值，如图 15.16 的左侧所示，它对于构建 Quad 及 Patch 的包围盒非常重要，可用于后续的 LOD 计算及各类剔除；它的 Mip0 的分辨率等同于 Quad 中所能拥有的最大数量的 Patch 数，可以提前在编辑器中构建好以备使用。具体的构建方式是通过在 Compute Shader 中多次降采样 Heightmap 得到的。

Patch Normal Cone（法角锥）是对一个 Patch 内所有顶点法线都在球面上所组成的最小的圆的描述，可以将其看作一个圆锥[4]。这个圆锥包含两个关键信息，圆锥的中心法线及半角，分别存于 RG 和 A 通道中。这里生成的法角锥贴图会用于后续的背面剔除，如图 15.16 的右侧所示。

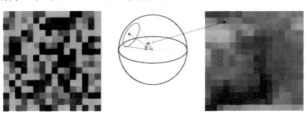

图 15.16 高度区间与法角锥贴图

15.5.4 GPU 端技术细节

这一节会介绍 GPU Driven Terrain 在 GPU 端的一些技术细节。

15.5.4.1 GPU Driven 与 UE4 渲染管线结合

将 GPU Driven 与 UE4 渲染管线结合的工作流程如图 15.17 所示。

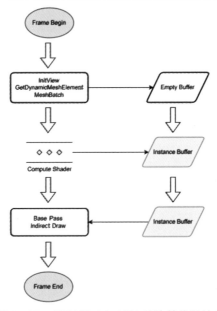

图 15.17 GPU 驱动与 UE4 渲染管线的结合

首先，Terrain 需要游戏场景中有对应的 Actor 存在。在渲染线程每次初始化 SceneView 时，通过自定义的 GetDynamicMeshElement 函数产生待填充的实例缓冲区（Instance Buffer）；然后，等待渲染开始，调用 GPU Driven 的一组 Compute Shader，完成数据同步、LOD 计算、裁剪等一系列操作，再将待渲染数据填入 Instance Buffer；最后，在 Base Pass 中，调用 Indirect Draw，将 Instance Buffer 中的数据一次性渲染出来。

15.5.4.2　GPU Driven 渲染管线的分解

这里简要介绍一下 Compute Shader 的主要工作，其基本流程如图 15.18 所示。

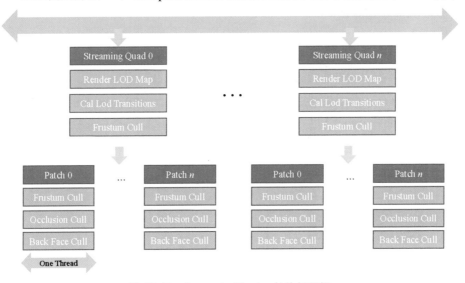

图 15.18　Compute Shader 的执行逻辑

（1）让 GPU 缓冲区中的数据与 CPU 中加载和卸载的数据保持同步。

（2）计算每一个 Quad 的 LOD 级别，并保存在 LOD 贴图中。

（3）进行一次 Quad 级别的粗略的视锥剔除。

（4）根据每个 Quad 的 LOD 级别分配不同数量的 Patch，再对这些 Patch 进行进一步的视锥剔除、遮挡剔除、背面剔除。

（5）剩下的 Patch 会变成 Instance（实例），等待后续在 Base Pass 中调用 Indirect Draw 一次性绘制出来。

此处还有一个优化的细节，在申请 Compute Shader 使用的线程个数时，要确保每个 Patch 用单个线程去处理，避免在同一个线程内出现不定次数循环的情况，可以大大减少 Compute Shader 的耗时。

下面对一些重点步骤做详细说明。

- Streaming Quad Buffer（见图 15.19）：这一步的主要工作是将每一个 Quad 的信息同步到 GPU 的缓冲区中，需要同步的信息包括 Quad 的位置信息以及贴图资源的索引信息等，传输时会将这些信息按位进行压缩，以节省资源。

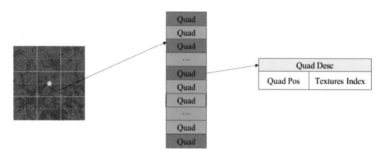

图 15.19 Quad Buffer

- 渲染 Quad LOD 贴图（见图 15.20）：在完成 Quad Buffer 的数据同步之后，会对每一个 Quad 进行 LOD 的计算，LOD 的计算方式参考 UE 原生的算法并在 Compute Shader 中实现。主要包括以下几个步骤——计算 Quad 的包围盒，之后将其投影到屏幕空间并计算出 Quad 在屏幕空间的大小，依据该大小为 Quad 分配 LOD。

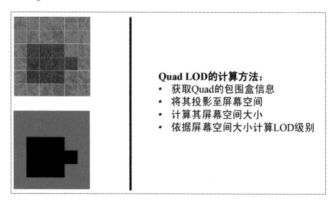

图 15.20 Quad LOD

- 计算 LOD 变换：在得到包含所有 Quad 的 LOD 信息的 LOD 贴图后，便可以计算不同 Quad 之间的 LOD Transition 信息，该信息用于后续在顶点着色器中进行顶点的缝合操作。同时，我们会将当前 Quad 与上下左右 4 个 Quad 的 LOD 差值打包，供后续在顶点着色器中使用。
- Render Patch Buffer（见图 15.21）：在完成 LOD 的计算后，会进行 Patch 的细分，每一个 Quad 可以继续细分为若干个 Patch，每一个 Patch 会被渲染为一个 8×8 的网格，Quad 的 LOD 级别越高，Quad 细分后的 Patch 的个数越多。每一个 Patch 都会有一个对应的 Patch 缓冲区，其中包含 Patch 的位置、LOD、贴图资源索引等信息。同样地，为了节省资源，这些信息会被按位打包起来。根据 Patch 的这些信息及每个 Patch 中的顶点的个数，可以得到 Patch 中每个顶点在 Quad 中的相对 UV 坐标，该坐标可以用于在顶点着色器中采样 Heightmap 得到每个顶点的高度，同时还可以用于计算每个顶点的世界位置坐标。

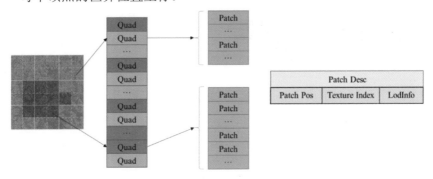

Patch num differs from Quad, related to Quad LOD

图 15.21　Patch 缓冲区

- 视锥剔除：视锥剔除分为两个级别，Quad 和 Patch。在具体实践中，会先进行粗粒度的 Quad 级别的视锥剔除，再进行细粒度的 Patch 级别的视锥剔除。具体的方法是，在 Compute Shader 中计算出 Quad 或 Patch 的 AABB 包围盒，再将所有视锥平面分别与包围盒进行求交，如果包围盒全部位于视锥平面之外，则执行剔除操作。视锥剔除的效果如图 15.22 所示。

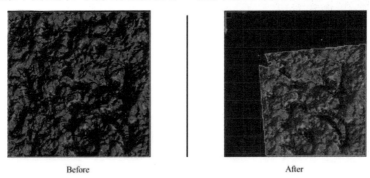

Before　　　　　　　　　　After

图 15.22　视锥剔除效果

- 遮挡剔除：遮挡剔除使用 HZB（Hierarchical Z-Buffer），它是拥有多级别 Mip 的深度缓冲贴图。HZB 的生成方法是通过重复地降采样（Downsample）

深度缓冲区，依次记录下上一级 Mip 周围 4 个点中最远处的深度值，并储存下来，如图 15.23 所示。生成的多级 Mip 可以非常高效地对不同屏幕空间大小的 Patch 进行深度的比较。

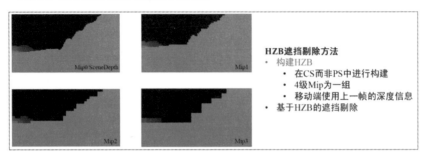

图 15.23　HZB 构建

在具体构建 HZB 时，有两种做法，一种是在 PS 中重复地对上一级 Mip 的结果进行采样，这样会有多次 Draw call，同时会重复切换 Render Target，在移动端会产生比较大的性能开销；另外一种做法是在 Compute Shader 中进行，以 4 级 Mip 为一组，将生成的中间级 Mip 保存在 Group Shared Memory（组共享内存）中，可以较大地提升 HZB 的生成效率，如图 15.24 所示。由于 UE4 中移动设备管线没有开启 Pre-Pass，所以移动设备上的 HZB Texture 会使用上一帧的深度缓冲区中的数据生成，除了在甩帧时会出现由于加载不及时导致的屏幕边缘部分误遮挡，基本不会出现破绽。

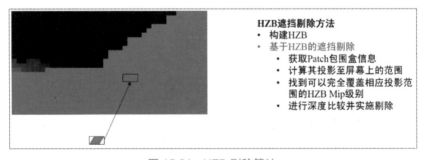

图 15.24　HZB 剔除算法

在完成 HZB 的构建之后，便可以进行基于 HZB 的遮挡剔除了。主要原理和步骤如下：首先，仍然是计算 Patch 的包围盒并将其投影到屏幕空间；然后，根据 Patch 在屏幕空间中的占比选取最合适的 Mip，该 Mip 可以保证在固定采样点的范围内完全覆盖 Patch 的范围；最后，将 Patch 的最大深度与采样得到的最小深度进行比较，如果该最大深度小于采样得到的最小深度，则说明这个 Patch 已经被完全遮挡住了，可以进行剔除。遮挡剔除的效果如图 15.25 所示。

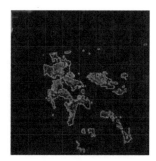

图 15.25　遮挡剔除的效果

- 背面剔除：在完成遮挡剔除后，便可以进行背面剔除了。背面剔除是对遮挡剔除的补充，可以对一些处于山体背面的 Patch 进行更细粒度的剔除。背面剔除的效果如图 15.26 所示。

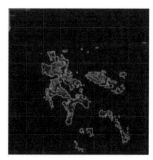

图 15.26　背面剔除的效果

背面剔除的原理如图 15.27 所示。

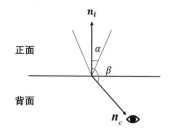

摄像机位于背面，即：
$$\beta \geqslant \alpha + \pi/2$$

因此：
$$\boldsymbol{n}_i \cdot \boldsymbol{n}_c = \cos\beta \leqslant \cos(\alpha + \pi/2)$$
$$-\cos\beta \geqslant \sin\alpha$$

等价于：
$$-\boldsymbol{n}_i \cdot \boldsymbol{n}_c \geqslant \sin\alpha$$

$\boldsymbol{n}_i$：平面法线单位方向向量
$\boldsymbol{n}_c$：摄像机单位方向向量

图 15.27　背面剔除原理

$\boldsymbol{n}_i$ 是归一化后的平面法线向量，$\boldsymbol{n}_c$ 是归一化后的视线向量，α 是这个平面法角锥的半角。当摄像机位于平面的背面时，$\boldsymbol{n}_i$ 与 $\boldsymbol{n}_c$ 的夹角需要满足：

$$\beta \geqslant \alpha + \pi/2$$

即：

$$-\boldsymbol{n}_i \cdot \boldsymbol{n}_c \geqslant \sin\alpha$$

该公式可用于背面测试。

最后介绍如何对不同级别的 LOD 网格进行缝合。这里以 LODDelta 为 1 的情况对顶点缝合的策略进行概述。可以看到图 15.28 的左图是进行缝合之前的情况，中间这个顶点可以看作是悬空的，需要对其进行缝合，使其与其他顶点重合。具体做法是将其向上移动一个单位，从而实现顶点的缝合。LODDelta 等于 2 和 3 的情况与等于 1 的缝合策略类似，这里不再赘述。

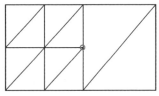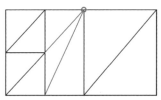

LODDelta= 1

图 15.28　顶点缝合

15.6　效果收益与性能分析

整个系统支持 DirectX、Metal、Vulkan 和 OpenGL ES 等多种平台，现在以 Metal 和 OpenGL ES 为例，介绍其在移动端的具体效果与性能表现。

15.6.1　测试场景

测试场景为一张 4km×4km 的地图，其 Landscape Component 的个数为 1024。测试预览图如图 15.29 所示，可以看出，UE 的 Landscape 与我们的 Terrain 在视觉效果上几乎没有区别。

Landscape　　　　　　Terrain

图 15.29　测试场景展示

15.6.2　Metal 平台性能数据

Metal 平台中的测试机型为 iPad Air 4，测试的性能数据主要包括 CPU 和 GPU 两部分，测试工具主要是 UE4 提供的 stat unit 命令及 XCode。

15.6.2.1　CPU 性能表现

使用 UE4 自带的 stat unit 命令，可以得到运行时下的 CPU 在各个线程的耗时情况，如表 15.2 所示。

表 15.2　Metal 平台中 CPU 性能数据的对比

方法	Game 线程耗时	Render 线程耗时	RHI 线程耗时	Draw Call 数量
Landscape	1.29 ms	2.08 ms	8.03 ms	96
Terrain	1.19 ms	1.39 ms	7.69 ms	1

由表 15.2 可以看出，相较于 Landscape，GPU Driven Terrain 在 Game 线程、Render 线程和 RHI 线程上的 CPU 性能都有显著的提升。其中，Game 线程耗时节省了约 0.1ms（–8%），Render 线程耗时节省了约 0.69ms（–33%），RHI 线程耗时节省了 0.34ms（–4%）。

15.6.2.2　GPU 性能表现

使用 XCode 工具连续截取 10 帧并求平均，得到的性能数据如表 15.3 所示。

表 15.3　Metal 平台中 GPU 性能数据的对比

方法	Draw Call 数量	顶点数量	GPU 时间（Draw+CS）
Landscape	96	2 146 020	(4.55 + 0.00) ms
Terrain	1	892 140	(3.66 + 0.19) ms

由表 15.3 可以看出，在 Metal 平台中，在保证最终的地形渲染效果和细节基本相同的前提下，相较于 Landscape，Terrain 无论是在顶点数量、Draw Call 还是 GPU 绘制耗时上都有明显的提升。

15.6.3　OpenGL ES 平台性能数据

OpenGL ES 平台中的测试机型为 Adreno 640，测试的性能数据主要包括 CPU 和 GPU 两部分。测试场景与 Metal 平台中的类似。

15.6.3.1　CPU 性能表现

利用 UE4 的 CSV Profiler，可以得到连续时间内 Landscape 和 Terrain 在渲染相同场景时的 CPU 性能数据，如图 15.30 和图 15.31 所示。

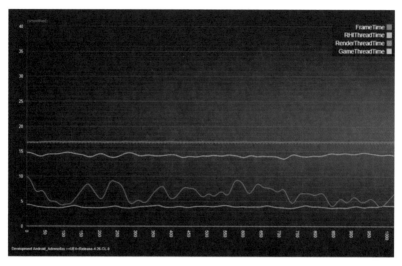

图 15.30　Landscape CPU 性能数据

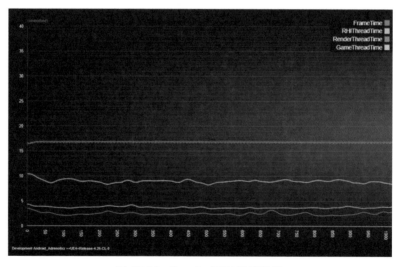

图 15.31　Terrain CPU 性能数据

　　将上述 Landscape 与 Terrain 的折线图叠加在一起进行比较,可以看出,Terrain 相较于 Landscape，在 CPU 上有着明显的性能提升。

　　由图 15.32 可以看出，相较于 Landscape，GPU Driven Terrain 在 Game 线程、Render 线程和 RHI 线程上的 CPU 性能都有显著的提升。其中，Game 线程耗时节省了 0.17ms，Render 线程耗时节省了 3.61ms，RHI 线程耗时节省了 5.02ms。这里需要关注一下 FrameTime，由于测试设备的最大帧率只能达到 60Hz，所以统计信息中最终的 FrameTime 并没有显著的提升。

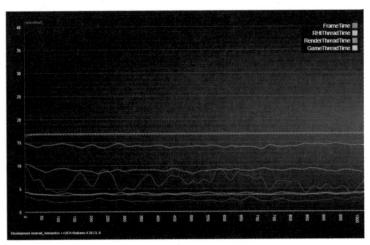

图 15.32　CPU 性能数据对比

15.6.3.2　GPU 性能表现

GPU 端的性能表现主要通过截帧分析得到。使用截帧工具可以得到 GPU 渲染一帧花费在地形渲染上的时间，如表 15.4 所示。

表 15.4　GPU 性能数据对比

方法	Draw Call 数量	顶点数量	GPU 时间（Draw + CS）
Landscape	62	1 878 570	(8.87 + 0.00) ms
Terrain	1	781 316	(6.65 + 0.22) ms

由表 15.4 可以看出，在 OpenGL ES 平台上，在保证最终的地形渲染效果和细节基本相同的前提下，Terrain 相较于 Landscape 在性能层面的提升与 Metal 平台有着类似的表现。

15.7　总结

本章提出了一套基于 UE 的全新地形渲染方案。在表现方面，使用基于 MaterialID 的着色方式，材质丰富度得到很大提高，可满足千变万化的地表表现需求。同时，编辑器保持 UE 原本的风格，继承其材质编辑和地形制作的基本操作模式，保证美术人员可以在熟悉的环境下创造更好的地形。在性能方面，通过引入 GPU 驱动的渲染管线，让超大地形的移动端渲染变为可能，借助 Compute Shader 的高效并行处理能力，有效提高了渲染超大地形的效率，做到同等尺寸的地形，性能远优于 UE 原生地形。

第16章

游戏中的极端天气渲染

如今，天气系统已经成为众多高品质游戏必不可少的部分，从白天黑夜的变化，到变幻莫测的气象，天气系统可以为玩家带来更加沉浸式的游戏体验，玩家也可以在丰富多彩的气象效果中感受到大雨滂沱、风起云涌、冰雪极光等美妙的自然现象。

16.1　游戏中的天气

近年来，随着天气渲染效果的发展，我们逐渐关注到，大部分游戏天气系统中实现的天气效果主要以常见的、温和的气象为主，例如，天空和云多以晴天、多云为主。而对于一些自然界中存在的极端天气则较为缺乏，例如，暴风雨、暴风雪、台风、沙尘暴等，这些极端天气往往是最具有视觉冲击力的，能对游戏整体渲染氛围起到非常关键的作用。本章主要对与风暴相关的极端天气的渲染效果进行详细介绍，效果如图 16.1 和图 16.2 所示。

图 16.1　效果展示

图 16.2　效果展示

16.2　认识风暴云

相信大多数读者都曾亲历过暴风雨即将来临的场景，随着狂风的呼啸，天空中的云层呈现极具厚度和流体走向的形态，如果是台风，则会形成蔚为壮观的气旋状态，甚至可能形成龙卷风，效果如图 16.3 和图 16.4 所示。

我们在游戏渲染中，应该如何规划、设计、开发这样的极端风暴效果呢？首先，我们要尽量追求效果的真实性。在光照渲染中，有一些渲染算法和效果可以在一定程度上为了性能做出一些妥协，而这些妥协对整体画面的影响可能是很微小的，例如，后处理的采样率、贴图的分辨率等，针对不同的机型可以做出对应的渲染配置来适配不同性能的硬件环境。但是对于风暴云这样的极具视觉冲击的效果来说，如果在效果的逼真度上有所缺失，那么可能会降低游戏整体的品质。所以，在渲染效果上我们要追求极致，尽可能还原最真实的风暴云效果。

图 16.3　风暴云

图 16.4 龙卷风

其次，我们希望风暴云是具有灵活性和扩展性的。例如，对于同一个游戏来说，我们希望风暴云可以出现在场景的任何位置，它与其他云层、其他天气效果可以完美共存，可以交互影响，同时可以具有内部的光照效果，例如，闪电等，这样的风暴云才是具有足够可用性的。

另外，我们希望风暴云具有动态性。例如，可以动态地逐渐形成、逐渐消失，动态地移动，旋转速度具有动态变化等；与风场、雨天也可以完美地结合，形成综合性的暴风雨天气，与冰雪结合形成暴风雪天气，与沙尘结合形成综合性的沙尘暴天气。由此可见，对风暴云的规划与设计是复杂且极具挑战性的。

最后，我们需要风暴云具有良好的性能，以运行在 PC/PS5/XSX 等平台，其中尤其考虑到 XSS 和 PC 的低端机，所以对整体的性能开销和优化都提出了很高的要求。下面，我们将按照以上的目标和设计，开始风暴云渲染的讲解。

16.3　中央气旋分析与建模

如图 16.3 所示，该图是一张摄影师拍摄的真实世界的风暴云的照片，这是一种非常典型的风暴云形态，根据这样一个真实的风暴云，可以总结出它的 3 个主要特点。

- 整个云最重要的特点是，它是一个庞大的、柱状的、旋涡式的气旋，在气象中可以成为中央气旋；空气围绕着旋涡中心移动，并且越靠近中心旋转速度越快，越远离中心旋转速度越慢。

- 风暴云顶部呈现塔状的倒三角形态，越接近顶部越平缓，越接近中心气旋的位置越狭窄。
- 光照比较复杂，除了平行光产生的体积散射，还可以观察到环境光带来的光照，以及内部产生的闪电的光照，综合性的光照让风暴云的渲染效果更加逼真。

我们通过分析风暴云的形态已经知道，柱状气旋是一种垂直形态的圆柱体，圆柱体底部呈现扁平状，同时底部具有细碎的丝状云形态，这些碎丝状的细节会围绕中心旋转。现在我们开始一步一步地对这些细节进行建模。

16.3.1　风暴位置与大小

为了达到最初设计的目标，我们希望风暴云是整合在整个云层系统中的，所以首先需要定义风暴云出现的位置、覆盖的半径等信息。如图 16.5 所示，在实际关卡中，我们通常需要这样去设计和定义风暴的位置和半径大小。

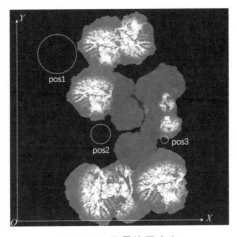

图 16.5　风暴位置定义

图 16.5 主要描述了整个云层系统的覆盖情况，我们设计并定义了 3 个出现风暴云的位置，覆盖半径各有不同。例如，pos1 的风暴云的半径达到 200 米以上，而 pos3 的半径仅有 20 米左右，不同的半径所形成的风暴云的细节也有所差异，例如有台风、龙卷风、沙尘暴等不同形态。在体积云渲染中，这一部分的渲染信息将被风暴云的形态信息覆盖，这样整个体积云系统的数据将是统一的，风暴云和普通体积云也可以进行完美整合。下面我们开始建模气旋。

首先在体积云（Volumetric Cloud）的基础材质上加入风暴位置（Position）和风暴缩放（StormScale）参数来初步划定一个风暴出现的位置和大小，如图 16.6 所示。

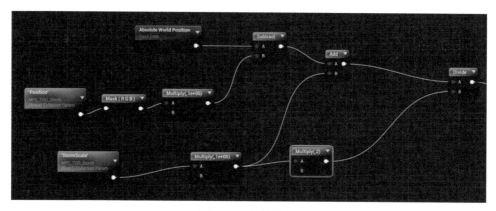

图 16.6　风暴位置

如图 16.6 所示，图中位置节点（Position）定义了风暴眼中心的世界坐标，风暴缩放（StormScale）参数定义了风暴范围半径的大小，有了这两个参数，风暴可以出现在任意 XY 坐标范围内，如图 16.7 所示。

图 16.7　风暴位置

16.3.2　风暴眼的形态

接下来需要建模风暴眼的形态。首先需要在风暴云出现的地方做出云层海拔的差异。通过对比真实照片，我们将风暴云区域的范围定义为三个层次，分别是风暴外区域、风暴区域和风暴眼区域。通过如下一组不同形态的风暴云来理解这三个区域，如图 16.8 所示。

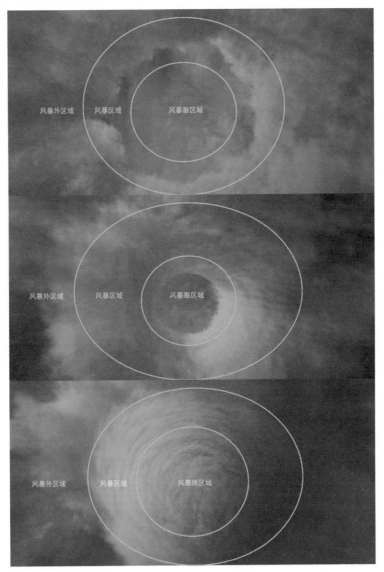

图 16.8　风暴云区域

可以看到，风暴外区域实际上就是普通的体积云，风暴区域包含了风暴眼区域，风暴区域具有气旋流动性，风暴眼区域除了具有气旋的流动性，还具有圆柱形体积形态和更加丰富的细节。理解了上述的区域划分，我们就可以开始整个风暴气旋的建模工作了。

我们对风暴范围内的区域已经进行了详细的定义，接下来进入对体积云的形态进行控制的阶段。首先我们认识一下基础体积云的结构。我们将体积云的绘制大致分为基础形态和噪声细节两部分，在了解了这两部分后，我们将结合风暴流动图（Storm Flowmap）共同形成风暴云效果。

其中，基础形态主要通过三维噪声纹理构造，如图 16.9 所示。通过世界坐标采样配合密度参数，我们可以轻松地构建出体积云的基础形态，其中涉及 UE4 中的一些体积云材质配置，可以参考引擎文档，这里不做叙述。为了让体积云在垂直 Z 轴的方向上有更丰富的变化，这里引入一个以云层高度为参数的变化函数，公式如下所示，高度分布函数如图 16.10 所示，材质控制如图 16.11 所示，高度效果如图 16.12 所示。

$$a = 1 - e^{x}$$

$$b = 1 - e^{(1-x)}$$

$$height = a \cdot b$$

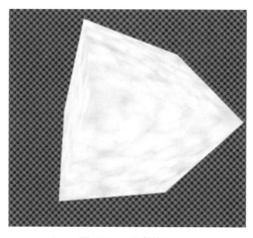

图 16.9 噪声纹理

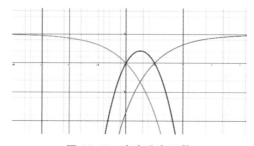

图 16.10 高度分布函数

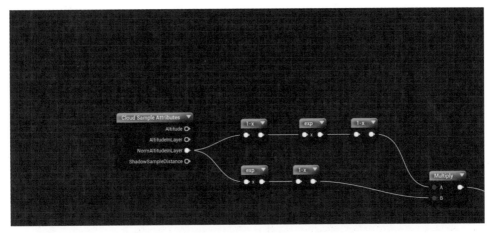

图 16.11 高度采样

图 16.12 高度采样结果

我们的风暴区域将会对基础形态进行重构，除了基础形态，体积云还有一个重要因素就是噪声侵蚀。

噪声侵蚀非常简单，主要从基础形态的三维纹理中减去一张 32 像素×32 像素的三维噪声纹理来实现，如图 16.13 和图 16.14 所示。

从图 16.14 中可以看到基础形态纹理和侵蚀纹理之间的关系。通过加大侵蚀纹理的比例和进行强度控制，可以很好地得到拥有更多细节的体积云效果。图 16.15 和图 16.16 对比了加入侵蚀纹理前后的效果。

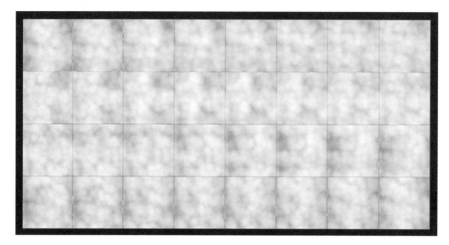

图 16.13　侵蚀纹理

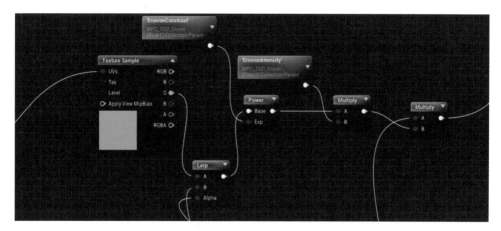

图 16.14　侵蚀采样

图 16.15　侵蚀前

图 16.16　侵蚀后

在基本了解了体积云的基础形态和侵蚀之后，就可以在之前设计的风暴区域内，对基础体积云的基本效果进行重构来实现风暴云的效果了。首先创建一张纹理，其中 BA 通道用于定义风暴区域和风暴眼区域，如图 16.17 和图 16.18 所示。

图 16.17　风暴眼区域

图 16.18　风暴区域

其中，图 16.17 所示为风暴眼区域，图 16.18 所示为风暴区域，我们可以通过加入参数分别控制两个区域在实际空间中的覆盖范围。

16.3.3　风暴流动与旋转

另外还剩下 RG 通道，接下来需要引入流动图来控制气旋的扭动和旋转。因为我们的风暴更多的是在 *XY* 平面上进行旋转的，在此条件下，我们刚好可以在 RG 通道中存储流动图的向量。流动图控制了整个风暴区域的流动方向，我们在后面的章节中将详细介绍流体的计算方法，以按需生成定制化的流体流动图。在这里，我们可以预先通过流动图绘制工具（FlowMap Painter）去生成一张临时的流动图，如图 16.19 所示。

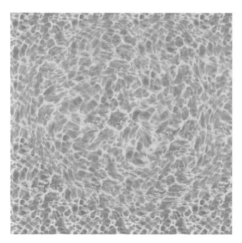

图 16.19　绘制的流动图

　　如图 16.20 所示，现在这张纹理的 RGBA 四个通道均已存储了我们需要的信息，我们称其为风暴流动图，压缩格式设置为向量置换，如图 16.21 所示。

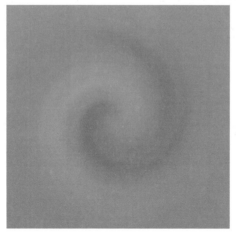

图 16.20　流动图示例

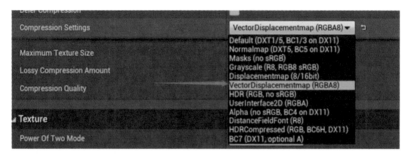

图 16.21　流动图的压缩格式

　　向量置换贴图是一种比较特殊的纹理，这种纹理类似法线贴图那样在三个维度储存信息，但是储存的信息类似高动态范围（HDR）中 32 位的信息。我们需要使用这个纹理，但需要注意的是，这种压缩之后的贴图体积算是比较大的。

　　我们通过前述的基于世界空间位置和缩放的方式去采样风暴流动图，如图 16.22 所示。

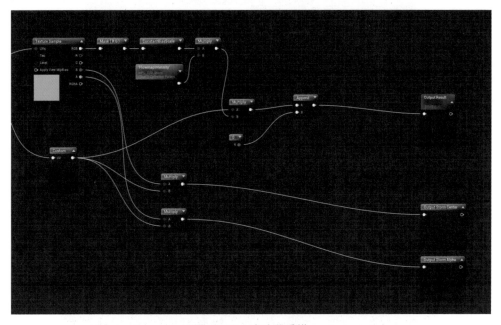

图 16.22　流动图采样

　　通过常量偏移比例节点（ConstantBiasScale）将采样值范围规范到–1 到 1，以此来实现不同方向的旋转。在自定义节点（Custom Node）中，自定义 UV 范围在 0 到 1 之外的输出为 0，来保证气旋不会出现重复现象。最终，我们在这个材质函数中定义了 3 个输出，一个是旋转向量，一个是风暴区域，还有一个是风暴眼区域。

　　这里输出的第一个结果——旋转向量，用于将原始的体积云在指定区域进行扭曲旋转。这里需要用到一个流动贴图函数（Flowmap Function），我们对其进行定制化，如图 16.23 所示。

　　我们输入了体积云的基础形态纹理（Diffuse）、流动贴图向量（Flowmap Vector）、时间变量（用于控制旋转速度相关的参数）及风暴区域独立的纹理 UV。通过流动贴图向量对基础形态进行扭曲旋转，输出旋转后的形态纹理。

　　这里需要注意的是，因为流动贴图本身是一个二维纹理，而体积云的基础形态采样是三维纹理，所以这里需要将流动贴图扩展为三维向量进行扭曲。同时为了保证与风暴外围体积云进行融合，需要将流动贴图扭曲后的结果与基础形态进行一次插值，插值的参数为前面介绍的材质函数中输出的风暴区域，如图 16.24 所示。

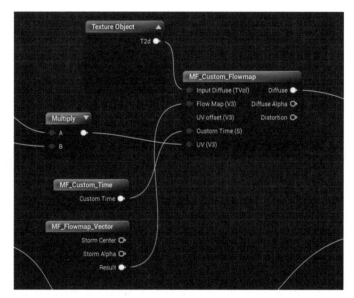

图 16.23　流动贴图函数

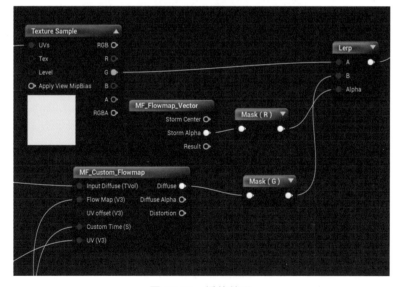

图 16.24　插值处理

这样，我们在风暴区域内外就形成了不同的形态，从基础形态到旋转形态的过渡；同理，我们还要将同样的计算应用在侵蚀形态上，之后得到了如图 16.25 所示的效果。

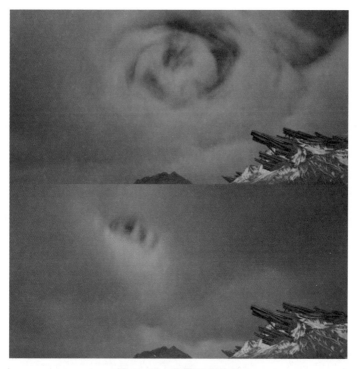

图 16.25   风暴形态效果

可以看到，在体积云中出现了风暴区域，其中云层是具有旋转样式的，同时通过调整移动位置和缩放参数，可以得到不同的位置和风暴区域大小。现在具备了雏形，但仅仅是在 XY 平面上的旋转，并没有形成具有垂直厚度的气旋的形态。

16.3.4   风暴眼的垂直结构

接下来我们将构造风暴区域和风暴眼区域的垂直结构，如图 16.26 所示。

图 16.26   风暴眼形态

从图 16.26 中可以看到，具有体积效果的风暴云至少需要两个高度差：风暴区域的高度差和风暴眼区域的高度差。如果只有风暴区域的高度差，那么风暴底部将会是较为死板的圆弧或者是到达体积云海拔限制后形成的平面，而加入风暴眼高度差，可以形成图 16.26 中的凹陷效果。更重要的是，可以控制到达地面时形成龙卷风效果，显然这是我们所需要的。

在前述章节中，我们已经利用云层采样属性（Cloud Sample Attributes）节点配合特殊的公式对垂直坐标轴上的普通体积云的高度变化进行了处理；很显然，这里可以加入专门对风暴区域和风暴眼区域的高度进行的额外计算，来实现图 16.26 所示的效果。

如图 16.27 所示，通过流动向量材质函数（MF_Flowmap_Vector）所输出的风暴区域（Storm Alpha）及风暴眼区域（Storm Center），可以控制普通体积云在进入风暴范围内的新的高度差，让风暴范围具有独立的体积效果。其中，风暴眼区域的高度如果低于风暴的高度，将会形成凹陷的旋涡形态，反之则是水滴形态。当凹陷差足够大的时候，将会形成环形气旋风暴，反之则会落到地面形成龙卷风效果，对比如图 16.28 所示。

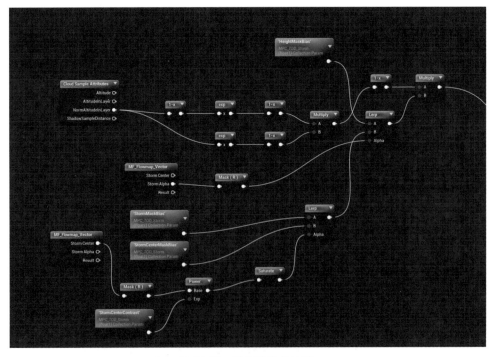

图 16.27　风暴高度差计算

图 16.28　风暴高度差的对比

16.3.5　风暴色彩与氛围

为了营造更加丰富的天气效果，例如沙尘暴、暴风雨、暴风雪形成时的效果，可以加入分区域的颜色控制来实现不同的氛围效果。参考上述不同区域的高度控制，颜色控制也非常简单，如图 16.29 所示。

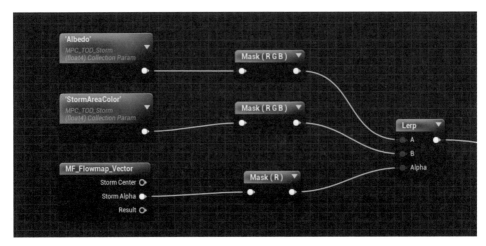

图 16.29　风暴颜色的控制

　　简单地通过风暴区域的颜色与风暴外的颜色进行插值，就可以控制风暴区域的基本颜色了，如图 16.30 所示，其展示了沙尘暴的氛围控制。

图 16.30　沙尘暴氛围

　　至此，我们已经对风暴云的形态进行了构建，已经实现了在体积云中指定位置、范围、高度、旋转方式、风暴形态、区域颜色等效果。但是我们可以看到，基于固定的流动贴图形成的风暴依然不够灵活，旋转方式单一，且不具备近距离的交互性和真实性。下面，我们将利用流体模拟来增强风暴云形态的灵活性和交互性。

16.4　流体模拟

　　在介绍流体模拟对风暴云的影响之前，我们首先花一点儿时间了解一下流体模拟的基本概念和基础知识。流体流动在自然界中无处不在：从缓缓升起的烟雾、空中流动的云彩到川流不息的河流与海洋。要实现效果较好的流体模拟，比较好的选择是使用纳维-斯托克斯（Navier-Stokes）方程，它是描述黏性不可压缩流体的运动方程，简称 N-S 方程。

16.4.1　流体在数学上的表达

在数学意义上，流体在某一时刻的状态通常被定义为速度矢量场，意思是空间中每个点当前的速度矢量函数。空气会随着外力的影响而改变当前的速度矢量场，例如空气在热量的影响下，其速度会因热源、气流等的存在而产生变化。纳维-斯托克斯方程是速度场随时间演化的精确描述，给定当前速度矢量场和力场，方程就可以告诉我们矢量场是如何在时间维度上产生变化的[2]。

如下公式展示了其矢量形式：

$$\frac{\partial x}{\partial t} = -(u \times \nabla) \times u + v \times \nabla^2 \times u + f \tag{1}$$

$$\frac{\partial \rho}{\partial t} = -(u \times \nabla) \times \rho + k \times \nabla^2 \times \rho + S \tag{2}$$

速度场会带动其他粒子的移动，如灰尘、烟雾这些粒子将其周围的速度场转化为自身受力进而向某一个方向移动，它们的移动矢量一般和速度场矢量相同。

如果是烟雾，对粒子逐个进行建模的成本太高了。因此在这种情况下，烟雾粒子由烟雾密度函数描述，这是一个连续的函数，空间中的每一点可告诉我们存在的尘粒数量。密度通常取 0 到 1 之间的值，在没有烟雾的地方，密度为零。密度场由于速度场产生的变化也可以由方程描述，即上述公式。

密度方程比速度方程更容易计算，因为前者是线性的而后者是非线性的。我们首先实现一种速度场固定的密度场，然后研究变化的速度场，如图 16.31 所示。

先把空间划分为固定数目个格子，在边界处再向外生成一圈格子，用于简化将边界计算为密度和速度生成的二维数组，u 和 v 分别代表横向和纵向的速度。

```
#define Index(i,j)  (i+(N+2)*j)
```

这里用一维数组代替二维数组去求对应的索引（Index），如图 16.32 所示。

假设这块区域的长宽都为 1，则两点之间的距离为 1/N，先设置速度和密度的初始状态，然后根据环境中发生的事件对其进行更新。在我们的原型中，允许玩家使用鼠标施加外力并添加密度源。力将使流体运动，而密度源将向环境注入密度。在游戏中，力可以来自一个虚拟的风场、怪物攻击产生的气场或下落的物体，而密度源可以位于一根燃烧的香烟的顶端或一个烟堆的顶部。需要模拟的是一组速度和密度场的变化过程。

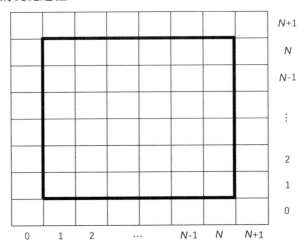

图 16.31　速度场

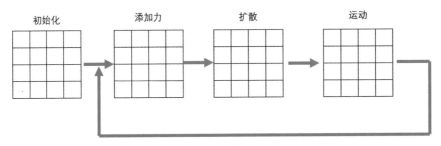

图 16.32　速度场计算

16.4.2　密度场扩散过程

如上所述，我们的基础解算器是一个通过固定速度场的密度场。让我们再次考虑公式 2 描述的密度方程。这个方程指出，密度在一个时间步长内的变化是由三个因素引起的，即等号右边的三项。第一项为密度应该遵循的速度场，第二项为密度能以一定的速度扩散，第三项为密度根据力的来源而增加。我们的解算器将以相反的顺序解出这些项，如图 16.32 所示。我们从一个初始密度开始，然后在每一个时间步长上重复求解这三项。

第一项很容易实施。假设给定时间的密度源是在数组 s[]中提供的。这个数组由游戏引擎通过场景中存在的密度源去填充。在我们的原型中，它是由玩家的鼠标移动来填充的。代码如下：

```
void add_source(int N,float x,float s,float dt)
{
    int i,size=(N+2)*(n+2);
    for(i=0;i<size;i++)
    {
        x[i]+=dt*s[i];
    }

}
```

第二项解释了在密度存在差异情况下可能的扩散。当扩散参数（diffuse）大于 0 时，密度将在网格单元中扩散。我们首先考虑单个网格单元发生的情况。在这种情况下，我们假设格子只与其 4 个直接邻居交换密度，如图 16.33 所示。随着扩散的发生，格子的密度会随密度流出而降低，也会随密度流入而增加。

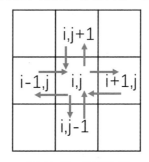

图 16.33　密度交换

这是一个含有自变量 x 的线性系统。我们可以为这个线性系统建立矩阵，然后通过求逆得到解。然而，对于这个问题来说，这是不必要的，因为矩阵非常稀疏，只有很少的元素是非零的。因此，我们可以使用一种更简单且更高效的迭代技术来求逆矩阵。最简单的迭代求解方法是高斯-赛德尔迭代松弛法，如图 16.34 所示。

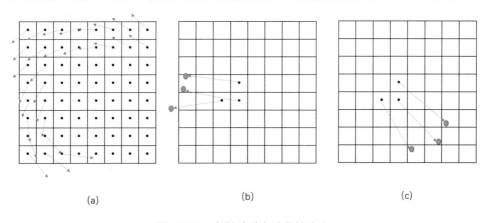

(a)　　　　　　　　(b)　　　　　　　　(c)

图 16.34　高斯-赛德尔迭代松弛法

最后求解第三项由力产生的运动，要有两个数据：上一个时间步的密度值和新密度值。对于后者的每个网格单元，我们通过速度场向后追踪单元的中心位置，注意是向后追踪，不是向前追踪。然后，从先前密度值的网格中线性插值，并将该值指定给当前网格单元。如图 16.34 所示，(b)图所示是错的，(c)图所示是对的。

现在，可以把这几步组合到一起了，代码如下：

```
void DensityStep(int N,float x, float x0, float u,float v,float diff,float dt)
{
    add_source(N,x,x0,dt);
    SWAP(x0,x);
    diffuse(N,0,x,x0,diff,dt);
    SWAP(x0,x);
    advect(N,0,x,x0,u,v,dt);
}
```

现在，我们可以求解速度场了。再次考虑前述的方程式。根据我们现在对密度解算器的了解，可以将速度方程解释为速度随时间步长的变化是由三个因素引起的：力的增加、扩散和自平流。可以简单地把自平流解释为速度场是沿着自身移动的。它与密度更新函数是很相似的。在大多数情况下，我们只需重复调用速度场的每个分量。另外，加入一个函数来约束速度遵循质量守恒定律，这是真实流体的一个重要性质。从视觉上看，它使流动产生了真实的旋涡状效果，是解算器的一个重要部分。总结一下我们的代码原型：

```
while(simulating)
{
    get_from_Input(dens_prev,u_prev,v_prev);
    vel_step(N,u,v,u_prev,v_prev,visc,dt);
    dens_step(N,dens,dens_prev,u,v,diff,dt);
    draw_dens(N,dens);

}
```

16.4.3　体积云的流体模拟

图 16.35 所示的是我们将实现的流体模拟的结果。首先在一个体积范围中进行渲染尝试，从图中可以看到，随着角色在体积范围中移动，渲染目标上实时解算出了当前的流体模拟结果。

然后，我们将考虑如何将当前解算出的流体模拟结果应用到气旋中，后续我们会将流体模拟结果应用到风场计算中。

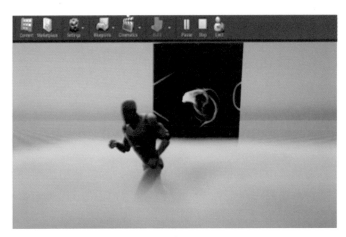

图 16.35　角色实时扰动流体

　　我们将流体解算的渲染目标加入普通的体积云的采样中进行测试，得到如下云层流动的动态结果，如图 16.36 所示。

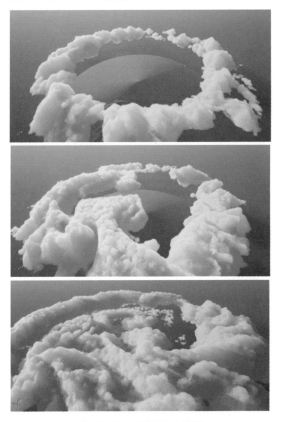

图 16.36　云层流动效果

观察上述动态结果可发现，完全靠流体解算的结果虽然很符合物理规律，但是很难控制形态，显得比较混乱，所以我们在风暴云中先以分层式的旋转强度，再以不同层的旋转强度去结合流体解算结果，这样风暴云的形态在大范围上完全可控，在小范围内通过流体运动来控制。

16.5 体积散射与风暴云光照

在传统的渲染建模中，表面的视觉属性（例如颜色、粗糙度和反射率）是通过着色算法建模的，该算法可能像 Phong 模型一样简单，也可能像功能齐全的位移变量各向异性双向反射分布函数（BRDF）一样复杂。由于仅在表面的点上计算光的传播，所以这些方法通常不能考虑发生在大气中或物体内部的光的相互作用，而体积渲染会把气体等物质抽象成一团飘忽不定的粒子。光线穿过这类物体的过程，其实就是光子跟粒子发生碰撞的过程，如图 16.37 所示。

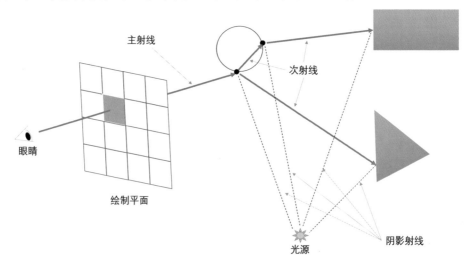

图 16.37　光在体积中的传播

16.5.1　光照方程

要实现体积的光照，我们需要先了解一下体积渲染中的媒介和光照方程[3]，也就是参与介质（Participating Media）和传输方程（The Equation of Transfer）。

可将烟、云、玉、果冻等简单理解为半透明材质。光在其中行进，发生如下现象。

- 吸收：光能转化为介质内其他形式的能（如热能）。

- 外散射：光打在介质粒子上散射到其他方向。
- 自发光：介质内其他形式的能（如热能）转化成光能。
- 内散射：其他方向来的光打在介质粒子上恰好散射到本方向上。

其中前两者使光线亮度衰减，后两者使光线亮度增强。对于吸收，如图 16.38 所示。

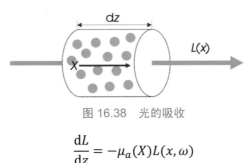

图 16.38　光的吸收

$$\frac{\mathrm{d}L}{\mathrm{d}z} = -\mu_a(X)L(x, \omega)$$

其中 μ_a 为吸收系数，表示 X 处（因吸收导致）亮度衰减比例的线密度。上式表明，入射光亮度越大，吸收越多。对于外散射，如图 16.39 所示。

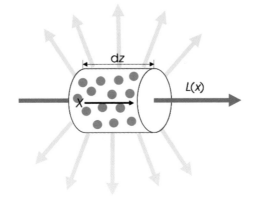

图 16.39　光的外散射

$$\frac{\mathrm{d}L}{\mathrm{d}z} = -\mu_s(X)L(x, \omega)$$

其中 μ_s 为外散射系数，表示 X 处（因散射导致）亮度衰减比例的线密度。上式表明，入射光亮度越大，散射越多。对于内散射，如图 16.40 所示。

$$\frac{\mathrm{d}L}{\mathrm{d}z} = \mu_s(X)L(x, \omega)$$

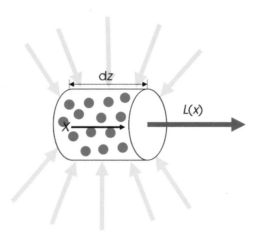

图 16.40　光的内散射

其中μ_s为内散射系数，表示 X 处（因散射导致）亮度衰减比例的线密度。上式表明，入射光亮度越大，散射越多。对于自发光，如图 16.41 所示。

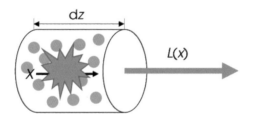

图 16.41　光的自发光

$$\frac{\mathrm{d}L}{\mathrm{d}z} = L(x, \omega)$$

上式表明自发光的亮度不受入射光线亮度的影响。

16.5.2　相函数

这里不得不提到一个非常重要的概念——相函数。将散射时光的进入方向和出射方向的关系概率表示为相函数[4]。相函数必须满足在所有方向上概率的总和是 1。在大部分情况下，介质的相函数是一个一维函数，只跟出射光和入射光的夹角相关，此时的相函数如下：

$$p_{\mathrm{HG}}(\cos\theta) = \frac{1}{4\pi} \frac{1 - g^2}{(1 + g^2 + 2g(\cos\theta))^{3/2}}$$

我们将这种介质称为是各向同性的（Isotropic），在各向同性的介质中，光散射是可逆的。当散射在完全均匀的情况下，光向各个方向散射的概率完全相等，此时的相函数为 $\frac{1}{4\pi}$。

在各向异性（Anisotropic）的介质中，相函数是一个和输入输出方向相关的四维函数，一些水晶或者纤维满足这种性质。通常我们在讨论时，直接忽略各向异性的介质。一个非常常用的相函数模型是 Henyey-Greenstein 模型，只需要一个非对称参数控制，如图 16.42 所示。

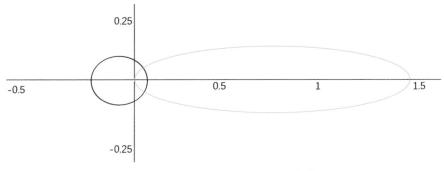

图 16.42 Henyey-Greenstein 模型

外散射系数和衰减系数的比值是一个非常有用的值，叫作反照率（Albedo），这是一个我们非常熟悉的术语，在基于物理的渲染（PBR）中非常常见：

$$\rho = \frac{\sigma_s}{\sigma_t}$$

通过研究光线在体积中的散射，我们可以归纳出光线在体积中的传输方程：

$$\tau(p \rightarrow p') = \int_0^d \tau_t(p + t\omega, \omega)\mathrm{d}t \quad T_r(p \rightarrow p') = \mathrm{e}^{-\sigma_t d}$$

那么体积散射的方程在图形渲染中如何应用呢？我们在实际中主要在如下两个方面进行体积效果的渲染应用，如图 16.43 所示。

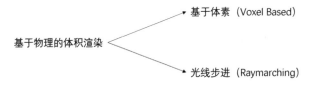

图 16.43 体积渲染分类

我们已经知道了光线在体积媒介中的传播方式和散射公式，那么针对不同的媒介，我们主要使用基于体素和光线步进两种方式进行渲染，如图 16.43 所示；

其中，体素的体积渲染主要针对近距离、精度要求高的体积效果，例如体积雾、烟尘等，而光线步进的方式主要针对距离较远、精度要求不是很高、范围覆盖较广的体积效果，例如天空中的体积云、夜晚的体积极光等，我们在本章中应用的就是光线步进的风暴云效果。

16.5.3 风暴云光照

回到我们的风暴云光照中。我们已经知道，风暴云的光照比较复杂，总结起来包括 4 部分：平行光产生的体积散射、环境光光照、内部光照及闪电产生的光照。体积散射和环境光光照这两部分属于普通光照，而内部光照和闪电产生的光照则属于特殊光照效果，闪电产生的光照我们将在后面的章节中进行介绍。

我们已经了解了体积散射的理论知识，现在来看一下如何将体积散射应用到风暴云中，见图 16.44。

图 16.44 体积云光照

$$LightEnergy = DirectionalLight + AmbientLight$$

图 16.44 很好地描绘了平行光的体积散射和环境光散射共同组成的云的基础光照，计算可以概括为三个部分：透射（Transmittance）、散射相函数（Scattering Phase）及散射概率（In-Scatter Probability）：

$$DirectScattering = Transimittance \times ScatterPhase \times InScatterProbability$$

1852 年，数学家 Beer 和 Lambert 发现光子进入透明物体越远，由于散射的原因，光子逃逸穿过的概率越低，于是提出了图 16.45 所示的半透明物体的厚度与光子穿透率的函数图，将其简称为 Beer-Lambert 公式[5]。

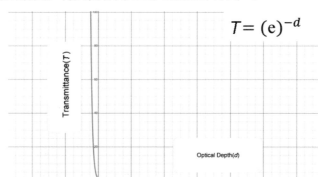

$$T = (e)^{-d}$$

图 16.45　Beer-Lambert 公式

通过提高 Beer-Lambert 公式中的 d 参数，可以显著增加云层向光面和背光面的对比度，如图 16.46 所示。

图 16.46　透射对比

那么针对风暴云形态，我们需要如何定义这个厚度 d 呢？对于每一条光线在体积中计算散射的采样点，都加入了针对风暴云柱状形态的特殊厚度公式，将行进距离（dist）与风暴云柱体半径（radius）的比值的函数作为光线进入云层的 Beer-Lambert 公式的厚度参数，越靠近中心厚度越大。对光线的行进距离进行积分，作为 Beer-Lambert 公式的厚度参数去计算光线的透射。于是我们得到了如图 16.47 所示的光照结果。

图 16.47　光的透射结果

可以看到，云层的背光面更暗，云的整体颜色呈现更高的对比度，也凸显出风暴云比普通体积云更具有视觉冲击力。对于环境光照部分，我们针对风暴云加入了高度参数（height），将其用于对整个风暴云柱体的环境光照渐变进行控制。

高度参数越小，环境光照越接近风暴云环境光照（更暗），高度参数越大，越倾向于普通体积云的环境光照（更亮）。增加环境光照后的整体效果如图 16.48 所示。

图 16.48　环境光照

16.6　闪电与内部光照

为了营造更加恐怖的风暴云的视觉效果，我们额外加入了内部光照部分。

提到增加光照，首先想到的是要增加光线步进，这对于性能来说是一个噩梦，每增加一个内部光源，就增加光线步进是无法接受的。我们必须简化新增光照的光线步进计算。

16.6.1　闪电光照拟合

通过观察图 16.49 所示的模拟光照图，我们发现，内部光照可以拟合为一个简单的球体，于是想到可以通过简单的去光线步进几何体来模拟内部的光照。

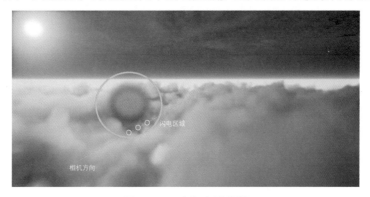

图 16.49　内部光照模拟

我们知道，光线步进一个球体的计算是非常简单的，如图 16.50 所示。

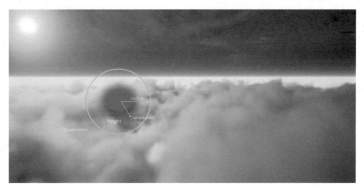

图 16.50　内部光照计算

$$PotentialEnergy = pow(1.0 - (d1/radius), 12.0)$$

$$HeightGradient = (d2/height)$$

$$\text{PseudoAttenuation} = (1.0 - \text{saturate}(\text{density} \times 5.0))$$

$$\text{GlowEnergy} = \text{PotentialEnergy} \times \text{HeightGradient} \times \text{PseudoAttenuation}$$

$$\text{LightEnergy} = \text{DirectScattering} + \text{AmbientScattering} + \text{GlowEnergy}$$

首先，我们通过位置参数（pos）和半径参数（radius）定义一个光照范围覆盖的球体。然后通过距离参数（$d1$）表示当前位置与球体中心的距离。同时加入高度参数（height）定义当前采样点到球体中心的衰减系数。再通过当前位置本身的厚度参数近似地模拟从光源到采样点的衰减，最后将衰减系数相乘，得到内部光照的总衰减。

至此，风暴云的光照中的平行光体积散射、环境光散射及内部光源光照部分已经完成。接下来，我们附加上闪电部分来丰富风暴云的整体效果。

16.6.2　闪电形态

闪电大致可分为 4 种类型：云内的闪电（主要提供光照），通往地面的闪电（分型计算生成闪电形态），球形闪电（特效）及云层上的闪电。我们在风暴云中主要实现前两种。

对于云内的闪电，因为无法看到闪电的形态，仅仅是在云层中以光亮来呈现，所以我们可以在前面讲到的内部光照部分加入颜色和位置的随机化来模拟，如图 16.51 所示。

图 16.51　随机闪电光照

对于外部闪电，即我们通常见到的通往地面的闪电，通用的方法是分型法[6]。分型法的计算过程非常简单，如图 16.52 所示。

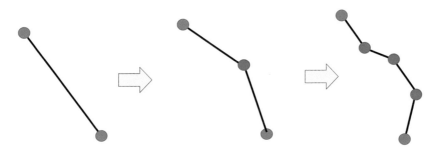

图 16.52　分型过程

配合上自发光材质和 Bloom 后处理，可得到如下效果，如图 16.53 所示。

图 16.53　分型闪电

16.7　环境交互

经过前述的对风暴云的形态的建模和光照的加入，包括平行光照、环境光光照、内部光照和闪电光照，我们的风暴云已经相对完美。可以将风暴云与其他天气效果结合，模拟足够具有视觉冲击力的极端天气。

16.7.1　投影

　　首先，我们的风暴云要对场景产生投影，这一部分与普通体积云投影类似，可以省掉体积云投影的部分，使用平面的渲染目标结合云层分布图（Cloudmap）模拟云层对场景和地面的投影。

16.7.2　自定义缓冲

　　当风暴云与沙漠天气结合时，沙尘表面材质通过自定义 G 缓冲（Custom GBuffer）进行全场景覆盖，如图 16.54 所示。自定义 G 缓冲的优势在于，它不需要对每一种材质进行单独接入，从渲染的缓冲中修改固有色（Base Color）、法线（World Normal）、粗糙度（Roughness）、金属度（Metallic）等，如图 16.55 所示，从而达到目标效果。我们可以通过新建自定义 G 缓冲的特殊材质来营造沙尘覆盖的效果，如图 16.56 所示。

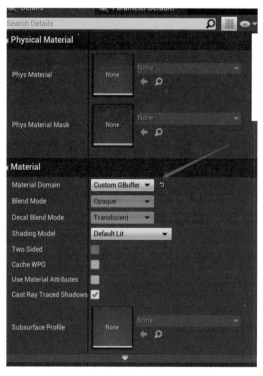

图 16.54　自定义 G 缓冲材质域

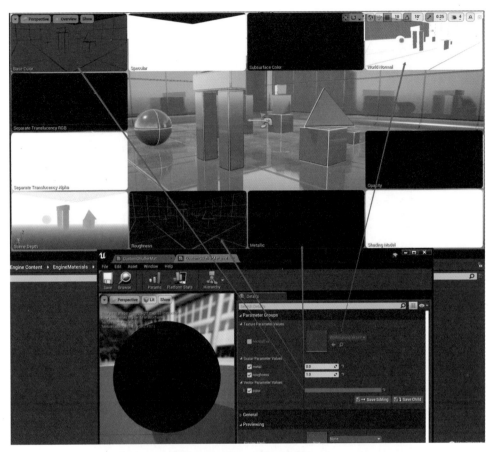

图 16.55 自定义 G 缓冲演示

图 16.56 沙尘覆盖

　　同样,通过自定义 G 缓冲的全场景材质,如图 16.57 所示,可以将湿润效果、空中雨滴及表面的涟漪、水花等雨天效果与风暴云整合在一起。加上可控的闪电光照效果(最好加上定制的音效),可以营造出图 16.58 所示的风起云涌、大雨倾盆的暴风雨场景，让玩家在游戏世界中感受到极端天气带来的视觉震撼。

图 16.57　自定义缓冲的湿润效果对比

图 16.58　暴风雨场景

移动端贴图压缩优化

一般来说，游戏中的贴图需要大量的存储空间。对于移动平台上的游戏而言，直接存储原图会导致游戏包体过大、加载时间过长。此外，游戏还需要通过网络下载纹理文件，未经压缩的纹理文件也会占用更多的带宽，导致下载耗时变长。对纹理数据进行压缩存储，可以减少存储空间和带宽的使用，让游戏更流畅地加载和运行，为玩家带来更好的游戏体验。本章我们介绍一种基于 ETC1s 改进的贴图压缩格式——ZTC。

17.1 ZTC 纹理压缩

ETC1s[1]压缩格式下的图像质量较好，且有着较为出色的压缩比。我们将ETC1s中 4×4 的块扩展到 6×6 和 8×8 的块，以期进一步减少压缩文件所占用的存储空间。我们还在ETC1s的 6×6 和 8×8 的块的基础之上，吸收ASTC、PVRTC等压缩格式的优点，对ETC1s的 6×6 和 8×8 的块进行改造，以保障压缩图像的质量。我们将这个新改造出来的压缩格式称为ZTC。

在本章中，我们首先介绍一些现有压缩格式的构成和特性，然后介绍是怎么一步步对 ETC1s 进行改造的，也包括在此过程中遇到的问题，以及在数据计算上的一些优化和改进，最后我们将对比几组测试数据并做总结。

17.2 移动端常见压缩格式回顾

在游戏中，实时渲染需要频繁访问纹理中不同位置的属性，包括反射、光照等，

---

1 详细资料的网址见链接列表条目 17.1。

并进行计算。这些属性通常存储在纹理贴图、材质库等数据集中，并需要进行随机访问。由于按块压缩[1]支持随机访问，也即每个块（block）的数据是独立的，可以单独访问和解压缩，所以手机游戏中的贴图压缩一般都选择按块压缩的方式。单纹素压缩前后的误差可以通过欧氏距离来衡量，也可以通过感知距离等函数来计算。一个块压缩前后的误差，可以通过其中各纹素中数据的误差求和得到。图像的压缩质量可以通过计算压缩后图片和原图之间的PSNR[2]、SSI[3]和RMSE[4]等来衡量。

接下来，我们逐个介绍 ETC1、ETC1s、ASTC 和 PVRTC 这四种现有的按块压缩格式。

17.2.1 ETC1

在ETC1[1]格式下，有一个全局的亮度码本（luminance codebook），其中包含八个强度表（intensity table），每个强度表包含四个用于修正的差值（differential modifier）。Basis Universal[5]中实现的ETC1 编码所用的亮度码本如表 17.1 所示。

表 17.1 亮度码本

-8	-17	-29	-42	-60	-80	-106	-183
-2	-5	-9	-13	-18	-24	-33	-47
2	5	9	13	18	24	33	47
8	17	29	42	60	80	106	183

ETC1 中的块的尺寸为 4×4，其结构如图 17.1 所示。每个块或左右、或上下地分为两个子块（subblock），具体方式由块内存储的一个翻转位（flip bit）来区分。每个子块内存储了一个基础色（base color）和一个强度表索引（intensity table index），每个纹素存储了一个差值索引（differential modifier index），一般称之为选择器。通过强度表索引可以在亮度码本中索引到一个强度表，然后通过选择器在强度表中索引到一个差值 d，在一个纹素所属的子块的基础色 (r, g, b) 的各通道上叠加 d，就可得该纹素的编码颜色 $(r + d, g + d, b + d)$。当然，由于直接存储两个基础色会有 48 bit，空间占用太高且没有必要，所以会采用 rgb444 + rgb444 或 rgb555 + rgb333 的方式来存储，选用何种颜色精度由差分位（differential bit）来区分。

1　详细资料的网址见链接列表条目 17.2。
2　详细资料的网址见链接列表条目 17.3。
3　详细资料的网址见链接列表条目 17.4。
4　详细资料的网址见链接列表条目 17.5。
5　详细资料的网址见链接列表条目 17.6。

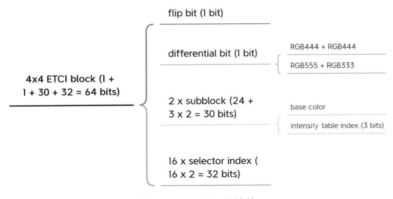

图 17.1　ETC1 的结构

图 17.2 演示了 ETC1 解码时每个颜色块是如何被计算的。图中所示的是一个左右划分的块，左边子块的基础色为(135,210,177)，强度表索引为 0；右边子块的基础色为(65,150,77)，强度表索引为 2。

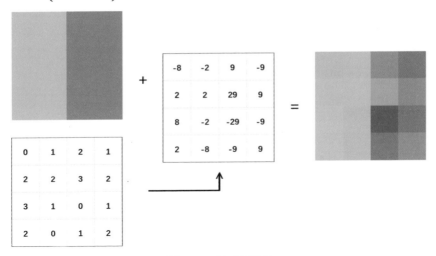

图 17.2　ETC1 解码

为了将原图中的像素块（pixel block）压缩编码成ETC1 块，每个块应该计算最优的翻转位、基础色及强度表，每个纹素应该计算最优的选择器，以减小压缩图像与原图之间的差距。强度表和选择器的优化可以通过遍历来实现，而对于基础色，即便是遍历一个邻域内的所有值也是较大的开销。Basis Universal采用的做法是局部搜索（local search），简而言之，在块内所有颜色的算术平均或者几何平均（也即PCA的重心 [1]）附近的一个小邻域内，选择一部分点来遍历。

---

[1]　详细资料的网址见链接列表条目 17.7。

17.2.2　ETC1s

在 ETC1 中，每个纹素都存储了一个 2 bit 的选择器。那么一个块中存储的选择器总计有 32 bit，占到其总存储量（64 bit）的一半。

ETC1s 对此进行了进一步的压缩，其采用的方式是经典的向量量化（vector quantization）。当把每一个块中的所有选择器视为一个 4×4 的矩阵（选择器块，selector block）或一个 16 维的向量（选择器向量，selector vector）时，就会发现有些选择器块之间是比较相似的，可以通过聚类的方式进一步来压缩。这样，只需要存储所有的聚类中心(cluster center)，然后对每个块存储一个聚类索引(cluster index）即可。ETC1s 在 ETC1 的基础上，通过 TSVQ（Tree Structure Vector Quantization）实现了这一点。这种方式也被应用到了 base color + intensity table index 上，称为颜色端点聚类（color endpoint clustering）。ETC1s 计算了 base color + intensity table index 下所有可能的颜色中的下端点（low endpoint）和高端点（high endpoint），合并得到一个 6 维向量，然后进行向量量化。

图 17.3 展示了 ETC1s 的块内存储的数据。如果我们设定允许最多 512 个颜色聚类，以及最多 1024 个块选择器聚类，那么 ETC1s 下一个块的大小为 30 bits，相对于 ETC1 的 64 bits 节省了很多。

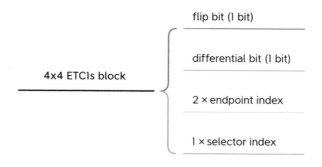

图 17.3　ETC1s 的块内存储的数据

17.2.3　ASTC

由于一个块内的颜色不一定都在同一色系，并且同一色系中的颜色变化也并不一定在每个通道上都是一致的，所以 ETC1 的效果并不总是那么好。针对这两个问题，ASTC[2]允许将一个块划分为至多四个区域，每个区域都可以使用不同的压缩参数进行压缩。具体来说，每个区域存储一对颜色端点，e_1 和 e_2。区域内的每个纹素存储一个用来插值的权重 w（interpolation weight），该纹素的颜色由

$\text{Lerp}\left(e_1, e_2, w\right) = (1-w) \cdot e_1 + w \cdot e_2$ 计算得到，这种方法被称为 partition，ASTC 预设了若干种可供选取的 partition，不同的 partition 划分出来的区域数量（partition count）以及每个区域的纹素都不一样。图 17.4 所示的三个矩阵分别是 ASTC 预设的 partition_count=2、partition_index=101 时，partition_count=3、partition_index=900 时，以及 partition_count=4、partition_index=170 时的 partition。

1	1	1	0	0	0	1	1
1	1	1	1	0	0	1	1
1	1	1	1	1	0	0	0
1	1	1	1	1	0	0	0
1	1	1	0	0	0	1	0
1	1	0	0	0	0	1	1
0	0	0	0	0	0	1	1
0	0	0	0	0	0	1	1

0	0	0	0	0	0	0	0
0	0	0	0	0	0	0	0
0	0	0	0	0	0	0	0
2	2	2	2	2	2	2	2
2	2	2	2	2	2	2	2
2	2	2	2	2	2	1	1
2	2	2	2	0	0	0	0
2	0	0	0	0	0	0	0

0	0	0	0	0	0	0	0
0	0	0	0	0	0	0	0
2	3	3	3	1	1	1	1
2	3	3	3	3	1	1	1
2	3	3	3	3	1	1	1
2	3	3	3	3	3	1	1
3	3	3	3	3	3	3	1
3	3	3	3	3	3	3	2

图 17.4　partition 矩阵示意

这样的编码压缩方式当然是质量更高的，但相应地增加了很多存储空间。针对这一问题，ASTC首先通过简化来减少需要存储的插值权重的个数，然后使用 BISE（Bounded Integer Sequence Encoding）来减少每个需要存储的插值权重的精度。ASTC预设了若干种简化方式，每个简化本质上是一个用来降维[1]的线性映射，剔除了不同维度分量之间的线性相关性。ASTC使用简化方式的流程大致如下。压缩时，比如对一个 4×4 的块，将其所有权重视为一个$n = 16$维的权重向量。在一个简化线性映射$E: R^n \to R^m$下，块被映射到了$m < n$维的空间。解压时，再从低维空间通过线性映射$D: R^m \to R^n$还原到原来的空间中。ASTC为了实现快速解压，解压矩阵D中每行至多只有四个非零项。为了保证简化前后的损失最小，给定D时，需要使得

1　详细资料的网址见链接列表条目 17.8。

误差 $\left\| DE - I_{n\times n} \right\|_F^2$ 最小。对误差关于 E 求导可得 $DD^E = D$，解得 $E = D^{\top}\left(DD^{\top}\right)^{-1}$。简化之后，ASTC将降维过的权重向量离散化转为分数，最后使用BISE将所有分数以更紧凑的二进制形式存储下来。

对于颜色端点，ASTC 提供了若干种不同的颜色格式及存储精度，其主要原理和 rgb555+rgb333 及 BISE 类似。除此之外，ASTC 支持多种不同尺寸的压缩块，常见的有 4×4、5×5、6×6、8×8、10×10 和 12×12 等。

17.2.4　PVRTC

如图 17.5 所示，PVRTC 借用小波变换的思路，将图像分为高频分量和低频分量两个部分。高频分量是指傅里叶变换后频率较高的部分，对应于原图中颜色变化较快的部分，包括图像中不同颜色交接的边缘，以及一些几何细节。低频分量是指傅里叶变换后频率较低的部分，对应于原图中颜色变化较慢的部分，包括平缓或渐变的颜色，以及噪声。具体来说，PVRTC[3]存储了两个降采样后的低频分量 A 和 B，然后每个纹素存储了一个 2 bit 的权重索引。解码时每个纹素的颜色通过如下方式进行计算，先通过对 A 和 B 进行双三次插值（bicubic interpolation），得到两个颜色端点，然后通过权重索引在{0,3/8,5/8,1}中索引得到对应的权重，最后在两个颜色端点间进行线性插值即可。

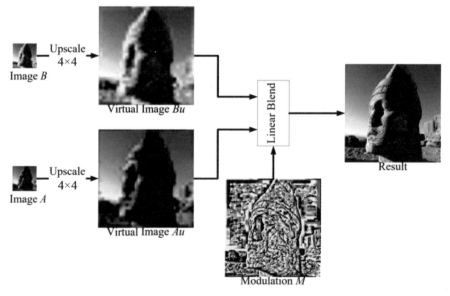

图 17.5　PVRTC 的原理

17.2.5　ETC1 和 ASTC 的问题

ASTC 的质量相对于 ETC1 已经提升了很多，事实上，ASTC 可以说是目前广泛使用的压缩格式中质量最好的。但 ASTC 依然有自己的缺点，其对于一些块的处理效果并不好。因为 ASTC 通过 PCA 计算出一对颜色端点，然后使用线性插值的方式，本质上是在用一条线段去拟合颜色的分布。如果一个 partition 中的颜色分布并不在一条直线的附近，如它们的分布是二维球形或者三维球体的，其结果必然是不好的。当然，这个问题 ETC1 同样也有，PVRTC 较好地解决了这一问题。图 17.6 的左图所示的是 ASTC 8×8 压缩后的图像，右图所示的是 PVRTC 2bpp 压缩后的图像，PVRTC 的效果明显更好。

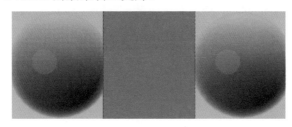

图 17.6　ASTC vs PVRTC

我们从所有块中选取四个有代表性的块，并列举它们的特征值，以及 ASTC 和 PVRTC 压缩格式下的 PSNR。从表 17.2 可以看出，这些块内颜色的分布都近似于一个二维的圆盘，ASTC 8×8 的效果明显不如 PVRTC 2bpp 的。

表 17.2　特征值和压缩质量

(block_x, block_y)	特征值	ASTC 8×8 PSNR	PVRTC 2bpp PSNR
(17, 11)	5.257, 5.048, 0, 0	46.461	55.681
(9, 19)	6.160, 5.068, 0, 0	46.370	51.421
(7, 14)	6.870, 5.282, 0, 0	45.940	51.385
(11, 22)	5.758, 4.270, 0, 0	46.567	53.888

17.3　ZTC 格式设计

和常用的压缩格式 ETC1、ASTC 和 PVRTC 等相比，ETC1s 压缩出来的文件尺寸最小。我们希望在 ETC1s 的基础上，进行进一步改进，在保证质量的前提下，进一步压缩文件占用的存储空间。接下来，我们首先介绍 ETC1s 压缩格式，然后介绍如何在 ETC1s 格式上一步步进行扩展和改进。

17.3.1　支持更多的块尺寸

我们尝试将 ETC1s 的块从 4×4 扩展到 6×6 和 8×8。在 ETC1s 4×4 的块下，每 16 个纹素就需要存储一个 selector cluster index（选择器簇索引）和两个 endpoint cluster index（端点簇索引）；而在 ETC1s 8×8 的块下，每 64 个纹素才需要存储一个 selector cluster index 和两个 endpoint cluster index。所以将 ETC1s 4×4 的块扩展到 6×6 和 8×8，可以进一步压缩文件存储所占用的空间的大小。对于每个 ETC1 块，扩展只需要相应地在一个块内存储 6×6 或 8×8 的选择器即可。虽然 ETC1s 6×6 和 8×8 的块进一步降低了压缩比，但编码压缩的粒度更加粗糙了，质量势必有所下降，所以还需要在 ETC1s 6×6 和 8×8 的块尺寸的基础上进行改造，在保持压缩比的优势的同时，提高图像质量。总体的预期是当选择 6×6 或者 8×8 的块尺寸时，和 ASTC 相比，压缩比降低 30%，图像质量（PSNR）可以达到 ASTC 的 90%。

17.3.2　块分区

ETC1s 扩展到 6×6 和 8×8 的块尺寸以后，在不同色系交界区域产生了块状伪影，如图 17.7 所示。

图 17.7　块状伪影

主要原因在于每个块中只使用了一个基础色，这在 4×4 的块中的影响是比较小的。但随着一个块尺寸的变大，其中颜色的差异也越来越大，只用一个基础色所造成的误差和损失也就越大，见图 17.8、图 17.9、图 17.10。

图 17.8　示例块 1

图 17.9　示例块 2

图 17.10　示例块 3

　　为了解决这个问题，我们借用 ASTC 中 partition 的概念。ASTC 中的 partition 将一个块分成 2 到 4 个区域，每个区域单独存储一个基础色。我们用 subset 来指代 ASTC partition 划分的一个区域，partition count 用来表示划分的区域的个数，不同 partition count 下各有 1024 种划分方式，partition index 用来索引具体是哪一种划分方式。由于实际中使用 partition count=3 或 partition count=4 的块非常少，再加上节省存储空间的考虑，我们只使用 partition count = 2 的那些 partition。

17.3.3　Endpoint Direction（PCA）优化

　　在 ETC1 格式下，在基础色之上将差值修正叠加到每个通道上，也即每个 partition 中的颜色都位于过基础色且方向为(1,1,1)的直线上。而实际上，比如图 17.11 所示的这个块，我们将其中每个纹素的颜色作为三维坐标画在空间中，计算其 PCA。可以发现，颜色变化的主要方向为(0.45,0.71,0.54)（图 17.12 中的红线），和方向为(1,1,1)（图 17.12 中的黑线）是有较大差异的。

图 17.11　示例块 4

　　因此我们引入 direction 来决定每个 subset 中颜色变化的方向。加入 direction 之后，通道相关的图像压缩质量有小幅度的提高，与通道无关的图像（法线纹理等）的压缩质量有较大的提高。这是因为，在 ETC1 中将一个 subset 中颜色变化的方向固定为(1,1,1)，这在不同通道间强制引入了相关性，对于通道无关的纹理，这样做会造成一定的偏差。

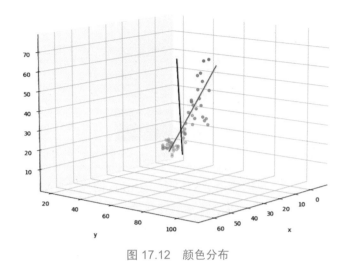

图 17.12　颜色分布

17.3.4　亮度码本修订

我们注意到，对于几何细节较多且复杂的图片来说，在 6×6 或者 8×8 的块下，块和块之间的选择器相似性普遍较低，强行聚类会引入较多的误差，破坏原来的几何细节。但如果不使用聚类，每个纹素需要存储一个 2 bit 的选择器，存储开销又会增加很多。我们的改进方式是使用一个新的 16×2 的亮度码本，相较于之前每个纹素需要存储 2 bit 的选择器，现在只需要 1 bit，即便不聚类，每个块也总计只需要存储 64 bit 的选择器，如表 17.3 所示。

表 17.3　修订后的亮度码本

-2	-4	-6	-8	-10	-12	-14	-16	-20	-24	-28	-32	-48	-64	-128
2	4	6	8	10	12	14	16	20	24	28	32	48	64	128

17.3.5　RGBA 格式的压缩

我们借用 ASTC 对 alpha 通道的处理，对每个块分别尝试三种不同的编码方式，并最终选择质量损失最小的那一个。

1. RGB：默认一个块内的 alpha 都等于 255，这样基础色只需要存储三个通道的数值即可。

2. RGBA：默认一个块内的 alpha 和 RGB 有较强的相关性，这时基础色需要存储四个通道的数值。

3. dual plane：rgb + alpha，也即 alpha 和 rgb 的相关性较弱，rgb 和 alpha 分别单独使用一个强度表和一套选择器。值得注意的是，ASTC 在 dual plane 模式下需要存储两套权重值，受限于存储，在这种情况下，ASTC 不允许使用 partition。我们在编码的时候，在 dual plane 模式下也不使用 partition。

17.3.6　基于双线性插值的编码

回顾 ETC1、ASTC、PVRTC，虽然它们在具体的压缩格式上有所差别，但总体的思路，都是将图像的高频分量和低频分量分开进行压缩编码。一般来说，图像的高频分量对应于颜色变化较剧烈的部分，也即不同颜色的交界区域、几何细节或者噪声，低频分量对应于颜色变化较为缓慢的部分。所以无论是使用 ETC1 选择器还是 ASTC partition，都是对高频分量的拟合。

我们现在提供另一种改进低频分量拟合的编码方式。对于颜色渐变的块（如图 17.13 所示），ZTC 的效果并不是特别理想。主要原因有两个：第一个是，将原始图片压缩成 ZTC 格式时，其中所使用的选择器相对于 ASTC 权重是更加离散化的，导致可以选择的颜色不够多。第二个是，将 ZTC 文件转码成 ASTC 格式时，由于 ASTC 假设一个 subset 中的颜色分布是接近于一个细长的椭球的，而对于其中颜色分布接近于一个二维球面或者三维球体的 subset，效果肯定会差很多。不幸的是，由于我们最终要将 ZTC 转码成 ASTC，而 ASTC 的格式设计也有这样的假设，所以针对第二个原因我们没有办法改进。

图 17.13　示例块

针对第一个原因，我们增加并兼容如下编码方式。对于颜色渐变的区域，我们为块设置四个顶点色，每个纹素的背景色通过对顶点色双线性插值得到。同时每个块存储一个强度表索引，每个纹素存储一个选择器，通过索引可以获取一个差值，在背景色之上做修正，公式如下：

$$\text{encoded color} = (\text{bc}.r + d, \text{bc}.g + d, \text{bc}.b + d)$$

四个顶点色可以视为两对颜色端点并参与聚类，这样每个块只需存储两个 color endpoint cluster index（颜色端点簇索引）。同理，选择器块也可以参与聚类。

四个顶点色A_1、A_2、A_3、A_4的计算方式如下，我们用c_{ij}和x_{ij}来表示一个块内第i行第j列的原始颜色和编码背景色：

$$x_{ij} = \left(1 - \frac{j}{n-1}\right)\left(1 - \frac{i}{n-1}\right)A_1 + \frac{j}{n-1}\left(1 - \frac{i}{n-1}\right)A_2 + \left(1 - \frac{j}{n-1}\right)\frac{i}{n-1}A_3$$
$$+ \frac{i}{n-1}\frac{j}{n-1}A_4$$

我们的目标是最小化函数$f\left(A_1, A_2, A_3, A_4\right) = \sum_{i=0}^{n-1}\sum_{j=0}^{n-1} \text{dist}\left(c_{ij}, x_{ij}\right)^2$，对$f$关于$A_1$、$A_2$、$A_3$、$A_4$分别求导可得：

	$n = 4$	$n = 6$	$n = 8$
A_1	$\frac{1}{900}(49 \cdot v_1 - 14 \cdot v_2 - 14 \cdot v_3 + 4 \cdot v_4)$	$\frac{1}{11025}(121 \cdot v_1 - 44 \cdot v_2 - 44 \cdot v_3 + 16 \cdot v_4)$	$\frac{1}{7056}(25 \cdot v_1 - 10 \cdot v_2 - 10 \cdot v_3 + 4 \cdot v_4)$
A_2	$\frac{1}{900}(-14 \cdot v_1 + 49 \cdot v_2 + 4 \cdot v_3 - 14 \cdot v_4)$	$\frac{1}{11025}(-44 \cdot v_1 + 121 \cdot v_2 + 16 \cdot v_3 - 44 \cdot v_4)$	$\frac{1}{7056}(-10 \cdot v_1 + 25 \cdot v_2 + 4 \cdot v_3 - 10 \cdot v_4)$
A_3	$\frac{1}{900}(-14 \cdot v_1 + 4 \cdot v_2 + 49 \cdot v_3 - 14 \cdot v_4)$	$\frac{1}{11025}(-44 \cdot v_1 + 16 \cdot v_2 + 121 \cdot v_3 - 44 \cdot v_4)$	$\frac{1}{7056}(-10 \cdot v_1 + 4 \cdot v_2 + 25 \cdot v_3 - 10 \cdot v_4)$
A_4	$\frac{1}{900}(4 \cdot v_1 - 14 \cdot v_2 - 14 \cdot v_3 + 49 \cdot v_4)$	$\frac{1}{11025}(16 \cdot v_1 - 44 \cdot v_2 - 44 \cdot v_3 + 121 \cdot v_4)$	$\frac{1}{7056}(4 \cdot v_1 - 10 \cdot v_2 - 10 \cdot v_3 + 25 \cdot v_4)$

其中，

$v_1 = \sum_{i=0}^{n-1}\sum_{j=0}^{n-1}(n-1-i) \times (n-1-j) \times c_{ij}$	$v_2 = \sum_{i=0}^{n-1}\sum_{j=0}^{n-1}(n-1-i) \times j \times c_{ij}$
$v_3 = \sum_{i=0}^{n-1}\sum_{j=0}^{n-1} i \times (n-1-j) \times c_{ij}$	$v_4 = \sum_{i=0}^{n-1}\sum_{j=0}^{n-1} i \times j \times c_{ij}$

17.4　ZTC 数据计算

除了压缩格式本身的改进，对于每个块中变量计算上的优化，也能提高图像压缩的质量。我们在这一节中将依次介绍关于 base color 和 partition 的计算，如何通过边界拟合来减少相邻块之间出现的瑕疵，以及怎样编写 ZTC 向 ASTC 的转码函数，怎样优化转码函数的效率。

17.4.1　优化 base color

ETC1 计算base color时，先计算出PCA的中心，或者计算出算术平均，然后再在中心的一个小邻域内做局部搜索（local search）[1]。此外，还可以考虑有tukey median等。

17.4.2　匹配 partition

以下给出几种匹配 partition 的方式。

17.4.2.1　*k*–means 排序

这也是 ARM ASTC 使用的方法，首先对块内的纹素颜色做 *k*-means 聚类，其中 k = partition count。然后对每一个 partition 计算其与 *k*-means 结果的汉明距离（Hamming distance），按照计算的距离从小到大排列。

17.4.2.2　遍历

遍历所有的 partition，选择一个编码后质量损失最小的，但这样比较耗时。

17.4.2.3　组内协方差

除了这两种方法，我们提供了另一种方法，即当 partition 把块分成两个子集S_1 和S_2时，S_1 和S_2 单独计算方差得到V_1 和V_2，然后按照每个子集中纹素的个数对 subset 的方差做权重加权，得到块的组内协方差，公式如下：

$$\text{intra variance} = \frac{|S_1|}{\text{total pixels}} \cdot V_1 + \frac{|S_2|}{\text{total pixels}} \cdot V_2$$

我们对所有 partition 按照组内协方差从小到大排序，并选取前几个分别进行编码，最后选择编码误差最小的那一个。

17.4.3　边界拟合

在按块压缩的方式中，块内的纹素在视觉上产生的影响并不相同。比如一个块内居中的纹素有一些误差，看上去并不会很明显。但如果在边界上产生一定的误差，就可能会导致横跨多个块的几何线条断裂，块与块之间的几何细节出现衔接错位。另外，由于相邻块压缩产生的误差，可能会使其中一个色调更亮，另一个色调更暗，块和块之间颜色梯度增大，于是块和块之间看上去就像有了接缝。

1　详细信息的网址见链接列表条目 17.9。

对于这些问题，我们的解决方案是，在计算 ZTC 编码过的块和原始的颜色块间的误差时，给每个纹素的误差乘上一个权重，对处于边界位置的纹素设置一个较大的权重，对内部的纹素设置一个较小的权重，以此来"强迫"边界位置的颜色拟合得更好。我们对 8×8 和 6×6 的块使用的 suppression（抑制）如图 17.14 所示。

10	10	10	10	10	10	10	10
10	1	1	1	1	1	1	10
10	1	1	1	1	1	1	10
10	1	1	1	1	1	1	10
10	1	1	1	1	1	1	10
10	1	1	1	1	1	1	10
10	1	1	1	1	1	1	10
10	10	10	10	10	10	10	10

6	6	6	6	6	6
6	1	1	1	1	6
6	1	1	1	1	6
6	1	1	1	1	6
6	1	1	1	1	6
6	6	6	6	6	6

图 17.14　对 8×8 和 6×6 的块使用的 suppression

图 17.15 的左图所示的是没有使用 border suppression（边界抑制）的，右图所示的是使用边界抑制之后的效果，可以很明显地看到边界抑制的作用。

图 17.5　边界抑制的效果

17.4.4　ZTC 转码 ASTC

由于主流移动平台上的压缩格式已经逐步在硬件层面支持 ASTC，所以为了将 ZTC 真正投入使用，我们只能将 ZTC 作为一种中间存储格式，在移动端需要使用贴图时，将 ZTC 解压转码成 ASTC。

我们在 ARM ASTC 的 compress_block、compress_symbolic_block_for_partition_1plane 等函数的基础上改进出了转码函数。

为了减少转码耗时，我们省掉了 ARM ASTC 的 compress_block 函数中一些用于修正图像质量的计算，同时省掉了 HDR 和 LDR 等颜色编码格式。除此之外，我们还将预计算得到的 astc mode、color_format 及 is_format_matched 三个变量存储在块内。我们对 base color + intensity table index 到 color endpoints 的解码，以及 selector + intensity table index 到 weights 的解码过程做了大量优化工作，大幅度提升了解码的效率。

对于 6×6 的块的转码，我们做了更进一步的优化。对于 ASTC 块模式，我们只使用 decimation weight count = block_size * block_size 的，对于量化方法，只使用 quant_2 的。这样的 ASTC 模式只有一个，即 mode_index = 260。由于我们使用了新的 16×2 的亮度码本，选择器要么为 0，要么为 1。于是转码计算纹素的插值权重的时候，可以直接将选择器转换成插值权重 0.f 和 1.0f，省去了选择器简化和量化的耗时。

同时，如果对块选择器选择了量化存储，那么可以直接在 ASTC 的 symbolic_compressed_block 中复制每个聚类的块选择器，在不使用选择器量化时，直接复制每个块中存储的选择器，进一步节省了转码开销。同时，由于 ASTC 模式是固定的，也就不需要存储了，每个块节省了 11 bit 的存储开销。

而对于 8×8 的块，如果对块选择器不进行量化存储，那么也可以直接把 quantized_decimated_weights 而不是块选择器存储在块内。当然，这需要我们将使用的 weight_bits 限制在 64bit 以下。这样，在转码的时候也可以省去权重简化和量化的耗时。

17.4.5　未来的工作

我们所用到的只是一部分 partition 和一部分 ASTC 模式，所以并不需要在每个块中消耗 10bit 和 11bit 来存储它们。比如我们只用了 256 个 partition，那么只需要在文件的数据头部存储一个对应表，然后每个块用 8bit 来存储 partition 索引。同时，我们希望通过计算出原图的一些特征，然后根据这些特征来自动配置压缩流程的一些参数。

17.5　ZTC 测试

我们分别对 RGB、法线以及 RGBA 三种贴图进行了测试，其中 ZTC 压缩格式根据每张图片的特性不同，所设置的输入参数也会有所不同。

17.5.1 RGB

见表 17.4，我们对比了在三张 RGB 图片上使用 ASTC 和 ZTC 压缩格式后的图像质量及文件大小。

表 17.4　RGB 图片结果对比

	图片大小（像素）	文件大小	块大小	ASTC PSNR	使用 ASTC 压缩过后的文件大小	ZTC PSNR	使用 ZTC 压缩过后的文件大小	ZTC 转码 ASTC 耗时
	1024×1024	1.19 MB	8×8	34.58	204 KB	29.87	88.4 KB	23.30 ms
			6×6	37.75	403 KB	30.82	141 KB	11.67 ms
	1024×1024	1.37 MB	8×8	31.61	188 KB	25.04	86.5 KB	27.03 ms
			6×6	35.46	363 KB	27.03	136 KB	14.56 ms
	1024×1024	1.02 MB	8×8	38.58	177 KB	30.21	61.7 KB	27.10 ms
			6×6	41.42	345 KB	29.68	80.4 KB	10.94 ms

17.5.2　Normal

见表 17.5，我们对比了在三张法线贴图上应用 ASTC 和 ZTC 压缩格式后的图像质量及文件大小。

表 17.5 法线贴图结果对比

	图片大小（像素）	文件大小	块大小	ASTC PSNR	使用 ASTC 压缩过后的文件大小	ZTC PSNR	使用 ZTC 压缩过后的文件大小	ZTC 转码 ASTC 耗时
	512×512	263 KB	8×8	34.08	46.9 KB	29.71	17.9 KB	5.48 ms
			6×6	37.25	89.2 KB	30.18	20.3 KB	3.98 ms
	512×512	246 KB	8×8	33.09	71 KB	29.83	17.2 KB	5.19 ms
			6×6	36.71	37.2 KB	30.65	22.8 KB	3.46 ms
	1024×1024	1.49 MB	8×8	32.45	183 KB	28.98	73.6 KB	21.28 ms
			6×6	35.51	353 KB	29.96	121 KB	12.74 ms

17.5.3 RGBA

见表 17.6，我们对比了在三张 RGBA 图片上应用 ASTC 和 ZTC 压缩格式后的图像质量及文件大小。

表 17.6 RGBA 图片结果对比

	图片大小（像素）	文件大小	块大小	ASTC PSNR	使用 ASTC 压缩过后的文件大小	ZTC PSNR	使用 ZTC 压缩过后的文件大小	ZTC 转码 ASTC 耗时
	1024×1024	408 KB	8×8	34.62	83.6 KB	29.88	66.9 KB	16.44 ms
			6×6	39.50	133 KB	30.09	81 KB	13.84 ms

	图片大小（像素）	文件大小	块大小	ASTC PSNR	使用 ASTC 压缩过后的文件大小	ZTC PSNR	使用 ZTC 压缩过后的文件大小	ZTC 转码 ASTC 耗时
	1024×1024	1.37 MB	8×8	31.92	147 KB	28.29	131 KB	19.78 ms
			6×6	35.43	266 KB	29.61	144 KB	20.48 ms
一张白色图片	512×512	56.6 KB	8×8	47.42	30.6 KB	44.42	34.4 KB	7.36 ms
			6×6	51.66	59.2 KB	45.93	44.2 KB	7.01 ms

17.6　总结

本章介绍了在 ETC1s 的基础之上改进出的一个新的压缩格式 ZTC。在保障图像压缩质量的前提下，其尽可能地减小压缩文件的存储大小，并提供了 ZTC 格式下一些变量数据的计算和优化方法。同时我们编写了从 ZTC 到 ASTC 的转码函数，并进行了效率上的优化。同 ETC1s 格式一样，ZTC 允许使用者调节 selector cluster（选择器簇）和 endpoint cluster（端点簇）的大小，以寻求压缩质量和压缩文件存储大小之间的平衡。

显 存 管 理

基于传统图形 API（DX11、OpenGL 等）的游戏引擎通常不需要引擎开发者自行管理显存。显存的分配和释放是通过操作系统和显卡驱动程序进行的，开发者需要做的是管理好图形资源的生命周期，以避免出现显存泄漏。但是新一代的图形 API（DX12、Vulkan）向引擎开发者开放了更加底层的控制能力，使得开发者可以自行管理显存。这虽然增加了引擎开发的难度，但使得高性能显存分配和更加有效地使用显存成为可能。与此同时，针对特定的应用情景，专门设计的显存管理可以更加高效。

18.1 内存管理

内存管理和显存管理在算法层面上本质是一样的（这里不讨论基于 MMU 的虚拟内存），即给一块连续地址空间的内存进行子分配的算法。

18.1.1 内存碎片

内存碎片是指在内存中存在的一些零散的、不连续的空闲空间，这些空间由于大小和位置的限制，不能满足某些大块内存的申请需求，导致内存利用率低下。内存碎片分为内碎片和外碎片两种类型，如图 18.1 所示。

内碎片是指分配的内存空间大于申请的内存空间，这多出来的内存空间称为内碎片。由于内碎片是已经分配出去的内存空间，所以直到回收前无法再次分配，因而造成了浪费。

外碎片是指由于空间太小无法满足分配需求而未被分配出去的内存空间。频繁地分配/释放非固定大小的内存会导致外碎片的产生，可以使用内存碎片整理工具减少外碎片。

图 18.1　内存碎片

18.1.2　内存分配算法

接下来介绍一些常见的内存分配算法，以及它们的优缺点。

最佳匹配算法[1]，搜索空闲内存块列表，如图 18.2 所示，找到最接近请求大小的空闲内存块。一旦找到会将其分为两部分，一部分分配出去，剩余部分重新放入空闲内存块列表。释放内存时可以与相邻空闲块进行合并。该算法的优点是最大限度保留了大的空闲内存块，缺点是反复分配容易导致很多难以利用的内存碎片。

最差匹配算法[1]，搜索空闲内存块列表，如图 18.3 所示，找到最大的空闲内存块。一旦找到就会将其分为两部分，一部分分配出去，剩余部分重新放入空闲内存块列表。释放内存时可以与相邻空闲块进行合并。该算法的优点是，在分配过程中可以避免产生过多的内存碎片，缺点是反复分配会不断分割大的空闲内存块，导致当有大的分配请求时无法得到满足。

图 18.2　最佳匹配　　　　　　　　　　　　图 18.3　最差匹配

首次匹配算法[1]，搜索空闲内存块列表，如图 18.4 所示，找到第一个能够满足申请大小的空闲内存块即停止搜索。一旦找到会将其分为两部分，一部分分配出去，剩余部分重新放入空闲内存块列表。释放内存时可以与相邻空闲块进行合并。该算法的优点是实现简单，缺点是分配性能不够稳定，取决于满足申请大小的空闲内存块在列表中的位置，反复分配后同样会产生内存碎片，碎片程度介于最佳匹配和最差匹配之间。

固定大小分配算法[1]，将内存划分为固定大小的空闲内存块，然后放入空闲内存块列表。分配时直接从空闲内存块列表中取出即可，释放内存时直接将释放的内存块放入空闲内存块列表。该算法的优点是实现简单高效，没有外碎片。缺点是通用性较差，容易产生内碎片。

伙伴算法[1]，采用二叉树管理一块大的空闲空间，如图 18.5 所示。当请求分配时，递归遍历二叉树，将空闲内存块分为等大的两块，直到找到一个足够大的可以容纳请求的块为止，将该块分配出去。被分割后的两块内存彼此互为伙伴，它们大小相等，地址连续，同属于一个父内存块。释放内存时检查其伙伴内存块是否空闲，如果空闲进行合并。该算法的优点是没有外碎片，并且能够找到一个最佳匹配的空闲块进行分配，缺点是有时会导致很严重的内碎片（比如 1024 字节的空闲块，分配 600 字节，产生 424 字节内碎片），空闲内存块合并条件严格。

图 18.4　首次匹配　　　　　　　　　　图 18.5　伙伴算法

TLSF 算法[2]，根据空闲内存块的大小将其插入不同的分级空闲块链表中，如图 18.6 所示。TLSF 算法同时采用两级位图来定位分级空闲链表。其设计思想是将空闲块按照大小进行分级，形成不同大小范围的分级，在同一级别内进行 4 等分，这样申请内存时就可以首先定位所在级别，然后定位该级别内的特定链表。两级位图记录了在级别内是否有空闲内存块列表，以及该级别内哪个链表有空闲内存块。在进行分配时采用最佳匹配算法查找空闲内存块，将查找到的空闲内存块分

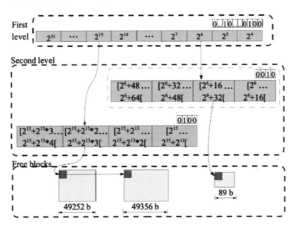

图 18.6　TLSF 算法

为两部分，一部分分配出去，剩余部分重新插入相应的分级空闲块列表。释放内存时可以与相邻空闲块进行合并，合并后的空闲内存块重新插入相应的分级空闲块列表中。

总结一下，固定大小分配算法和伙伴算法不会产生外碎片，但它们都不同程度地存在产生内碎片的问题，有时候甚至很严重。而固定大小分配算法相比伙伴算法不够灵活。伙伴算法的特点决定了只有相邻兄弟块之间可以进行合并，在实际游戏中还有大量的父子块相邻的情况，进而造成无法有效合并。最佳匹配算法、最差匹配算法、首次匹配算法，它们不会产生内碎片，但是都存在产生外碎片的问题，区别只在于不同的搜索算法优先找到的空闲块大小不同。如果有申请大内存的需求，最差匹配算法很可能导致无法分配，因为大的空闲内存块早就被分割细碎了。而最佳匹配算法则可能导致有很多非常小的外碎片难以利用的情况。首次匹配算法则完全取决于第一个满足分配条件的空闲内存块的位置。最佳匹配算法可以按照空闲内存块大小进行排序，并采用二分查找算法加速搜索，时间复杂度为 $\text{Log}(N)$。在实际使用时也可以采用红黑树进行空闲内存块的管理，搜索时间复杂度同样为 $\text{Log}(N)$。TLSF 算法的分配/释放时间复杂度为 $\text{Log}(1)$，性能最佳，但由于它并不是严格意义上的最佳匹配，所以相较于最佳匹配算法存在一定程度的内碎片。

18.2 通用显存管理

通用显存管理是指像内存管理一样实现一个显存分配/释放的管理方案，以应对各种类型及各种大小的显存分配需求。

18.2.1 为什么要实现通用显存管理

虽然新一代图形 API（DX12、Vulkan）提供了让开发者自行管理显存的能力，但是是不是依然可以像老的图形 API 那样借助操作系统和显卡驱动来管理显存呢？答案是，可以但是有一定的限制。以 Vulkan 为例[3]，有以下两个主要原因。

Vulkan 规定，同一时刻已经分配出去的显存数量不能超过 4096 个。对于一个中等规模的游戏而言，同时分配的显存数量远不止于此。所以开发者需要一次向 Vulkan 申请更大的显存空间，自行管理该显存空间进行子分配，向引擎上层提供不受限的显存分配能力。

显存类型及特性远比内存复杂。根据 CPU 和 GPU 对显存的可见性，以及显存的使用用途，显存可以在内存上进行分配，也可以在独立显卡板载的显存中进行分配。开发者需要根据需求自行处理。

总结一下，显存数量的限制使得开发者必须自行管理显存并进行子分配，而显存的合理使用涉及太多琐碎的细节且对性能影响至关重要。

18.2.2　VMA 介绍

VMA（Vulkan Memory Allocator）是一个由 AMD 开发的开源 C++库[4]，用于在 Vulkan 应用程序中管理显存的分配和回收，以帮助开发人员更高效地使用和管理显存。

如图 18.7 所示，根据显存的来源不同有多个堆（Heap），而每个 Heap 中根据用途不同又有多个堆类型（Type）。它们彼此之间不可混用，需要单独进行管理。VMA 中每个 Heap 的每种 Type 分别对应一个 VmaBlockVector，在显存分配时根据相关参数确定使用的 VmaBlockVector。

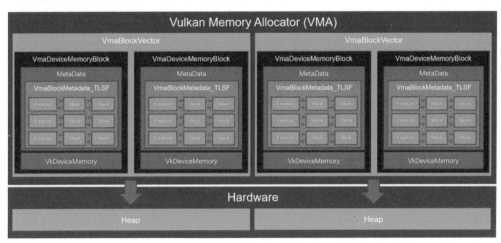

图 18.7　VMA 架构图

VmaBlockVector 中有一个 VmaDeviceMemoryBlock 数组，每个 VmaDevice-MemoryBlock 代表一次调用 Vulkan API 向系统分配的显存。考虑到在 Vulkan 中要求同时存在的已分配显存数量不超过 4096 个，所以 VmaDeviceMemoryBlock 每次尽可能地向系统分配一块较大的显存并自行管理子分配。VmaDeviceMemoryBlock 中的 MetaData 是指显存管理的算法以及该算法必需的数据结构、列表等。VMA 默认采用 TLSF 算法管理显存分配。VmaDeviceMemoryBlock 内的子分配是以块为单位的。空闲块组成空闲块链表，MetaData 负责块链表的分配和释放。

18.2.3　VMA 显存分配

Vulkan 提供的显存属性，如下所示：

```
typedef enum VkMemoryPropertyFlagBits {
    VK_MEMORY_PROPERTY_DEVICE_LOCAL_BIT = 0x00000001,
    VK_MEMORY_PROPERTY_HOST_VISIBLE_BIT = 0x00000002,
    VK_MEMORY_PROPERTY_HOST_COHERENT_BIT = 0x00000004,
    VK_MEMORY_PROPERTY_HOST_CACHED_BIT = 0x00000008,
    VK_MEMORY_PROPERTY_LAZILY_ALLOCATED_BIT = 0x00000010,
    VK_MEMORY_PROPERTY_PROTECTED_BIT = 0x00000020,
    VK_MEMORY_PROPERTY_DEVICE_COHERENT_BIT_AMD = 0x00000040,
    VK_MEMORY_PROPERTY_DEVICE_UNCACHED_BIT_AMD = 0x00000080,
    VK_MEMORY_PROPERTY_RDMA_CAPABLE_BIT_NV = 0x00000100,
    VK_MEMORY_PROPERTY_FLAG_BITS_MAX_ENUM = 0x7FFFFFFF
} VkMemoryPropertyFlagBits;
```

Vulkan 原生提供的这些显存属性可以根据具体需求和硬件情况组合使用。对于开发者而言，这使用起来比较烦琐，需要考虑得比较周全，且容易出错。VMA 根据开发者对显存使用方式和硬件特性（比如是否是集成显卡等特性）的需求给出了最佳的属性组合，这样可以极大地方便开发者使用。VMA 提供的主要显存使用方式如下：

- VMA_MEMORY_USAGE_UNKNOWN，不知道使用何种方式。此时通过 VmaAllocationCreateInfo 中的其他字段进行确定。
- VMA_MEMORY_USAGE_GPU_ONLY，仅 GPU 可见。对于独立显卡而言，倾向于直接在板载显存中进行分配。GPU 可以直接访问板载显存，带宽大、速度快。适用于 GPU 需要频繁使用但又不经常需要从 CPU 端更新数据的情况，比如纹理、模型等。
- VMA_MEMORY_USAGE_CPU_ONLY，仅 CPU 可见。在主内存中进行分配，通常用于从 CPU 到 GPU 之间的数据传输。使用时需要调用相应的图形 API 将数据传送到仅 GPU 可见的显存上。
- VMA_MEMORY_USAGE_CPU_TO_GPU，CPU 和 GPU 均可见。对于独立显卡，倾向于在板载显存中进行分配。适用于 CPU 端需要频繁更新数据给 GPU 使用的情景，比如频繁更新数据的 Uniform Buffer 等。
- VMA_MEMORY_USAGE_GPU_TO_CPU，CPU 和 GPU 均可见。在主内存中进行分配，同时启用 CPU 端读缓存。适用于 GPU 将数据回传给 CPU 的情况（比如 CPU 端回读 Render Target 或 Buffer 数据），使用时调用相应的命令（或者 API）将数据从仅 GPU 可见传回到 CPU 及 GPU 均可见的显存上。由于主要用于 CPU 读取数据，所以该显存会开启缓存功能。
- VMA_MEMORY_USAGE_GPU_LAZILY_ALLOCATED，惰性分配。一般而言，显存是在需要使用时立即分配并绑定到图形设备上的，但是在使用惰性分配的标记后，Vulkan API 允许在使用内存时才分配和提交物理内存资源，这意味着可以更有效地管理内存，可以将物理内存资源分配给需要它们的特定缓冲区或纹理图像，这样不会立即消耗大量的物理内存。

根据开发者设置的不同显存使用方式，VMA 会进一步结合硬件特性选择相应的 Vulkan 显存属性组合，这些显存属性组合分为必须、倾向和不倾向三种。

- 必须，是指满足开发者显存使用方式必须选择的 Vulkan 显存属性。如果无法满足则分配失败。
- 倾向，是指尽可能使用的属性，比如对于独立显卡而言，GPU_ONLY 的显存倾向于分配在 DEVICE_LOCAL 上，即在独立显卡板载显存中分配。
- 不倾向，是指尽可能不使用的属性，比如对于 CPU 端可以进行顺序写操作的显存而言，无须启用 HOST_CACHED 功能，以减少不必要的负载。

有了显存属性及分配倾向后，VMA 进行显存分配的步骤如下：

（1）确定要使用的 VmaBlockVector

前面提到了，每个 Heap 的每种 Type 类型的显存都有专门的 VmaBlockVector 与之对应，并分别进行显存管理。同时每个 Heap 的每个 Type 类型的显存具有一个显存属性组合。在开发者根据显存使用方式确定显存属性后，可以通过遍历每个 Heap 的每个 Type 的显存属性组合来确定显存从何处分配，进而确定要使用的 VmaBlockVector。

在遍历每个 Heap 的每个 Type 的显存属性组合时，通过计算得分来查找最佳的 Heap 及 Type。得分计算原则是，在满足必需的属性要求的前提下，尽可能多地匹配倾向的显存属性，尽可能少地匹配不倾向的显存属性。代码实现如下：

```
// 代码片段
*pMemoryTypeIndex = UINT32_MAX;
uint32_t minCost = UINT32_MAX;
for(uint32_t memTypeIndex = 0, memTypeBit = 1; memTypeIndex <
GetMemoryTypeCount(); ++memTypeIndex, memTypeBit <<= 1)
{
    // This memory type is acceptable according to memoryTypeBits bitmask.
    if((memTypeBit & memoryTypeBits) != 0)
    {
        const VkMemoryPropertyFlags currFlags =
            m_MemProps.memoryTypes[memTypeIndex].propertyFlags;
        // This memory type contains requiredFlags.
        if((requiredFlags & ~currFlags) == 0)
        {
            // Calculate cost as number of bits from preferredFlags not present
in this memory type.
```

```
            uint32_t currCost = VMA_COUNT_BITS_SET(preferredFlags &
~currFlags) + VMA_COUNT_BITS_SET(currFlags & notPreferredFlags);
            // Remember memory type with lowest cost.
            if(currCost < minCost)
            {
                *pMemoryTypeIndex = memTypeIndex;
                if(currCost == 0)
                {
                    return VK_SUCCESS;
                }
                minCost = currCost;
            }
        }
    }
}
```

（2）VmaBlockVector 分配 VmaDeviceMemoryBlock

VmaBlockVector 本质上是 VmaDeviceMemoryBlock 的容器。VmaDeviceMemoryBlock 通过 Vulkan API 向系统进行真正的显存分配。当 VmaBlockVector 没有合适的 VmaDeviceMemoryBlock 进行分配时，则创建新的 VmaDeviceMemoryBlock。

分配 VmaDeviceMemoryBlock 时，VMA 根据每个显存 Heap 的容量及开发者是否自行指定等因素，有一套最佳分配大小的计算规则。如下所示：

```
#ifndef VMA_SMALL_HEAP_MAX_SIZE
    /// Maximum size of a memory heap in Vulkan to consider it "small".
    #define VMA_SMALL_HEAP_MAX_SIZE (1024ull * 1024 * 1024)
#endif

#ifndef VMA_DEFAULT_LARGE_HEAP_BLOCK_SIZE
    /// Default size of a block allocated as single VkDeviceMemory from a
"large" heap.
    #define VMA_DEFAULT_LARGE_HEAP_BLOCK_SIZE (256ull * 1024 * 1024)
#endif

m_PreferredLargeHeapBlockSize =
(pCreateInfo->preferredLargeHeapBlockSize != 0) ?
pCreateInfo->preferredLargeHeapBlockSize :
static_cast<VkDeviceSize>(VMA_DEFAULT_LARGE_HEAP_BLOCK_SIZE);

VkDeviceSize VmaAllocator_T::CalcPreferredBlockSize(uint32_t memTypeIndex)
{
    const uint32_t heapIndex = MemoryTypeIndexToHeapIndex(memTypeIndex);
    const VkDeviceSize heapSize = m_MemProps.memoryHeaps[heapIndex].size;
    const bool isSmallHeap = heapSize <= VMA_SMALL_HEAP_MAX_SIZE;
```

```
    return VmaAlignUp(isSmallHeap ? (heapSize / 8) :
m_PreferredLargeHeapBlockSize, (VkDeviceSize)32);
}

// Calculate optimal size for new block.
VkDeviceSize newBlockSize = m_PreferredBlockSize;
uint32_t newBlockSizeShift = 0;
const uint32_t NEW_BLOCK_SIZE_SHIFT_MAX = 3;

if (!m_ExplicitBlockSize)
{
    // Allocate 1/8, 1/4, 1/2 as first blocks.
    const VkDeviceSize maxExistingBlockSize = CalcMaxBlockSize();
    for (uint32_t i = 0; i < NEW_BLOCK_SIZE_SHIFT_MAX; ++i)
    {
        const VkDeviceSize smallerNewBlockSize = newBlockSize / 2;
        if (smallerNewBlockSize > maxExistingBlockSize &&
smallerNewBlockSize >= size * 2)
        {
            newBlockSize = smallerNewBlockSize;
            ++newBlockSizeShift;
        }
        else
        {
            break;
        }
    }
}
```

当 VmaBlockVector 中有多个 VmaDeviceMemoryBlock 时，优先从哪个 VmaDevice-MemoryBlock 中进行分配会影响显存分配的效率。VMA 提供了两种分配方式，MIN_MEMORY 和 MIN_TIME，分别对应顺序和倒序遍历 VmaBlockVector 中的 VmaDeviceMemoryBlock 集合。

采用 MIN_MEMORY 方式时，顺序遍历 VmaDeviceMemoryBlock 集合，优先从位于前面的 VmaDeviceMemoryBlock 中进行分配，这样可以提高显存的利用率，但是对前面的 VmaDeviceMemoryBlock 频繁进行分配可能存在显存碎片或者空间不足导致分配失败，需要继续向后遍历，这样会增加显存分配的时间。

采用 MIN_TIME 方式时，倒序遍历 VmaDeviceMemoryBlock 集合。前面提到，当 VmaBlockVector 没有合适的 VmaDeviceMemoryBlock 时，会创建新的 VmaDeviceMemoryBlock，并位于 VmaDeviceMemoryBlock 集合的尾部，所以一般来说集合最后的块具有较为充足的空间，单次分配成功率较高，提高了分配效率。代码实现如下：

```
if (strategy != VMA_ALLOCATION_CREATE_STRATEGY_MIN_TIME_BIT) // MIN_MEMORY
or default
{
    const bool isHostVisible =

(m_hAllocator->m_MemProps.memoryTypes[m_MemoryTypeIndex].propertyFlags &
VK_MEMORY_PROPERTY_HOST_VISIBLE_BIT) != 0;
    if(isHostVisible)
    {
        const bool isMappingAllowed = (createInfo.flags &
            (VMA_ALLOCATION_CREATE_HOST_ACCESS_SEQUENTIAL_WRITE_BIT |
VMA_ALLOCATION_CREATE_HOST_ACCESS_RANDOM_BIT)) != 0;
        /*
        For non-mappable allocations, check blocks that are not mapped first.
        For mappable allocations, check blocks that are already mapped first.
        This way, having many blocks, we will separate mappable and
non-mappable allocations,
        hopefully limiting the number of blocks that are mapped, which will
help tools like RenderDoc.
        */
        for(size_t mappingI = 0; mappingI < 2; ++mappingI)
        {
            // Forward order in m_Blocks - prefer blocks with smallest amount
of free space.
            for (size_t blockIndex = 0; blockIndex < m_Blocks.size();
++blockIndex)
            {
                VmaDeviceMemoryBlock* const pCurrBlock =
m_Blocks[blockIndex];
                VMA_ASSERT(pCurrBlock);
                const bool isBlockMapped = pCurrBlock->GetMappedData() !=
VMA_NULL;
                if((mappingI == 0) == (isMappingAllowed == isBlockMapped))
                {
                    VkResult res = AllocateFromBlock(
                        pCurrBlock, size, alignment, createInfo.flags,
createInfo.pUserData, suballocType, strategy, pAllocation);
                    if (res == VK_SUCCESS)
                    {
                        VMA_DEBUG_LOG_FORMAT("Returned from existing block
#%u", pCurrBlock->GetId());
                        IncrementallySortBlocks();
                        return VK_SUCCESS;
                    }
                }
            }
        }
```

```
        }
    }
    else
    {
        // Forward order in m_Blocks - prefer blocks with smallest amount of
free space.
        for (size_t blockIndex = 0; blockIndex < m_Blocks.size();
++blockIndex)
        {
            VmaDeviceMemoryBlock* const pCurrBlock = m_Blocks[blockIndex];
            VMA_ASSERT(pCurrBlock);
            VkResult res = AllocateFromBlock(
                pCurrBlock, size, alignment, createInfo.flags,
createInfo.pUserData, suballocType, strategy, pAllocation);
            if (res == VK_SUCCESS)
            {
                VMA_DEBUG_LOG_FORMAT("    Returned from existing block #%u",
pCurrBlock->GetId());
                IncrementallySortBlocks();
                return VK_SUCCESS;
            }
        }
    }
}
else // VMA_ALLOCATION_CREATE_STRATEGY_MIN_TIME_BIT
{
    // Backward order in m_Blocks - prefer blocks with largest amount of free
space.
    for (size_t blockIndex = m_Blocks.size(); blockIndex--; )
    {
        VmaDeviceMemoryBlock* const pCurrBlock = m_Blocks[blockIndex];
        VMA_ASSERT(pCurrBlock);
        VkResult res = AllocateFromBlock(pCurrBlock, size, alignment,
createInfo.flags, createInfo.pUserData, suballocType, strategy,
pAllocation);
        if (res == VK_SUCCESS)
        {
            VMA_DEBUG_LOG_FORMAT("    Returned from existing block #%u",
pCurrBlock->GetId());
            IncrementallySortBlocks();
            return VK_SUCCESS;
        }
    }
}
```

　　VmaDeviceMemoryBlock 默认采用 TLSF 算法进行子分配，该算法的优势在于分配时间的复杂度为 Log(1)。在 VmaDeviceMemoryBlock 中根据空闲块大小进行分级后会有多个空闲块链表，优先搜索哪个空闲块链表形成了如下的不同分配策略。

- **A_ALLOCATION_CREATE_STRATEGY_MIN_MEMORY_BIT**: 优先在大小与空闲块大小相匹配级别的空闲块链表中进行分配，可以有效减少碎片的产生。若分配失败，则尝试在 NullBlock 中分配。若依然失败，则在更高级别的空闲链表中尝试分配。代码实现如下：

```
// Check best fit bucket
prevListBlock = FindFreeBlock(allocSize, prevListIndex);
while (prevListBlock)
{
    if (CheckBlock(*prevListBlock, prevListIndex, allocSize, allocAlignment,
allocType, pAllocationRequest))
        return true;
    prevListBlock = prevListBlock->NextFree();
}

// If failed check null block
if (CheckBlock(*m_NullBlock, m_ListsCount, allocSize, allocAlignment,
allocType, pAllocationRequest))
    return true;

// Check larger bucket
nextListBlock = FindFreeBlock(sizeForNextList, nextListIndex);
while (nextListBlock)
{
    if (CheckBlock(*nextListBlock, nextListIndex, allocSize, allocAlignment,
allocType, pAllocationRequest))
        return true;
    nextListBlock = nextListBlock->NextFree();
}
```

- **A_ALLOCATION_CREATE_STRATEGY_MIN_TIME_BIT**: 优先在更高级别的空闲块链表中尝试分配，这样分配成功率更高，速度更快。若分配失败，则尝试在 NullBlock 中分配。若依然失败，尝试以最佳匹配方式进行分配。代码实现如下：

```
// Quick check for larger block first
nextListBlock = FindFreeBlock(sizeForNextList, nextListIndex);
if (nextListBlock != VMA_NULL && CheckBlock(*nextListBlock, nextListIndex,
allocSize, allocAlignment, allocType, pAllocationRequest))
    return true;

// If not fitted then null block
```

```
if (CheckBlock(*m_NullBlock, m_ListsCount, allocSize, allocAlignment,
allocType, pAllocationRequest))
    return true;

// Null block failed, search larger bucket
while (nextListBlock)
{
    if (CheckBlock(*nextListBlock, nextListIndex, allocSize, allocAlignment,
allocType, pAllocationRequest))
        return true;
    nextListBlock = nextListBlock->NextFree();
}

// Failed again, check best fit bucket
prevListBlock = FindFreeBlock(allocSize, prevListIndex);
while (prevListBlock)
{
    if (CheckBlock(*prevListBlock, prevListIndex, allocSize, allocAlignment,
allocType, pAllocationRequest))
        return true;
    prevListBlock = prevListBlock->NextFree();
}
```

- **VMA_ALLOCATION_CREATE_STRATEGY_MIN_OFFSET_BIT**：优先在低地址空间进行分配。这通常效率不高，可在进行碎片整理时使用。代码实现如下：

```
// Perform search from the start
VmaStlAllocator<Block*> allocator(GetAllocationCallbacks());
VmaVector<Block*, VmaStlAllocator<Block*>> blockList(m_BlocksFreeCount,
allocator);

size_t i = m_BlocksFreeCount;
for (Block* block = m_NullBlock->prevPhysical; block != VMA_NULL; block =
block->prevPhysical)
{
    if (block->IsFree() && block->size >= allocSize)
        blockList[--i] = block;
}

for (; i < m_BlocksFreeCount; ++i)
{
    Block& block = *blockList[i];
    if (CheckBlock(block, GetListIndex(block.size), allocSize,
allocAlignment, allocType, pAllocationRequest))
        return true;
}
```

```
// If failed check null block
if (CheckBlock(*m_NullBlock, m_ListsCount, allocSize, allocAlignment,
allocType, pAllocationRequest))
    return true;
```

- 逐级尝试：在以上策略尝试均失败后，遍历每个级别的空闲块链表，逐一尝试，直到分配成功或者失败。代码实现如下：

```
// Worst case, full search has to be done
while (++nextListIndex < m_ListsCount)
{
    nextListBlock = m_FreeList[nextListIndex];
    while (nextListBlock)
    {
        if (CheckBlock(*nextListBlock, nextListIndex, allocSize,
allocAlignment, allocType, pAllocationRequest))
            return true;
        nextListBlock = nextListBlock->NextFree();
    }
}
```

18.2.4 VMA 显存碎片整理

在频繁进行显存的分配和释放后，会产生显存碎片，为此，VMA 提供了碎片整理功能。其原理是：从后向前遍历，试图在前面分配新的内存块，用来容纳后面的内存块，将后面的内存块复制到前面新的内存块中。然后重新创建 VkBuffer 和 VkImage，将其绑定到新的内存块上，最后重新创建与 VkBuffer 和 VkImage 相关的 Descriptor（描述符）或者 View（视图）。

同样，VMA 也提供了不同的碎片整理策略可供选择：

- VMA_DEFRAGMENTATION_FLAG_ALGORITHM_FAST_BIT，速度快但是碎片整理的质量不是最好的。
- VMA_DEFRAGMENTATION_FLAG_ALGORITHM_BALANCED_BIT，平衡考虑了碎片整理的性能和质量，这也是 VMA 默认使用的碎片整理算法。
- VMA_DEFRAGMENTATION_FLAG_ALGORITHM_FULL_BIT，完全碎片整理，提供了最好的碎片整理质量，但是耗时较长。
- VMA_DEFRAGMENTATION_FLAG_ALGORITHM_EXTENSIVE_BIT，仅当 bufferImageGranularity 大于 1 时使用，用于减少不同类型资源的对齐问题。

18.3　专用显存管理

前面介绍了通用显存管理，为了适用于各种情况，在实现时会做大量的代码设计，增加了复杂度。然而在某些特定需求下，有针对性地设计显存管理方案可以简化实现复杂度，同时能够达到更好的性能效果。下面以 GPU Driven[5]显存管理为例进行介绍。

18.3.1　GPU Driven 显存管理需求

如图 18.8 所示，GPU Driven 技术会将模型的三角形基于空间分布划分为 Cluster（簇），每个 Cluster 要求有 128 个三角形。考虑到顶点复用的因素，Cluster 的顶点数量范围在 3~384 个。在使用 Compute Shader 进行 Cluster 的三角形剔除时，需要访问 Cluster 内的顶点数据。为了提高 Compute Shader 的缓存命中率，需要将 Cluster 内的顶点数据排布到一个连续的地址空间内。这也要求在进行显存分配及碎片整理时同样以 Cluster 为单位进行。

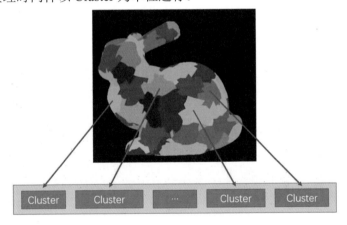

图 18.8　Cluster Buffer

GPU Driven 的剔除和渲染是以批量方式工作的，为此，在 GPU Driven Scene 内部维护了一个大的 Vertex Buffer，每个模型的顶点数据都保存在此。在 GPU Driven 的剔除阶段，Compute Shader 可以通过 GPU Driven Scene 中的这个 Vertex Buffer 访问不同模型的 Cluster 的顶点数据，经剔除后生成可见三角形的 Index Buffer 及模型的 Indirect Buffer。在 GPU Driven 的渲染阶段，绑定 GPU Driven Scene 中的 Vertex Buffer 和剔除阶段生成的 Index Buffer，并配合 Indirect Buffer 来进行合批渲染。

当模型加载时，GPU Driven Scene 会为该模型的 Cluster 分配其在 Vertex

Buffer 的地址，并将数据上传至 Vertex Buffer。同时，在 GPU Driven Scene 中会记录这个模型 Cluster 的元信息。当模型卸载时，GPU Driven Scene 会根据该模型 Cluster 的元信息回收其在 Vertex Buffer 的地址空间。

对于具有大场景的游戏来说，不可能一下子载入场景中的所有模型。随着玩家在场景中的游玩及各种游戏逻辑的运行，会不断加载新的模型，卸载旧的模型，进而造成碎片。

综上所述，GPU Driven 的显存管理需求实际上是以 Cluster 为单位，对一个地址连续的 Vertex Buffer 进行线性分配，并提供碎片整理能力的。

18.3.2 GPU Driven 显存分配

前文提到 Cluster 采用的是固定规格，具有 128 个三角形，顶点数量在 3~384 个。

对于一个典型场景，如图 18.9 所示，Cluster 的顶点数量分布如图 18.10 所示。其中横轴代表顶点数量，纵轴代表具有该顶点数量的 Cluster 的数量。可以看到，Cluster 的顶点数量分布比较广泛，大多集中在 100~200 个之间。直接采用 Cluster 实际顶点数量的分配方式虽然没有产生内碎片，但是容易产生外碎片。

图 18.9　场景

采用对 Cluster 的顶点数量对齐的方式进行分配，可以增加不同顶点数量 Cluster 之间分配空间释放后再次分配的可能性。比如以 32 个顶点为单位进行对齐，对于具有 40 个顶点的 Cluster 和具有 60 个顶点的 Cluster，它们实际分配的空间是一样的，当具有 40 个顶点的 Cluster 释放后，可以再次分配出来给具有 60 个顶点的 Cluster 使用，大大降低了显存外碎片的数量。但是过大的对齐单位会导致内碎片的产生。比如，同样以 32 个顶点为单位进行对齐，对于只有 18 个顶点的 Cluster 而言就会产生 14 个顶点空间的内碎片。对齐方式实际上是内碎片和外碎片数量的一种平衡因子，需要根据实际情况进行调优。如图 18.11 所示，对于 Cluster 要求有 128 个三角形的规格而言，采用 64 个顶点进行对齐是一个合理的选择。

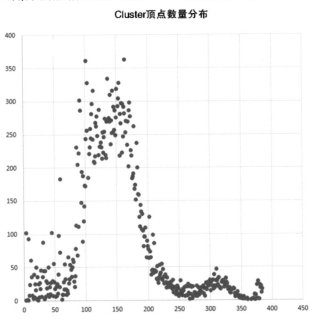

图 18.10　Cluster 顶点数量分布

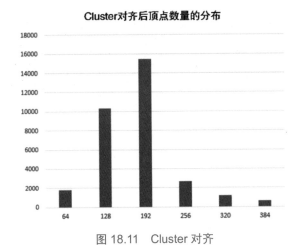

图 18.11　Cluster 对齐

从对齐后的 Cluster 顶点数据分布图来看，Cluster 的顶点数量从 64~384 个都有分布，其中绝大多数 Cluster 的顶点数量分布在 192 个处。对于固定分配算法来说，无法满足多种分配数量的需求。而伙伴算法对于这种分布特点容易造成大量的内碎片进而浪费显存。比如，对于具有 192 个顶点的 Cluster 而言，实际分配的是可容纳 256 个顶点的显存空间，内碎片占用率达到了 25%。

虽然 GPU Driven 的剔除和渲染是以 Cluster 为单位进行的，但是分配时依然要尽可能地为模型所有的 Cluster 在 GPU Driven Scene 的 Vertex Buffer 中分配一块连续的地址空间，减少数据上传时 map/Unmap 的次数，以提高性能。与此同时，模型卸载时会释放出更大的连续空间，有利于减少碎片。只有当无法为模型所有的 Cluster 一次性分配显存空间时，才会退而求其次为该模型的每个 Cluster 单独分配显存空间。显存分配算法要尽可能地保证有大块连续的显存空间可用，所以放弃使用最差匹配算法和首次匹配算法。

基于上面的分析，我们最终选择了最佳匹配算法进行显存分配。Cluster 的顶点数量经过 64 个顶点数量对齐后，最佳匹配算法在最差情况下产生的外碎片依然可以容纳 64 个顶点的 Cluster 分配需求，完全可以接受。

在实现过程中，在 GPU Driven Scene 中使用红黑树记录空闲显存块，如图 18.12 所示，搜索空闲显存块的时间复杂度为 Log(N)。与此同时，空闲显存块使用双向链表记录相邻地址的显存块。显存分配时，遍历红黑树查找最佳匹配的空闲显存块，找到后将其从红黑树中摘除，将找到的显存块分为两部分，一部分分配出去，另一部分重新插入红黑树进行管理。更新显存块的左右指针，使其指向与其地址连续的左右两个显存块。释放显存块时，检查其地址相邻的左右显存块是否空闲，如果空闲则进行合并，将合并后的显存块重新加入红黑树即可。

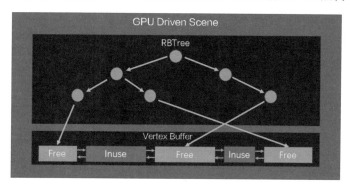

图 18.12　使用红黑树记录空闲显存块

18.3.3　显存碎片整理

在释放显存时会进行相邻空闲显存块的合并操作。虽然这能够缓解碎片的产生，但是在模型反复加载及卸载后依然会形成很多碎片，还需要主动的碎片整理

算法。做一次彻底的碎片整理通常是很耗时的操作，而对于游戏来说，碎片整理
不能造成卡顿，这就要求碎片整理算法必须可以分帧进行，每帧只处理给定数量
的碎片，在不断的运行过程中始终保持 GPU Driven Scene 中 Vertex Buffer 的显存
碎片在一个合理范围内。

　　碎片整理的目标是尽可能地让空闲显存块位于整个显存空间的尾部。前文提
到，显存块使用左右指针记录了与之地址相邻的其他显存块，这为按照地址空间
遍历显存块提供了条件。

　　如图 18.13 所示，首先从后向前遍历显存块，累计使用中的显存块的大小，
直到无法为其分配新的空间或者遇到空闲显存块为止。至此已经从后向前累积了
连续使用的显存块，并且确保地址空间前部有新的显存空间可以将数据复制到新
的显存块，释放后面的显存块，被释放的显存块与相邻空闲显存块合并为一个更
大的显存块，完成一次碎片整理。该算法的每次碎片整理以一块连续使用的 Cluster
为基础，并不需要一次性完成所有碎片整理。根据实际游戏负载情况，设置每帧
整理的最大 Cluster 数量进行分帧碎片整理。

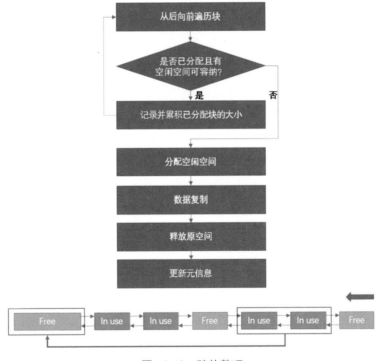

图 18.13　碎片整理

　　Cluster 内的三角形索引是以 Cluster 的本地顶点为基础的。对模型进行 Cluster
划分后，除了生成 Cluster，还会生成 Cluster 的元信息，其中记录了这个 Cluster

的 Index Offset，通过 ClusterMeta.IndexOffset + Cluster.LocalIndex 索引到真正的顶点。所以在碎片整理时，搬运 Cluster 顶点数据后不用重新调整 Cluster 内所有的三角形索引，只要更新 Cluster 的元信息的 Index Offset 即可，可大大简化碎片整理的复杂度及耗时。

测试结果如图 18.14 所示，其中 0 代表空闲显存块，1 代表使用的显存块。经过碎片整理后，碎片率从 43.9%降低到 1.6%。

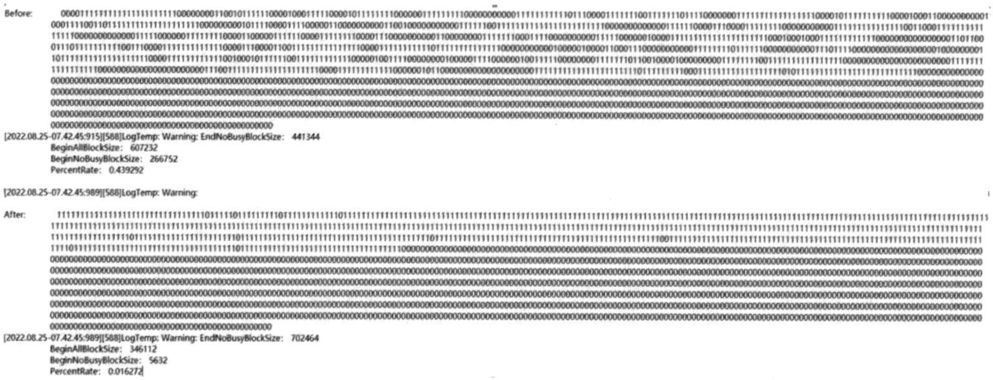

图 18.14　碎片整理结果

第19章

基于 Vulkan Ray Query 的
移动端光线追踪反射效果

本章介绍一种基于 Vulkan Ray Query（光线查询）的光线追踪材质系统实现方案，以及基于该方案的移动端光线追踪反射效果。该方案不依赖硬件提供的光线追踪管线进行击中点着色（Hit Shading），而是通过可见性缓冲区（Visibility Buffer）和传统的逐物体绘制渲染流程得到最终的反射纹理。其能够兼容渲染器现有的材质系统方案和渲染管线（也称为渲染流水线），在美术干预最小化的基础上，兼容绝大多数材质和几何体种类，做到即插即用。

19.1　移动平台的光线追踪特性简介

在桌面平台中，在微软推出 DirectX 光线追踪以来，大量新发行的游戏都已经将这项突破性的实时渲染技术集成进了自己的渲染器中，以解决传统光栅化渲染对渲染方程近似的痛点（诸如软阴影、环境光遮蔽、反射和全局光照），形成光栅化和光线追踪共同作用的混合渲染器。随着实时降噪技术的突飞猛进和 GPU 端全局场景资源描述手段（即使用 GPU Driven 渲染技术）的普及，一些游戏和实时图形应用甚至直接使用了硬件加速的 Path Tracer（路径追踪）进行渲染，并且性能可以达到实时互动的要求，例如，*Quake 2 RTX* 和 *Portal with RTX*。

随着 ARM 和高通的新款移动芯片平台的推出，在移动平台中使用实时光线追踪技术的游戏也已经变成现实。这些新平台使用专门的硬件加速单元来加速射线的遍历和求交过程，驱动也均支持大多数 Vulkan 1.3 特性和部分 Vulkan 光线追踪扩展，使得开发者可以完全基于 Khronos 的标准在引擎中开发通用的光线追踪效果，来加强画面的表现力，甚至拓宽游戏的玩法。

19.1.1 支持光线追踪的图形 API

目前，主流的现代图形 API，诸如 Direct3D 12、Vulkan 和 Metal 均已完全支持光线追踪，但各家的实现方法略有不同。Direct3D 12 的 DXR 奠定了统一的光线追踪管线的现代图形 API 标准，其对外暴露了 BLAS、TLAS、光线追踪管线等概念，使得开发者不用自行实现加速结构的数据结构和算法，即可享受到硬件加速的光线追踪。其提出的 Local Root Signature 概念，使得场景中的每一个参数与光线追踪的物体对象均能享受到独立的资源绑定，在极大程度上减少了开发者手动在 GPU 上创建整个场景资源描述的开发量，将集成光线追踪的难度降到了最低。

Vulkan 同样通过扩展的方式实现了硬件加速的光线追踪，也是移动平台将会使用到的 API。对于绝大多数的光线追踪的概念，Vulkan 和 DXR 是通用的，但目前 Vulkan 在不使用其余扩展时并没有局部资源绑定能力，只能通过 Shader Binding Table 中的一段缓冲数据，使得用户可以将自定义数据绑定到击中点着色器中，如下面这段代码所示：

```
layout(shaderRecordEXT) buffer SBTData {
    uint32_t material_id;
};
```

因此，在 Vulkan 的光线追踪的扩展下，如果要进行击中点的材质着色，渲染器需要在 GPU 中存储全局场景资源的描述符，即使用上述 GPU Driven 渲染技术，这对渲染器的架构有着一定的考验，也不太适合与使用传统方式渲染场景的渲染器进行集成。事实上，商业游戏引擎 UE4 的最新版本只支持 Vulkan 的 Ray Tracing Scene 构建，即加速结构的创建和更新，而并不支持任何基于 Vulkan 的光线追踪的渲染效果。UE5.1 在此基础上支持 Vulkan 硬件光线追踪，但也只支持加速 Lumen 对 Surface Cache 的求交，而不支持任意物体材质的击中点着色。

19.1.2 光线追踪管线和光线查询

DXR 和 Vulkan 的光线追踪扩展均向开发者提供了两种使用光线追踪特性的方法：光线追踪管线（Ray Tracing Pipeline）和光线查询（Ray Query，又被称作 Inline Ray Tracing）。

光线追踪管线是一个围绕着光线求交+着色的新管线，其将自动进行射线和加速结构的求交，并调用物体对应的击中点进行着色，并可以继续发射射线（例如反射）重复上述步骤。若没有交点则执行 Miss Shaders。不同于顺序执行的图形管线，该管线允许着色器的"递归"执行。

而光线查询则更像是一个射线和加速结构求交操作的接口。类似于纹理采样操作，其可以在任何种类的着色器中被调用，传入射线和加速结构，将记录击中点信息的结构体返回到调用着色器中。若要实现类似于光线追踪管线的光线着色和递归，调用者可能需要手动在调用着色器中进行着色计算和颜色混合，并且手动判断是否需要继续发射射线。其往往会使得调用着色器变成一个 Über Shader，将场景中所有可能的材质或着色模型都集成进来，并通过动态分支进行着色模型的选择，再结合上全局场景资源描述进行着色。光线查询相当于向开发者提供了光线追踪的基础设施，即光线和几何体的求交能力。其损失了易用性和硬件的一系列优化，但换来了一定程度上的灵活性。

目前移动端的新一代芯片平台仅支持 Vulkan 的光线查询，而不支持完整的 Vulkan 的光线追踪管线。因此，在接下来的内容中，我们将只针对 Vulkan 的光线查询进行讨论，但其实现思路同样可以应用到 Vulkan 的光线追踪或任意图形 API 的光线查询实现中，并能够应用于不完全支持全局场景资源描述相关特性的 GPU 硬件上，即不使用 GPU Driven 渲染技术的渲染器和游戏引擎中。

具体地，对于完整支持 Vulkan 的光线追踪的平台来说，其需要支持如下扩展：

- VK_KHR_acceleration_structure，用来构建加速结构。
- VK_KHR_ray_tracing_pipeline，用来创建并使用光线追踪管线。
- VK_KHR_ray_query，用来支持在任意着色阶段调用光线追踪的射线查询接口。

目前移动端的新一代芯片平台不支持 VK_KHR_ray_tracing_pipeline 扩展。

19.2　基于光线查询的材质系统

对于基于光线追踪的反射效果来说，其运行机制主要分为三个步骤：

1. 对于允许接收反射的物体表面像素，令其发射反射射线，通过光线追踪提供的接口或机制找到射线击中的物体信息和击中点信息。
2. 若存在击中点信息（即反射射线击中场景物体），通过渲染器的材质系统，借助光线追踪管线提供的资源数据，在着色器中进行击中点的着色，输出反射效果的 GBuffer，或直接将最终颜色输出到纹理中。
3. 将反射效果混合在传统光栅化渲染得到的场景中。

对于光线查询来说，上述第 1 步的击中点信息，在调用光线追踪接口查询得到之后将被直接返回到调用着色器中（可能是 Pixel Shader，也可能是 Compute Shader），因此相比于光线追踪管线的自动执行对应物体的击中点着色器并进行资源绑定的能力来说，第 2 步则需要在调用着色器或后续的流程中，根据仅有的击中点信息，自行实现一套材质系统对击中点进行着色得到反射纹理，并需要尽量保证和光栅化渲染器的渲染效果一致。

19.2.1 现有实现及其局限性

本节将对经典光线追踪（不限于光线查询）材质系统的实现进行简要分析，并讨论其在仅支持 Vulkan 的光线查询的目标平台上的可行性和局限性。

19.2.1.1 DXR

对于桌面端支持 DXR 的平台，由于其全部支持光线追踪管线，因此具体实现可以根据 DXR 的规范，构建 Shader Binding Table，逐个指定物体的 Local Root Signature，并提交所有由物体的击中点着色器和 Miss Shader 组成的 RTPSO。在运行光线追踪管线时，若击中物体，管线将自动绑定该物体的资源，并调用该物体的击中点着色器进行着色计算。着色器的执行步骤如下：

1. 取得被击中点的三角形索引、物体索引等信息，借助材质系统的顶点处理部分（常用于处理图形管线的顶点着色器）针对不同种类物体的具体实现，从物体的顶点属性缓冲区中获取其所属的三角形三个顶点的顶点属性信息。
2. 通过被击中点的三角形重心坐标（Barycentrics），手动插值其所属三角形三个顶点的顶点属性，得到击中点的顶点属性信息。
3. 将插值后的顶点属性送入材质系统的材质参数处理部分，进行材质参数的计算。
4. 将材质的参数进行光照运算，将最终结果输出到光线追踪管线的 Payload 中。

对于场景中的动态物体，诸如蒙皮物体、使用顶点动画的物体等，由于其在构建加速结构时需要将顶点变换到世界空间，因此在加速结构的构建阶段，同样需要材质系统的顶点处理部分提供支持。

综上，在 DXR 平台中，材质系统需要提供如下功能：

1. 根据物体类型，提供将物体顶点位置信息从局部空间坐标系变换到世界空间坐标系的能力，用于构建加速结构。
2. 根据物体类型，在着色器中抽象出一个查询物体顶点属性信息的接口（每个物体可能包含不同种类的顶点属性信息）。

3. 在局部资源绑定中提供物体顶点属性缓冲，并能够提供根据物体 ID、三角形 ID 和三角形重心坐标，手动获取所属的顶点的属性信息并返回击中点插值后的顶点属性信息的能力。

4. 根据击中点的顶点属性信息和光线追踪管线提供的局部资源绑定，进行材质属性的计算。

5. 将材质属性带入物体所使用的光照模型，计算得到最终颜色值。

其中，功能 1、2、5 与传统基于光栅化的图形管线材质系统的实现无异，对于现有的渲染器和引擎来说，对其稍加修改即可实现到光线追踪的材质系统中。例如，UE 中对应不同种类物体顶点变换逻辑的 Vertex Factory 概念和管理材质参数逻辑的 Mesh Material Shader 概念。在 DXR 平台中，由于存在 Local Root Signature 机制，在击中点着色器中也能够很好地获得仅属于当前物体的局部资源绑定，因此功能 4 也与图形管线的实现无异。

19.2.1.2　Vulkan 的光线追踪

对于 Vulkan 的光线追踪来说，由于其不能提供局部资源绑定，因此需要将上述材质系统的第 3、4 项功能加以改造。一种常见的实现方法是，将该着色器所对应的局部资源整合并存放在全局进行管理，通过诸如 Descriptor Indexing（俗称 Bindless Descriptor）等 Vulkan 可选特性/扩展，将所有可能用到的资源分类存放在多个全局的数组中。着色器可以通过击中物体 ID 索引全局缓冲，找到资源在全局数组中的下标，或将资源下标编码进上述 shaderRecordEXT 缓冲，并在运行时获取，通过该下标动态索引该全局数组得到具体资源进行读取或采样。

该技术在工业界常常被称为 GPU Driven 渲染，即将 GPU 绘制该帧所需的全部资源和绘制指令进行计算并存放在 GPU 侧，客户端只需很少的绘制调用即可令 GPU 绘制出整个场景。但该绘制技术对渲染器架构要求比较高，同时由于 Descriptor Indexing 等实现该技术的特性和扩展的 GPU 支持率不是很高，商业引擎和渲染器等需要顾及兼容性的应用场景往往不会将该扩展作为第一公民来实现渲染流程。并且，商业引擎往往允许美术人员使用材质编辑器进行复杂自定义材质的编写，例如 Unity 的 Shader Graph 插件和 UE 的材质蓝图。这些自定义材质会产生大量的图形管线对象（又称为 PSO），每个对象所使用的资源数量和组合均不唯一，导致维护全局资源查找表的工序较为复杂，这种间接获取资源的方式也会影响性能，在针对传统渲染方式做了大量优化的移动平台可能不会收获显著的性能提升。

19.2.1.3　Vulkan 的光线查询

相较于 Vulkan 的光线追踪，光线查询由于失去了光线追踪管线带来的便利性，因此不论是着色器代码，还是物体所使用的顶点数据和着色资源，都需要实现者手动获取并计算。

当场景中的物体材质种类比较少时，可以通过 Über Shader 的设计思路，将所有材质的着色器代码打包到一个着色器中，运行时根据物体的材质 ID 使用动态分支进行着色。此举在性能上可以接受，但在面对大量的 PSO 时，着色器会变得非常臃肿并且不易维护。对于移动端渲染器来说，常常使用一个物体对应一个绘制调用的传统绘制策略来应对大量的 PSO，因此在光线查询的着色阶段，如果能够对被反射射线击中的物体采取该策略进行绘制的话，就可以做到将不同物体的着色器代码和渲染资源分离，同时避开了维护全局资源的复杂性和现代特性的兼容性问题。

19.2.2　可见性缓冲区

如果将常见的 PBR 流程的渲染图形管线进行拆解，将能够拆解出如下几个渲染流程：

1. 三角形拼装/变换/光栅化。
2. 插值顶点属性（光栅化阶段）。
3. 获取材质纹理信息。
4. 进行像素光照着色。

如果把上述第 3 步得到的信息缓存一下，缓存结果可以被称为 GBuffer，用来实现延迟渲染。延迟渲染使得场景中多个光源的光照着色不用重新执行前序的材质计算工作，能够节省性能开销，减少寄存器占用，并且其提供的中间结果允许贴花（Decal）和大量的屏幕空间后处理特效的渲染。

为了避免绘制的 Overdraw 问题，渲染器常常使用 Depth Prepass 进行深度缓冲预渲染。但在场景包含着巨量细小的、互相遮挡的物体时，由于使用 Depth Prepass 后 Draw Call 的数量可能会翻倍，因此很可能并不会起到节省性能开销的作用。同时，细小的物体在光栅化时，由于 GPU 会将 2 像素×2 像素打包为一个 Quad 一起进行着色，其每一个覆盖着很少像素的三角形都会生成大量的、不贡献最终颜色的着色计算，因此着色效率将会比较低。此种 Overdraw 被称为 Quad Overdraw。

同样地，如果把上述第 1 步和第 2 步之间的结果缓存一下，那么缓存结果将会是一张纹理，其中每一个像素所对应的是最终覆盖其像素的三角形信息，包括物体 ID、三角形 ID 和三角形重心坐标等。由于这张屏幕空间纹理上的每一个像素都要保证最终可见，因此其被称作可见性缓冲区（Visibility Buffer）[1]，此种做法被称作 Deferred Texturing。Visibility Buffer 在管线的前期就已经将计算转换到了屏幕空间，并且明确了可见性，因此其极大程度上减少了后续绘制的 Overdraw，节省了带宽和性能开销。但为了保证 Visibility Buffer 的紧凑，其他顶点属性（顶点法线、UV 坐标等）可能不会被编码进 Visibility Buffer，这些信息需要在后续解码 Visibility Buffer 时，通过屏幕空间像素着色器直接访问到物体的顶点缓冲区中进行获取、拼装和插值。当不编码顶点属性时，Visibility Buffer 只需要编码物体 ID、三角形 ID 和重心坐标或场景深度，即可准确定位到物体三角形上的着色点。在已知物体和摄像机的变换时，借助物体的顶点位置信息、三角形重心坐标和场景深度可以相互推导。

业界已经有 Visibility Buffer 的成熟使用案例。例如，在 *Horizon: Forbidden West* 中，开发者使用 Visibility Buffer 渲染茂密且精细的植被。其将 Batch ID、物体 ID 和三角形 ID 编码进 32 比特、无符号整数的 Visibility Buffer，配合着 Depth Buffer（深度缓冲区），用最小成本解决了像素的可见性问题，避免了遮挡产生的 Overdraw。同时，其使用 Compute Shader 解算 Visibility Buffer 进行着色，通过手动算出 Mip Level（Mip 层级），避免 Quad Overdraw。

在 UE5 的"Nanite 虚拟几何体"系统中同样使用了 Visibility Buffer 来减少带宽和 Overdraw。其将材质 ID 直接编码进 Depth Buffer，并在解算 Visibility Buffer 时同样将其设为图形管线的 Depth Render Target（深度渲染目标）。对于每一种材质，该系统下达一个 Draw Call，其生成一个深度等同于当前材质的全屏幕平面栅格（Screen Grid），通过硬件的提前深度测试（Early Depth Test）剔除掉不属于该材质的像素。由于每种材质均对应自己的 Draw Call，因此其可以兼容 UE 强大的材质蓝图系统，将每种材质独特的参数传入管线中，避免使用前述的 Descriptor Indexing 等技术，因此获得了更大的灵活性和兼容性。

19.2.3　材质系统的实现

在使用 Vulkan 的光线查询的效果中，可以在着色器中通过光线查询接口获取被击中点的各种信息，包括但不限于（考虑到商业引擎经常使用 HLSL 作为其着色器的主要编写语言，此处选用 HLSL 对应的关键字和术语）：

- 实例索引：CommittedInstanceIndex
- 实例 ID：CommittedInstanceID
- 几何体索引：CommittedGeometryIndex
- 三角形索引：CandidatePrimitiveIndex

- 三角形重心坐标：CandidateTriangleBarycentrics
- 实例所对应的 HitGroup Index：CommittedInstanceContributionToHitGroup-Index

这些信息可以完美地使用 Visibility Buffer 进行编码。因此，光线查询的材质系统需要首先将前序的光线查询结果编码到 Visibility Buffer 中，其中，物体 ID 需要被编码进 Visibility Buffer 的 Depth Buffer 中，此步骤可以称为材质系统的"编码阶段"。之后，材质系统将使用图形管线，通过多个 Draw Call 进行所有物体所对应材质的着色步骤。每个 Draw Call 利用编码进 Visibility Buffer 的信息和该 Draw Call 绑定的资源，负责一个物体对应的所有像素的着色，该过程称为材质系统的"解算阶段（Visibility Resolve）"。每个 Draw Call 在顶点着色阶段将生成一个深度等同于其需要绘制的物体的全屏幕覆盖四边形（Fullscreen Quad），其在图形管线的 Early Depth Test 阶段将根据上述 Depth Buffer 剔除掉 Visibility Buffer 中不属于该物体的对应像素，即最终执行像素着色的像素均属于其需要绘制的物体，此时可以通过将该物体所需的顶点数据和着色资源绑定到图形管线上，供像素着色器进行仅针对该物体的着色。材质系统的着色流程如图 19.1 所示。

三角形ID、三角形重心坐标　　深度缓冲区编码的DrawID　　反射纹理

Visibility Buffer

图 19.1　材质系统着色流程

由于上述做法的每个 Draw Call 均对应单一物体，因此可以很好地将不同物体的着色器和渲染资源分离，与传统渲染的实现方法无异，因此此方式对现有的移动端渲染器或商业引擎的兼容性较好，能够在不改变引擎底层系统和资源绑定模型的前提下，在基于光线查询的光线追踪场景中兼容现有游戏内材质，在美术人员不干预的情况下将需要材质支持的光线追踪效果应用于所有场景中，例如反射。

此做法只能支持单次光线求交的着色，相当于将光线追踪管线的深度优先遍历过程转换为广度优先遍历过程。由于当前材质系统的反射效果仅需要单次反射，因此该解决方案能够完美解决场景光线追踪反射效果的材质着色需求。如果需要得到光线的多次反射效果，可以通过编码多个 Visibility Buffer，并开启多次解算过程来完成。

具体实现步骤将在后面的章节中进行介绍。

19.2.3.1　DrawID：材质侧与几何侧数据沟通的桥梁

为了让材质系统的解算流程能够与光线查询生成的 Visibility Buffer 像素对应上，需要一个 Visibility Resolve（材质侧）和 TLAS Instance（几何侧）数据沟通的桥梁，即上述流程中提及的"物体 ID"。在光线追踪管线中，当光线击中一个物体时，其有能力通过一系列和射线/被击中几何体有关的索引，自动在 SBT 中找到合适的着色器并执行，该步骤被称为 Hit Group Indexing，而传递 Hit Group 索引的字段被称为 Hit Group Index，在 DXR 中为 InstanceContributionToHitGroupIndex。

虽然光线查询本身不具有光线追踪管线根据击中点 Hit Group Index 执行着色器模块的功能，但 Hit Group Index 的值同样可以在光线查询着色器中通过 CommittedInstanceContributionToHitGroupIndex 函数来得到，因此该值仍然能够成为 TLAS 几何侧和光线查询材质系统侧沟通的桥梁，但其值对光线查询执行本身并无影响，可以看作是一个传递自定义数据的字段。

在光线追踪的加速结构中，一个物体（BLAS）会有一个或多个子物体（Geometry Segments），它们共享同一个局部空间到世界空间的变换矩阵，一个场景（TLAS）中会有一个或多个物体的实例（Instance），和传统渲染器和商业引擎的场景组织逻辑相贴合。因此，材质系统需要能够通过 Segments 和 Instance 两个维度区分场景中的物体，才能让 Visibility Buffer 将每个需要不同参数着色的对象区分开来。每一个需要不同参数着色的对象将会被分配一个 ID，此处将其命名为 DrawID，图 19.2 展示了物体的不同子物体和不同实例组合的一种 DrawID 分配方法。

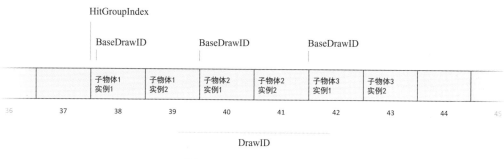

图 19.2　DrawID 分配示例

在收集流程中，渲染器需要将所有参与光线查询效果渲染的物体按顺序排列并依次对每个子物体（Segment）的每个实例（Instance）进行编号，得到的即为 DrawID。并且：

- 每个物体的第一个 DrawID 为该物体的 Hit Group Index。该值将会在每帧构建 TLAS 时成为 TLAS Instance 的 Hit Group Index 字段值。

- 每一个子物体的第一个 DrawID 被称为 BaseDrawID。渲染器将按照 BaseDrawID 依次下达 Draw Call，进行 Visibility Buffer 的解算流程，即一个 BaseDrawID 对应一个 Draw Call。对于含有多个实例的子物体，该 Draw Call 将对应多个实例，即使用实例化渲染（Draw Instanced）。
- DrawID 从 1 开始编号，0 代表当前位置没有需要着色的像素。由于 Depth Buffer 精度所限，同时考虑到性能因素，此处 DrawID 的最高取值为 1023，但该值可以根据具体用例进行修改。据实际测算，1023 个 DrawID 已经足够表示当前加载进内存的移动端游戏场景了。

因此，在 Visibility Buffer 的编码阶段，在发起光线查询的着色器中可以通过下列计算得到 DrawID 并输出到 Depth Buffer 中：

```
DrawID = HitGroupIndex + GeometryIndex * InstanceID;
```

或用 HLSL 表示：

```
const uint DrawId = q.CommittedInstanceContributionToHitGroupIndex() +
q.CommittedGeometryIndex() * q.CommittedInstanceID();
```

其中：

- HitGroupIndex 即为上述传入 TLAS Instance 的值。
- GeometryIndex 为一个 GPU 驱动自动生成的 Segment 索引，从 0 开始。
- InstanceID 为一个 TLAS Instance 的自定义字段，此处该值为物体实例（Instance）索引，从 0 开始，用来支持使用实例化渲染的物体，例如植被。

在 Visibility Buffer 解算阶段，材质系统将输出一系列全屏幕覆盖四边形来对 Visibility Buffer 进行着色。在顶点着色器中，输出的深度为：

```
OutPosition.z = PackMaterialIdForDepth(BaseDrawId + InstanceId);
```

其中：

- BaseDrawId 为客户端传递的，是该物体的 BaseDrawID。
- InstanceId 即为当前绘制实例的编号，在 HLSL 中用 SV_InstanceID 表示，从 0 开始。
- PackMaterialIdForDepth 函数将整数 DrawID 映射到深度的[0, 1]区间，以便输出到 Depth Buffer 中。

通过此方案，全屏幕覆盖四边形在光栅化后，Early Depth Test 机制将剔除掉不相关物体的像素，留下 DrawID 相同的像素被接下来的像素着色器着色。

19.2.3.2　材质系统着色器

正如上述所说，在材质系统的解算过程中，对于顶点着色器来说，其唯一的目的就是绘制一个深度为 DrawID 的全屏幕覆盖四边形，而所绘制物体的三角形数据的获取、组装和着色的重任则都被像素着色器所承担。此处，像素着色器主要完成了如下计算步骤：

1. 读取并解包 Visibility Buffer，取得对应像素的三角形 ID、三角形重心坐标等信息。Visibility Buffer 中编码的信息依据具体效果的实现而定。

2. 对于待着色像素所属三角形的每个顶点，如果该物体为索引几何体，即使用了 Index Buffer，也需要首先通过 Triangle Index 和 Index Buffer 的格式信息，从传入的 Index Buffer 中找到该顶点在顶点属性缓冲区中的下标。通过上述下标读取该物体所对应的所有顶点属性。使用该物体的局部空间到世界空间的变换矩阵，计算每个顶点的世界空间位置。

3. 根据 Visibility Buffer 解包得到的三角形重心坐标信息，对上述步骤得到的逐顶点信息插值得到该像素的所有顶点属性，以及该像素的世界空间位置。

上述步骤基本完成了传统图形渲染管线中顶点着色器和光栅化阶段所对应的工作，但由于光线追踪常常工作在世界空间，因此上述步骤中对于顶点的变换计算只停留在了世界空间。下列步骤可以基本等同于传统图形渲染管线中的像素着色器：

1. 通过渲染器或商业引擎默认的材质系统，以及上述插值后得到的逐像素顶点属性，计算材质属性信息，例如 Albedo、Roughness、World Normal 等。

2. 通过渲染器或商业引擎默认的材质系统，使用上述材质的属性信息进行光照着色，输出最终颜色值。

对于上述步骤来说，虽然其流程大致等同于传统图形渲染管线，但一些实现细节需要根据光线查询应用类型进行特殊处理：

- 若场景中存在投射阴影的平行光源，由于传统图形渲染管线往往采用级联阴影贴图，即 CSM 技术来渲染阴影贴图，那么该技术不适用于此处的解算过程，因此通常地，光照流程在解算阴影遮蔽项时会继续在着色器中使用光线查询接口，即使用光线查询来查询像素的平行光源可见性。当前序使用材质系统的效果使用了重要性采样时，此处对阴影遮蔽项的光线查询也可以在平行光源所拟合发光物（往往为太阳）的立体角内进行重要性采样，进而可以被后续降噪流程统一降噪，例如，使用 SVGF[2] 降噪器。若前序效果未使用重要性采样（例如镜面反射），此处考虑到性能原因，将直接向平行光源方向的反方向进行光线查询，起始点为像素的世界空间坐标（上述流程已计算），方向为光源的反方向。该光线查询也可以通过判断光源方向和像素世界空间法线方向的夹角进行剔除，从而节省性能开销。

- 光照模型中的视线方向向量往往为观察者到着色点世界空间的向量，而一些材质系统应用（例如反射效果）的视线方向起点并非观察者，若使用材质系统默认的视线方向在计算此类应用的光照时可能会出现错误，例如 Specular BRDF。应用可以选择在编码 Visibility Buffer 时，将光线方向同样编码到纹理中。当该应用对 Specular 等光照分量不敏感时，可以选择在材质和光照模型中去除视线方向，同时节省着色性能开销。

- 对于光栅化来说，其通过在像素着色阶段按照 2×2 编组执行的方式，计算出屏幕空间采样器参数的梯度（ddx/ddy）从而推导出 Mip Level，并进行三线性/各向异性采样，但光线追踪显然不能做到这点。在渲染器和商业引擎常见的光线追踪管线的实现中，通过在击中点着色的准备阶段计算出射线传播的锥形区域"Ray Cone"[3]得到像素在纹理空间的覆盖面积，从而显式指定 Mip Level 进行采样。

- 对于基于 Visibility Buffer 的解算来说，由于其又回到了图形管线，因此通过像素着色能够很好地利用上述屏幕空间自动推导出 ddx/ddy 的特性，进而进行纹理采样。但在每一个物体所对应像素区块的边缘处，或同一物体不同部分的接缝处，直接由 Visibility Buffer 从顶点属性缓冲区获取而来，而不是靠光栅化器插值而来的 UV 坐标值会产生突变，造成推导出的 Mip Level 过大。同样地，在编码阶段可以将 Ray Cone 的直径和角度编码进 Visibility Buffer，这样做所得到的采样结果最准确，但其会增加 Visibility Buffer 的大小，并且损失一部分性能。若仍要采用自动推导的 ddx/ddy 进行采样，由于场景中绝大部分材质纹理的颜色一致性比较高，因此边缘处的高 Mip Level 采样得到的颜色信息可以接受。但存在一些一致性不高的纹理，例如存放多张子纹理的 Atlas 纹理和光照贴图，在边缘处会产生采样异常。此时可以通过显式指定或通过 ddx/ddy 及 Subgroup Quad 等特性，结合 DrawID 深度纹理推导此类纹理采样时的 Mip Level 以规避上述问题。

- 传统渲染器和游戏引擎常常将包含顶点属性的缓冲区绑定在图形管线上，GPU 在图形管线的顶点组装阶段会将数据直接编组，并将数据作为输入变量传入顶点着色器。但由于在当前实现中，所有顶点的数据均直接作为数据缓冲区（例如 Direct 3D 的 SRV 和 Vulkan 的 Storage Buffer）暴露给像素着色器，因此渲染器需要支持此种用例，例如 UE 中的 Manual Vertex Fetch 概念。

- 若光线查询的射线击中了场景中的半透明物体和应用了 Alpha Test 的物

体，在进行 Visibility Buffer 解算流程时，需要将其着色得到的颜色透明度同时输出在最终颜色纹理的 A 通道中，同时需要额外记录击中点的世界空间位置。之后，这些透明度不为 0 的像素可以继续执行材质系统的光线查询编码阶段（将射线起始点替换为上述记录的世界空间位置）和 Visibility Resolve 阶段来计算被其遮挡的像素颜色，并在最终混合阶段执行 Alpha Blend 得到最终颜色值。上述步骤模拟了光线追踪管线中 Any Hit Shader 的递归执行流程，即将其深度优先的执行顺序转化为了 Visibility Buffer 的广度优先。

19.2.3.3　Draw Call 优化

对于反射等光线追踪效果来说，反射光线击中的物体可能根本不存在于当前主视点摄像机的可见物体集合中，导致光线查询材质系统无法使用渲染器和商业游戏引擎的视锥剔除、遮挡剔除等机制来减少需要渲染的物体的数量，这就对每个物体对应一个 Draw Call 的 Visibility Resolve 环节带来了很大的挑战。虽然通常在构建加速结构时会根据物体距离观察者的半径和立体角进行比较激进的剔除，并且 Early Depth Test 能够很好地剔除不需要着色的像素，但对于一个经典的、遮挡关系比较复杂的室内场景来说，仍存在着大量的 Draw Call，其所有像素全部被剔除（即其 DrawID 不存在于 Visibility Buffer 中），没有为反射场景贡献任何内容，而为这个 Draw Call 绑定管线对象、渲染资源，以及下达绘制指令本身均会影响性能，在一些 GPU 硬件中的光栅化和在混合阶段也会出现瓶颈。因此需要实现一种方案，让渲染器了解当前场景中具体有哪些物体需要参与光线查询效果的渲染，即哪些 DrawID 存在于 Visibility Buffer 中，从而指导 Visibility Resolve 环节下达对最终输出颜色纹理有贡献的 Draw Call，避免不贡献任何内容的 Draw Call 影响 CPU 和 GPU 的性能。

因此，在当前实现中，会为材质系统在 Visibility Buffer 的编码环节额外添加一个缓冲区，其中记录着每一个 DrawID 是否出现在当前 Visibility Buffer 中，此处称为 DrawID Mask 缓冲区。在支持 Vulkan 的条件渲染的扩展的目标平台中，可以直接将上述 DrawID Mask 缓冲区当作数据源，让 GPU 能够选择性地执行 Visibility Resolve 的 Draw Call，避免未被光线击中的物体启动图形管线。但由于该扩展在移动平台的支持率比较低，因此当前实现的材质系统中同时存在一套 DrawID Mask 缓冲区的"回读"系统，即将当前存在于 Visibility Buffer 中的 DrawID 从 GPU 读取回渲染器的机制。在该机制的作用下，渲染器可以根据 DrawID Mask 缓冲区中的内容来剔除不需要的 DrawID，仅对存在于 Visibility Buffer 中的物体下达 Draw Call 进行着色。该数组需要足够小，以便极大程度地减少数组回读到 CPU 中的耗时。此处的实现使用了 BitArray（字节数组）的概念，每一位记录其下标所对应的 DrawID 的存在情况,因此对于当前实现来说,材质系统只需一个 128 字节的缓冲区即可,并通过使用 AtomicOr 来原子性地写入数据。

一种理想的实现是,上述数据能够在进行当前帧的 Visibility Resolve 时,剔除不存在于 Visibility Buffer 中 DrawID 所对应的 Draw Call。但由于现代渲染器和商业游戏引擎本身的多线程实现及线程同步机制,在渲染线程下达的任务,需要在渲染器侧过至少一帧之后才可能在 RHI 线程和 GPU 上执行完毕,因此,从 GPU 上反向读取数据到渲染器的渲染线程(俗称为 CPU 回读),需要等待至少一帧时间。由于 DrawID 对于物体来说并非持久,因此一帧以后回读回来的上述 DrawID Mask,其对应的 DrawID 信息已经与当前帧渲染线程生成的 DrawID 不匹配。一种可能的同步流程如图 19.3 所示。

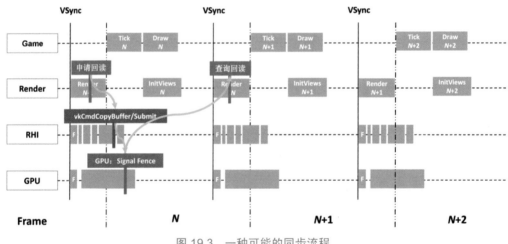

图 19.3 一种可能的同步流程

因此,只有当上一帧的结果查询完毕之后,材质系统才会在当前帧下达请求回读的指令。这显然会造成信息延迟,让本帧新出现在场景中的物体并没有被绘制,但在实际测试中,由于反射效果本身就不是很强烈,所以此种做法完全可以接受。在特定渲染器的实现中,在前序帧得到 DrawID Mask 时,渲染器需要同时记录当前帧的 DrawID 和物体持久的标识符(UUID)之间的映射关系,在查询回读之后,当前帧需要将回读结果按照前序帧得到的映射关系变化为持久的物体标识符,从而指导 Visibility Resolve 流程进行渲染。

19.3 光线追踪反射

光线追踪反射能够模拟较光滑物体表面的反射效果,其通过发射反射射线进行光线追踪,生成 Visibility Buffer,并使用光线查询材质系统得到反射纹理,最终叠加到原始场景颜色纹理中呈现效果，最终效果如图 19.4 所示。

图 19.4　光线追踪反射效果

理论上，在发射反射射线时可以考虑表面的粗糙度，应用重要性采样思想并使用对应的降噪算法进行降噪。但在移动平台上，在 Visibility Resolve 之后应用完整的降噪器对于性能影响过大，因此当前实现只选择绘制镜面反射。并且，对于镜面反射：

- 只允许场景中粗糙度比较低的物体所对应的像素发射反射射线，即 Roughness Cutoff 值较低，以节省性能开销。
- 反射光线方向比较一致时，射线一致性比较高，缓存命中概率低。
- 在镜面反射下，Visibility Buffer 中属于同一材质的像素比较连续，即空间一致性比较高。
- 反射光线随机性较低，当前帧需要着色的 DrawID 数量较少。
- 在 Visibility Resolve 阶段，每一个 DrawID 的 Quad Overdraw（发生在物体像素边缘）较低。
- 可以在得到镜面反射纹理后，应用诸如双边滤波等卷积操作进行模糊，其核大小根据像素粗糙度进行动态调整，可以模拟非物理准确的粗糙度效果。
- 效果更明显。

19.3.1　世界空间法线纹理和 Thin GBuffer

渲染流程需要获得世界空间法线（World Normal）纹理，从而结合入射射线方向进行反射射线方向的计算。一些商业引擎支持在 Depth Prepass 阶段额外输出一张世界空间法线纹理，即采用 Depth+Normal Prepass 的方式，该法线被称为"顶点法线"。但如将当前实现用在反射效果中，会有如下问题：

- 如果不考虑物体材质的 Normal Map（法线贴图）的话，所有接收反射光线的物体发射的射线将过于平滑，会有类似于清漆的视觉效果，视觉上反而会觉得失真。

- 完整的 Depth Prepass 阶段需要把场景中所有物体绘制一遍，绘制调用数量翻倍。如果应用的场景仅配置了光线追踪反射效果，由于反射可以在绘制场景物体阶段（下称 Base Pass）之后进行渲染，因此可以直接使用 Base Pass 提供的深度。

- 渲染反射效果需要粗糙度纹理，用来剔除射线的发射，进行基于粗糙度的模糊效果，以及计算与最终场景颜色的混合比。

由于移动端渲染器经常使用前向渲染路径，其在 Base Pass 阶段不会产生额外的世界空间法线和粗糙度纹理，因此，Base Pass 阶段需要额外输出一张纹理，编码世界空间法线和粗糙度，供后续反射效果使用。此处将该额外输出的纹理称为 Thin GBuffer。

当前实现额外使用一个格式为 A2R10G10B10_UNORM 的纹理记录世界空间法线和粗糙度信息。世界空间法线信息使用 Octahedral Mapping[4]，将 3D 的世界空间法线值映射到 2D 空间编码进 RG，并用 B 通道编码粗糙度，用 A 通道编码该物体是否接收光线查询反射。由于 Base Pass 中的世界空间法线考虑了材质的 Normal Map，因此能够有效避免 Clear Coat 的视觉观感，让反射效果更真实。

Thin GBuffer 各通道的含义如表 19.1 所示。

表 19.1　Thin GBuffer 各通道的含义

R（10 bit）	G（10 bit）	B（10 bit）	A（2 bit）
Normal X	Normal Y	粗糙度	Ray Query Mask

Thin Gbuffer 的效果如图 19.5 所示（左上图为场景预览，右上图为世界空间法线，左下图为粗糙度，右下图为 Ray Query Mask）。场景中显式标记为"接受光线追踪"的物体会将 Ray Query Mask 的对应像素值设置为 1，有利于美术人员在开启光线追踪反射时把控场景的视觉风格。

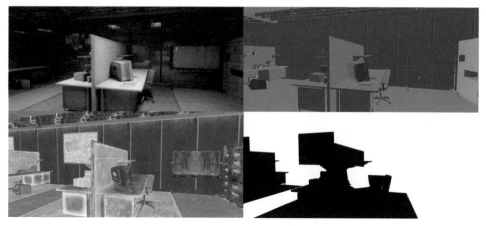

图 19.5　Thin GBuffer 的效果预览

19.3.2　实现原理

对于每个像素，以光栅化深度求得的世界空间坐标为起点，通过世界空间法线和视线计算反射射线方向，发射射线进行光线查询并编码得到 Visibility Buffer，随后进行 Visibility Resolve，得到反射纹理，再混合到原始场景颜色纹理中即可。大致流程如图 19.6 所示。

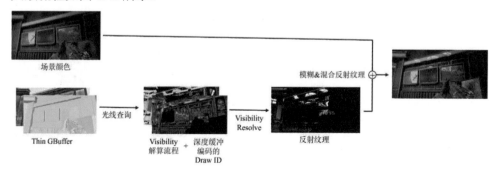

图 19.6　反射效果流程

反射效果的光线查询阶段和材质系统的 Visibility Resolve 阶段将会在 Base Pass 之后进行，在半透明物体绘制之前混合到场景纹理中。Visibility Buffer 的格式如下：

- R32G32_UINT，R 通道存放三角形 ID（32 位），G 通道存放三角形重心的 X 和 Y 坐标（每分量 16 位）。
- D16，值为 DrawID / 1024。

编码和解码 Visibility Buffer 的代码如下：

```
uint2 PackVisBufferUint2(uint TriangleId, float2 Barycentric)
{
    uint2 Result;
    Result.x = TriangleId;
    Result.y = (f32tof16(Barycentric.x) << 16) | f32tof16(Barycentric.y);
    return Result;
}

void UnpackVisBufferUint2(uint2 Pixel, out uint TriangleId, out float2
Barycentric)
{
    TriangleId = Pixel.x;
    Barycentric.x = f16tof32(Pixel.y >> 16);
    Barycentric.y = f16tof32(Pixel.y);
}

#define PACK_COMPRESSOR 1024.0
float PackMaterialIdForDepth(uint MaterialId)
{
    return MaterialId / PACK_COMPRESSOR;
}
```

在 Visibility Resolve 阶段，材质系统根据前 1~2 帧返回的 DrawID Mask 信息，下达该帧绘制物体的 Draw Call。图 19.7 展示了一个经典室内场景反射效果的 Visibility Resolve 流程，由左至右、由上至下分别为不同物体累积输出在最终反射纹理的流程，此处将其可视化。

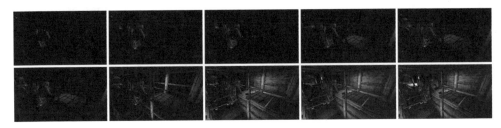

图 19.7　Visibility Resolve 流程可视化

虽然整套光线追踪反射系统无须美术人员干预即可直接渲染得到效果，但为了得到最佳效果和性能，美术人员可以在场景中选择物体是否接收/参与反射渲染：

- 若物体不接收反射，则该物体上不会出射射线，可节省性能开销。该开关将会被编码到 Thin GBuffer 的 A 通道中，即上述的 Ray Query Mask。
- 若物体不参与反射，则该物体的所有渲染资源将不会被收集进材质系统，并且如果场景只开启了反射效果，该物体将不会进入 TLAS。对于正常视角下不会看到或不明显的细小物体，关掉此选项可以提高光线求交的性能。

理论上，所有被收集到的物体均参与反射，以节省美术人员针对每个物体配置的重复劳动（需要对物体手动勾选相应选项才可以接收反射）。在当前绘制范围中，若没有物体参与/接收反射时，反射特效将不会执行。同时，美术人员可以根据需要来选择是否让动态物体进入反射场景。

同时，由于材质法线会让射线方向发散，降低射线连贯性，并且由于在移动端的应用中，法线纹理常常会进行比较激进的有损压缩，精度不是很高，因此当前实现允许美术人员调整顶点法线与材质法线的混合比例，以达到最佳视觉效果，如图 19.8 所示（混合比例分别为 0、0.3、1）。

图 19.8　不同顶点法线和材质法线混合比例的效果

由于前置 Thin GBuffer 的支持，如果在渲染的最后使用诸如 Bilateral Blur（基于双边滤波的模糊）进行模糊操作，同时根据物体粗糙度调整 Blur Kernel 的大小模拟粗糙度效果，虽然通过改变屏幕空间的核覆盖面积在物理上并不准确，但也足够产生令人信服的效果，从而在避免使用重要性采样的前提下使场景看起来更自然，避免上述 Clear Coat 效果的产生。

在当前实现中，模糊操作使用修改过的 2-pass À-Trous[5]3×3 滤波器，使其能够根据粗糙度改变核大小，并且使用 Thin GBuffer 中的世界空间法线纹理指导 Edge Stopping Function，最终效果如图 19.9 所示（左图为未进行模糊操作的效果，右图为采用与粗糙度相关的模糊操作后的效果）。

图 19.9　模拟粗糙度效果

最终，反射纹理将会被混合到场景颜色纹理中。同大多数游戏引擎和渲染器中对于传统反射效果（例如屏幕空间反射）的混合实现一样，该混合步骤需要考虑菲涅尔方程，以使最终结果达到近似的物理上的准确。

综上，一个集成光线追踪反射的渲染管线大致如下：

（1）Depth Prepass。移动端由于考虑到 Tile-based 架构，将只会渲染使用 Alpha Test 的物体。

（2）Base Pass。同时输出场景颜色和 Thin GBuffer。

（3）反射效果 Ray Query Pass。输出 Visibility Buffer。

（4）Visibility Resolve Pass。输出镜面反射纹理。

（5）可选的，对镜面反射纹理进行上采样，与最终分辨率一致。

（6）与粗糙度相关的模糊操作，输出最终反射纹理。

（7）Translucency Pass。在 Pass 的最开始将反射纹理混合到场景颜色纹理中，随后绘制场景中的半透明物体。

19.3.3 结果与分析

当前基于 Vulkan 光线查询的材质系统已经可以集成到 UE4 中，并且接入了引擎针对 Vulkan 着色器的编译及反射系统、Vulkan RHI、Mesh Drawing Pipeline 和移动端前向渲染器，兼容引擎原生材质系统和材质蓝图，兼容不同种类的几何体，并已经在腾讯自研游戏《暗区突围》中落地，能够在室内地图中开启。该材质系统和反射效果可在支持 Vulkan 光线查询的平台，例如支持 GPU 硬件光线追踪的 PC 平台，以及 MediaTek 和 Qualcomm 的 2022 年旗舰 SoC 中运行。在使用 ARM 公司 Immortalis-G715 GPU 的 MediaTek Dimensity 9200 平台上，当开启 Draw Call 优化机制后，在市售真机上运行时，基于 Vulkan 光线查询的反射效果能够做到在 1280 像素×720 像素的分辨率下保持整体游戏平均帧率为 60 帧，在没有美术人员参与优化的情况下，Visibility Resolve 阶段下达的 Draw Call 数量规模近似等同于光栅化场景渲染（Base Pass），在典型场景中约为 100。真机运行效果如图 19.10 所示。

图 19.10　真机运行效果

19.4　总结

本章分析了现有光线追踪材质系统的实现，以及其在目标平台中的局限性，并提出了一种基于 Vulkan 光线查询的材质系统实现方案，以及基于该方案实现的移动端光线追踪反射效果。本方案的优势在于，进行光线追踪击中点着色时并不依赖硬件的扩展支持，并且可以应用于现有移动端渲染器和商业游戏引擎中，在美术人员干预最小化的基础上，兼容全部材质和绝大多数的几何体种类，做到即插即用。该反射效果的实现在《暗区突围》游戏的多张包含室内场景的地图中表现良好，在保证性能的前提下，在支持的硬件平台上能够改善游戏的视觉效果，甚至拓宽游戏的玩法。

第20章

移动端全局光照演变的思考与实践

伴随着现代图形技术的发展演进,现实场景与虚拟游戏世界间的界限变得越来越模糊。开发者致力于打造不断接近真实观感的宏大游戏场景,而对于如何让身处其中的玩家更为身临其境,全局光照(Global Illumination,简称 GI)技术则是贯穿视觉体验的关键一环。

20.1 什么是全局光照

全局光照是指同时考虑来自光源的直接光照,以及经由其他物体反射或折射后的间接光照,从而大幅提升画面真实感的一种高阶渲染技术。

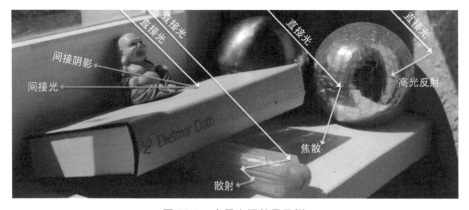

图 20.1 全局光照效果示例

事实上，曾被誉为图形学圣杯的全局光照（GI）技术，在实际游戏开发中，往往难以找到适配各类场景条件的解决方案。尤其对移动端开发者而言，出色的光照效果对设备性能提出的苛刻门槛，比如开发时间周期长、硬件成本高等一系列问题，使得这一技术领域迫切需要一次"降本增效"。在此将介绍我们在从静态烘焙到半动态 PRT GI 再到全动态 GI 研发过程中的思考与实践过程，让更多读者了解 GI 技术的现状和走向。

20.2　静态光照烘焙

在全局光照的实现中，静态全局光照是一种比较传统和常用的方案，主要应用于静态场景和静态光照的情境下，一般会结合光照贴图和光照探针来实现。

20.2.1　光照贴图

光照贴图（Lightmap）是一种纹理贴图，它存储了场景中物体表面的全局光照信息。光照贴图的一个样例纹理和样例应用场景如图 20.2 所示。

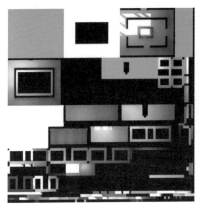

图 20.2　光照贴图示例

如图 20.3 所示，场景中的一个立方体通过 2UV 展开后将从不同区域收到的光照存储在光照贴图中，运行时通过光栅化后的光照贴图 2UV 坐标在光照贴图中查找对应的光照数据进行光照的重建。

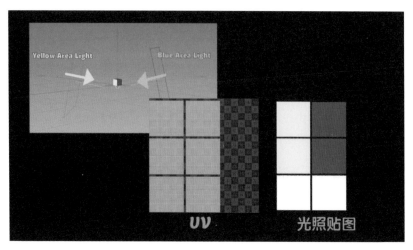

图 20.3　光照贴图展开

光照贴图的生成过程如图 20.4 所示。

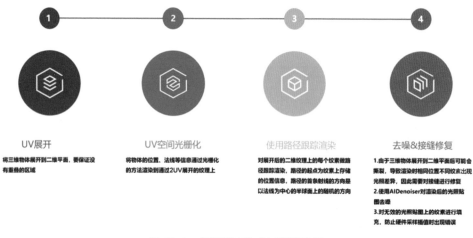

UV展开
将三维物体展开到二维平面，要保证没有重叠的区域

UV空间光栅化
将物体的位置、法线等信息通过光栅化的方法渲染到通过2UV展开的纹理上

使用路径跟踪渲染
对展开后的二维纹理上的每个纹素做路径跟踪渲染，路径的起点为纹素上存储的位置信息，路径的首条射线的方向是以法线为中心的半球面上的随机方向

去噪&接缝修复
1.由于三维物体展开到二维平面后可能会撕裂，导致渲染时相同位置不同纹素出现光照差异，因此需要对接缝进行修复
2.使用AIDenoiser对渲染后的光照贴图去噪
3.对无效的光照贴图上的纹素进行填充，防止硬件采样插值时出现错误

图 20.4　光照贴图生成过程示意图

20.2.2　光照探针

光照探针是摆放在场景的自由空间中的一系列探针（如图 20.5 所示），它收集来自各个方向的光照数据、动态物体（当然也可以包括静态物体）。通过查询其附近的探针，并根据距离权重进行插值就可以计算出动态物体自身的光照数据。光照探针的数据存储远远小于光照贴图的，但是光照探针对漏光比较敏感，需要通过采样偏移或可见性检测等方式减少漏光问题。

图 20.5　光照探针示例

20.2.3　静态光照烘焙的局限性与优势

静态光照烘焙有如下局限性。

- 烘焙时间过长。光照烘焙由于要离线计算很多数据，尤其是场景巨大和物件超多时，烘焙效率会急剧下降。以开放世界的游戏举例，烘焙几公里的地图可能需要十几个小时。而离线烘焙要事先对每个物件进行UV展开，并且还要存储光照贴图数据。当物件越来越多时，数据量呈线性增长，因此难以支撑起超大场景的渲染，如图 20.6 所示。[1]

图 20.6　超大场景的渲染

1　详细资料的网址见链接列表条目 20.1。

- 无法支持动态光照，场景和光照都是不能变化的。

虽然静态光照贴图有些使用上的局限，但是凭借低廉的运行时开销，目前是移动端使用最广泛的方法，基本可以覆盖所有的设备。

20.3 基于预计算传输的全局光照

在静态烘焙的基础上，结合解耦光照传输和光照重建的过程，衍生出了一种半动态 GI 的方案，也就是预计算传输的全局光照，简称为 PRT GI。PRT GI 可以做到在游戏过程中动态地修改光照的效果，比如实现动态的昼夜变换等效果。

20.3.1 如何让光照动起来

烘焙多套光照贴图是一种办法，但是给本就不大的存储空间和超长的烘焙时间带来了更大压力，并且还无法实现任意时间段的动态光照效果。本节将介绍一种基于预计算的半动态光照技术，可以实现游戏中昼夜变化的光影效果，如图 20.7 所示。[1]

图 20.7 同一个场景在不同时段下有不同的光照效果

20.3.2 预计算辐射传输

预计算辐射传输是一种将光照的传输过程和最终着色点的光照计算解耦的方法。在离线节点计算光照在物体表面发生弹射和光源的可见性信息，然后在运行时将可见性信息和光照本身的数据相乘，最后得到着色点的光照数据，如图 20.8 所示。

---

1 详细资料的网址见链接列表条目 20.2。

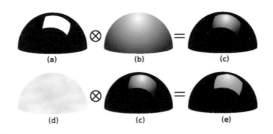

图 20.8　基于预计算可见性的光照重建

基于预计算的光照可以分为离线预计算和运行时光照重建两个过程，如图 20.9 所示。离线预计算与静态烘焙的方法基本一致，只是烘焙的是预计算的传输系数而不是最终的光照数据。运行时光照重建与光照贴图的使用略有不同，它不是简单地根据 2UV 进行纹理采样直接获取光照数据，而是先将实时变化的光照和预计算的系数相乘得到最终的光照数据，然后再应用到物体光照计算的着色过程中。

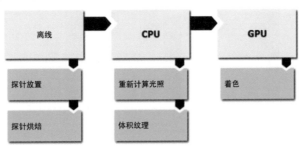

图 20.9　PRT 流程

20.3.3　数据存储的优化

对于预计算的光照数据存储，由于要考虑运行时来自各个方向的光源，所以此时我们需要一些基函数（可以采用不同的基函数形式，如图 20.10 所示）来拟合这些方向上的数据。

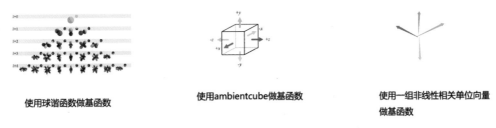

使用球谐函数做基函数　　　使用ambientcube做基函数　　　使用一组非线性相关单位向量做基函数

图 20.10　不同的基函数形式

此外，还可以使用多种方式存储预计算的可见性数据。比如，以光照贴图形式存储 transfer vector（传输向量），以 probe（探针）形式存储 transfer matrix（传输矩阵）等。图 20.11 所示的是不同形式的数据的存储占用情况，将预计算数据存储到光照探针（ILC 是 UE 中一种稀疏的光照探针的组织结构，VLM 的全称是volumetric lightmap）中是数据量最少的。

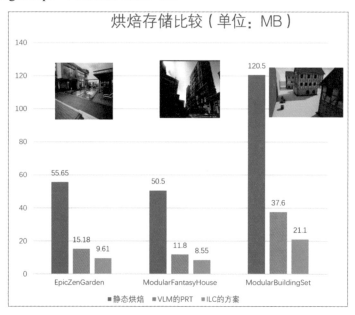

图 20.11　PRT 存储数据量的对比

但是光照探针在效果上会出现类似细节表达不全、漏光等问题，因此如果想达到存储和效果的平衡，可以考虑同时在场景中使用两种模式的混合式存储（少量光照贴图形式的预计算存储配合光照探针形式的预计算存储）。

20.3.4　基于预计算的半动态 GI 的局限性

基于预计算传输的方法的局限性如下：

- 烘焙时间较长、人力和资源成本仍然较高。基于预计算辐射传输实现的 GI，本质上还是脱离不了预计算，因此烘焙的时间还是会很长，需要很多硬件资源和美术人员的等待时间。
- 功能有限，不支持动态变化的场景需求。场景或者材质的变化都会导致光照的传输过程发生变化，因此这种方法无法处理动态变化的场景需求，尤其是对于有 UGC 需求的游戏；无法支持自发光（Emissive）和聚光灯等复杂光源的位置和角度变化。

20.4　动态全局光照 SmartGI

为了更进一步实现动态全局光照的效果，不限于 PRT GI 的动态光照变化，还能实现动态的场景物体变化的效果，比如 UGC 玩法，我们还需要一种完全动态的 GI 方案，本节会重点介绍动态 GI 的实现方案。

20.4.1　移动端全动态 GI 方案的挑战

由于移动端硬件能力的局限性，在移动端实现全动态 GI 方案的难度远高于在 PC 端和主机端；另外，在 PC 端和主机端虽然也实现了很多动态 GI，但是仍然存在各自在效果、能力和性能方面的短板。

20.4.2　已有全动态 GI 方案的分析

如图 20.12 所示，我们对部分全动态 GI 方案进行了罗列。

图 20.12　多种 GI 方案示例

- Voxel GI（VXGI）是一种将场景体素化，然后利用体素信息做光照缓存的方案。体素的精度是其比较大的问题，精度不够就不好表现精细的光照效果，精度太高会面临存储和性能的压力。
- SSGI 是一种基于屏幕空间的 GI 算法，在计算每个光照的间接光照信息前会计算像素的直接光照结果，然后通过屏幕空间的 ray marching（射线步进）技术收集着色点的间接光照信息，从而实现全局光照效果。它的局限性是，无法获取屏幕外的物体的光线反射信息，这会给准确性造成一些影响。

- RSM 相对于 SSGI 来讲可以弥补离屏数据缺失导致的效果问题，它的实现原理类似于我们计算阴影贴图，只是不单纯地记录深度信息，还要记录反照率（albedo）、法线（normal）和直接光照信息，给这些内容起个名字叫 reflective shadow map（反射阴影贴图），简称 RSM。有了这些信息就可以给其他物体提供二次反弹的光照计算数据了。但是 RSM 最大的局限性是，其处理光源的类型非常有限（平行光），很难应对其他复杂类型的光源。

- Surfel GI 将场景进行离散图元化，然后用这些离散图元进行光照缓存。目前这种方案的实现主要基于相机看到的屏幕空间生成的图元，这种方式在相机没有看到的地方就无法生成有效的图元信息，从而造成效果上的错误。但是可以通过预生成的方式生成图元，不过又会引发数据存储问题和离线烘焙带来的效率问题。我们最近研发了一种和体素化结合的模式可以解决这类问题。

- DDGI（Dynamic Diffuse Global Illumination），它是 RTXGI 的核心算法，整体实现是通过在场景中生成动态探针，然后利用光线追踪进行探针的位置调整以达到比较准确的光照效果。这种方案首先需要硬件光线追踪的支持（目前也有一些利用屏幕空间生成的算法，但是局限性和 Surfel GI 类似），其次从名称中可以看到，其光照特性主要是处理漫反射产生的全局光照效果。

- ReSTIR GI 是一种利用 ReSTIR 算法做路径跟踪采样优化的 GI 技术，实现的光照效果非常准确，但是严格的硬件能力要求使其无法在大部分设备上运行。

- Lumen 是 UE5 中一种使用 meshcard 做光照缓存和使用距离场做射线检测的 GI 算法，在性能和效果上都有不错的表现。但是由于要满足 meshcard 的生成策略，所以需要有严格的场景资产需求；另外，由于需要在 meshcard 中存储光照数据，所以内存和带宽的开销使其无法在移动端高效运行。

20.4.3 使用混合架构实现全动态 GI 的基本框架

SmartGI 在对以往的 GI 实现进行抽象和总结后，将 GI 框架设计成光照缓存（Surface Cache）和光照数据采集（Final Gathering）两部分（如图 20.13 所示）。

- 光照缓存：用简单低成本的形式表达场景结构，并且用其来缓存光照数据。

- 光照数据采集：将光照的采集过程抽象出来，可以支持多种软硬件光线追踪方案，可以解决性能和兼容性问题。

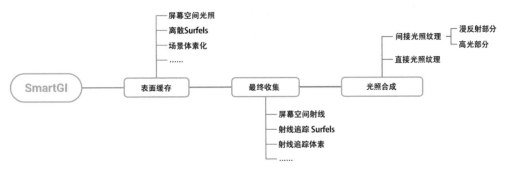

图 20.13　全动态 GI 系统架构原理

20.4.4　使用屏幕空间数据做光照缓存

- 屏幕空间缓存

用上一帧渲染的场景数据作为当前帧的光照缓存，使用高精度的贴图保存精细的光照缓存，可以为 GI 提供更精细的反弹效果。多次采样屏幕空间数据的示例如图 20.14 所示。

图 20.14　在屏幕空间做光照采集的示意图

- 利用 HIZ 快速进行相交检测

射线的相交检测的伪代码如图 20.15 所示。

```
Stackless ray walk of min-Z pyramid
mip = 0;
while (level > -1)
    step through current cell;
    if (above Z plane) ++level;
    if (below Z plane) --level;
```

图 20.15　基于 HIZ 的相交检测方法的伪代码

这里的实现与利用 HIZ 实现遮挡剔除的方案有所不同，我们对 depth mipmap（深度分级纹理）的生成不但支持最远策略还支持最近策略，用户可以进行设置。这里简要介绍一下使用最近策略去做 ray marching（射线步进）的过程，射线的起点和终点如图 20.16 所示。

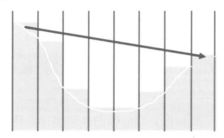

图 20.16　基于 HIZ 的相交检测方法的射线起始点示例

下面是迭代过程的演示，如图 20.17 所示。

mip0→mip 1→mip 2→mip 1→mip 0→mip 1

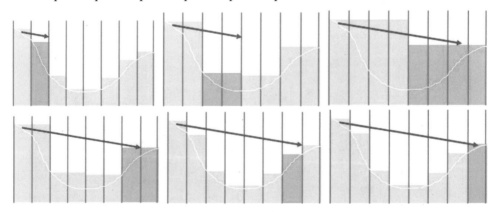

图 20.17　基于 HIZ 的相交检测方法的迭代过程

20.4.5　使用体素化数据做光照缓存

使用体素化数据做光照缓存需要考虑以下几个方面的问题。

1. 体素缓存

场景的体素化主要由两个过程构成：一是利用光栅化方法实现场景的体素化，二是对体素化数据进行直接光照和间接光照的注入过程。

使用光栅化实现体素化时要将相机沿着场景的 X、Y、Z 三个轴向做三次光栅化渲染，并且要关掉遮挡剔除、背面剔除等属性，并且在体素化的像素着色器中将物体的反照率、法线、自发光存储在三维纹理中，如图 20.18 所示。

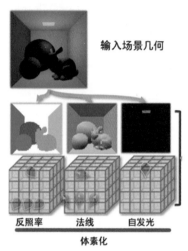

图 20.18　体素化过程

2. 体素化数据的存储

如果将体素化数据用一张简单的三维纹理来存储的话，显存占用会非常大，因此我们使用 VXGI 2.0 的多级 Clipmap（剪贴图）方法（如图 20.19 所示），距离相机越近，体素的半径越小，距离相机越远，体素的半径越大。这样会实现近处精度较高，远处精度较低的效果。

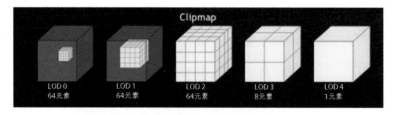

图 20.19　Clipmap 原理的示意图

3. 利用 Clipmap 快速进行相交检测

Cone Tracing（圆锥追踪）是一种对光线采集的概括方法，使用圆锥代替单根射线，把半球空间概括为几个圆锥去近似收集间接光照。其还可以和体素有很好的结合，根据传播距离和圆锥的夹角快速计算出需要采样的面积，从而快速选择 mip 级别和 trace step（追踪步长）。如图 20.20 所示，C_o 是射线起点，C_d 是射线方向，θ 是圆锥追踪的角度，t 是当前总体步进距离，d 是当前单个步长的步进距离。可以看到随着步数的增加，t 在不断增加，d 也在不断增加，整体的迭代越来越快。这里我们可以根据 d 的大小选择在哪一级的 Clipmap 中进行采样。

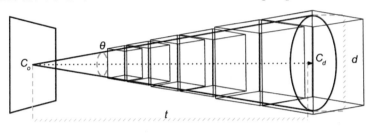

$$d = 2t \times \tan(\theta \div 2)$$

图 20.20　圆锥追踪过程示例

20.4.6　使用离散图元做光照缓存

使用离散图元做光照缓存需要考虑以下几个方面的问题。

1. 图元缓存

图元（Surfel）本质上是一种表面缓存（Surface Cache）的存储结构，单个图元的样式如图 20.21 所示 [1]。它将整个场景表面离散化，如图 20.22 所示，将中心点的表面信息近似扩散为整个图元的信息。一个基本图元的数据结构至少应包括：中心点坐标、半径、法线、反照率等。为了满足各种特性的开发需要，也可以自行添加例如prim ID、instance ID、BRDF等相关参数，但基础的存储结构不宜过大。

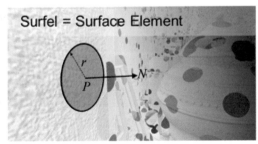

图 20.21　单个图元的表示

---

[1]　详细资料的网址见链接列表条目 20.3。

图 20.22　场景的离散图元化

2. 基于屏幕空间的图元生成

在图元生成时，将屏幕空间中每 16 像素×16 像素分为一个块，每个块记录其 256 个像素中具有最小图元覆盖率的那个像素的位置和覆盖率（如该像素有 3 个图元覆盖，那么覆盖率是 3）。在每次生成过程中遍历这些块记录的最小覆盖率，若小于人为给定的覆盖率阈值，则以该块的最小覆盖率的像素为中心生成新的图元（如图 20.23 所示）[1]。基于该点的屏幕空间位置，从 GBuffer 中获取反照率、法线等信息，并结合深度信息重建该点的世界空间坐标，同时更新该块的最小覆盖率。若每个块的覆盖率都足够大，则停止生成。确保屏幕空间中每个像素都被覆盖，且不会生成过多的图元。

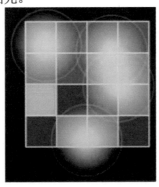

图 20.23　基于屏幕空间中的块的图元生成

1　详细资料的网址见链接列表条目 20.3。

3. 图元数据的存储与查询

我们采用类似空间哈希的方案存储图元,将空间划分为三维网格,在网格中记录内部的图元索引,通过索引查找缓冲区内的数据。对于空间网格划分而言,由于图元是依附于物体表面的,有很多网格是空的,因此可以增加一个网格压缩的通道,在缓冲区中舍弃内部没有信息的网格,以减小带宽占用。图 20.24 所示为图元分布的热度图(红、绿、蓝、黄的热度依次递减)

图 20.24　在空间哈希下的图元存储热度图

20.4.7　多光照缓存的收集

光照数据收集的流程如图 20.25 所示。

(1)生成屏幕空间探针。

(2)为每个探针根据重要性采样生成光线数据。

(3)使用屏幕空间算法进行射线探测和光照采集。

(4)重新整理射线数据,将未命中的光线重新打包压缩到一起。

(5)使用 SDF 或者光线查询查找命中的图元,并且做光照的采集工作。

(6)重复步骤(4)。

(7)使用 SDF、光线查询或圆锥追踪查找射线命中的体素,并且采集光照数据。

(8)对屏幕空间探针做时空滤波。

(9)对屏幕上的像素进行光照插值,分别生成 diffuse(漫反射)的间接光照和 glossy(高光)的间接光照。

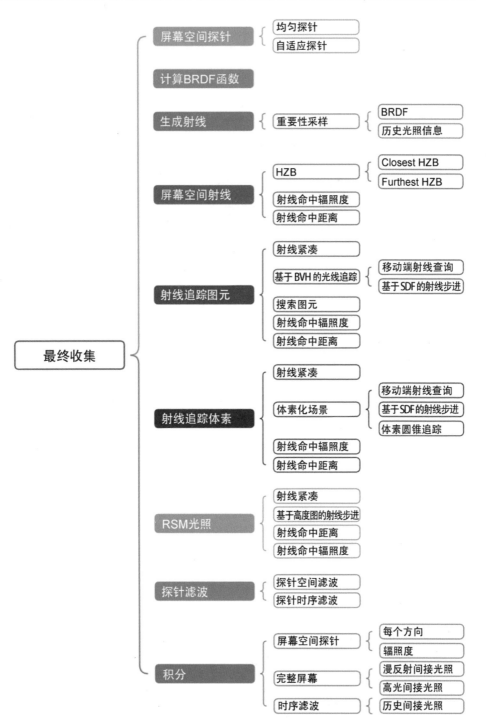

图 20.25 光照数据采集的流程

（10）使用 denoiser（降噪器）对光照数据进行去噪。

（11）将漫反射和高光的间接光照数据应用到最终场景。

20.4.8　全动态 GI 的性能优化

我们在优化移动端动态 GI 的过程中使用了多种优化方法和策略，如图 20.26 所示，主要分为两大类：一是算法层面的优化，二是硬件指令和带宽方面的优化。

图 20.26　性能优化技术

下面重点介绍一下核心的优化方法。

- 光照缓存的分帧、局部更新与滚动更新。游戏的场景不是全视野的全量变化，经常是某些区域或者物体在变化，这时不需要每帧都去重新生成场景的光照缓存数据，而是局部更新变化的区域就可以了。还有一种情况是，静态地移动可能会导致需要更新光照缓存数据，但是镜头移动通常也是只有部分区域需要更新数据（刚刚远离我们的数据和刚刚进入缓存范围的数据），如图 20.27 所示。此时也可以只更新变化的数据。

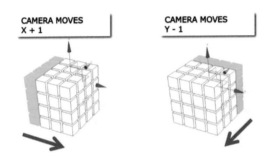

图 20.27　滚动更新体素示意图

- 减少为光照缓存做光照注入时的射线求交的计算。射线求交是一个非常耗时的操作，因此需要想办法减少射线求交的计算。在为每个光照缓存做光照注入（例如对体素注入直接光照，如图 20.28 所示）时通常需要计算光照缓存与光照的可见性，利用光线追踪是一种办法，但是很费时。不过在直接光照的情况下计算时有一种方法，就是利用阴影贴图去做光照的可见性计算。因此在做光照缓存的光照计算时，也可以使用这种方法，从而避免或者减少射线的求交。

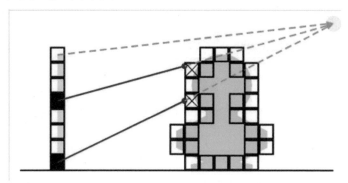

图 20.28　直接光照注入体素示意图

- 减少光照数据采集时射线求交的计算，使单个像素的平均射线数量小于 1。我们在收集光照时，不是每个像素每帧都会发射一条或者多条射线，而是利用棋盘算法（如图 20.29 所示），让一个 Tile（瓦片）发射一组射线，而一个 Tile 的大小是 16 像素×16 像素，每个 Tile 每帧发射 64 条射线，这样平均到每个像素是 1/4 条射线。

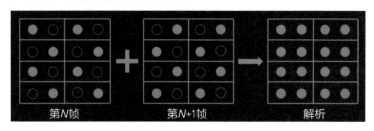

第N帧　　　　　第N+1帧　　　　解析

图 20.29　棋盘算法的原理示意图

- 合理高效地利用每条射线，融合多种重要性采样。首次通过物体表面的 BRDF在法线附近生成更多的射线信息，在后面的射线生成时，会根据历史上哪些射线方向获取了有效光照的信息，从而在这些方向上后续发射更多的射线去收集光照。为了进一步提高射线样本质量，使用多重重要性采样融合基于材质的采样和基于光照的采样，让样本更符合light transport分布，如图 20.30 所示 [1]。

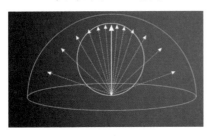

基于BRDF的先验性重要性采样

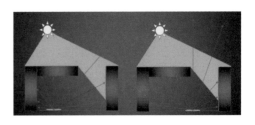

基于Ray Guiding的后验性重要性采样

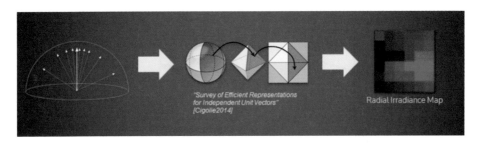

用重要性采样指导光线在半球面的生成分布

图 20.30　重要性采样示意图

- 利用 SDF（Signed Distance Field，符号距离场）加速软件射线求交过程。距离场表示空间中每个点到其最近表面的距离，如图 20.31 所示。而当我们有了空间中的每个点的 SDF 后，就可以每次步进 d=SDF 距离，从而快速步进，如图 20.32 所示，直至打到交点，这就是使用 SDF 进行软件光线追踪的基本原理。使用 SDF 之后，对于空旷的场景，射线步进的性能比基于 Clipmap 的圆锥追踪的性能高很多。

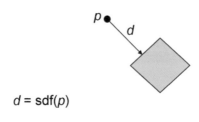

$d = \mathrm{sdf}(p)$

图 20.31　SDF 示意图

1　详细资料的网址见链接列表条目 20.3。

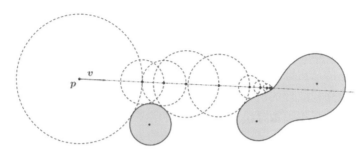

图 20.32　SDF 步进示意图

- 针对移动端优化的轻量级降噪管线。传统的 SVGF（Spatio-Temporal Variance-Guided Filter）对图像信号的降噪主要通过空间滤波和时序滤波进行。在空间上，SVGF 采用了联合双边滤波（Joint Bilateral Filtering），将相邻像素加权混合到目标像素；在时序上，当前帧的目标像素通过传统的运动矢量找到历史帧对应的屏幕位置，从而可以采样该位置对应的 4 个历史像素（因为这个屏幕位置往往不是正好在像素中心），并加权混合到当前帧目标像素。SVGF 的核心思想是，空间上或时序上相邻的像素在光照分布上是极度相似的，因此目标像素可以通过混合空间上或时序上相邻的像素来达到复用样本减缓噪声的效果，并利用无噪声的 GBuffer 作为复用的指导，尽量避免复用到光照分布差异过大的像素样本。这些经典降噪算法应用在 PC 端是行之有效的，而应用在移动端是非常困难的，主要瓶颈是移动端带宽。为此，我们舍弃了图像信号的空间滤波，同时在时序滤波上并没有像传统 SVGF 算法那样直接利用完整的 GBuffer 进行时序复用的指导，因为读取当前帧和历史帧的各种 GBuffer 信息（包含但不限于法线、深度、粗糙度）会导致过多的带宽开销。取而代之，我们采用了轻量级的降噪管线，仅使用少量 GBuffer 信息（当前帧的 ID、深度、光照变化率和历史帧的 ID、深度、历史累积帧数）作为时序复用的指导，如图 20.33 所示。

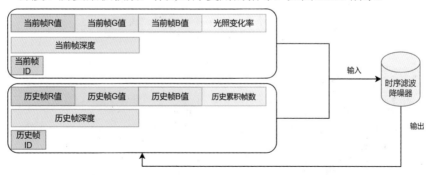

图 20.33　轻量级降噪器流程

在该轻量级降噪管线中，我们还采用了以下优化手段：

1. 使用线性模式采样 1 次纹理，而非使用最近邻模式采样 4 次纹理。对线性采样后的历史像素信息（而非对 4 个历史像素）进行时序复用，可以进一步减少采样纹理的次数，但会牺牲小部分降噪质量，适用于低端机型。

2. 通过历史累积帧数来决定历史像素的混合系数。过低的历史像素的混合系数会导致噪声，而过高的历史像素的混合系数会导致延迟。而我们根据历史像素的历史累积帧数来决定 4 个历史像素的混合系数，这样停留在屏幕上越久的历史像素的混合系数就可以更高，从而避免噪声；刚进屏幕不久的历史像素的混合系数就可以更低，避免引入延迟。

3. 基于物体 ID 的检测方法。时序滤波往往会产生鬼影（Ghosting）现象，常规解决方法是方差钳制（Variance Clamping），但是这个方法往往需要读取目标像素附近至少 3 像素×3 像素的颜色值来获取方差值，会增加相当多的带宽开销。为此，我们使用了基于物体 ID 的检测方法，通过检测目标像素 ID 与历史像素 ID 是否相同，来决定是否混合该历史像素。并且我们所使用的 ID 信息只需要做比较操作，因此可以采用哈希的方式将 32 位完整 ID 映射至 8 位 ID，以减少读取 ID 信息的带宽开销。

4. 考虑使用多种不同的运动矢量进行搭配。针对不同路径类型的信号，可以设计额外的运动矢量。并通过一定方式分别评估多个运动矢量的置信度，再以置信度为指导进行多个运动矢量对应历史样本的混合，从而提高特定路径类型信号的降噪质量，但这也会引入一定的额外性能开销，可以根据效果与性能的平衡来决定是否启用多种运动矢量。

5. 使用移动端性能优化工具持续优化指令和带宽开销。如图 20.34 所示，通过对比 Shader ALU Capacity Utilized 和 Time ALUs Working 两个参数，可

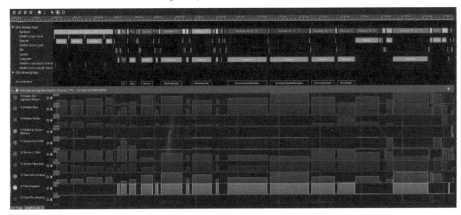

图 20.34　性能示意图

以找到 divergence（分歧）比较严重的通道，即 GPU 不进行复杂的分支预测，当 warp divergence 过多时，会造成阻塞，大大影响性能。pass 的情况各有不同，但问题主要存在于 ALU 和带宽两个方面，主要的优化策略是控制分支减少分歧及优化内存读取和纹理采样。

经过一系列算法优化和移动端指令带宽优化后，我们的方案可以在高端移动端设备上面运行到 60 FPS 以上（GI 消耗在 4ms 以下，部分场景还可以控制到 2～3ms），在中端设备上可以控制在 30 FPS 以上（千元机）。

图 20.35 所示为使用移动端性能分析工具得到的实机性能数据，可以看到红框内的 GI 消耗基本在 4ms 左右。

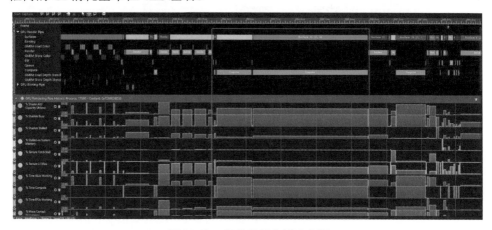

图 20.35　真机性能分析示意图

图 20.36 所示为手机中的截图，可以看到，搭载我们 GI 方案的程序达到了满帧 60 FPS，如果不锁帧率，实际可以达到 90～120FPS。

图 20.36　真机性能与效果示意图

20.4.9 全动态 GI 的渲染效果

在 SmartGI 的全动态光照渲染技术下，我们可以实现符合各种游戏类型场景的光照效果。考量渲染效果的评估点如图 20.37 所示。

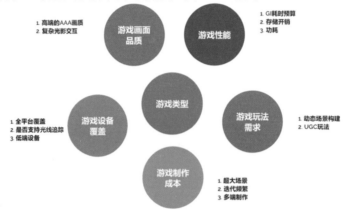

图 20.37 GI 方案考量评估点

下面从以下几个方面进行具体分析。

1. 与离线路径追踪效果的对比

如图 20.38 所示，上图为路径追踪的渲染效果，下图为 SmartGI 的渲染效果。可以看到，SmartGI 的渲染效果与路径追踪的渲染效果相当接近。

图 20.38 SmartGI 与路径追踪渲染效果的对比

2. 开放世界中的道路、森林、植被、自然光照

如图 20.39 所示，可以看到，SmartGI 能够支持开放世界中各种复杂环境的全局光照渲染效果。

图 20.39　开放世界渲染效果

3. 复杂高光（Glossy）材质

如图 20.40 所示，可以看到，上图蓝色幕布上面的金属镶边产生的高光效果，以及下图地铁场景中机器人反射的高光效果。

4. 动态体积雾

如图 20.41 所示，可以看到场景的动态体积雾渲染效果。

图 20.40　高光渲染效果

图 20.41　动态体积雾渲染效果

5. 复杂光源场景

我们可以做到对任意形状和类型的光源提供支持，不局限于平行光、点光等虚拟光源。如图 20.42 所示，可以将上图左边的幕布作为光源，照亮整个场景，也可以使用魔方或者小动物的模型作为光源。

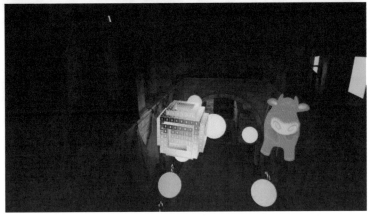

图 20.42　自发光效果图

20.5　未来的展望与思考

回顾 GI 的发展，可以发现，在不同的阶段会有适应于对应时期算力的 GI 算法出现。随着算法和移动端硬件的发展，相信未来还会有更高质量、更高性能的 GI 算法出现。

20.5.1　GI 算法的持续迭代

GI 算法一直在高速迭代，不断涌现出各种更先进的采样算法（如图 20.43 所示,左图为原始的路径追踪的效果,右图为结合基于神经网络的全局光照的效果),给 GI 计算光照收敛效果带来更快的速度。

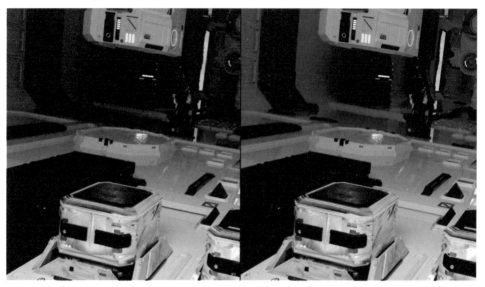

图 20.43 原始的路径追踪效果和基于神经网络的全局光照效果

20.5.2 移动端硬件能力的持续演变和提升

移动芯片厂商也一直在研发更高性能的设备和更复杂的硬件特性,比如硬件光线追踪、移动端 AI 加速单元、移动端超分等,这会给 GI 开发者带来更广阔的发挥空间,开发出之前无法想象的效果。

动作匹配及神经动画技术

实时动画技术在用户和游戏交互中扮演着关键角色。为了实现富有表现力的动画效果，通常需要大量的动画素材，故在游戏中高效地制作和组织大量动画素材成了一个热门话题。

为了在有限的计算资源下实现高自适应和流畅的动画，游戏动画技术不断发展和创新。本章将介绍一系列游戏动画技术的发展轨迹，从传统动画到动作匹配（Motion Matching）动画、神经动画等，探讨它们之间的关系。同时，本章还将探讨在游戏动画的部署过程中涉及的问题，如动画网络同步、数据压缩和运行加速。接下来，我们逐一讨论这些话题。

21.1 背景介绍

传统的角色动画系统需要程序员和美术人员配合工作，依赖大量手工制作的动画混合树和状态机来创建高质量的游戏动画。为了达到高质量的动画效果，角色动画的逻辑树的结构设计非常复杂。基于动作捕捉的技术有望减少美术人员大量的重复劳动，它们和传统动画的关系如图 21.1 所示。

骨骼动画对动画素材有比较高的要求，如动画片段变得庞大时，手工制作的动画资产组织起来也会变得异常烦琐。相比之下，最近涌现的动作匹配技术及其衍生的一系列神经骨骼动画技术提供了对动画片段以数据驱动来有效地组织与运行的支持。这种新技术带来的便利性主要体现在两方面：1）利用动作捕捉产生原始数据来代替美术人员的人工工作；2）利用动作匹配及神经网络技术包含的结构代替了人工编辑的庞大决策树系统。使用动作匹配等技术可以在游戏中利用动作捕捉大数据来还原人物本身自然而又逼真的动画效果。一个典型的动作匹配动画系统如图 21.2 所示。

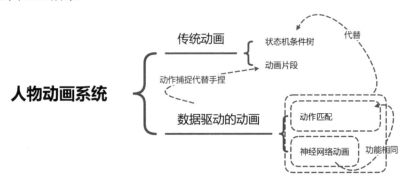

图 21.1　传统动画和数据驱动动画的关系

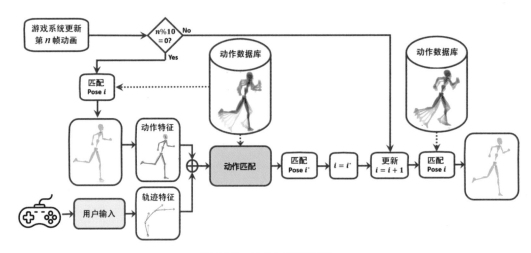

图 21.2　动作匹配的流程

其中，动作数据库来源于整理后的人体动作捕捉骨骼数据。红色框所标识的模块为动画帧输出模块，在传统动画中这个模块通常是状态机。而在数据驱动的自然动画中，这个模块被替换为动作匹配、神经网络等其他功能相同的等效模块。本章内容的大致安排如图 21.3 所示。

本章首先介绍动画基础概念及传统动画，然后介绍传统动画的替代技术——动作匹配及神经网络动画的原理，最后将展开介绍神经网络动画在实际部署中涉及的相关技术。

动画基础	动作匹配	神经网络动画	神经网络动画部署
基本概念 正反向动力学 动画状态机	动作匹配的主要过程 动作匹配的特征计算	神经网络版动作匹配 相位神经网络	客户端服务同步 网络加速 多风格人物

图 21.3　本章概览

21.1.1　自然动画的目标

与上世代的游戏动画相比，现代游戏动画在技术、效果和体验方面都有了显著提高。上一代的游戏动画通常采用像素图形和简单的动画循环，缺乏逼真感和互动性。现代游戏动画则更注重细腻的视觉效果和动作互动性，对逼真的角色动画提出了更高的要求。

自然动画的目标是实现高度还原的逼真角色动画，包括更流畅的运动和更自然的表情，使得游戏角色更具有真实感，更容易让玩家产生沉浸感。其所涉及的相关工作有：使用运动捕捉技术，动作演员在和游戏场景相同的环境下表演动作，然后将这些动作数据转换为游戏中的动画，以获得更高的真实感和精度。利用实时动画技术，在游戏运行时生成动作动画，以使角色动画更加灵活。这使得玩家可以自由控制角色的动作，增强游戏的操纵感和可玩性，同时还可以利用物理引擎驱动和周围物体的交互，以实现更逼真的环境和特效。

动作匹配及神经网络动画技术是传统动画的替代技术，是在其基础之上的衍生技术。和传统动画相对应，动作匹配所代表的计算机自然动画技术也会涉及传统手工游戏动画的基于游戏动画基本框架和相关工作的流程，它们之间最基本的动画概念是相同的，但每个流程都有相应的现代自然动画技术与之对应以及扩展。先介绍一下游戏动画中的相关概念，以方便后面对动作匹配技术的理解。图 21.4 所示的是一个循环动画。

图 21.4　循环动画

21.1.2　骨骼动画

骨骼动画，如图 21.5 所示，是一种对模型的每个关节进行控制的计算机生成的动画技术。它基于人物姿态的关键帧进行动画描述和表示，通常用于游戏、电影等动画制作中。通过骨骼动画，可以使角色和物体更加方便自然地移动和交互。在骨骼动画中，模型的每个部位都有一块对应的骨骼，而骨骼之间通过关节连接起来形成一个动态的骨骼系统。通过对每块骨骼的位置、旋转、缩放等属性进行控制，可以使模型呈现出各种不同的动作和姿势。其中每个关键帧代表模型在某一时刻的姿势。通过在不同的关键帧骨架上的播放或帧间插值形成平滑的骨骼过渡，角色自然流畅的骨骼动作便可以在每一帧上得以还原。游戏制作人员通常会用 Maya、3ds Max 等编辑骨架信息，用 MotionBuilder 等调整骨骼动画。有了人物基本的骨架动作及基于这之上的蒙皮和渲染，便实现了游戏中栩栩如生的动画角色。

图 21.5　骨骼动画

21.1.3　游戏动画中的根骨骼

在游戏动画中，根骨骼（Root Bone）通常指骨骼层次结构中的顶级骨骼，也就是骨骼系统的根节点。根骨骼可以看作整个骨骼系统的"根源"，负责控制角色或物体的整体移动、旋转和缩放等变换操作。在游戏动画中，角色或物体的运动往往是通过控制根骨骼的变换来实现的。当角色向前走时，动画引擎会通过控制根骨骼的位移来实现角色的胶囊体的移动效果，然后在胶囊体之内根据后文提到的正向动力学绘制人物骨架动作。同样，当角色跳跃或攻击时，动画引擎也会先得到人物整体移动的根骨骼轨迹，然后根据根骨骼之上的每块骨骼旋转的位置信息得到人物的姿态。所有的游戏动画都是由根骨骼运动和人物动作结合而得到的。

21.1.4　骨骼动画中的正向动力学

在骨骼动画中，正向动力学（Forward Kinematics）是一种计算骨骼系统中每块骨骼的运动状态的技术。正向动力学可以从骨骼系统的根部开始，通过对每块骨骼的旋转、平移和缩放等属性进行计算，最终得出整个骨骼系统的姿态和动作。正向动力学通常被用于制作简单的动画效果，例如单独控制一个角色的手臂或腿部的动作。

在正向动力学中，每块骨骼的运动都是相对于其父骨骼的本地坐标系进行变换的。通过对每块骨骼的本地变换进行级联计算，可以得到每块骨骼在全局坐标系中的位置和方向。正向动力学的计算过程简单直观，但是在处理复杂的动画效果时可能会受到限制。在制作角色跳跃、奔跑、攀爬等基本动作时，可以使用正向动力学来控制角色各个部位的运动，以形成连贯的动画效果。正向动力学的实现示例如下：

```
//骨骼动画帧
struct AnimationFrame {
    vec3 positions;   // 骨骼位置
    quat rotations;   // 骨骼旋转
    vec3 scales;      // 骨骼缩放
};

// 骨骼动画
vector<AnimationFrame> animation;
// 正向动力学计算函数
void calculateFK(int frameIndex) {
    // 从根骨骼开始计算
    mat4 parentTransform = mat4(1.0f);
    for (size_t i = 0; i < skeleton.size(); ++i) {
        // 获取当前骨骼的位置、旋转和缩放信息
        vec3 position = animation[frameIndex].positions[i];
        quat rotation = animation[frameIndex].rotations[i];
        vec3 scale = animation[frameIndex].scales[i];

        // 计算当前骨骼的变换矩阵
        mat4 localTransform = translate(mat4(1.0f), position)
                            * rotation * scale(mat4(1.0f), scale);

        // 将当前骨骼的变换矩阵与父骨骼的变换矩阵相乘，得到当前骨骼的世界变换矩阵
        mat4 worldTransform = parentTransform * localTransform;
```

```
        // 将世界变换矩阵分解为位置、旋转和缩放信息，并更新当前骨骼的状态
        skeleton[i].position = vec3(worldTransform[3]);
        skeleton[i].rotation = quat_cast(worldTransform);
        skeleton[i].scale = vec3(length(worldTransform[0]),
length(worldTransform[1]), length(worldTransform[2]));

        // 将当前骨骼的世界变换矩阵作为下一个骨骼的父变换矩阵
        parentTransform = worldTransform;
    }
}
```

正向动力学可以用于制作不同类型的动画效果，在骨骼动画中的应用范围很广。我们所录制的骨骼动画都可以通过正向动力学来还原人物的走、跑、跳、攻击、防御等各种动作。在基于关键帧动画的制作中，也可以通过手动调整每个关键帧的骨骼属性来实现人物正向动作的调整。

正向动力学的实现方式看似比较简单，但是在处理复杂的动画效果时可能会遇到骨骼的过度变形和抖动等问题。在实际场景中仅依靠正向动力学向前计算会出现骨骼的穿模等问题。另外，因所涉及的骨架关节比较多，调整人物动画时需要有丰富经验的动画师。

21.1.5　骨骼动画中的反向动力学

骨骼动画的反向动力学（Inverse Kinematics）也是一种常用的动画技术，它可以帮助动画制作人员从角色或物体的末端（例如手、脚）确定其他骨骼所在的位置，然后通过计算来自动控制角色的骨骼系统，从而实现相应的动画效果。与正向动力学不同，反向动力学从目标位置开始计算骨骼系统的状态，进而达到自然的运动效果。

```
// 骨骼反向动力学计算
void calculateIK(const vec3& targetPosition, const vec3& targetDirection,
int maxIterations, float tolerance) {
    // 从末端骨骼开始计算
int endBoneIndex = skeleton.size() - 1;
vec3 endEffectorPosition = skeleton[endBoneIndex].position;
vec3 endEffectorDirection =
    normalize(targetPosition - endEffectorPosition);

    // 迭代计算骨骼的位置和旋转
    for (int i = 0; i < maxIterations; ++i) {
        // 计算当前末端骨骼的位置和方向
        endEffectorPosition = skeleton[endBoneIndex].position;
```

```
        endEffectorDirection =
        normalize(targetPosition - endEffectorPosition);
        // 从末端骨骼开始向根骨骼迭代计算骨骼的位置和旋转
        for (int j = endBoneIndex; j >= 0; --j) {
            // 计算当前骨骼的位置和方向
            vec3 bonePosition = skeleton[j].position;
            vec3 boneDirection =
             normalize(endEffectorPosition - bonePosition);

            // 计算当前骨骼的旋转
            quat boneRotation =
    rotation(boneDirection, endEffectorDirection) * skeleton[j].rotation;
            // 更新当前骨骼的状态
            skeleton[j].rotation = boneRotation;
            endEffectorPosition = bonePosition;
            endEffectorDirection = boneDirection;
        }

        // 判断是否达到目标位置或朝向
    if (length(endEffectorDirection - targetDirection) < tolerance) {
        break;
        }
    }
}
```

在反向动力学中，角色动画会先得到所需末端执行器触及的目标位置。接着，系统会根据该目标位置自动计算出角色各个骨骼的旋转角度和位置，进而实现角色的自然运动。反向动力学通常被用于制作一些场景交互的动画效果，如图 21.6 所示，例如角色上楼梯、跨越、躲掩体、抓握等。

图 21.6 动画角色脚步接触

使用反向动力学技术制作人物动画时，通常用数学模型来计算角色各块骨骼的运动状态以帮助动画制作人员来实现复杂的动画效果。在正向动力学的计算过程中，关节的向前位置推算需要调整多个关节，而使用反向动力学只需要指定末端位置便可通过雅可比矩阵计算出每个关节的四元数旋转，提高了制作效率和动画的质量。需要注意的是，在反向动力学的计算过程中，要考虑骨骼之间的转动角度限制、骨骼长度等约束条件，以避免出现怪异的动画效果。

21.1.6　游戏动画中的状态机

在游戏动画中，角色控制通常用状态机动画来完成（如图21.7所示），每个状态都表示游戏对象在不同的行为或状态下的动画表现。状态机由多个状态和状态之间的转换组成。每个状态都表示游戏对象的一种行为，如站立、行走、奔跑、攻击等。状态之间的转换则表示游戏对象在不同的行为状态之间进行切换的过程。在游戏的角色状态机中，当角色按下移动键时，切换到行走状态；当角色按下跳跃键时，切换到跳跃状态等。状态机可以通过响应输入或事件来触发这些不同的动画。状态机的实现通常使用状态转换表或状态图来描述游戏对象的状态及转换之间的关系。每个状态都有一个相关的动画序列、一个或多个条件，当条件满足时，就会发生状态转换。条件可以是输入事件、计时器、特定的变量状态等。状态机是游戏开发中非常有用的工具，它可以简化游戏逻辑的编写和维护。如何在这些状态中自由地切换而不需要用户的干预，则需要游戏策划人员手动制定很多复杂的规则。

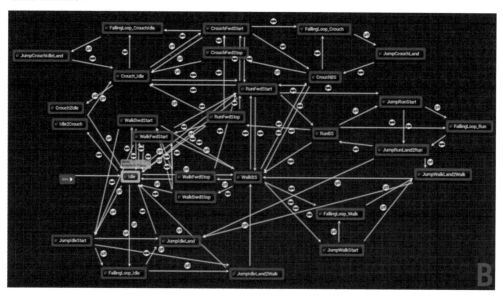

图 21.7　动画状态机

21.2　动作匹配

动作匹配，其字面意思是一种暴力搜索动作数据的动画制作方法。它通过查找所有运动捕捉数据并在每一帧结合人物的动作搜寻最佳位置切换，然后去数据库中搜索人物的历史自然动作小片段，把这些小片段衔接起来完成一整段自然的人物动画。在游戏运行时，检查每帧动画姿态的动量、位置和速度的特征，在已经录制好的骨骼数据库中找到当前帧的最佳位置，来完成动画片段选择以代替传统的固定动画片段。这种方法需要在运行时计算，以匹配实际动画姿势和解析数据。最低成本的姿势被选为要跳转到的姿势，并将其与现有姿势混合。这种方法会占用大量内存，动画的输出质量和所占内存成正比。老一代游戏由于内存容量的原因很难实现这项技术，但由于当前计算机硬件的升级和动作捕捉技术的采用，动作匹配在写实类动作游戏中慢慢得以普及。

相对于用动画片段剪辑而成的状态机动画而言，动作匹配技术避免了游戏策划人员手工指定很多复杂规则，有较高的实时动作多样性、动作可扩展性。动作匹配技术可以在玩家实时输入运动数据的情况下生成随场景而变的生动的动画。由于动作匹配技术通过快速查询和动作混合算法来实现动画的生成，故生成的动画质量较高。且动作匹配技术可以通过添加新的动作数据集来扩展动画库，而在状态机动画中扩展一个动作对整个动作决策树的影响较大。

动作匹配的大致实现流程包括：（1）运动轨迹预测，结合人物的历史运动轨迹和用户的控制输入预测生成人物运动的未来轨迹。（2）人物骨骼及轨迹特征提取，在当前状态提取人物的姿态特征和轨迹特征用来检索匹配。（3）人物动作查询。根据当前特征查询动画片段数据，将结果和当前人物动画混合生成渲染所需的动画数据以更新人物动作。下面的代码展示了动作匹配的大致过程。用大致的框图来描述，如图 21.8 所示。

```cpp
// 定义骨骼特征结构体
struct SkeletonFeature {
    std::vector<float> jointPositions; // 关节位置
    std::vector<float> jointRotations; // 关节旋转
};

// 定义动画片段结构体
struct AnimationClip {
    std::vector<SkeletonFeature> frames; // 动画帧
};

// 定义动画片段数据库
```

```
std::vector<AnimationClip> animationDatabase;

// 定义骨骼特征提取函数
SkeletonFeature extractSkeletonFeature() {
    SkeletonFeature feature;
    // 提取关节位置和旋转信息
    // ……
    return feature;
}

// 定义动画匹配函数
AnimationClip matchAnimationClip(const SkeletonFeature& feature) {
    // 在动画片段数据库中查找最匹配的动画片段
    float minDistance = std::numeric_limits<float>::max();
    AnimationClip bestMatch;
    for (const auto& clip : animationDatabase) {
        float distance = 0.0f;
        for (size_t i = 0; i < clip.frames.size(); ++i) {
            // 计算当前帧与目标特征之间的距离
            // ……
            distance += ...;
        }
        if (distance < minDistance) {
            minDistance = distance;
            bestMatch = clip;
        }
    }
    return bestMatch;
}

// 定义动画平滑函数
void smoothAnimationClip(AnimationClip& clip) {
    // 对动画片段进行平滑处理
    // ……
}

// 定义动画过渡函数
void transitionAnimationClip(AnimationClip& clip1, AnimationClip& clip2) {
    // 对两个动画片段进行过渡处理
    // ……
}

int animationProcedure() {
    // 从文件中读取动画片段数据库
    // ……
    // 提取目标骨骼特征
    SkeletonFeature targetFeature = extractSkeletonFeature();
```

```
// 匹配最相似的动画片段
AnimationClip bestMatch = matchAnimationClip(targetFeature);
// 对动画片段进行平滑处理
smoothAnimationClip(bestMatch);
// 进行动画过渡
AnimationClip previousClip = ...; // 上一个动画片段
transitionAnimationClip(previousClip, bestMatch);
return 0;
}
```

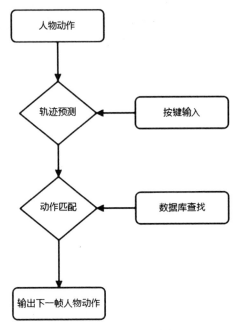

图 21.8　动画运行时流程

21.2.1　动作捕捉中的数据采集

动作匹配技术依赖使用专业的动作捕捉系统来采集大量动作捕捉数据。需要为动作捕捉系统设置合适的环境，包括与游戏场景匹配的地面地形、适当的照明，以及要为捕捉的人物角色穿戴合适的传感器或反光球。在完成动作捕捉后，需将记录下的数据导入动作匹配系统进行预处理和重定向。在一般的游戏中，动作匹配对动作捕捉数据的需求在十几个小时到数十个小时不等

图 21.9 所示的是腾讯 Cros 引擎技术中心的人员正在进行篮球运动的动作捕捉。

图 21.9　动画采集动作捕捉中心

21.2.2　设计动作捕捉中的数据采集的脚本

在设计游戏中的动作捕捉之前，首先需要对游戏做好需求分析，了解游戏的类型、玩法、场景和角色特征等，以便根据游戏需求来设计动作剧本。对角色进行建模需选取适合游戏人物的骨架，之后依照骨骼设计动作脚本。动作脚本通常的形式是 Dance Card。动作匹配中的 Dance Card 是育碧的研究人员提出的概念：它是一个包含了基础移动所需动作数据的最简动作捕捉流程，动作捕捉演员按照 Dance Card 预定的路线完成指定动作。游戏制作人员针对游戏的需求进行动作拆分，拆分后设计出 Dance Card，根据游戏中的场景对分解后的行走、慢跑、快跑、战斗状态下的行进等不同姿态的动作分别录制。图 21.10 所示的是我们参与的某游戏的 Dance Card。

通常需要采集几十小时的数据来训练一个好的动作匹配模型。至于不同动作、不同运动方向、不同运动步态的比例分配，具体可以根据游戏需求和角色特征来进行分配。比如，对于动作类型，可以根据游戏需求进行分类，然后按照每个类型的比例来分配采集时间。在运动方向和步态上，可以根据它们在游戏中的比例来分配采集时间。图 21.11 所示的是一个直线来回快跑与一个曲线慢跑的动作捕捉轨迹。

来回以及 8 字形快跑

黑箭头：质心轨迹，红箭头：人物朝向。
轨迹覆盖面积尽可能大的线路。
文件名称（2 次，1 次停一下）

lockrun_straight_01
lockrun_straight_02

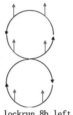

lockrun_8b_left_01
lockrun_8b_right_01

平地走跑->平地快跑

黑箭头：质心轨迹，红箭头：人物朝向。
没有红箭头默认跟黑箭头重合。
文件名称（2 次，1 次停一下）

run_star_left_02
run_star_right_02
run_tri_right_90_02

walk_str_left_45_02
walk_str_left_90_02
walk_str_right_45_02
walk_str_right_90_02
run_str_left_45_02
run_str_left_90_02
run_str_right_45_02

图 21.10　动作捕捉脚本设计

图 21.11　动作捕捉数据轨迹

21.2.3　未来轨迹的预测

在动作匹配中，玩家的控制输入需要被转换成对应的查询轨迹，以便动作匹配系统能够从数据库中快速检索到最优的动作片段。图 21.12 所示为一个游戏人物的轨迹及其跳跃障碍动作。在动作匹配中，玩家的轨迹预测是动作匹配系统的主要工作。前面讲到游戏动画包括基于根骨骼的正向动力学推导和轨迹计算，我们需要预测未来轨迹及结合历史轨迹来预估玩家的行为意图。

图 21.12 人物动画运行时的轨迹

C++编写的相关代码如下所示：

```cpp
// 定义物体的状态
struct ObjectState {
    double x; // x 坐标
    double y; // y 坐标
    double vx; // x 方向的速度
    double vy; // y 方向的速度
};

// 定义物理常量
const double g = 9.8; // 重力加速度
const double dt = 0.1; // 时间间隔

// 计算物体的下一个状态
ObjectState getNextState(const ObjectState& state) {
    ObjectState next;
    next.x = state.x + state.vx * dt;
    next.y = state.y + state.vy * dt;
    next.vx = state.vx;
    next.vy = state.vy - g * dt;
    return next;
}

// 预测未来的轨迹
```

```
vector<ObjectState> predictTrajectory(const ObjectState& state, int steps)
{
    vector<ObjectState> trajectory;
    trajectory.push_back(state);
    for (int i = 0; i < steps; i++) {
        ObjectState next = getNextState(trajectory.back());
        trajectory.push_back(next);
    }
    return trajectory;
}
```

在实现细节上，动作匹配系统通过分析玩家过去的控制输入，预测玩家当前可能会执行的动作，来实现更加精准的轨迹预测。例如，如果玩家之前多次进行跳跃攻击的操作，那么当玩家按下跳跃键时，动作匹配系统可以根据历史数据推测出玩家接下来可能会执行的动作，并通过实时监测，根据当前输入的强度和方向，预测玩家接下来的移动轨迹，相应地选择最合适的动作片段进行匹配。

在动作匹配中，根据玩家的输入进行轨迹的精准预测，在很大程度上会影响游戏按键响应的体验感，而骨骼数据的姿态提取决定了动作的好坏及细腻程度。

21.2.4　动作姿态特征提取

在游戏动画的动作匹配中进行骨架匹配之前，需要对当前帧进行特征提取。将当前的动作及前文所提到的运动轨迹表达成一组特征向量，然后用这组特征在动作数据库中检索来寻找最适合当前运动状态的动作片段。

在动作匹配中，姿态描述决定了人物动画的好坏。在通常情况下，姿态描述可以采用关节角度、相对位置、全局位置进行表达。其中关节角度是指，将骨架的每个关节的角度值作为特征向量的元素，可以表示为一个向量或矩阵。相对位置是指，将骨架中每个关节相对于父关节的位置表示为向量。全局位置是指，将骨架关节转换为根关节的位置和朝向作为向量表示。

在动作匹配中，选择合适的姿态描述及重要的关节特征是非常重要的，它决定了匹配算法的准确性和效率。其中，重要关节是指在运动中用于运动查询的代表性关节，一般包括手脚等末端执行器的关节、人物运动的根骨骼关节及臀部关节。

代码的大致表示如下：

```
// 定义骨架数据
struct SkeletonData {
    vector<double> jointPositions; // 关节位置
    vector<double> jointRotations; // 关节旋转
};
```

```cpp
// 定义特征向量
struct FeatureVector {
    vector<double> positions; // 位置特征
    vector<double> rotations; // 旋转特征
};

// 提取骨架数据的特征
FeatureVector extractFeatures(const SkeletonData& data) {
    FeatureVector features;
    // 提取位置特征
    for (int i = 0; i < data.jointPositions.size(); i += 3) {
        double x = data.jointPositions[i];
        double y = data.jointPositions[i + 1];
        double z = data.jointPositions[i + 2];
        features.positions.push_back(sqrt(x * x + y * y + z * z));
    }
    // 提取旋转特征
    for (int i = 0; i < data.jointRotations.size(); i += 4) {
        double x = data.jointRotations[i];
        double y = data.jointRotations[i + 1];
        double z = data.jointRotations[i + 2];
        double w = data.jointRotations[i + 3];
        double angle = 2 * acos(w);
        double s = sqrt(1 - w * w);
        if (s < 0.001) {
            features.rotations.push_back(x);
            features.rotations.push_back(y);
            features.rotations.push_back(z);
        } else {
            features.rotations.push_back(x / s * angle);
            features.rotations.push_back(y / s * angle);
            features.rotations.push_back(z / s * angle);
        }
    }
    return features;
}
```

21.2.5 运动数据的混合

在动作匹配中，进行姿态混合的主要目的是使过渡动作更加自然和流畅，以便于更好地满足游戏场景和玩家的要求。动作匹配通常基于离线采集的运动数据进行动态查询，因此在实时游戏中，查询到的动作数据可能并不完全适合当前人物的姿态和运动状态。为了避免出现突兀的动作转换和过渡效果，需要对查询到的数据和当前人物动作进行姿态混合，以平滑过渡两个动作之间的差异。姿态混合可以根据两个动作之间的差异程度来调整过渡的速度和平滑程度，使过渡的效果更加自然和流畅。

在姿态混合操作中，我们采用线性混合和惯性化相结合的方法使游戏人物的动作更加自然。惯性化考虑的是当前帧和目标帧之间的平滑过渡，而线性混合是历史动作捕捉数据之间的插值，两者结合后动作将更加平顺。

21.2.6　动作匹配技术总结

动作匹配是一种状态机动画的替代技术，动作捕捉数据的质量直接影响最终动画的质量，需要确保动作捕捉设备的准确性和稳定性，尽可能捕捉多样化的动作数据，并对数据进行准确标注和编辑。需要指定合理的运动脚本及数据后处理。在处理过程中需要对数据进行过滤、平滑和插值，消除数据中的噪声和不连续性，并确保数据的连续性和流畅性。在动作匹配时，选择合适的姿态描述信息对于生成高质量的动画影响很大。应根据要实现的业务场景定制轨迹预测算法，以提高动作的相应性，还应根据实际情况选择最适合的姿态描述信息，并对其进行适当的处理和优化。在动作匹配的查询中，可以采用更多的查询数据，并且这些查询数据应该尽量多样化。这样可以增加查询数据与当前人物动作的匹配程度，从而减少动作抖动的发生。最后，在当前帧动画的生成过程中，应当考虑一些优化技巧，如动画层级控制、姿态插值、惯性化平滑过渡等，以确保动画的流畅性、自然性和逼真性。

21.3　基于学习的动作匹配

前文我们介绍了动作匹配技术，其有着表现自然的优点，但缺点是需要的数据量过大。基于学习的动作匹配（Learned Motion Matching，LMM）是动作匹配技术的神经网络版本，是在其基础之上进行的数据压缩技术，接下来我们将详细介绍这种技术。

21.3.1　匹配数据的神经网络压缩

特征匹配过程可以看成是特征向量查询样本匹配对的过程。我们有了骨架查询数据的大量样本匹配对后，就可以用自适应编码器进行特征压缩了。在训练过程中，自适应编码器通过查询数据的最小化重构误差来学习数据的低维表示。我们在训练过程中将动画特征查询后的输入数据传递给编码器，得到低维表示。再将低维表示传递给解码器，得到重构数据。通过原始数据，按图 21.13 所示的流程，便可以完成查询数据的神经网络表征压缩。

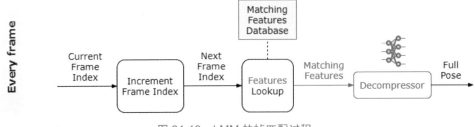

图 21.13　LMM 的帧匹配过程

21.3.2　将动作匹配中涉及的三个网络进行连接

在 LMM 中，主要使用三个网络代替之前的动作匹配过程。这三个网络分别是投影压缩网络、步进网络、解压网络，这里，投影压缩网络压缩了查询的关节特征，将一些额外特征输入给步进网络，代替了之前的特征检索过程，而解压网络使得步进网络得到的查询数据更有表征性。如图 21.14 所示，LMM 通过训练这三个网络完成了骨架运动特征的提取和查询结果数据的还原。用特征的压缩、预测和解压模拟了之前的特征提取、特征搜索和特征输入到动画的过程。由于在检索过程中动作匹配被神经网络化，因此摆脱了动作匹配所需的庞大查询数据库。其核心的检索功能 Stepper 网络只需学习短时间内的动作变换，并在运行时进行预测即可，替代了之前在动作匹配技术中需要大量的动作数据集才能实现较好的动作生成效果。

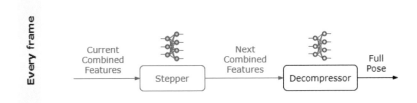

图 21.14　LMM 的帧推理解压缩

需要补充的是，LMM 将动作匹配技术与神经网络压缩技术结合，用神经网络压缩技术对一个已有的动作匹配动画进行存储压缩。实现此技术的先决条件是需要一个表现不错的动作匹配系统，然后在其之上进行数据压缩。

下面我们将介绍另外一类神经网络动画技术：神经相位网络驱动的动画系统。

21.3.3　神经相位动画技术

前面我们介绍了动作匹配和其神经网络版本，接下来将介绍另一种神经网络动画生成技术——神经相位动画技术。可以将它看作传统循环动画的延伸，由相位器产生循环动画中所在阶段的特定神经网络；再由这个神经网络输入 t 时刻的动作骨骼来输出 $t+1$ 时刻的动作骨骼。

21.3.3.1　神经相位动画技术的制作流程

传统的动作匹配技术基于离线采集的动作数据，通过在实时游戏中匹配最相似的动作来生成角色的动作。基于神经相位的动画技术，通过深度学习算法将动作数据转化为向量表示，将时间序列上的前后向量转换为向量对在神经网络中进行训练，最终生成一个能够根据当前动作上下文自适应生成动作的模型。在游戏的运行时只要输入上一帧动作就能生成下一帧动作。为了解决动作的锁定和滑动问题，神经相位动画技术引入相位的概念对训练数据加以区分，不同相位的动作对应不同的网络权重。图 21.15 所示为神经相位动画的数据采集、处理、训练和集成过程。神经相位动画技术相比动作匹配技术，在运算和存储方面负担较小而且效果稳定。

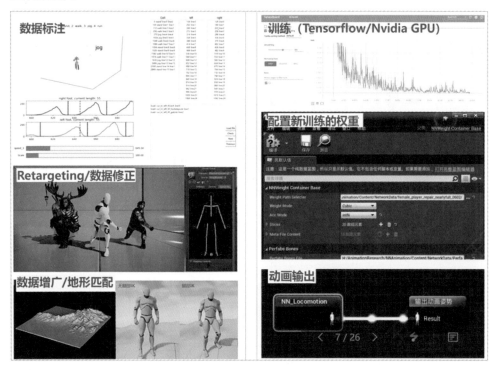

图 21.15　神经相位动画的制作流程

21.3.3.2　神经相位动画技术的实现过程

神经相位动画技术由于其基于大量的动作捕捉数据在相位上对数据进行区分（可以理解为进行时间轴对齐），所以可以生成更加逼真的角色动作。在运行时根据玩家的动作、当前动作上下文神经网络进行自适应的权重改变，生成更丰富自然的动作，提高了游戏表现力和玩家的游戏体验。另外，它还可以通过修改神经网络的结构和参数，来生成各种不同的动作风格。这种技术基于一个预先训练好的计算网络的推导，减少了数据库匹配的时间和计算量。并且因网络格式固定，所以不会随着动作数据集的增加而增加计算的复杂度。在游戏部署的时候，由于网络同步动作效果和硬件能力的限制，动作生成的帧率会发生变化，使用神经相位技术能在动作生成时采用变帧率的策略来适应不同的运行时环境。相比基于重复播放已有动作素材的动作匹配技术，采用变帧率技术的神经相位网络可以生成任意时间点的关键帧，然后再进行帧间播放或内插，从而在较差的服务器同步环境下也能获得良好的效果。图 21.16 所示为神经相位动画技术的实现流程演示。

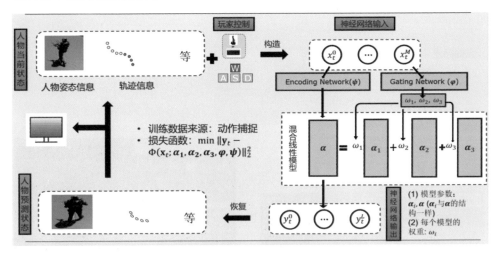

图 21.16　神经相位动画技术的实现流程

具体来说，神经相位动画技术用一个固定大小的网络来代替动作匹配技术所需的庞大的数据库，只需要当前动作的特征和轨迹就能预测下一时刻的动作和轨迹。表 21.1 所示的是一个神经相位动画网络所使用的动作输入输出示例。

表 21.1　神经相位动画网络所用的动作输入输出示例

	offset index	dimension
Root position x, y	0:24	2 * 12
Root direction x, y	24:48	2 * 12
Root velocity x, y	48:72	2 * 12
Root speed	72:84	1 * 12
gait	84:156	6 * 12
bone position, velocity, rotation forward, rotation up	156:492	28 * 3 * 4 (28是关节数, 3表示x、y、z三个轴向, 4代表bone position, velocity, rotation forward, rotation up)
environment height	492:528	36 （3条地形高度轨迹, 每条上有12个点）

	offset index	dimension
Root velocity x	0:1	1
Root velocity y	1:2	1
Root angular velocity	2:3	1
Delta phase	3:4	1
contact	4:8	4
Root position x, y	8:20	2 * 6
Root direction x, y	20:32	2 * 6
Root velocity x, y	32:44	2 * 6
bone position, velocity, rotation forward, rotation up	44:380	28 * 3 * 4 (28是关节数, 3表示x、y、z三个轴向, 4代表bone position, velocity, rotation forward, rotation up)

21.3.3.3　神经相位动画的加速计算

在游戏动画中，我们经常需要控制大量的人物做群体性动画。如图 21.17 所示，图中的每一个人物都由一个神经网络所控制。在这种场景下，如果采用神经网络动画技术会对运行效率有较高的需求。

图 21.17　群体人物动画

　　基于神经相位的动画生成技术有一个特点，那就是专家网络固定，而专家网络之间的插值权重与玩家的动作向量会随时随着场景而变换。由此，我们可以制定定制化的神经网络加速策略来使神经网络前向推导的效率更高。其基本思想是，尽可能地将固定的专家神经网络权重保存在寄存器中，以减少网络权重和内存的交换，并尽可能地利用相应主机的 SIMD 指令集来提高专家网络权重之间的混合效率。我们以 x86 CPU 的主机为例，进行如下操作：1. 对前一帧的人物动作特征 X 的 16 个元素进行一次遍历并存入一个 128 位的寄存器。2. 1）对于权重 W，取出第一行中包含 16 个元素的块，利用 CPU 指令集取出前一帧的人物动作特征数据中的 A 和 B 两个元素，然后复制 8 份存入一个 128 位的寄存器。利用 CPU 的 Packed Multiply ADD 操 作 计 算 出（$WA1XA+WB1XB$）、（$WA2XA+WB2XB$）、（$WA3XA+WB3XB$）、（$WA4XA+WB4XB$）、（$WA5XA+WB5XB$）、（$WA6XA+WB6XB$）、（$WA7XA+WB7XB$）、（$WA8XA+WB8XB$）共 8 个 16 位整数。利用 CPU 的移位和位扩展指令，将 128 位寄存器中的 8 个 16 位整数分组为两个 128 位的寄存器，每个寄存器包括 4 个 32 位整数。下次遍历将数值继续累加到这两个寄存器——$Y1$ 和 $Y2$。2）对于权重 W，取出第二行中包含 16 个元素的块，利用 CPU 指令集取出 X 数据中的 A 和 B 两个元素，然后复制 8 份存入一个 128 位的寄存器。利用 CPU 的 Packed Multiply ADD 操 作 计 算 得 出（$WA1XA+WB1XB$）、（$WA2XA+WB2XB$）、（$WA3XA+WB3XB$）、（$WA4XA+WB4XB$）、（$WA5XA+WB5XB$）、（$WA6XA+WB6XB$）、（$WA7XA+WB7XB$）、（$WA8XA+WB8XB$）共 8 个 16 位整数。利用 CPU 的移位和位扩展指令，将 128 位寄存器中的 8 个 16 位整数分组为两个 128 位的寄存器，每个寄存器包括 4 个 32 位整数。下次遍历将数值继续累加到这两个寄存器——$Y3$ 和 $Y4$。将以上操作重复 4 次，直到完成（$WO1XO+WP1XP$）、（$WO2XO+WP2XP$）、（$WO3XO+WP3XP$）、（$WO4XO+WP4XP$）、（$WO5XO+WP5XP$）、（$WO6XO+WP6XP$）、（$WO7XO+WP7XP$）、（$WO8XO+WP8XP$）。3. 完成所有列的遍历，并将 $Y1$、$Y2$、$Y3$、$Y4$ 进行输出。4. 按照之前第 2 步和第 3 步的操作遍历后续的两列块，直至所有的列的运算完成。大致过程如图 21.18 所示。

　　类似地，在 Arm 9 平台下有如图 21.19 所示的加速操作，其基本思想也是利用目标平台相应的单指令多数据指令集尽可能地将专家网络加载到寄存器中，以减少专家网络的反复读取，同时并行地乘加专家网络中的权重。

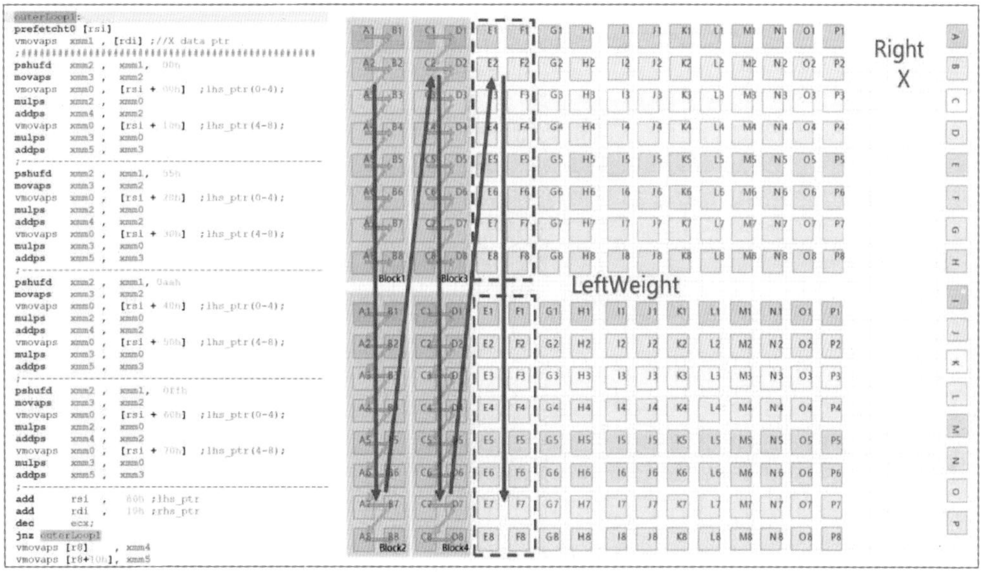

图 21.18　SIMD 加速数据排布

```
void CallMul16Kernel(unsigned short* leftptr, unsigned short* rightptr,unsigned int* destptr, int cols)
{
    int i;
    uint32x4_t accv0, accv1, accv2, accv3;
    accv0 = vdupq_n_u32(0);
    accv1 = vdupq_n_u32(0);
    accv2 = vdupq_n_u32(0);
    accv3 = vdupq_n_u32(0);

    uint16x4_t left_val,right_val;

    for (i = 0; i < cols ; i++)
    {
        right_val = vld1_dup_u16(rightptr); rightptr++;
        //==================GROUP0=====================
        left_val = vld1_u16(leftptr);    leftptr += 4;
        accv0    = vmlal_u16(accv0, left_val, right_val);
        left_val = vld1_u16(leftptr);    leftptr  += 4;
        accv1    = vmlal_u16(accv1, left_val, right_val);
        left_val = vld1_u16(leftptr);    leftptr  += 4;
        accv2    = vmlal_u16(accv2, left_val, right_val);
        left_val = vld1_u16(leftptr);    leftptr  += 4;
        accv3    = vmlal_u16(accv3, left_val, right_val);
    }

    vst1q_u32((destptr     ), accv0);
    vst1q_u32((destptr +  4), accv1);
    vst1q_u32((destptr +  8), accv2);
    vst1q_u32((destptr + 12), accv3);

};
```

图 21.19　Arm 9 平台下的操作示例

　　由于采用了神经网络的加速技术，所以可以在单机上大大提高并发的人物动画量。经过优化后，表现如图 21.20 所示，比使用成品的 Eigen 库快了将近 20 倍。

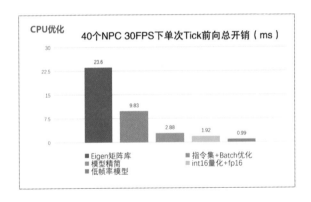

图 21.20　加速优化的结果

21.3.3.4　神经相位动画技术的服务端与客户端的同步

在实际应用中，由于网络同步、动作效果和硬件能力的限制，动作生成的帧率会发生变化，这就要求动作生成技术必须能够适应变帧率的环境。

基于重复播放已有动作素材的技术，因为动作素材相对固定，所以可以对动作每个关节的位姿在需要的时间点进行内插值，从而在变帧率的环境下，可得到较好的效果。神经网络也可以应用相同的技术，要么通过外插值降低动作生成的效果，要么维护多个帧率的模型实现内插值，但是这需要耗费更多的内存和运算资源。

如图 21.21 所示，为了解决这一问题，我们引入了动作相位的标注。将动作相位的标注和动作当前状态进行融合作为输入，充分利用神经相位网络中相位对时间的表征能力。在模型部署阶段，直接通过对动作相位的插值，就可以实现变帧率的动作生成。此方法在运行时，运算和存储负担都很小，而且效果稳定。

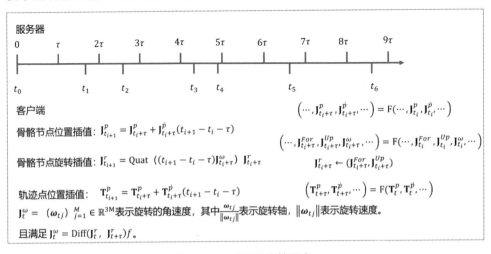

图 21.21　动画网络帧同步

21.4　游戏动画中的多风格技术

前面讲到，我们用神经网络能生成一套特定的人物动作，但在游戏中经常会有很多角色，如何用较少的神经网络模型权重来实现动作表现的多样化，便成为一个技术关注点。接下来我们将介绍如何用同一网络来实现输入输出动画骨骼的风格多样性。

21.4.1　游戏动画中的多风格及数据采集

现有的技术都没有考虑不同角色的风格学习问题。在实际游戏场景中，不同角色的动作类型有很大重叠，例如大都包括走、跑、跳等，能够区分角色并使其更生动的是动作的风格，例如，老者走路应该显得老态龙钟，而儿童走路则应显得精力充沛。在应对不同风格的角色动作时，现有技术的解决方案是，（1）使用一个模型来训练所有风格的动作；或者（2）对每一个风格单独训练一个模型。对于方案（1），会造成不同风格的动作的混淆，即风格体现不明显，造成动作质量下降；对于方案（2），由于每个角色拥有一个单独的网络模型，在游戏运行时需要同时将所有模型读入内存，增加了运算负担。模型结构如图 21.22 所示。

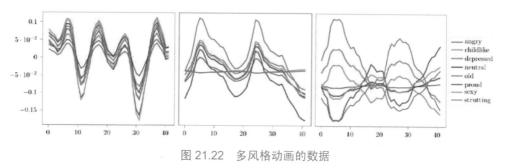

图 21.22　多风格动画的数据

为实现在同一套动作系统中输出不同风格但是人物动作相似的动画，需要做的是确定风格类型、招募动画捕捉演员、动作采集及数据后处理。

为动作确定不同风格的人物类型：需要确定要捕捉的不同风格的人物类型。在这里，动作类型要尽可能地有区分性，也可以绘制一些关键帧让演员体会角色的大致表现。招募不同风格的人物：需要招募不同风格的人物来参与捕捉过程。人物本身最好就有着不同的体型和动作风格，这样可以进一步确保捕捉到的数据具有多样性。

在捕捉过程中，需要按照事先确定的动作和姿势展示动作。虽然动作的风格不一致，但是在关键帧上的节奏、动作进行的速度上应该具有一致性。一个最简单的规定是，如同样是走路，每次从一只脚抬脚到另外一只脚落地，频率尽可能一样。换而言之，各个关节的变动幅度可能有所不同，但身体的节奏感需要大致相同。在捕捉过程结束后，需要对捕捉到的数据进行后处理来确保动作的丰富性和节奏的一致性。同一个人做同一套动作，脚本的差异应该尽可能小，这里的差异可以是直觉上的，把同一演员差异过大的数据剔除。经过对数据的处理，可保留不同演员之间的风格差异性及相同风格上的规范性。

由图 21.22 可见，对于不同风格的数据，一些有代表性的关节的动作在整体结构上保持了一致性，但是在不同阶段的幅度上出现了极大的差异性，以便于我们后面通过学习的方法输出差异化动作。

21.4.2　多风格网络设计

我们对多风格网络的设计思路为：将动作片段的风格（style）与动作类型（action）解耦，分别编码进隐含空间，使相同动作类型不同风格的动作片段的动作隐含编码尽可能小，风格隐含编码尽可能大，从而达到风格与动作类型解耦的目的。这样做的好处是，风格隐含编码和动作隐含编码可以从输入的动作片段中抽取相应的动作风格和内容，从而降低因为不同风格的数据一起训练时相互影响，造成生成的动作质量下降。模型结构如图 21.23 所示。

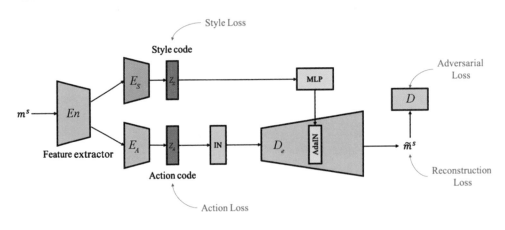

图 21.23　神经网络模型示意图

其中，m^s代表风格为s的动作片段，输入到特征提取器En中来提取特征，之后分别输入风格编码器E_S和动作编码器E_A，各自提取特征并编码到风格隐含编码（style latent code）Z_S和动作隐含编码（action latent code）Z_A。动作隐含编码Z_A经过实例归一化（Instance Normalization，IN）后，不含动作风格只包含动作信息。
S 风格的风格隐含编码Z_S经过多个全连接层（Multilayer Perceptron，MLP）后，
生成预测该风格对应的均值和方差，输入到解码器中，同时对经过实例归一化的
动作隐含编码进行叠加，最终预测出同时包含动作和风格的片段。此外，为了提
高网络整体效果，我们参考 Generative Adversarial Network（GAN）的思想，将整
体网络设计成生成器（generator）和判别器（discriminator）的结构，进一步提升
模型生成的动作的逼真程度。

在计算机视觉领域，有一类任务被称作图片风格迁移。例如，给定一张艺术
家的画作和一张现实照片，可以将现实照片显示为艺术画作的艺术风格，这一技
术被称作自适应实例归一化（Adaptive Instance Normalization，AdaIN）。受到计
算机视觉领域的风格迁移的启发，我们将 AdaIn 技术应用在人物动作生成领域。
对于人物动作的风格，我们可以用特征图的统计信息来表示，即均值和方差。学
习某种风格的均值和方差就可以实现风格的学习，即

$$\mathrm{AdaIN}(x, s) = \alpha^s \left(\frac{x - \mu(x)}{\delta(x)} \right) + \beta^s$$

其中，x是输入特征，$s \in S$是风格的编号，$\mu(x)$、$\delta(x)$分别是特征的均值和
方差，α^s、β^s是通过学习得到的代表风格的归一化系数。针对特定的风格，AdaIN
可以保持动作的质量，同时区分不同风格的动作，达到一个模型学习所有风格的
目的。

下面对训练过程的优化目标，即损失函数进行进一步说明。我们的模型的损
失函数由四部分组成：重建损失、对抗损失、风格损失和动作损失。

重建损失（Reconstruction Loss）：在网络运行中，我们希望网络能够根据
当前帧的信息预测出下一帧的信息，且该信息与真实值尽量接近。因此重建损失
的定义如下，其中$\|\cdot\|_1$代表 L1 范数：

$$L_{\mathrm{Rec}} = \mathbb{E}_{m^s \sim M} \| m^s - \widetilde{m}^s \|_1$$

对抗损失（Adversarial Loss）：为了进一步提高预测动作的真实程度，我们
采取了生成-对抗的网络结构，生成器包括从m^s输入到$\widetilde{m}^s$输出的所有网络，判别
器的目标是区分预测的动作序列$\widetilde{m}^s$及真实的动作序列m^s，从而鼓励生成器生成与
真实动作更接近的动作序列。对抗损失的定义如下：

$$L_{\text{Adv}} = \mathbb{E}_{m^s \sim M} \|D^s(m^s) - 1\|_2 + \mathbb{E}_{m^s \sim M} \|D^s(\widetilde{m}^s)\|_2$$

其中，$D^s(\cdot)$ 是判别器判别数据风格 s 的输出的。为了使训练过程更加稳定，我们定义了特征匹配损失，来最小化判别器输入预测值与真实值的平均值之间的距离：

$$L_{\text{Reg}} = \mathbb{E}_{m^s \sim M} \left\| D_f(\widetilde{m}^s) - \frac{1}{|M_s|} \sum_{i \in M_s} D_f(m_i^s) \right\|_1$$

其中，M_s 是所有风格为 s 的数据，D_f 是判别器最后一层之前的所有层。

风格损失（Style Loss）：为了促使相同风格的隐含编码在隐含空间中聚类，即相同风格的隐含编码比不同风格的隐含编码更加靠近，我们在风格隐含编码中加入了风格损失：

$$L_{\text{Style}} = \mathbb{E}_{m^s, w^s, x^t \sim M} [\|E_S(m^s) - E_S(w^s)\|_2 - \|E_S(m^s) - E_S(x^t)\|_2 + \delta]$$

其中，w^s、x^t 是两段动作风格不同的动作序列，$s \neq t$，$\delta = 5$ 是边界距离。风格损失鼓励输入相同风格的动作片段的 Z_S 的距离至少比不同风格的动作片段的 Z_S 的距离小 δ。

动作损失（Action Loss）：类似地，为了鼓励相同动作类型的隐含编码在隐含空间中聚类，我们在动作隐含编码 Z_A 中加入了动作损失：

$$L_{\text{Action}} = \mathbb{E}_{m^s, w^s, x^s \sim M} [\|E_A(m^s) - E_A(w^s)\|_2 - \|E_A(m^s) - E_A(x^s)\|_2 + \delta]$$

其中，w^s、x^s 是两段动作风格相同但动作类型不同的片段。动作损失鼓励相同动作片段的 Z_A 的距离至少比不同动作片段的 Z_A 的距离小 δ。

最终的损失函数是上述四个损失函数的线性组合：

$$L = L_{\text{Rec}} + \alpha_{\text{Adv}} L_{\text{Adv}} + \alpha_{\text{Reg}} L_{\text{Reg}} + \alpha_{\text{Style}} L_{\text{Style}} + \alpha_{\text{Action}} L_{\text{Action}}$$

21.4.3 风格效果

图 21.24 所示的是我们对人物风格迁移做的实验。可以看到，一旦训练好神经网络模型，对于同一个动作片段，只需要一个人物录制一遍，然后根据前文所述，从风格表获取所需的动作参数。通过动作参数，为网络输入所需的风格便能进行风格转换，图 21.24 所示的是四种不同风格的人物。

图 21.24　多风格人物运行时的表现

21.5　小结

　　动作生成是一个复杂且具有挑战性的领域，它的目标是通过模拟人物骨骼的运动来复现自然界中的人物动作。传统的动画制作方法依赖于手动调整和组织播放大量的动作片段。然而，最新的技术趋势是利用大数据和运动捕捉技术来收集大量的人类骨骼运动数据，尽管这需要大量的数据和计算资源，但这种数据驱动的方法能够生成非常逼真的动作。动作匹配技术提供了一种标准化的流程来管理这些运动数据。而基于深度学习的方法则使用神经网络来学习这些动作数据，通过权重来揭示这些数据的内在关系，并通过神经网络的输出来生成新的动作。动作生成的质量取决于多种因素，如数据质量、算法复杂性和计算资源等。

　　总的来说，动作生成是一个非常有前景的领域，它可以为许多应用程序提供逼真和自然的人机交互体验。随着技术的不断发展，动作生成在许多领域都有应用，例如，游戏开发、虚拟现实、机器人技术等，我们期待看到更多的创新和进步。

深度照片还原——Light Stage 人像数字扫描管线

本章将介绍 Light Stage（光台）人像数字扫描管线。本章的内容基于写实人像项目制作过程的记录，侧重于静态渲染效果提升和真人面部皮肤细节的还原。内容包括拍摄、数据处理、三维重建、美术制作、LookDev 材质制作等环节，对每个环节的重要参数进行标准制定，以及进行技术难点解析。重点攻克的问题包括皮肤细节纹理的提取、光照环境匹配及皮肤材质制作。

22.1 人像扫描介绍

在影视特效领域，基于 Photogrammetry 的数字扫描与基于 LookDev 材质校准的人像扫描已广泛应用于各类超写实角色头像替代中。例如，《金刚狼》《银翼杀手》《蜘蛛侠》等好莱坞大片，皆得益于人像扫描技术，如图 22.1 所示。在实时渲染领域，MetaHuman 将数字人的制作进行了系统性的规整，建立起一座桥梁，使美术人员与技术人员可以更好地合作。通过调整参数生成角色资产，并接入预设的绑定动画，可满足大多数项目的需求。随着实时渲染技术的不断发展，超写实人像渲染已不再是传统影视特效的专利，前有 Nanite、Lumen 在模型及光照上的扩容提速；后有路径追踪及 Substrate 在渲染及材质上的精度升级。在 AIGC 的浪潮下，生产效率极大提升，传统手工制作的角色资产很有可能在不久的将来被取代。我们急需一套新的制作流程，将角色资产的质量推向更高的高度。

图 22.1　人像扫描技术应用于《金刚狼》《银翼杀手》

　　Light Stage 由美国南加州大学计算机图形学实验室的保罗·德比亚斯博士发明，通过在被拍摄物体周围放置多个摄像头及 LED 灯组成阵列，实现瞬时连闪拍摄。经过多次迭代，目前设备已发展到 Light Stage 5，如图 22.2 所示，在写实人像捕捉方面被广泛运用。通过捕捉人像表面的漫反射及镜面反射，可生成高质量的纹理信息，并结合三维重建技术实现写实人像还原。

图 22.2　Light Stage 5 设备

　　Light Stage 人像数字扫描管线，结合了影视制作中的与 LookDev 相关的技术原理，目的是高保真还原，尽量减少美术人员主观的修改步骤，做到与照片的一比一对照。其为最终的效果落地提供了 3 种方式：Maya Arnold 渲染、Unreal Substrate 材质渲染和 Unreal MetaHuman 接入。

图 22.3 所示的是 Light Stage 人像数字扫描管线的全流程（简称 Light Stage 流程），后续内容将对每个环节展开说明。

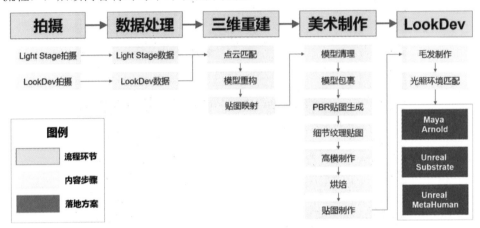

图 22.3　Light Stage 的流程图

22.2　拍摄

拍摄是整个管线的开始，也是最重要的环节。规范的拍摄可为后续处理流程奠定良好的基础，同时确保落地效果的准确性。拍摄分为 Light Stage 拍摄及 LookDev 拍摄。前者耗时约为 15 分钟，后者耗时约为 30 分钟。建议两者在同一工作日完成，避免演员头部状态变化造成的落地效果误差。

22.2.1　Light Stage 拍摄

Light Stage设备将 65 台相机及 148 盏LED灯嵌于正二十面体内。拍摄数据用于三维模型重建和PBR贴图生成。拍摄于密闭室内空间进行，隔绝外部光源干扰。全程由Light Stage自动作业，单次拍摄持续约 2 秒，完整拍摄流程总共执行 7 次。前 3 次为正常表情拍摄，后 4 次为特殊表情拍摄（用于动态贴图制作，将在下文介绍Unreal MetaHuman流程时进一步介绍）。[1]

1　数据参数基于国内研发的 Light Stage 5 硬件设备。灯的数量、相机的数量及拍摄方法或因设备厂商、型号不同略有差异。

22.2.1.1　准备工作

需准备的道具：头套、剃须刀、润唇膏及标准色卡（例如，X-Rite ColorChecker Passport）。为了保证拍摄质量及减少后期修复难度，演员需要做以下准备：1. 修剪头发，去除发际线、鬓角及发尾杂毛；2. 剃须，不留胡碴儿；3. 保持干燥，保证面部尤其是额头及嘴唇周边无汗液及口水；4. 露出肩颈；5. 调整坐姿，眉间与提示标识对齐；6. 拍摄开始后屏息，不做多余动作。

22.2.1.2　拍摄步骤

如图 22.4 所示，按顺序进行 7 次作业。

（1）拍摄正常表情（不戴头套）。

（2）戴上头套，拍摄标准色卡。

（3）拍摄正常表情（戴头套）。

（4）拍摄瞪眼表情。

（5）拍摄挤眉表情。

（6）拍摄咧嘴表情。

（7）拍摄闭眼表情。

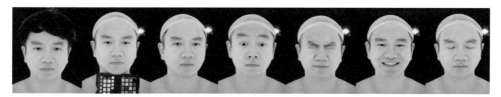

图 22.4　Light Stage 完整拍摄流程

22.2.2　LookDev 拍摄

对拍摄照明环境的捕捉，用于后期制作标准灯光环境，实现人像的 CG/照片对照及材质校准。为了保证对光源强度范围的尽力还原，拍摄使用 AEB 包围曝光方式，再通过后期处理合成单张 HDR/EXR 图片。如图 22.5 所示，通过 LookDev 拍摄可获取 4 部分素材：

- 全景照片，用于 HDR 制作，提供 IBL（Image Base Lighting）环境光照明。
- 铬球照片，用于确定光源方位。
- 灰球照片，用于确定各光源强度。
- 参照照片，用于与 CG 资产的对照及材质校准。

注意：出于准确性及后期制作的便利考虑，拍摄环境尽量选择光源简单的室内，或太阳光较弱的室外场景。

图 22.5　LookDev 拍摄素材：全景照片、铬球、灰球、参照照片

22.2.2.1　器材介绍

需准备的器材：1. 全画幅相机（例如，Canon R5）；2. 标准色卡；3. 全景相机（例如，Ricoh Theta Z1）；4. 直径为 20cm 的标准灰球；5. 直径为 20cm 的标准铬球；6. 两个三脚架。

22.2.2.2　拍摄步骤

首先进行人像参照照片及灰/铬球拍摄，具体步骤如下：

（1）选择合适的室内/室外场景，坐正，头部居中，拍摄范围为肩膀以上。推荐使用 AV 挡自动对焦，70mm 焦距，F9 光圈，ISO 200 以下。

（2）使用全灰色卡设置相机白平衡。

（3）拍摄标准色卡。

（4）设置相机使用 AEB 包围曝光拍摄方式，拍摄-3、0、+3 三张不同曝光的 RAW 格式的参照照片，如图 22.6 所示。

（5）定位头部高度/位置，分别替换灰/铬球进行包围曝光拍摄。

（6）拍摄正/反两面照片。

图 22.6　包围曝光拍摄参照照片示范

其次进行全景照片（HDR）拍摄。HDR 拍摄需要满足两点要求：支持 RAW 格式照片，支持多挡包围曝光。推荐使用满足拍摄需求的全景相机（例如，Ricoh Theta Z1），设置 8 个梯度、相隔 2 挡的包围曝光进行拍摄（见图 22.7）；定位全景相机至头像高度/位置，使用远程移动操控进行多挡曝光的自动拍摄；由于拍摄设备切换，同样需要拍摄标准色卡。

图 22.7 包围曝光拍摄全景照片示范（局部）及参数设置

22.3 数据处理

对拍摄得到的 RAW 格式的照片数据，按照用途分别进行校色、合成、格式转换等处理，以便参与到后续各个流程中。

22.3.1 Light Stage 数据处理

单次 Light Stage 作业会产生 135 张照片，有 N 系及 A 系两种照片，如图 22.8 所示。两者所使用的相机型号不同，A 系照片的分辨率为 8000 像素，N 系照片的分辨率为 6000 像素。可以按功能将所有照片划分为两组：

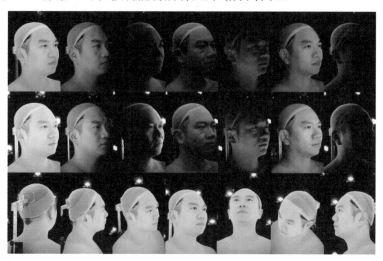

图 22.8 Light Stage 拍摄的数据：A1_1 至 A1_14 照片及部分 N 系照片

- 用于三维重建，N001～N060，共 60 张，外加 A1～A5，共 5 张，总共 65 张角度不同的照片（N 系照片不参与贴图映射，下文进行说明）。
- 用于 PBR 贴图生成，在 A 系中（以 A1_# 为例），A1_1 至 A1_14 为同一相机分别于普通及双偏振去高光状态下拍摄的全光照及上下/左右/前后共 6 个光照方向的照片，共 14 张。同理，A1～A5 共 5 个不同方位的相机，总共拍摄 70 张照片。

注意：优先处理戴头套正常表情的数据，余下 6 次作业的照片按需选择性地进行处理。

22.3.1.1 校色导出

必须从用不同型号相机或在不同光照条件下拍摄的照片中分别选取一张带色卡照片进行校准。依此，每套 Light Stage 数据需要对应选取 4 张带色卡照片（见图 22.9），分 4 组进行校色。

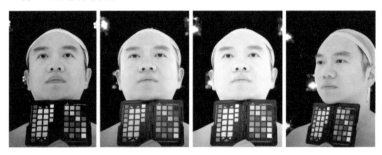

图 22.9 色卡照片 A5_1、A5_8、A5、N036

分别为：

- A#_1～A#_7，共 35 张（A 系相机，去高光）。
- A#_8～A#_14，共 35 张（A 系相机，带高光）。
- A1～A5，共 5 张（A 系相机，全光照）。
- N001～N060，共 60 张（N 系相机）。

校色步骤如下（见图 22.10，以 X-Rite ColorChecker Passport 色卡为例，使用校色软件 Adobe Lightroom Classic）：
（1）生成 4 张色卡的颜色配置文件。
（2）选择带色卡照片，替换颜色配置，选取白平衡。
（3）全选色卡对应的照片，将色卡照片参数同步至对应照片。
（4）导出照片，采用 sRGB 色彩空间，16 位 TIF 格式。
（5）依次完成 4 组 RAW 格式的照片的校色导出。

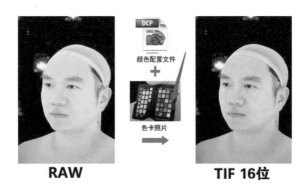

图 22.10 N 系照片校色过程和色卡白平衡选取点（红色标识）

注意：A1～A5 这 5 张照片校色时需降低 1 挡曝光。

22.3.1.2 PBR 照片生成

校色导出后的 A1～A5 系列的 TIF 格式的照片，每组可分别转换成带 PBR 信息的照片，用于在三维重建阶段通过多角度的贴图映射生成含 UV 坐标信息的 PBR 贴图（详见下文）。PBR 照片的生成是基于球形梯度照明技术原理的，通过改变球形灯光阵列的照明参数（强度/方向），记录物体表面在不同照明条件下的反射情况，从而推断物理表面的形状和纹理信息。

PBR 照片的类型包括 Diffuse、Roughness、Specular、DiffuseNormal 和 SpecularNormal。每个类型皆有 A1～A5 共 5 张，用于后续贴图映射。如图 22.11 所示，A1_1～A1_14 共 14 张，生成 A1_Diffuse、A1_Roughness、A1_SpecularNormal 等共 5 张。

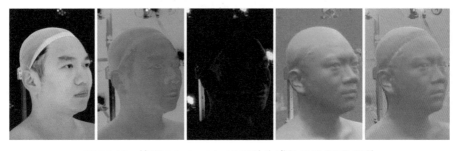

图 22.11 使用 A1_1～A1_14 照片生成的 5 张 PBR 照片

22.3.2 LookDev 数据处理

一套原始 LookDev 照片合计 28 张，包括：1. 正反面灰球包围曝光，共 6 张；2. 正反面铬球包围曝光，共 6 张；3. 正反面人像参照照片包围曝光，共 6 张；4. HDR 全景照片包围曝光，共 8 张；5. 相机及全景相机色卡照片，共 2 张。

22.3.2.1　校色导出

参考前面介绍的 Light Stage 数据的校色导出步骤，对相机照片（包括灰球、铬球及参照照片）和全景相机照片（HDR 照片）分别进行色卡校色导出。

注意：不同于 Light Stage 数据，LookDev 数据必须导出 Linear（线性）色彩空间，保证包围曝光照片多合一的准确性，同样是 16 位的 TIF 格式。

22.3.2.2　HDR/EXR 合成

合成导入引擎的 HDR/EXR 照片，将多张不同曝光的 TIF 格式的照片合成单张光强阈值更大的照片，推荐使用 PTGui 软件。灰/铬球及参照照片每组 3 张，3 合 1，对齐边缘裁剪成方形，导出 EXR 格式的图片；全景照片每组 8 张，8 合 1，无须裁剪，导出 HDR 格式的图片。如图 22.12 所示，合成的 HDR 图片需要导入图片编辑软件，并进行两步处理。

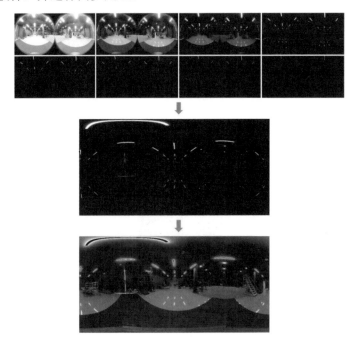

图 22.12　HDR 图片合成过程

（1）对照铬球照片调整到正常曝光。

（2）如果走实时渲染路线，需将光源处的信息抠除，实现环境光与直射光分离，便于引擎中环境灯光的匹配。

注意：要保证合成后的 camera response curve（相机响应曲线）为线性的，不做任何 Tonemapping（色调映射）调整，并且需导出线性色彩空间的 HDR/EXR 图片。

22.4　三维重建

使用 Photogrammetry 技术进行的三维重建，是基于特征点，由照片到模型的演变过程。通过提取、匹配多张图像中的特征点，将其转换为三维空间点阵，同时反推出每张照片的相机位置，进行后续三角形网格化及纹理映射。常用的三维重建软件有 RealityCapture 及 Metashape。本章以 RealityCapture 为例介绍人像三维重建的 3 个主要流程（见图 22.13）。

注意： 首先处理戴头套正常表情的头像重建，余下数据按需进行。

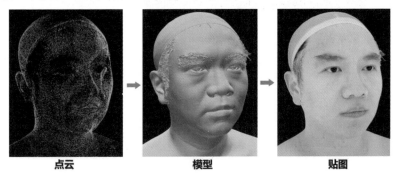

点云　　　　　　模型　　　　　　贴图

图 22.13　人像三维重建主要流程

22.4.1　点云匹配

点云匹配可以简单理解为：对照片中的像素点进行"筛选"，在三维空间中显示出来，多张不同角度的照片能让像素点的空间定位更加精确。参与匹配的照片数量与匹配时长成正比。Light Stage 的相机摆放是一个优解，可在仅使用较少照片的情况下，确保人像模型的全角度点云匹配质量。导入数据处理后的 A 系+N 系共 65 张 TIF 格式的照片开始点云匹配，整个计算过程耗时 10～15 分钟。

点云生成后，首先进行尺寸定位，确保重建模型符合真实大小。如图 22.14 所示，原理是选取空间中的两点，定义其长度距离，整体点云依此等比缩放。Light Stage 设备的头部靠垫处提供用于追踪的点阵信息，两个白点间的距离为 20mm。可以利用 control point（特征点）在三维空间/二维照片中对此两点进行尺寸定位，再通过 Constraints（约束）功能更新点云比例；其次，通过 Set Ground Plane 功能，将点云旋转并移至 Grid 居中位置（切换正/侧/顶视图以方便调节）；最后，通过 Set Reconstruction Region 功能，选取下一步高模生成的范围。

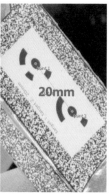

图 22.14　点云/相机矩阵的生成与尺寸定位标识

22.4.2　模型重构

模型重构即点云数据的三角化，形成三角形网格模型并计算法线信息。Light Stage 的流程在该阶段生成人像扫描白模，约在 700 万面左右，基本还原面部结构特征。该阶段生成的白模需要在美术制作阶段进行手工修复，例如，毛发区域；同时扫描白模并不能提供细致的皮肤肌理细节，这部分需要通过 PBR 贴图及高光法线贴图获取，这部分内容将在 22.5.5 节进一步介绍。

注意：1. 生成的扫描模型往往带有分离的小几何体（常见于毛发区域）。建议在导出扫描模型前，使用 RealityCapture 的高级选取功能快速去除；2. 导出模型时勾选 Export an info file 选项，便于使用模型替换功能。

22.4.3　贴图映射

在点云生成的同时将每张照片的空间相对位置确定下来，形成空间矩阵；模型重构将空间中分散的"点"填成了"面"。贴图映射则将照片矩阵上的像素信息映射到空间模型的面上，并写入模型的 UV 贴图中。贴图映射要求模型包含 UV 坐标信息。UV 坐标可以通过 RealityCapture 自带的展 UV 工具制作，也可以通过外部导入带 UV 坐标的模型替换原模型。Light Stage 流程使用从外部导入模型替换原模型的方式，所以贴图映射环节靠后。贴图映射是将数据处理阶段生成的 PBR 照片转换成 PBR 贴图的重要步骤，这部分内容将在 22.5.3 节进一步介绍。

22.5　美术制作

美术制作流程将三维重建阶段获得的扫描高模，以及数据处理阶段获得的

PBR 照片进行处理转换，输出最终模型贴图资产。使用到的软件有 Maya、ZBrush、Wrap4D、Mari、RealityCapture、Photoshop、nDo2、Substance 3D Painter。流程关系如图 22.15 所示。

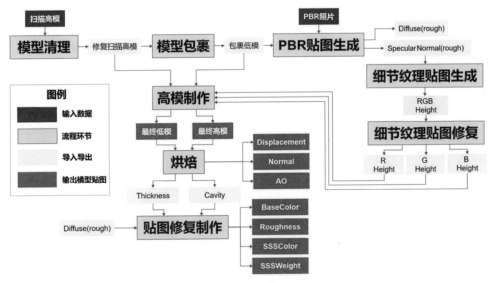

图 22.15　美术制作流程关系图

22.5.1　模型清理

将扫描模型导入建模软件（推荐使用 ZBrush）进行清理修复（见图 22.16）。主要修复以下几项内容。

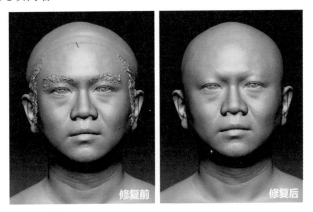

图 22.16　模型清理前后对照

（1）去除头套及 Light Stage 靠枕，雕刻出光滑头颅。

（2）去除眉毛、眼睫毛、鬓角，雕刻出平滑底皮结构。

（3）整体磨皮去噪点。由于特征点重建的特性，皮肤表面会产生许多误差凹凸，需要磨平，利于后续叠加细节纹理贴图的效果。可对照照片保留部分明显细节凹凸，例如，痘、粉刺与眼袋。

（4）五官棱角修缮，尤其关注眼皮结构、鼻孔结构及嘴唇闭合线。

模型清理阶段获得修复后的扫描模型，导出供 22.5.2 节介绍的模型包裹使用，以及供 22.5.5 节介绍的高模制作使用。

22.5.2　模型包裹

对修复后模型的重新拓扑，我们选择更高效的方式，即模型包裹来实现。如图 22.17 所示，模型包裹的工作原理是，通过手动定位 A/B 模型的相似点，使用辅助软件自动推算，使 A 模型表面贴近 B 模型，空间位置重叠。

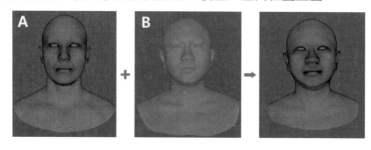

图 22.17　A/B 模型包裹

本章以 Wrap4D 软件为例介绍模型包裹的主要步骤：

（1）准备拓扑布线完成且 UV 制作完成的低模 A（推荐使用 MetaHuman 官方提供的人像低模）及修复后的扫描模型 B。

（2）导入 A、B 模型，使用 SelectPointPairs 节点分别选取两者的相似点，重点在五官轮廓及骨点处选取。

（3）使用 RigidAlignment 节点，在不发生形变的情况下将模型 A 与 B 在空间近似重合。

（4）使用 SelectPolygons 节点，选取 A 模型上以不发生形变的方式参与包裹的面，例如眼球、鼻孔内部、口腔内部。

（5）使用 Wrapping 节点，进行 A、B 模型的包裹。

（6）使用 Brush 节点，手动调整包裹模型。

在模型包裹阶段可获得拓扑完善的包裹低模，导出供 PBR 贴图生成及高模制作时使用。

22.5.3　PBR 贴图生成

利用 RealityCapture 的贴图映射功能，将多张 PBR 照片的信息投射到外部导入的模型上，并写入模型 UV 贴图中。该步骤需要做两个替换：

- 模型替换，将包裹模型重命名为扫描原模型，粘贴到扫描模型导出目录替换原文件，并导回 RealityCapture（见图 22.18）。
- 照片替换，将 Light Stage 数据处理生成的 PBR 照片文件 A1～A5（以 SpecularNormal 为例）替换掉用于点云生成的 A1～A5 文件，然后进行贴图映射（见图 22.19）。

注意：模型替换后，确保新旧模型在空间位置重合；至少进行两次照片替换，制作 Diffuse 贴图及 SpecularNormal 贴图。

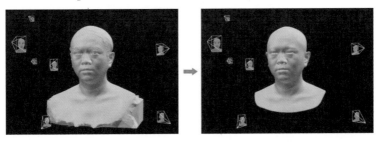

图 22.18　模型替换前/后对比

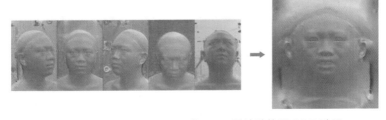

图 22.19　SpecularNormal 从 PBR 照片转换至 PBR 贴图

在 PBR 贴图生成阶段可获得多张 PBR 贴图，其中 SpecularNormal 贴图供 22.5.4 节介绍的细节纹理贴图生成使用；Diffuse 贴图供 22.5.7.1 节介绍的贴图修复使用。

22.5.4　细节纹理贴图

皮肤表面的纹理（以下简称皮纹）由层层叠叠的皮沟、皮丘、汗孔和毛孔构成。不同区域的皮纹在颜色及凹凸分布形态上各有不同，且因人而异（见图 22.20）。

传统美术制作可以近似模拟各区域皮纹形态，却难以做到真实还原演员本身的皮纹形态。而 Light Stage 人像扫描管线通过球形梯度照明技术，可以将皮纹细节以法线形式记录，并在模型上复现，实现美术制作难以比拟的照片细节还原。该技术的基本原理是将法线图转换成高度图，使用 ZBrush 的高度图读写功能将贴图信息转换成高精度模型细节，再烘焙导出。

图 22.20　真实皮肤表面纹理

在此基础上，我们进一步研究影视特效领域常用的写实人像制作方法——TextureXYZ 分层纹理。如图 22.21 所示，其原理是将皮纹分成大（tertiary）、中（secondary）、小（micro）三层黑白高度信息，以 32 位浮点值分别存储于 R、G、B 通道，实现多合一绘制。

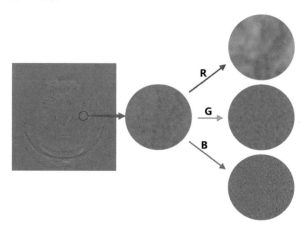

图 22.21　TextureXYZ 分层皮纹

同理，我们使用不同的阈值控制法线转换高度图的细节层次，输出 3 张高度图：lvl1-大细节-R 通道，lvl2-中细节-G 通道，lvl3-小细节-B 通道。推荐使用 nDo2 工具实现法线转高度图（见图 22.22）。通过反复测试，并与 TextureXYZ 分层细节进行对照，我们得出了从 8K SpecularNormal 贴图分出 3 张高度图的最佳阈值设置。

- lvl1——Large：50%；Medium Large：100%；Medium：50%。
- lvl2——Medium Large：50%；Medium：100%；Medium Fine：100%。
- lvl3——Fine：100%；Very Fine：100%。

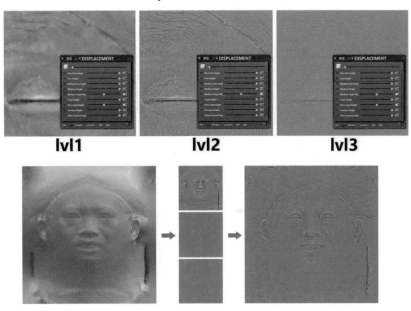

图 22.22　nDo2 细节分层与通道合成

新建一张分辨率为 8000 像素的 32 位图片，将 3 张高度图分别存于 R、G、B 通道，和 22.5.2 节介绍的模型包裹生成的低模一起，导入三维绘图软件进行贴图修复。推荐使用 Mari 的"克隆印章"功能，柔和笔刷，将毛发及头套区域替换移除；叠加颜色，使修复高度图的颜色中间值接近(0.5，0.5，0.5)；最后，使用 Copy-Channel 节点分别导出 R、G、B 三通道的高度图，"导出色彩空间"选项选择 Linear。修复前后的效果对比如图 22.23 所示。

图 22.23　修复前后对比

在细节纹理贴图生成阶段可获得修复后的三通道高度图，分通道导出 3 张 32

位的灰度图，供下一节高模制作时使用。

22.5.5 高模制作

将以下三部分数据导入 ZBrush，进行最终高模制作与烘焙：

- 22.5.1 节模型清理阶段获得的修复后扫描模型。
- 22.5.2 节模型包裹阶段获得的包裹低模。
- 22.5.4 节细节纹理贴图生成阶段获得的 3 张不同细节的高度图。

首先，进行模型映射，将修复后的扫描模型细节映射到带 UV 坐标信息的细分后的包裹低模上。映射前需要遮罩眼球及口腔区域（不参与映射），使用 Auto Groups With UV 配合 GrowMask 功能可快速选中并羽化遮罩区域；映射后出现的局部错误（多出现于眼角、眼皮、嘴角等尖薄处），可以借助 Morph Target 功能配合 Morph 及 Smooth 笔刷快速修复（Morph Target 功能可存储当前模型形态；Morph 笔刷则使形变的模型还原至当前模型形态）。

其次，进行贴图到模型的细节投射，具体步骤为：

（1）依次导入 3 张高度图，设置 Intensity 为 0.01，分层记录于 3 个层中。

（2）对比演员照片，再次调节每层细节的权重叠加（见图 22.24）。

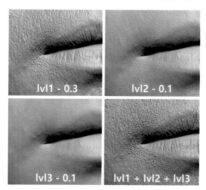

图 22.24　分层细节及合成效果

（3）逐步增加编辑层，配合 Morph Target 工具对局部细节进行强度微调。最终的高模制作对比效果如图 22.25 所示。

注意：将外部贴图导入 ZBrush 时，需要做 Flip V 反向处理。

高模制作阶段生成最终的模型资产——高模和低模，用于 22.5.6 节介绍的烘焙、22.5.7 节介绍的贴图制作及 22.6 节介绍的材质渲染 LookDev。

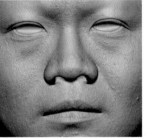

图 22.25　高度贴图叠加前后效果的对比

22.5.6　烘焙

贴图烘焙，将高模的纹理映射信息转移到低模上，并记录在贴图中。为了后续贴图制作及不同落地效果的 LookDev 材质制作，Light Stage 人像制作常用到以下 5 种烘焙贴图。

- Normal：使用 ZBrush 烘焙，用于 UE5 渲染的资产 LookDev。
- Displacement：使用 ZBrush 烘焙，用于 Maya Arnold 渲染的资产 LookDev。
- Ambient Occlusion：使用 Substance Painter 烘焙，用于 UE4（无 Lumen）渲染的资产 LookDev。
- Thickness：使用 Substance Painter 烘焙，用于制作 SSSweight 贴图。
- Cavity：使用 nDo2 从 SpecularNormal 贴图中转换，用于制作 Roughness 贴图。

烘焙阶段可生成多张 PBR 贴图及 Utility 贴图，用于 22.5.7 节介绍的贴图制作及材质渲染 LookDev。

22.5.7　贴图制作

贴图制作服务于 LookDev。不同的渲染引擎、不同的材质系统，所使用的贴图种类、数量及色彩都略有差异。其中，以 SSS（Sub-Surface Scattering）的相关贴图制作最为多变和复杂。贴图制作没有固定的标准，唯一且正确的参照是与真实演员参照照片的对照。在 LookDev 过程中，需要反复调整/导出贴图，让渲染结果接近参照照片。所以，做好贴图的版本迭代，命名尤为重要。以下分析 BaseColor、Roughness、SSSweight 三个最通用的 PBR 贴图制作思路。

22.5.7.1　BaseColor 修复

BaseColor 颜色贴图的修复与 22.5.4 节中介绍的细节纹理贴图修复的思路相

同，将 PBR 贴图生成的 Diffuse（Rough）导入 Mari，使用克隆印章工具去毛发/头套；使用笔刷工具修复扫描映射错误的区域及部分未去除的阴影。重点修复的区域有：耳朵背面、脖子背面、嘴唇闭合处、眼皮阴影、睫毛阴影等。修复结果对比如图 22.26 所示。

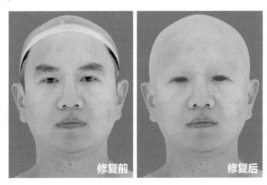

图 22.26　BaseColor 贴图修复前后的对比

注意：图像处理软件 GIMP，有多图层同时克隆的功能。但它的缺点是，只能在二维图形上使用克隆工具，无法显示在三维模型上的结果。可以适当使用，例如，在 UV 坐标系中形变小的眉毛、鬓角区域，同时克隆细节纹理贴图与 BaseColor，不仅可提升效率，还可保证颜色与凹凸细节的统一。

22.5.7.2　Roughness 制作

Roughness 粗糙度贴图，反映了物体表面漫反射的不规则情况，在 0 到 1 的递增过程中，高光从集中到发散。Roughness 贴图制作采用了基于 BaseColor 生成的 Color Based Roughness 与反向 Cavity 相叠加的方式。如图 22.27 所示，具体步

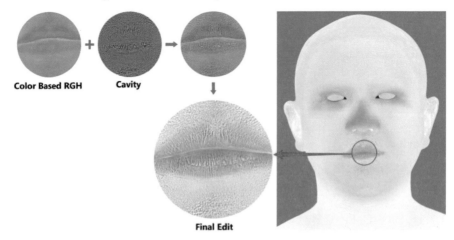

图 22.27　Roughness 贴图制作示意图

骤如下：Color Based Roughness 由 Adobe 3D Sampler 的 Image to Material 功能获得；Cavity 由 SpecularNormal 使用 nDo2 工具转化而来；使用 Overlay 方式将反向 Cavity 与 Color Based Roughness 混合，调节混合透明度至 80%左右；手绘强化高反光区域（加深），例如，嘴唇、鼻头、眼轮廓、眼角；手绘弱化低反光区域（减淡），例如，耳朵内侧、脖颈、鼻孔。

注意：使用 Mari 制作灰度贴图时，在 Linear 空间下编辑与查看能获得更准确的视觉效果；参与 LookDev 时，可先用材质编辑器的 Range 或 ColorCorrect 节点调整灰度色阶，再把数值复制到 Mari 里重新迭代导出。

22.5.7.3　SSSweight 制作

SSSweight，次表面散射权重贴图，反映了光线穿过透明/半透明表面时产生散射程度的大小，也可用于反映光"渗透"进物体表面的距离，是写实皮肤材质制作中十分重要的贴图。SSSweight 在不同的渲染引擎或材质系统中连接到不同的通道：

- 使用 Maya Arnold 渲染，选择 AiStandard 材质，连接到 Subsurface Weight。
- 使用 UE5 Lumen 渲染，选择 Subsurface Profile 材质，连接到 Opacity。
- 使用 UE5 Lumen 渲染，选择 Substrate 材质，连接到 Thickness。

SSSweight 制作采用了 Thickness 厚度图与反向 Cavity 叠加的方式。如图 22.28 所示，具体步骤如下：Thickness 由在 Substance Painter 中烘焙获得；Cavity 由 SpecularNormal 使用 nDo2 工具转化而来；降低 Thickness 对比度；使用 Overlay 方式将反向 Cavity 与 Thickness 混合，调节混合透明度至 10%左右；局部调整，如提亮嘴唇局部、压按眼角等。

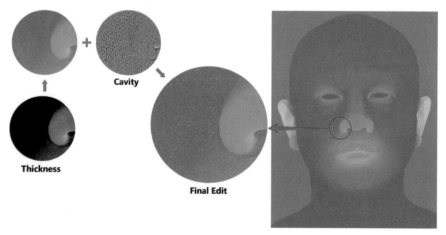

图 22.28　SSSweight 贴图制作示意图

在贴图制作阶段会生成多张 PBR 贴图，用于材质渲染 LookDev。具体贴图类型可根据材质制作需要进行调整。

22.6 LookDev

LookDev（Look Development）是指在数字 CG 制作中，通过对相机、灯光、模型、纹理、材质的调整，让 CG 资产达到视觉效果最佳的过程。Light Stage 人像制作的 LookDev，目的是让人像资产在颜色、形态、物理细节上更加真实自然。材质制作与校准是这个阶段最重要的环节。我们通过拍摄演员的参照照片；制作标准场景，还原拍摄时的灯光环境；将 CG 人像放置于相对位置；从多方面（模型/贴图/材质参数）调整资产，使其与照片视觉效果接近；在标准场景中制作好的完整资产，我们即认定它的模型、贴图、材质是真实可靠的；之后作为一个标准资产，将其导入其他灯光环境场景中编辑使用。图 22.29 所示的是 Light Stage 人像制作的 LookDev 流程图，步骤根据渲染引擎的选择略有不同。

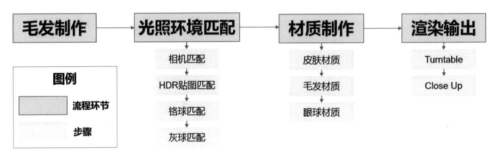

图 22.29　LookDev 流程图

注意：前期 LookDev 的拍摄与数据处理的质量，直接影响 LookDev 落地效果的准确性。

22.6.1　毛发制作

使用 Maya xGen 制作毛发。需要制作 4 项内容：睫毛、眉毛、头发及绒毛。制作方式是通过引导线生成静态毛发，再转换成 Interactive Groom（交互毛发）进行艺术化加工。在 Light Stage 拍摄阶段获得的正常表情、不戴头套的 N 系列照片（见图 22.30），是毛发制作阶段重要的照片参考。同时，可以使用该系列照片快速生成扫描模型，用于头发及眉毛外轮廓范围的参照。

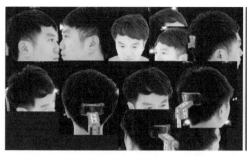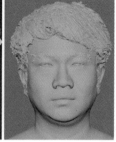

图 22.30　毛发制作照片及模型参照

22.6.1.1　xGen Spine Curve

使用 xGen Spine Curve 制作静态睫毛、眉毛及头发（见图 22.31）的具体步骤如下。

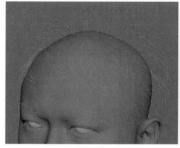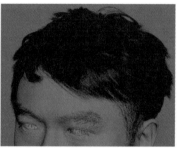

图 22.31　引导线与毛发预览

（1）选中相应毛发区域，复制分离毛发表面模型。

（2）按发簇走势，逐步增加并调整 Spine 引导线。

（3）生成毛发预览。

（4）添加 Mask 进行局部控制（密度、长度等）。

（5）添加多个 Clumping Modifiers 丰富毛发细节。

（6）添加 Noise、Coil 等 Modifiers 制造毛发乱序。

22.6.1.2　xGen Groom Fur

使用 xGen Groom Fur 制作静态绒毛（见图 22.32）的具体步骤如下。

（1）选中绒毛区域，复制分离毛发表面模型。

（2）调整 Groom 引导线参数（密度、长度等）。

（3）参照面部绒毛走势图，调整引导线方向。

（4）生成毛发预览。

（5）添加 Clumping、Noise 等 Modifiers 丰富绒毛细节。

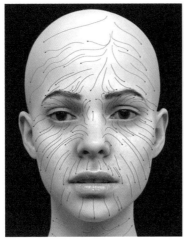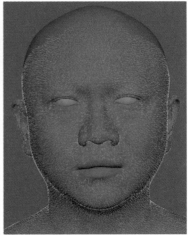

图 22.32　绒毛走势图与 Groom Fur 引导线

22.6.1.3　Interactive Groom 转换

通过 Convert to Interactive Groom 功能，将静态毛发转换成可交互式的毛发，可以在视窗中直接操纵毛发模型，修改局部长度、密度、卷曲及噪点等属性。这一步是对毛发的最终修饰，也是其导出为 ABC 格式并移植到其他引擎的必要转换。在 Interactive Groom Editor 中，可以添加 Sculpt Layer，配合各种笔刷进行毛发细节的微调。在 Light Stage 人像制作中，Interactive Groom 常见的调整有：

- 使用 Noise 笔刷增加头发游离发丝（见图 22.33）。
- 使用 Smooth 笔刷顺滑鬓角头发。
- 使用 Clump 笔刷调整眉毛簇拥，使其更贴近照片。
- 使用 Grab 笔刷提拉嵌入表皮的绒毛。

图 22.33　Interactive Groom 发丝修改前后对比

注意：Interactive Groom 转换是一个不可逆过程。

22.6.1.4　毛发 AO 烘焙

在实时渲染引擎中，现有的光照技术很难捕捉到细小发丝的阴影，例如眉毛、睫毛及额头顶部发簇。使用烘焙的毛发 AO 贴图可以弥补这个微小的缺陷：通过导入毛发 AO 贴图，并在材质编辑器里做运算；也可以直接与 BaseColor 混合，使局部阴影加深。毛发 AO 烘焙可在 Maya 里实现，使用 aiAmbientOcclusion 材质，配合 Render Selection to Texture 功能烘焙导出（见图 22.34）。

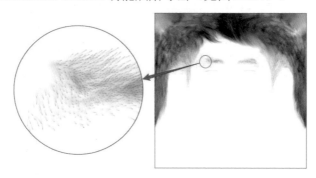

图 22.34　毛发 AO 烘焙示例

22.6.2　光照环境匹配

通过对比照片、CG 创建的灰/铬球和 HDR 环境贴图，创建并调整光源位置及强度，并以此标准场景为基准制作和调整材质。灰/铬球和 HDR 环境贴图的分工请参看 22.2.2 节。

22.6.2.1　Light Stage 环境匹配

CG 还原 Light Stage 光照环境时，首先，假定环境光强度为 0（无须使用 HDR 环境贴图），由 148 盏聚光灯实现直射光照明。其次，需要分别进行灰/铬球的 Light Stage 拍摄。如图 22.35 中 Light Stage 铬球拍摄所示，每次作业拍摄 7 种灯光环境：全亮、左半亮、右半亮、上半亮、下半亮、前半亮及后半亮。全亮状态下使用全部 148 盏灯，全功率照明（亮度最大）；半亮状态下使用 80 盏灯（最外圈 12 盏灯对称复用），按梯度照明递减的方式由中心向外，功率（亮度）逐步递减。

下面以 Maya Arnold 为例，介绍三维软件中 Light Stage 环境的搭建与灯光校准。

（1）创建相机矩阵（见图 22.36）。在三维重建流程中，通过点云匹配反推出了所有照片机位，所以相机矩阵可以从 RealityCapture 中导出。具体步骤为：在 1Ds 视窗中选中所有照片；导出 FBX 模型，设置 export camera 选项为 Yes；将 FBX 模型导入 Maya，则所有相机一并导入，且 Image Plane 会自动关联相应照片。

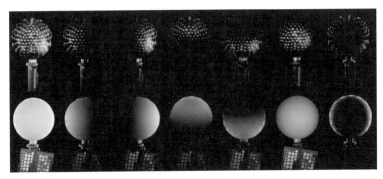

图 22.35　Light Stage 拍摄灰/铬球的 7 种灯光环境

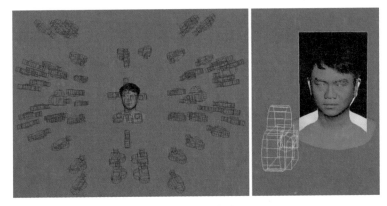

图 22.36　相机矩阵/A2 相机与 Image Plane

（2）创建灯光矩阵。在 Maya 中创建 148 盏聚光灯来模拟现实 LED 灯，采用几何结构推算位置，并借助 Houdini 来快速创建。如图 22.37 所示，具体步骤为：创建二十面体，根据相机位置移动缩放；在二十面体顶点与边终点创建面片，法线方向朝向球心；将面片转换成聚光灯，保留方向朝向球心。

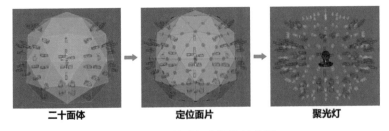

图 22.37　创建灯光矩阵的步骤

（3）灯光校准。以校准左半亮灯光环境为例，具体步骤为：创建两个直径为 20cm 的球体，分别赋予灰球材质（BaseColor=0.18，Specular=1，Roughness=0.45）和铬球材质（BaseColor=1，Metallic=1，Roughness=0）；将铬球移动至头像处；

选取 A 系相机（A2 为例）实时渲染铬球；对照相应铬球照片（A2），隐藏右半球不亮的灯，并再次精调铬球位置；将灰球移动到铬球处，实时渲染灰球；模拟梯度照明，将左半球灯由内向外分成 5 组；对照相应灰球照片（A2），由外到内逐步调整每组灯的 Ai Exposure 强度（越往内，亮度越大），同时微调灯的 RGB 颜色。

注意：灰球材质的 Roughness 属性根据实物灰球的反光情况做相应调整；使用 Attribute Spread Sheet 可同时修改多盏灯的参数；使用 ColorPic 屏幕取色工具可进行颜色校对。

如图 22.38 所示，校准完成后的灰球和铬球的照片/CG 对比如下。

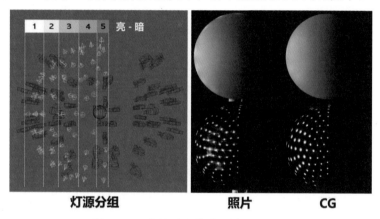

图 22.38　灯源分组校准照片/CG 对比

22.6.2.2　室内灯光环境匹配

CG 还原室内光照环境时，将光源分为环境光及直射光两部分。环境光主要体现在背光面，通常使用 HDR 贴图提供 IBL（Image Based Lighting）照明；直射光主要体现在受光面，使用点光、面光或聚光灯（鲜少使用方向光）。使用多直射光源的环境，需要逐一对每盏直射光进行校对。校对会使用到 HDR/EXR 合成阶段获得的灰/铬球照片。同时，测量现实光源的相对位置，例如，顶灯离地高度、两盏灯的距离等数据，它们能够辅助引擎中的灯光定位。下面以 UE 中的 Lumen 为例，介绍引擎中室内灯光环境的搭建与灯光校准。

（1）环境配置。具体步骤为：在项目设置中开启 EV100 显示；使用 PostProcessVolume 进行后处理，设置 EV100=0，开启 Lumen，并关闭一切后处理特效，例如曝光补偿、自动曝光、AO 环境光遮蔽、运动模糊、渐晕特效等。

（2）基础 LookDev 模块搭建。具体步骤为：制作天空盒材质球，配合实时捕捉的 Sky Light 功能实现 IBL 照明；以 CubeMap 形式读取 HDR 贴图，并制作旋转及亮度控制参数；制作参照照片材质球，开放连接自发光的贴图参数，用于参照照片读取；制作灰/铬球材质球（灰球材质设置：BaseColor=0.18，Specular=1，Roughness=0.45，铬球材质设置：BaseColor=1，Metallic=1，Roughness=0）；制作 CG 灰/铬球及参照照片面片；创建两个直径为 20cm 的球体及两个边长为 20cm 的面片（一正一反重叠摆放），分别为其赋予材质。

（3）光源定位。具体步骤为：材质读取铬球正反面照片及 HDR 贴图；正面观察铬球照片及 CG 铬球，旋转天空盒，使 CG 铬球上的反射与照片方位一致；创建直射光源，按照测量参考及铬球照片上的光源位置旋转移动，使其在 CG 铬球上的反射与照片相应位置重合；旋转镜头 180°，观察反面照片及铬球背面，再次确认所有光源方位是否一致（见图 22.39）。

图 22.39　光源定位铬球照片与 CG 的对比

（4）环境光校准。具体步骤为：材质读取灰球正反面照片及 HDR 贴图；使用 Pixel Inspector 工具读取照片背光面的 Scene Color（见图 22.40）；调节 Sky Light 的亮度，使 CG 灰球背光面相应位置读取的 Scene Color 数值与照片处一致。

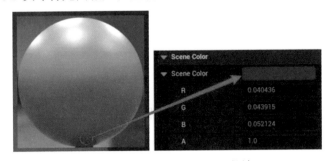

图 22.40　背光面 Scene Color 的读取

注意：使用命令 ShowFlag.Tonemapper 0 禁用 Tonemapping 后校准，效果更准确。

（5）直射光校准。具体步骤为：使用 Pixel Inspector 工具读取照片高光中心点的 Scene Color；调节直射光源的强度，使 CG 灰球受光面相应位置读取的 Scene Color 数值与照片处一致；微调直射光源的色温及颜色，使 CG 灰球整体色调进一步接近照片。

光源校准后的灰球照片与 CG 的对比如图 22.41 所示。

图 22.41　光源校准灰球照片与 CG 的对比

22.6.3　Maya Arnold

Maya Arnold 采用光线追踪算法模拟真实光线在场景中的传播和反射，是主流的影视特效渲染器。其离线渲染功能可获得更精准的光影效果，同时分层渲染功能有利于后期合成。相对地，渲染计算时间较长。

作为 Light Stage 流程落地方案，Arnold 适用于影视特效流程，或追求极致静帧效果表现的项目。下面介绍使用 Arnold 制作皮肤材质、毛发材质的思路。

注意：材质制作必须在标准场景中进行。

22.6.3.1　制作皮肤材质

使用 AiStandardSurface 制作皮肤材质，会调用 Base、Specular、Subsurface、Coat 和 Displacement 这 5 个模块。主要方法是使用 aiColorCorrect 或 aiRange 节点调整贴图，再将贴图输入相应模块参数中。可以从 3 个维度分步进行材质制作校准：模型细节（Displacement）、漫反射（Base+Subsurface）、高光（Specular+Coat）。

（1）模型细节校准（见图 22.42）。Maya Arnold 的人像高模渲染采用低模细分叠加 Displacement 贴图的方法呈现细节纹理。具体步骤为：提高模型 Arnold 渲染细分等级（推荐为 4）；连接 Displacement 贴图（烘焙得到的），贴图中间值需调整为 0.5；调整 Displacement Scale，使渲染的纹理细节接近照片。

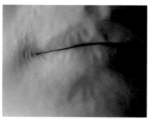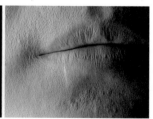

图 22.42　Displacement 贴图连接前后的效果对比

（2）表皮颜色校准。在 Light Stage 的拍摄数据中，A 系列的 1～7 为无高光照片，可用于 CG 表皮颜色参照（详见 22.3 节）。如图 22.43 所示，照片中的表皮颜色，在 Arnold 中通过 Diffuse 和 SSS 两部分叠加而来。我们假定以 Diffuse 层模拟皮肤角质层色泽（颜色饱和度低，偏黄）；以 SSS 层模拟皮肤色素层的色泽（颜色饱和度高，偏红）。使用 AOV 功能可以分通道渲染并查看 Diffuse 和 SSS 各自的渲染结果；将 Specular 的强度设置为 0，可以渲染 Diffuse 和 SSS 叠加的结果，对照照片进行校准。具体步骤为：对 BaseColor 贴图，调为偏黄色相，降低饱和度，连接到 BaseColor 通道；对 BaseColor 贴图，调为偏红色相，提高饱和度，连接到 Subsurface Color 及 Subsurface Radius 通道；对 SSSweight 贴图，调整灰阶曲线，连接到 Subsurface Weight 通道；使用 randomwalk_v2 方式计算 SSS，调整 Scale 控制 SSS 的渗透距离；在无高光状态下渲染，调整各参数，使渲染效果接近照片效果。

图 22.43　表皮颜色照片与 CG 的对比

（3）高光校准（见图 22.44）。在 Light Stage 拍摄数据中，A 系列中包含带高光与去高光两组照片。对两组照片去色相之后相减，获得高光照片，可用于 CG 高光参照。我们再次假定，将高光拆解成两部分：柔和高光（使用 Specular 层模拟）及锐利高光（使用 Coat 层模拟）。使用 AOV 功能可以分通道渲染并查看 Specular

图 22.44　高光照片与 CG 的对比

和 Coat 各自的渲染结果；将 Diffuse 与 SSS 的强度设置为 0，可以渲染 Specular 和 Coat 叠加的结果，对照照片进行校准。具体步骤为：对 Roughness 贴图，调高灰度，连接到 Specular Roughness；对 Roughness 贴图，调低灰度，连接到 Coat Roughness，并调低 Coat IOR；关闭 Diffuse 及 SSS 进行渲染，调整各参数，使渲染效果接近照片效果。

经过三步校准，我们最后将渲染参数效果全开做进一步的材质微调。最终照片与 CG 渲染的对比如图 22.45 所示。可以将模型放到另一个标准环境中做验证（见图 22.46）。

图 22.45　Maya Arnold 最终渲染照片与 CG 的对比

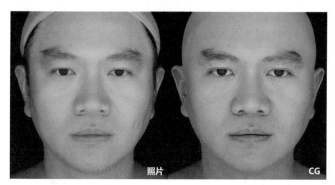

图 22.46　Maya Arnold 不同标准环境下照片与 CG 的对比

22.6.3.2　制作毛发材质

使用 AiStandardHair 制作毛发材质。以头发材质为例，有 3 个细节需重点关注：毛躁感、褪色泛红、白发丝。

毛躁感的营造。可使用 aiNoise 节点控制 Roughness 层的实现。将 aiNoise 节点的 Coord Space 项设置为 object，调整 A/B 颜色（推荐为 0.2/0.4）及用 Scale 控制 Roughness 的强度和散乱度。

褐色泛红的营造。使用 aiNoise 节点控制 Melanin 层的实现。Melanin 参数可控制毛发的黑色素含量，1 代表全黑，随着值的减小，头发颜色由褐色渐渐转白。将 aiNoise 节点的 Coord Space 项设置为 uv，调整 A/B 颜色（推荐为 1.0/0.8），用 Scale 及 Distortion 控制 Melanin 的强度和散乱度（以发簇为单位）。

白发丝的制作。在 Melanin 层的 aiNoise 节点的基础上增加 aiOslShader 节点，编写 OSL 实现。思路是赋予每根发丝一个 0 到 1 的灰度值，再通过阈值控制发丝的 A/B 颜色归属。OSL 的代码如下：

```
shader probabilityMixer
(
  float input = 0,
  float probability = 0.1,
  color A = color(1,0,0),
  color B = color(0,1,0),
  output color resultRGB = 0
)
{
  if (input <= probability)
     resultRGB = A;
  else
     resultRGB = B;
}
```

发丝赋值使用 aiUtility（Uniform ID）连接 aiRandom（color）实现。最终头发的渲染结果如图 22.47 所示。

图 22.47　头发材质渲染效果

22.6.4　Unreal Substrate

Substrate 是 UE5.2 版本推出的新的材质系统，它提出了 Slab 的概念，作为材质创作的基本构建块。每个 Slab 分为两层：表面层和介质层。表面层影响光线反射，定义材质属性，例如，Diffuse、Roughness、Metallic、Specular 等；介质层影响光纤渗透散射，定义材质属性，例如，SSS、Translucent 等。多个 Slab 的混合叠加为复杂材质制作提供了便捷途径。

使用 Substrate 制作皮肤材质时，以介质层模拟皮肤次表面的散射效果，提供了更加准确及便捷的皮肤实时渲染方案。介质层的计算引入了 Mean Free Path（MFP）的概念，表示材质介质层的密度。Diffuse、MFP 与 Thickness 共同作用，影响光线进入介质层的散射效果。MFP 支持颜色输入，对于美术人员而言直观的效果是：可以使用贴图控制光线散射颜色，类似 Subsurface Color 的功能。以上可以理解为：MFP 控制 SSS 的颜色，Thickness 控制 SSS 的散射距离。这对于皮肤材质效果制作是一个极大的进步。

目前 Substrate 仍处于试验阶段，作为 Light Stage 流程落地方案，它是未来可期的实时渲染材质效果优解，搭配 Lumen 渲染，适合追求极致皮肤质感的引擎 Demo 项目制作。以下介绍 Substrate 方案在引擎中的制作要点。

注意：在项目设置中开启 Substrate 功能，重启引擎激活该功能。

22.6.4.1　毛发渲染与 Substrate Hair BSDF

我们使用 Substrate Hair BSDF 节点连接毛发材质，它的原理与 Legacy Hair Shading Model 相同，都基于 Marschner 的三层高光模型：R、TT、TRT。

（1）毛发导入与设置。具体步骤为：启用 Groom 及 Alembic Groom Importer 插件，分别导入 ABC 格式的 4 层毛发——头发、眉毛、睫毛、绒毛；创建 GroomBinding 毛发绑定，使毛发物理贴合人像资产；启用毛发 Strands 面板上的 Use Stable Rasterization，优化渲染时的抖动锯齿；启用毛发 Strands 体素化（Voxelize），允许毛发阴影渲染，并调节 Hair Shadow Density 至 0.2～0.35（绒毛不启用该属性）；启用绒毛 Strands 的 Scatter Scene Lighting，增强边缘绒毛的透光感。

（2）重点细节制作。具体步骤为：毛躁感的营造，使用 Noise 贴图对 Roughness 和 Tangent 进行叠加扰动；褐色泛红的营造，使用 Hair Attribute 里的 Seed 参数为发丝赋值，参数计算模拟 Melanin 发丝褪色及 Redness 泛红强度；白发丝的制作，使用 Hair Attribute 里的 Seed 参数为发丝赋值，再通过阈值控制发丝的 A/B 颜色归属。

22.6.4.2　皮肤渲染与 Substrate Slab BSDF

可以使用 Substrate Slab BSDF 节点连接皮肤材质。首先开启 Use Metalness 和 Use Subsurface Diffusion 选项；然后连接表面层及介质层的各通道，并通过 Math 节点及参数做贴图调整；在标准场景中进行照片与 CG 的对比。

（1）表面层连接。具体步骤为：BaseColor 贴图、Cavity 贴图及毛发 AO 贴图叠加连接 BaseColor；Roughness 贴图连接 Roughness、Second Roughness；Normal 贴图叠加 MicroNormal 贴图连接 Normal（见图 22.48）。

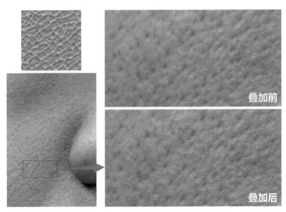

图 22.48　叠加 MicroNormal 前后的对比

（2）介质层连接。通过 Substrate Transmittance-To-MeanFreePath 节点（简称转换节点）将颜色信息转化成 MFP 及 Thickness。具体步骤为：BaseColor 贴图提高饱和度和色相后，连接 TransmittanceColor 节点；SSSweight 贴图连接 Thickness 节点；MFP 连接 SSS MFP，Thickness 连接 SSS MFP Scale。

（3）材质参数调整。关闭 Tonemapping，对比照片进行法线、颜色、高光及 SSS 参数的调整。常见的贴图参数调整节点及功能举例如下。

- 强度控制：Multiply a Value
- 颜色叠加：Multiply a Vector
- 法线叠加：BlendAngleCorrectedNormals
- 贴图混合：Lerp
- 饱和度：Desaturation
- 色相：HueShift
- 灰度图色阶：RemapValueRange
- 对比度：CheapContrast

材质制作及校准完成后，渲染结果如图 22.49 及图 22.50 所示（照片拍摄与扫描拍摄间隔过久，演员体态变化大）。

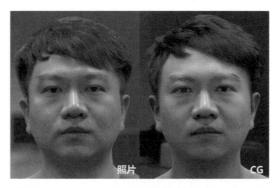

图 22.49 Substrate 最终渲染照片与 CG 的对比

图 22.50 Substrate 其他灯光环境渲染效果

22.6.4.3 Turntable 输出

Turntable 渲染用于展示模型资产的细节和外观效果，可作为资产制作流程中模型验收的最终环节。完整的 Turntable 渲染通常包括模型 360°旋转及灯光环境 360°旋转（见图 22.51）。

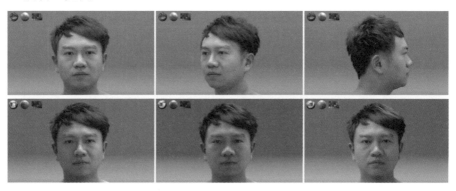

图 22.51 Turntable 渲染的模型旋转及灯光旋转

我们针对 UE 编写的 LookDev 工具，整合了 LookDev 环境匹配、多套标准室内外灯光环境，以及 Turntable 输出等模块功能。Turntable 模块的内容主要包括：场景自动适配模型、背景墙显示、模型尺寸显示、标准网格显示、镜头调节、Movie Render Queue 自动渲染 exr 序列帧、OCIO 管理、ACES 输出等。

22.6.5　Unreal MetaHuman

MetaHuman 是一款对美术人员友好的写实数字人制作工具，它提供了从输入扫描模型到人像动画捕捉全流程的自动化实现，包括模型处理、贴图、毛发、材质、骨骼绑定、BlendShape 表情动画等。

它的主要优点是：

- 使用方便快捷，技术门槛低，实现了"静态到动态"这一关键环节的直通车。
- 提供了调节性极强的材质编辑器，引入了动态贴图的技术方案，极大地提升了面部微表情细节的质量。

它的缺点是精细化定制程度不够，例如，无法更改低模布线，模型包裹不够精细等。作为 Light Stage 流程落地的方案，按照效果正序及耗时倒序，我们制定了低配、中配、高配 3 套不同的使用策略。

- 低配版（耗时 5 天）：直接接入扫描模型，使用 MetaHuman 所有模块功能。
- 中配版（耗时 17 天）：后接入美术制作流程，替换 MetaHuman 贴图、替换毛发。
- 高配版（耗时 27 天）：在中配版基础上升级 Substrate 材质，定制动态贴图。

以下以高配版为例，介绍 Light Stage 流程落地 MetaHuman 的主要步骤。

22.6.5.1　转化为 MetaHuman 标准模型

使用 UE MetaHuman 插件，可将扫描模型转化成 MetaHuman 标准模型，并上传至 MetaHuman 库进行艺术化编辑。转化过程的实质是进行模型包裹；扫描模型不用清理，可直接转化；转化后的细节会有部分丢失与错位（MetaHuman 标准模型的面数为 24 000 面）；目前暂不支持替换标准模型。因此，尽量准确地进行模型转换是这个阶段的重点。

（1）模型转换（见图 22.52）。具体步骤为：安装 UE MetaHuman 插件；导入扫描模型及贴图（合并导入）；创建 MetaHuman identity 资产；点击 Components from Mesh 接入模型，选中 Neutral Pose；调整视角（FOV20 以下，聚焦五官），添加关键帧，开启自动追踪捕捉五官轮廓；点击 Identity Solve 预览生成模型（A/B 视图切换查看契合度）；重复最后两个步骤，添加多个特写关键帧，分别对上下眼轮廓、鼻孔、上下嘴唇进行精细的追踪捕捉调整；点击 Mesh to MetaHuman 上传。

图 22.52　MetaHuman 模型转换示意图

（2）使用 MetaHuman 编辑器（见图 22.53）。通过 Quixel Bridge 连接进入 MetaHuman 编辑器。在编辑器中可以对脸部、头发、身体做艺术化调整；同时自动生成表情 BlendShape，可以在编辑器中预览动态表情。在高配版方案中不会用到 MetaHuman 的皮肤贴图和毛发，因此重点调节眼球、牙齿和身体。

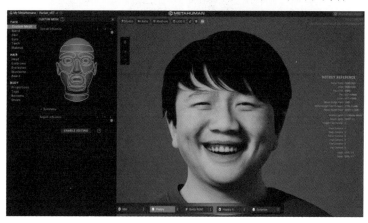

图 22.53　MetaHuman 编辑器

22.6.5.2　将 MetaHuman 导入 UE

通过 Quixel Bridge 下载编辑的 MetaHuman 并导入 UE。角色资产自动以 Blueprint（蓝图）形式组合衣物、身体、头部及毛发。其中，人像资产为 SkeletonMesh 资产，有完整的骨骼绑定、控制器、BlendShape 表情及基础材质。接下来需要对 MetaHuman 人像资产进行再加工，主要包括毛发替换和材质替换修改。

（1）毛发替换与解算。具体步骤为：将 MetaHuman 自带毛发逐一替换，并重新绑定 MetaHuman 人像资产；依照 22.6.4.1 节中介绍的毛发渲染的步骤设置毛发属性；开启毛发物理解算。设置迭代次数、重力、弯曲约束、拉伸约束和碰撞约束。

注意：绑定要求毛发与人像相对位置正确（即毛发与头皮贴合）。如果选择 MetaHuman 落地方式，建议将毛发制作放到这个阶段；如果毛发制作已经完成，则需要做毛发移植，导出 MetaHuman 人像模型替换用于毛发生成的模型，重新生成位置正确且贴合头皮的毛发。

（2）材质替换与 Substrate 转换（见图 22.54）。开启 Substrate 功能后，所有父材质将新增 Substrate Legacy Conversion 节点，自动使用 Substrate 材质系统。建议删除该节点，手动添加 Substrate Slab BSDF 或 Substrate Hair BSDF 进行重新连接。具体步骤为：添加 Substrate BSDF 节点重新连接材质各通道；添加 Substrate Transmittance-To-MeanFreePath 节点连接介质层，详见22.6.4.2节；修改 MetaHuman 材质，增加用于贴图调整的 Math 节点；在 Material Instance（材质实例）中替换 MetaHuman 自带贴图；在标准场景下进行材质参数的调整，详见 22.6.4.2 节。

图 22.54　MetaHuman 材质替换前后对比

22.6.5.3　动态贴图制作

动态贴图又称为 BlendShape 贴图，是一种实时贴图混合技术。它的原理是将一张单独的静态贴图扩展成多张，分别记录角色在特定表情下的贴图数据，例如挤眉、瞪眼、咧嘴、闭眼；配合 BlendShape 表情动画，分析当前表情读取的 BlendShape 分量，读取特定的贴图数据，并与主贴图进行混合。动态贴图技术提升了在模型面数限制下的微表情细节表现，例如，皱纹变化、皮肤颜色变化等。MetaHuman 将这一技术整合到了皮肤材质制作中，提供了 BaseColor 及 Normal 层的动态贴图接入。

在 22.2.1 节中获得了挤眉、瞪眼、咧嘴 3 组数据，它们是动态贴图制作的基础。动态贴图制作相当于制作多个人像资产，需要经历从拍摄至美术制作的全部流程：模型重建→模型包裹→PBR 贴图生成→细节纹理贴图生成→高模制作→

Normal 烘焙→BaseColor 制作。下面介绍动态贴图制作阶段的技术要点。

1. 模型包裹

不用清理扫描模型，直接进行模型包裹。增选头套，选取毛发区域的多边形，并选择不会发生形变的方式参与包裹（见图 22.55）。读取 A 和 B 贴图，依据贴图选取相似点（见图 22.56）。

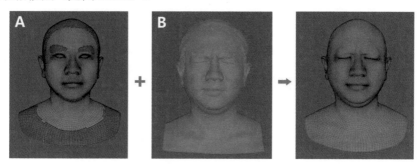

图 22.55　模型包裹

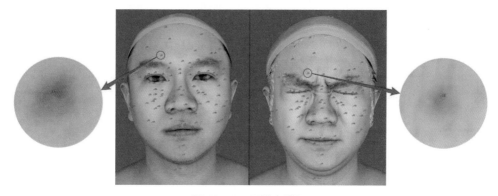

图 22.56　相似点选取

2. 烘焙

MetaHuman 模型转换生成的低模相对平滑，而在 ZBrush 里生成的低模细节更丰富。如果直接在 ZBrush 中烘焙 Normal 贴图，将会有细节丢失。因此采取先平滑 ZBrush 低模，再导出到 Substance Painter 里烘焙的策略（见图 22.57）。

3. BaseColor 制作

以正常表情的 BaseColor 贴图为底，在相应表情的明显特征处叠加表情 BaseColor（可在三维重建阶段通过贴图映射获得）；同时，沿表情皱纹及拉伸区域适当加深或减淡，模拟皮肤拉扯时底层的血液流动（见图 22.58）。

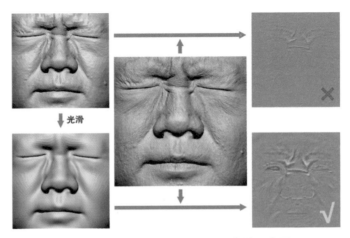

图 22.57　挤眉动态贴图 Normal 烘焙示意图

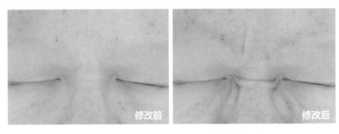

图 22.58　挤眉动态贴图制作前后的对比

22.6.5.4　表情测试

将动态贴图导入引擎，替换 MetaHuman 默认动态贴图。表情测试可使用 MetaHuman 初始表情库（见图 22.59）。具体步骤为：新建 Level Sequencer，拖入角色 Blueprint（蓝图）；打开 Control Rig Pose 编辑器，定位到 MetaHuman 表情库；选择表情，点击 Select Controls，再点击 Paste Pose；逐步添加表情关键帧，制作动画序列。

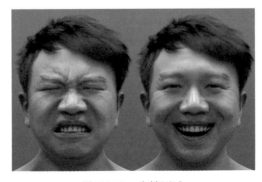

图 22.59　表情测试

如图 22.60 所示，通过表情测试，我们可以进一步比较动态贴图效果。

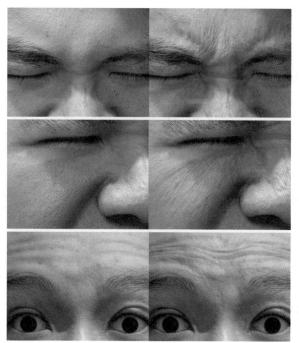

图 22.60　动态贴图使用前后的变化

22.6.5.5　Live Link Face 动作捕捉连接

Live Link Face 基于 iOS 系统开发，使用 ARKit 面部捕捉技术，将表情和动作实时传输到 UE 中，用于虚拟角色或动画制作。作为 Light Stage 在 UE MetaHuman 中落地的最后一环，我们将实现快捷的移动端设备动作捕捉，进一步测试表情动画，为后续更精细的人像制作，例如，BlendShape 修复、绑定权重调整等提供数据支撑。下面将展开介绍。

（1）环境配置。具体步骤为：使用 iPhone X 以上设备下载 Live Link Face，并将移动设备与 PC 连接到同一网段；在 Live Link Face App 中添加 PC 的 IP 地址；UE 启用 Apple ARKit、Apple ARKit Face Support 及 Live Link 插件；在角色蓝图的 Detail 面板中，为 ARKit Face Subj 选择相应的移动设备，开启 Use ARKit Face 后，动作捕捉连接成功。

（2）曲线修复。由于 ARKit 捕捉不精准导致的初始状态 BlendShape 读取出错，最明显的错误是嘴巴在正常状态下无法闭合。这个问题几乎存在于所有的 Live Link Face 连接的 MetaHuman 角色上。改善这个问题的具体步骤为：在 Face_AnimBP 中添加 Modify Curve 节点，将 Apply Mode 改为 Remap Curve；添加多个初始状态表情下错误读取的 BlendShape；设置相应偏移初始值。

（3）视频录制。打开 Take Recorder 面板，拖入角色 BP 即可开始录制动画（见图 22.61）。

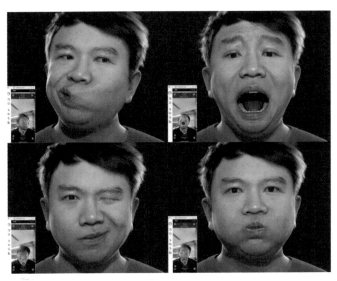

图 22.61　Live Link Face 动作捕捉视频录制示例

22.7　总结

在技术革新的浪潮中，写实人像制作技术和流程不断迭代更新。UE5.2 版本将推出 MetaHuman Animator，其核心是在模型转换阶段从单帧捕捉升级为动画逐帧捕捉，解决转换细节丢失和动作捕捉数据转换不准确的问题。届时，表情动画应用将会上一个台阶，高质量静态角色模型的制作需求也会大大增加。

目前，实时渲染与离线渲染在光影效果精准度上仍然有些差距。作为离线渲染核心之一的路径追踪技术，通过计算光线传播中的多次反弹渲染画面。未来，路径追踪渲染技术对 Substrate 材质系统的支持，能让实时人像渲染效果进一步逼近离线渲染。

AIGC（人工智能生成内容）已逐渐染指三维制作领域，对人工的替代不可避免。这是一场双向竞争，机器在学习人类操作的同时，我们需要利用机器来替代广度，并不断探索和扩充深度。未来 AIGC 在数字扫描领域的应用，在以下几个方面可以展开：1. AI 学习分析扫描数据，识别并增强纹理细节；2. 与 PCG（程序化生成内容）技术结合，自动化美术制作流程及 LookDev 流程；3. 多元化多媒介的落地方式。

语音驱动的面部动画
生成算法

面部的口型和表情动画在影视剧和游戏界起着非常重要的作用。在影视剧中，口型动画可以让角色的口型和语音同步，使观众更容易理解角色的话语，提高电影的观感。在游戏界，口型和表情动画可以增强游戏角色的真实感和情感表现，使得游戏角色的对白更加生动有趣。近些年，由于游戏设备性能的提高以及玩家对游戏表现的要求逐步提高，很多游戏都更加注重细节上的表现，角色对话时的面部动画表现成了一种必不可少的功能。

23.1 解决方案与核心技术

本章将详细介绍 IEG 跨部门共建项目 Tech Future 智颜组在程序化面部动画生成算法上的研发成果。我们采用的是一种基于音素+视素，并结合神经网络的解决方案，这种方案成功地解决了协同发音、情绪融合、头部运动等面部动画领域的关键问题。项目的成果已经被腾讯游戏多个工作室的多个项目所采用，而且它具有效果好、效率高、实用性强等优点。在此，我们要对所有参与智颜组共建项目的同事表示深深的感谢。

我们期待，通过分享我们的研究成果和经验，能够对那些对游戏开发、动画创作及人工智能技术感兴趣的读者有所帮助，同时也希望能够为未来的技术发展提供一些启示和参考。

在深入探讨本章介绍的面部动画生成技术之前，我们有必要先了解一些相关工作，包括基础的面部动画驱动技术，以及其他已有的口型和表情动画生成技术。

23.1.1 面部动画驱动技术

面部动画是由一系列随着时间变化的静态表情组成的，这些静态表情是情绪、特定发音或者两者的组合的具体表现。在 3D 游戏中，面部表情动画的技术实现有几种主要形式。

23.1.1.1 基于骨骼

基于骨骼的动画是一种常见且广泛应用的动画驱动形式，面部动画也不例外。面部骨骼上的位移、旋转、缩放通过蒙皮信息作用到面部网格顶点，形成一个具体的静态表情。骨骼动画具有数据量小、计算效率高、管线成熟等优点。然而，由于骨骼数量的限制，这种方式对面部网格顶点的驱动能力存在极限，无法表现出非常微妙的表情变化。如果要提升动画效果，往往需要增加骨骼数量，这使得开发者必须在动画效果与计算性能之间做出权衡。尽管如此，基于骨骼的面部动画方案，对于大部分游戏应用场景来说已经足够。

23.1.1.2 基于网格

与基于骨骼的方案不同，基于网格的驱动方案则直接记录并控制网格顶点的位置变化，以此来精确地生成面部表情，因此可以实现非常高质量的效果。但是，这种方案直接操作数千个甚至数万个顶点的形变，因此数据量远大于骨骼动画，计算性能消耗也相对较高。然而，随着游戏引擎技术的发展和游戏平台性能的提升，基于网格的驱动方案的应用范围正在逐渐扩大。

23.1.1.3 多方案融合

鉴于骨骼动画和网格动画各有优缺点，许多项目选择将两者融合使用。例如，开发者可能会使用骨骼来驱动基础的面部表情，同时使用网格来增加面部网格的细节，如皱纹等。此外，有些项目还会添加纹理动画，通过动态调整材质参数，来生成不同表情下皮肤的微妙光影变化。这种方式极大地丰富了面部表情的细节，从而提升了面部表情的真实性。

23.1.2 口型表情动画生成技术

在早期的游戏开发中，通常使用预先录制好的动画来表现角色的口型和表情。然而，这种方法的适应性有限，无法满足不同语言和实时互动的需求，也无法实现自定义语音。因此，游戏行业开始转向更高级的口型表情动画生成技术，主要可以分为基于规则的方法和端到端的方法。

23.1.2.1　基于规则的口型表情动画生成方法

基于规则的口型表情动画生成方法是较早在游戏行业中被采用的一种方式。这种方法主要根据声音信号的特征，如音高、音量、语速等，运用一些预定规则和算法来计算嘴唇的运动，从而生成相应的口型动画。早期的基于规则的口型动画生成方法相对简单，通常只会考虑一些基本规则和参数，如音高和音量的变化对口型的影响。此类方法在一些早期的游戏中得到了广泛应用，如《半条命》系列等。

此外，基于规则的口型表情动画生成方法还包括一些针对特定语言和方言的口型模板和语音库。这些模板和库通常由真人的口型和语音数据录制而成，然后被转化为数字化的模板和库，供游戏开发者使用。虽然这种方法在时间和精力上的投入相对较大，但它能在一定程度上提升口型动画的准确度和真实感。随着计算机图形学、机器学习等相关技术的发展，基于规则的口型表情动画生成方法也得到了进一步的优化和提升。例如，一些研究者开始引入神经网络和深度学习等技术，通过大量的语音和口型数据进行模型训练，从而提升面部动画的准确度和自然性。

Jali Research 的首席技术官 Pif Edwards 的研究为角色动画提供了一种以语音为中心的工作流程，形成了 Jali Research 的核心软件解决方案。他们在这个领域的贡献包括程序性语音生成算法[1]及基于深度学习的实时语音生成新技术[2]。2020年发布的《赛博朋克 2077》中所使用的口型动画生成技术即采用了 Jali Research方案，它成功解决了协同发音、情绪融合、多语言生成等问题，对我们的研究具有很大的启发。

23.1.2.2　端到端的口型表情动画生成方法

端到端的口型表情动画生成方法是一种以原始音频或文本作为输入，生成口型表情动画作为输出的方法，它不依赖任何中间步骤，比如音素或韵律词的转换。这样的技术一般利用深度学习的方法，尤其是序列到序列的模型。理论上，端到端的方法能从数据中学习到很多细微的模式和规律，因而能够自动适应各种语言和口音，生成更自然、更逼真的口型动画，并且该方法无须预先定义复杂规则和参数，能够大大减少开发工作量。

Taylor[3]等人的方法使用滑动窗口预测器，构造从音素标签输入序列到嘴部运动的非线性映射，从而准确预测自然的运动和协同发音的视觉效果。其预测的输出是一个 8 维面部空间数据，然后将其重新映射到动画骨骼。它拥有以下特性：可实时运行，只需很少的参数调优，对新输入的语音序列具有良好的泛化能力，易于编辑以创建风格化和情感化的动画，并且与现有的动画重定向方法兼容。

Karras[4]等人介绍了一种能够在实时且低延迟的情况下，从音频输入中生成表达丰富的 3D 面部动作的技术。该方法以大约半秒的时间窗口的音频作为输入，生成对应于音频窗口中心的固定拓扑网格的 3D 顶点位置。此外，该网络还可以接受描述情感状态的辅助输入，这些情感状态是从训练数据中学习而来的，没有任何形式的预标记。在此研究基础上，NVIDIA 在 Omniverse 平台上推出了名为 Audio2Face 的端对端音频生成口型动画插件。该插件将音频输入传入预先训练的深度神经网络中，输出驱动角色网格的 3D 顶点动画，并支持导出成骨骼动画，或者 MetaHuman 面部控制器动画。Audio2Face 目前处于 beta 版测试阶段，对中文及亚洲面孔的支持有待完善。

端到端的方法也有其局限性。首先，这类方法的训练过程需要大量的标注数据，且这些数据的质量会直接影响模型的性能。其次，端到端模型的训练和推断过程需要大量的计算资源。最后，由于这类方法通常作为"黑箱"来使用，因此，用户无法直接控制生成的动画效果，甚至很难理解模型的工作原理。

23.1.2.3　方案总结

综上所述，口型表情动画生成主要有以下两种解决思路。

- 基于规则的方法将语音信号分解成音素单元，并将每个音素单元映射到一组口型形态。这种方法通常需要大量的人工参与来确定音素与口型之间的映射关系，因此工作量较大，而且很难适应不同人物的发音特点，往往需要单独配置。但此方案的效果确定，算法透明，美术人员和程序开发人员对效果拥有完全的控制权，目前应用在大量实际游戏的制作中。
- 端到端的方案则利用深度神经网络从大量的语音和嘴唇形态数据中学习语音和口型之间的映射关系。这种方法可以自动从数据中学习到不同人物的发音特点，并且可以产生更加自然和逼真的口型动画。但受限于训练数据的采集，风格化的需求，纯端到端方案目前较少在游戏里使用。

在实际的项目开发中，各种方案并非非此即彼，而是根据应用的场景选择适合的方案，各种方案之间亦可互相融合，比如在 Jali Research 的技术中会用神经网络来处理音频数据辅助生成口型动画，让动画的细节更为丰富。

本章基于传统的基于音素的方法，介绍从音频开始，最终生成面部动画的整个流程。在此过程中会介绍口型动画生成过程中的常用概念，比如音素、视素、动作单元等。希望通过对这个过程的梳理，帮助尚未接触过口型动画自动生成的读者对这项技术能有一个整体的了解。同时，在口型表情动画生成的不同阶段，适时采用深度神经网络的技术，可更好地获取音素、头部运动等信息。我们期望本章的内容能为游戏开发团队在自动化口型表情动画系统的研发和应用方面，提供具有实践价值的参考和帮助。

23.2　基于音素方案的实现流程

本节所介绍的方法的主体为传统的基于音素的方法，即先提取音素，然后根据音素信息生成口型动画。本节将介绍基于音素方案的实现流程。

23.2.1　总体流程

如图 23.1 所示，基于音素的口型动画生成方法包括以下几个主要步骤：

（1）从音频中提取音素序列。

（2）将音素序列转换为视素序列。

（3）生成相应的视素强度曲线。

（4）进一步将视素强度曲线转换为动作单元曲线。

（5）利用动作单元曲线驱动面部动画。

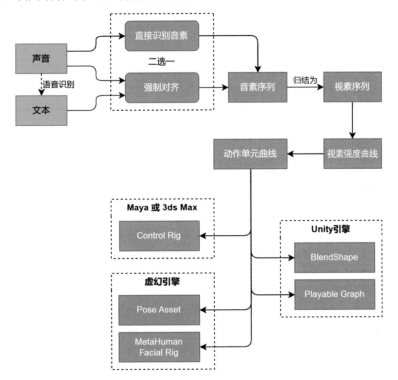

图 23.1　口型生成的总体流程

在接下来的部分，我们将对这几个过程及涉及的相关概念进行详细阐述。其中，从视素强度曲线转换为动作单元曲线这一步对于动画质量的影响尤其大。为了优化动画效果，后文将针对这一步骤提出一些经过实践检验的优化方法。

23.2.2　音素、视素、动作单元的概念

音素、视素和动作单元的概念是本章内容的基础，是本章介绍的算法在不同阶段数据的呈现，明确其定义和构成十分重要，下面将分别进行具体介绍。

23.2.2.1　音素

音素（Phoneme）是语音学中的一个术语，每个音素对应一个不可拆分的发音动作，因此可以认为音素是构成语音的基本单元。在语音识别、语音合成、语音转换等领域，音素都是非常基础且重要的概念。

在不同的语言中，音素的种类和数量不同，而且同一语言中的不同方言或口音也可能存在差异。比如，英语中大约有 44 个音素（不同的方言和口音，使用的音素可能会有所不同），包括 24 个辅音音素和 20 个元音音素[5]。中文普通话中通常被认为有 32 个音素，包含 22 个辅音和 10 个元音。这个数量只是一个近似值，具体的音素数量可能会因为语音学家如何定义和分类音素而有所变化。例如，一些语音学家可能会将某些音素归类为同一个音素的不同音位，而其他语音学家则可能将它们视为不同的音素。

当游戏中出现多语言混读的时候，需要音素列表能够包含多种语言的音标系统。为了尽可能兼容不同语言，我们采用国际音标（International Phonetic Alphabet，IPA）的方式来记录音素。它是一套由国际语音学协会（The International Phonetic Association，IPA）创建的音标系统，设计的目标是能够表示所有已知人类语言的语音。国际音标通过识别和分类人类声音产生的各种基本元素（如元音、辅音等）及它们的变化（如音高、音长、音量、语调等），并把这些元素映射到相应的符号，从而为每种可能的人类发音提供一个唯一的表示。在国际音标中，有 107 个字母用于表示辅音和元音、31 个变音符号用于修饰辅音和元音，以及 19 个用于表示超音段成分（包括音长、声调、重音、语调等）的特殊符号。尽管语言种类众多，但人类的发音器官（声带、喉、口腔、鼻腔等）的结构和功能是相同的，所以发音的方式和可能性是有限的，这就使得国际音标有可能覆盖所有语言的发音。

23.2.2.2　视素

虽然音素的数量比较多，但实际上很多发音的面部外观表现区别很小。比如

b、m、p 这三个音素只在送气方式上有区别，而口型动作几乎完全一致，在制作动画时，没有必要对其进行精确区分。因此，为了简化后续的步骤，可以将这三个音素当作同一类来处理，将其称为一个"视素"（Viseme），命名为"BMP"。视素的概念在面部动画制作、唇读、文字转语音等技术中都有重要的地位。通过这样的归类操作之后，可以在音素和视素之间建立一个多对一的对应关系。图 23.2 以 b、m、p 与 a、∧、æ 等音素为例展示了音素与视素的对应关系。

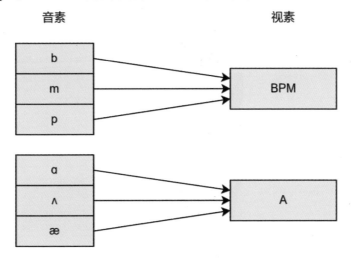

音素　　　　　　　　　　　　　　视素

图 23.2　音素 b、m、p 及 a、∧、æ 与各自的视素的对应关系

　　视素的数量和特性往往依赖特定的语言和方言。每种语言具有独特的音素集合，这些音素在视觉上表现为不同的口型，因此不同的语言往往会有不同的视素。一些研究已经为特定的语言（例如英语）定义了视素集。然而，对于很多语言，特别是一些少数民族语言，可能还没有详细的视素定义。另外，人类的面部表情是非常复杂和丰富的，同一个音素在不同的语境中可能会有不同的口型，例如游戏中不同性格的角色。这也意味着，如果要为新的语言或方言、新的角色等制作面部动画，可能需要重新定义和调整视素集。这一过程需要语音学家和动画制作者的协作，并可能需要多次试验和修改才能达到最佳效果。

　　表 23.1 所示的是本章作者所采用的自定义视素列表，一共 15 个视素，涵盖中文拼音常用到的音素。在实际开发中，视素的数量不必限定为 15 个，可以根据实际需求有所增减，以便在实现的复杂度和口型的效果之间取得最好的平衡。

表 23.1   Tech Future 智颜组所采用的视素列表

视素	IPA	参考姿势	视素	IPA	参考姿势
A	a、ɐ、ɞ、ɑ、ʌ、ʎ、ɣ、æ、œ		JQX	q、tɕ、tɕ、ɕ、ɕː	
BPM	b、m、p、pf、pʰ、pʲ、β		L	l	
DTN	d、dʐ、n、t、tʰ、ʈ		NgN	ŋ	
E	e、ə、ɛ、ɤ、θ、ə		O	o、ɒ、ɓ、ɔ、ɗ、ʊ	
I	ɪ、i、j、ɨ、ɪ、ɬ		U	u、uə、w、ɯ	
F	f、v、ɸ		Yu	y、ɥ、ɦ	
GKH	χ、c、g、h、k、x、g、ɣ、ɰ、ɱ、ɲ、ŋ、ɴ		ZCS	s、z、ð、ø、θ	
ZhChShR	tʂ、tʃ、tʂ、ɹ、ɾ、ʀ、ʁ、ʒ、j、dʒ				

由于不同语言中音素不尽相同且数量比较多，因此不方便在本章全部列出。互联网上有一些可以参考的资料，比如，亚马逊 Polly 在文字转语音服务的文档

中，包含了 36 种语言的音素到视素的对应关系，其中的一部分如表 23.2 所示。针对中文，亚马逊 Polly 提供了拼音到 IPA 再到视素符号的对应关系，但没有提供具体视素姿势的参考。

表 23.2　亚马逊 Polly 所采用的音素与视素的对应列表

拼音	IPA	拼音示例	视素名称
f	f	发, fa1	f
h	h	和, he2	k
g	k	古, gu3	k
k	k^h	苦, ku3	k
l	l	拉, la1	t
m	m	骂, ma4	p
n	n	那, na4	t
ng	ŋ	正, zheng4	k
b	p	爸, ba4	p
p	p^h	怕, pa4	p
s	s	四, si4	s
…	…	…	…

微软的 Azure 语言服务提供了另外一套音素与视素列表（见表 23.3），对中文仅提供了拼音与视素编号的对应关系，要兼容中文 IPA 音标方案还需用户自行研究。微软提供了一组手绘视素列表以供参考，在实际使用中需要专业动画美术人员的深度参与。

表 23.3　微软 Azure 所采用的音素与视素的对应列表

拼音	视素编号	中文示例	拼音示例
b	21	玻	bo 1
p	21	坡	po 1
m	21	摸	mo 1
f	18	佛	fo 2
d	19	得	de 2
t	19	特	te 4
n	19	呢	ne 5
l	14	乐	le 4
g	20	哥	ge 1
…	…	…	…

23.2.2.3 动作单元

有了音素到视素的对应关系之后，下一步需要指明视素与具体面部动画的对应关系。一种最直观的思路是，制作每个口型视素和表情的 BlendShape（融合变形动画），然后每一帧根据视素调整 BlendShape 的权重来得到面部动画。然而这种方法由于动画和视素结合过于紧密会产生两个缺陷：一是视素的叠加和过渡很不灵活（比如笑和说话的叠加会导致嘴唇不能闭合），二是如果游戏剧情中涉及很多表情，那么需要为每一种表情分别制作 BlendShape，涉及的工作量和资源量会很大。

为了解决上述问题，可以将面部动作拆分成一些基础的元素，比如"下巴张开""嘴角翘起"等，这些基础的元素被称作动作单元（Action Unit，后文简称为 AU），通过将这些元素按照不同权重叠加来表现视素。目前主流的面部动画大都按照这个思路来制作。

为了更合理地拆分动作单元，一般会参考面部动作编码系统（Facial Action Coding System，简称 FACS）。面部动作编码系统是一种用于描述和测量人类面部表情的系统，它由保罗·埃克曼（Paul Ekman）和华莱士·弗里森（Wallace Friesen）在 1978 年开发。FACS 基于面部肌肉的运动，将面部表情分解为几十个动作单元，每个动作单元代表着面部某个特定区域的肌肉运动。这些动作单元可以组合成不同的面部表情，例如微笑、皱眉、眨眼等。目前，很多面部表情动画软件的设计都参考此系统进行，比如由 Epic Games 开发的数字人创建工具 MetaHuman，其在面部动作的拆分上与 FACS 系统有很多相似之处。

在 FACS 中，对所有的动作单元（AU）都进行了编号，表 23.4 中列出了部分与说话密切相关的动作单元的编号、名称及肌肉群。需要注意的是，尽管 FACS 为描述和理解面部表情提供了一个结构化的框架，但并不是所有的面部表情都可以被完全涵盖和描述。实际上，人脸表情的丰富性和复杂性远超出了 FACS 能够描述的范围。在实际使用中，一般不会完全按照上述编号和数量来制作美术资产，而是根据实际需求有所增减。

表 23.4　FACS 中与说话密切相关的动作单元的编号、名称及肌肉群

编号	名称	肌肉群
10	Upper Lip Raiser 上唇抬起	Levator Labii Superioris、Caput infraorbitalis 提上唇肌
11	Nasolabial Deepener 加深鼻唇沟	Zygomatic Minor 颧小肌
12	Lip Corner Puller 唇角拉升	Zygomatic Major 颧大肌

续表

编号	名称	肌肉群
13	Cheek Puller 颊部提升	Levator anguli oris (Caninus) 提口角肌
14	Dimpler 酒窝	Buccinator 颊肌
15	Lip Corner Depressor 唇角压低	Depressor anguli oris (Triangularis) 降口角肌
16	Lower Lip Depressor 下唇下降	Depressor labii inferioris 降下唇肌
17	Chin Raiser 下巴提升	Mentalis 颏肌
18	Lip Puckerer 噘嘴	Incisivi labii superioris、Incisivi labii inferioris 上唇门齿肌、下唇门齿肌
20	Lip Stretcher 嘴唇拉伸	Risorius 笑肌
22	Lip Funneler 漏斗嘴	Orbicularis oris 口轮匝肌
23	Lip Tightener 嘴唇收紧	Orbicularis oris 口轮匝肌
24	Lip Pressor 抿嘴	Orbicularis oris 口轮匝肌
25	Lips part 嘴唇分开	Depressor Labii、Relaxation of Mentalis、Orbicularis Oris 下唇压肌、颏肌放松、口轮匝肌
26	Jaw Drop 下颚放松	Masetter、Temporal and Internal Pterygoid relaxed 咬肌、颞肌和翼内肌放松
27	Mouth Stretch 嘴巴张开	Pterygoids、Digastric 翼状肌、二腹肌
28	Lip Suck 嘴唇内吸	Orbicularis oris 口轮匝肌
41	Lid droop 眼睑下垂	Relaxation of Levator Palpebrae Superioris 上睑提肌放松

23.2.2.4　音素、视素及动作单元之间的关系

图 23.3 以音素 "b、m、p" 及 "a、ʌ、æ" 为例展示了音素到视素的多对一的关系，及视素由多个动作单元按不同权重叠加而成的关系。通过这样的对应关系，我们就可以知道针对每一个音素该由哪几个动作单元来组成。具体到某个视素该由哪些动作单元组成及每个动作单元的权重系数是多少。一般情况下有两种

方法来确定：一种是由美术人员针对每个视素手动指明对应的动作单元及权重，推荐美术人员参考 Uldis Zarins 编写的 *Anatomy of Facial Expressions* 一书（中文译名为《美术解剖学 2:面部表情篇》）；另一种方法是采用面部捕捉来捕获不同发音时的面部动作，通过机器学习的方法来获取这些值。

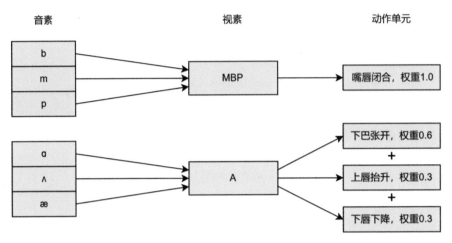

图 23.3　音素、视素及动作单元之间的关系

23.2.3　从音频文件到口型动画的基础实现

在明确音素、视素和动作单元的概念之后，下面将具体介绍音素数据的提取、向视素的转换，以及动作单元曲线的生成。

23.2.3.1　提取音素

目前市面上常见的语音驱动口型技术，通常用以下三种方法提取音频中的信息：

1. 从音频中提取多维的特征值（如 MFCC 等），直接用这些特征值来驱动口型动画。
2. 利用类似语音识别的方式，从音频中识别出音素序列，并驱动口型动画。
3. 同时处理音频与对应的文本，将文本中的每个音素与音频在时间轴上对齐，从而获得每个音素的开始时间和结束时间，并驱动口型动画。

在以上三种方法中，方法 1 一般会在"端到端"的口型生成方式中采用（如 NVIDIA 的 Omniverse 软件），本章主要采用方法 2 和方法 3。方法 2 和方法 3 的目的都是获取带有时间信息的音素序列，不同之处在于，方法 3 需要提供语音对应的文本，这可以在获取音素序列时起到提示的作用，使结果更加准确。因此一般情况下会优先选择使用方法 3，在缺少对应文本及多语言混读等情况下才会考虑方法 2。

目前有一些开源库可以胜任从音频中提取音素序列的工作，以下推荐两个常用的开源库。

- Allosaurus 库：该开源库是带有预训练模型的通用音素识别工具，支持约 2000 种语言。该工具支持输入为 WAV 格式的音频，并返回从音频中识别的音素序列。当使用 "–timestamp=True" 参数时，可以在返回的音频序列中携带时间戳。该工具可以满足前面所说的方法 2 的需求。
- Montreal Forced Aligner（MFA）库：该工具是由 Michael McAuliffe 等人开发的语音强制对齐工具，使用方法比较简单，并且有丰富的文档。它带有常见语言（如中文、英语、法语、德语等）的预训练模型，除此之外，它还提供了方便的训练方法，可以自行训练以获得更高的准确率。使用该工具可以根据输入的音频文件和对应的文本信息，输出带有时间戳的音素序列。该工具可以满足前面所说的方法 3 的要求。

图 23.4 所示的是音频经过强制对齐后获得的音素序列（以国际音标的方式标记）。其输出结果为一个离散的音素列表，每一个音素包含一个 start 和 end 所表示的时间跨度。

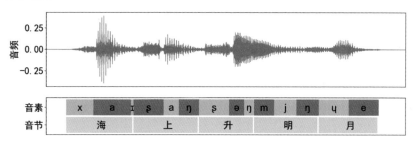

图 23.4　音频及其对应的音素序列示例

23.2.3.2　生成随时间变化的视素强度曲线

得到音素序列之后，可以根据音素与视素的对应关系（可参考表 23.1），将其转换为视素序列，然后生成视素强度随时间变化的曲线。在开始视素强度曲线生成之前，需对新的视素列表做一系列的预处理：

（1）通常将音素时间跨度的中心点视为视素的最强时刻，我们以该时刻作为视素关键帧插入位置。

（2）需对时间跨度过长的音素进行拆分，以使生成的视素权重可以短暂地维持在较高数值，否则将丢失拉长声音的细节。拆分的颗粒度不宜过小或过大，一般不应超出 0.1 至 0.3 秒的间隔。

（3）对于没有音素的停顿阶段，需插入预定义的"SIL"视素，代表此处无声。

（4）为了模拟人类说话时呼吸的动态，可以在长时间停顿后、开始说话前插入预先定义好的"BREATH"视素，代表张口吸气。

经过预处理之后，我们即可对每一个出现的视素生成其强度曲线。在图 23.5 中，以"大海"两个字为例，显示了视素 D 和视素 A 所对应的强度随时间变化的曲线。将对应视素出现时的刻度设置为 1.0，并在该视素的前后加入淡入淡出，即可获得对应的曲线。

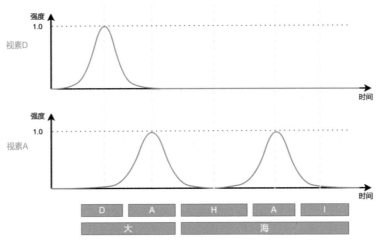

图 23.5　视素强度曲线示例

23.2.3.3　生成动作单元强度曲线

生成视素强度曲线之后，对其进行一定频率的采样，可以得到在每一时刻各个视素的强度，据此生成动作单元的强度曲线。为了说明具体步骤，这里以笔者实际使用过的动作单元到视素权重的对应表为例（表中只展示了部分视素和部分动作单元）。表 23.5 为动作单元与视素权重对应表，首列为动作单元名称，后序各列为视素名称。

表 23.5　动作单元与视素权重对应表示例

动作单元名称	BPM	F	DTN	A	O	更多
AU_JawOpen	0.23	0.17	0.14	0.54	0.34	
AU_MouthDimple	0.26	0	0.15	0.13	0	
AU_MouthFunnel	0	0.27	0	0	0.46	
AU_Mouth_Lower_Lip_Bite	0	0.09	0	0	0	

续表

动作单元名称	BPM	F	DTN	A	O	更多
AU_Mouth_Lower_Lips_Together	1.0	1.0	0	0	0	
AU_Mouth_Pucker	0	0.23	0	0	0.54	
更多						

以 BPM 视素为例，这一列表示视素 BPM 由 AU_JawOpen、AU_MouthDimple、AU_Mouth_Lower_Lips_Together 三个动作单元组成，其强度分别为 0.23、0.26、1.0。使用以下公式获得每一时刻动作单元的强度：

$$AU_i = \sum W_{ij} \times V_j$$

其中，W_{ij} 为第 i 个 AU 与第 j 个视素对应的权重值（表 23.5 中的第 i 行第 j 列），V_j 为第 j 个视素的强度，AU_i 为第 i 个动作单元的值。图 23.6 为经过上述步骤之后生成的动作单元的强度曲线。

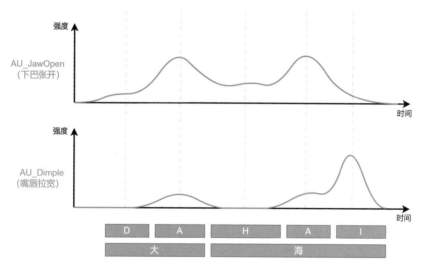

图 23.6 通过视素强度计算得到的动作单元的强度曲线

23.2.3.4 驱动动画

对生成好的动作单元曲线进行采样，可以知道在任一时刻动作单元的强度值，根据这个强度值得到每帧面部表现的改变，即可获得面部动画。由于在不同的平台，对于动画的控制机制各不相同，因此需要分别进行相应的开发。

对于 Maya 和 3ds Max 等工具，一般通过 Control Rig 来控制面部动画，因此在设计动作单元时，需要跟 Control Rig 保持一致，即每个动作单元对应一个

Control Rig 的控制项。在生成动画时,通过每帧控制 Control Rig 的值来驱动面部动画。

对于 UE,则需要利用引擎的 Pose Asset 机制,针对每个动作单元制作 Pose Asset,在运行时通过实时设置 Pose Asset 的强度来驱动面部动画。如果角色模型采用 MetaHuman 来制作的话,则可以通过调整 MetaHuman 所提供的 Facial Rig 机制来驱动面部动画。

而对于 Unity 引擎,一种方式是将每个动作单元制作为一个 BlendShape,通过运行时控制 BlendShape 的强度来驱动面部动画。另一种方式是模仿 UE 的方法,对每一个动作单元制作一个静态的动画姿势,然后在 Playable Graph 中通过 Additive 的方式按不同权重叠加这些姿势来驱动动画。

23.2.4 解决协同发音的难题

通过上述步骤,我们已经能够初步使用语音来驱动口型动画了。但是在实际使用中会发现存在很多动作不准确的地方,原因是我们在上述过程中忽略了人在说话时的一个重要特点,即"协同发音"现象。

23.2.4.1 什么是协同发音现象

协同发音是指在语音的连续发音过程中,由于发音器官位置和形状的调整,一个音素对其前后音素会产生影响的现象。简单来说,说话时,我们的发音器官(如舌头、嘴唇等)不会在每个音素之间完全停下来再开始下一个音素,而是在发出一个音素的同时就已经开始调整位置准备发出下一个音素了。这种现象使得每一个音素的发音都可能受到其周围音素的影响,从而产生一种音素和音素之间的过渡效果。比如,中文中非常常见的词组"我是",尽管"我"和"是"的发音原本应该是分开的,但由于协同发音的作用,我们在实际发音时会自然地将"我"最后的"o"音与"是"开头的"sh"音连接起来发音,而不会在两者之间有明显的停顿。

存在协同发音现象的原因主要有以下几个方面。

- 节省时间和精力:语音系统需要在短时间内连续发出不同的音素,协同发音可以帮助节省时间和精力。
- 提高语音流畅度:协同发音可以使相邻音素之间的转换更加自然和流畅,从而提高语音的流畅度。

在进行口型动画生成的时候,如果直接忽略协同发音现象,只是机械地播放每个视素的口型表现,那么所生成的口型动画就会出现不自然的抖动。一个简单的优化方法是在此基础上对曲线进行平滑，这能在一定程度上解决不流畅的问题，但是这样做又会带来口型不准确的问题。要较好地解决协同发音的问题，需要找到一种方法同时保证流畅度和准确性。对协同发音现象的模拟质量直接决定了最终所生成的动画的质量，市面上的口型生成软件对此也有不同的处理方法。

23.2.4.2　Jali 论文中对协同发音现象的处理方式

在 Jali[2]公司，研究者认为当一个人在说话时，不同的语音风格会通过下巴（Jaw）和嘴唇（Lip）的特定移动，来对舌头、下巴和面部肌肉产生音素之外的贡献。因此，它们引入了 Jaw 和 Lip 参数，用于捕获这些运动。通过对这些运动进行建模，可以创建出非常逼真的计算机生成的人类面部动画。研究者采用机器学习的方式获取这两个参数。

另外，由于直接对曲线进行平滑的方式在使动画变得流畅的同时，也改变了某些视素的表现形态，使得视素表现变得不准确。而人们对于有些视素，比如对发 b、m、p 等音的时候嘴唇是否闭合、发 f 这个音时是否有咬唇动作等非常敏感，这些视素一旦发生变化，就会显得非常不自然。因此在 Jali 的实现中，增加了一些特殊的视素，用来弥补这些问题，如，增加了 CO_BPM 视素，用于处理嘴唇闭合的动作；增加了 CO_FFF 视素，用于处理发 f 这个音时的咬唇动作。

23.2.4.3　iClone 对协同发音现象的处理方式

在 iClone 中，开发人员采用了一种不同的策略，使用"智能降采样"的规则对视素列表进行了一些舍弃。根据每个视素的重要程度，按照一定的规则丢弃一部分不重要的视素，通过这种方式在保证口型动画的流畅性的同时又能保留像 B、M、P 这类比较重要的视素。例如，图 23.7 所示为智能降采样关闭时的原始视素曲线，图 23.8 所示为开启智能降采样后的优化视素曲线，其中较为不重要的 K.G、A.E、W.OO、Ih 等视素被丢弃，同时原来的折线被优化成样条曲线。

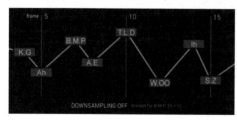

图 23.7　智能降采样关闭

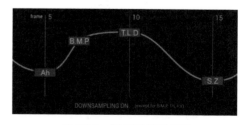

图 23.8　智能降采样打开

23.2.4.4　对协同发音现象的分析及处理

考虑到协同发音现象产生的原因与肌肉密不可分，我们提出了另一种策略，即模拟肌肉特性的方法来表现协同发音现象。首先，我们将面部肌肉分成不同的肌肉群，并认为不同的肌肉群之间可以在一定程度上独立运动。这要求在设计动作单元时，保证尽量依照 FACS 来拆分，比如，不能设计一个独立的发 U 口型的动作单元，因为这同时涉及下巴张开和收紧嘴唇两部分，至少应该把下巴张开和收紧嘴唇设计为两个动作单元。

前文中提到，如果直接对视素的口型进行平滑处理，会导致口型不准确。这种不准确的原因在于直接融合没有考虑各部分肌肉可以独立运动。以 b 这个音为例，它的口型会受到前后音素的影响，比如 b 在 bu 和 ba 这两个词的发音中，口型就是不一样的。在图 23.9 中，图(a)与图(b)分别是发"不"和"八"两个音的截图，左边是发 b 音素的部分。可以看出来，虽然都是发 b 这个音素，但是由于受到后面音素的影响，导致口型有明显的差别。可以看出，对于一个音素来说，对不同动作单元的精确度的要求是有差别的。以 b 这个发音为例，"嘴唇闭合"这个动作单元的精确度要求很高，必须要完全满足。而"嘴唇宽度"的精确性要求不高，可能受到前面和后面音素的影响。通过划分不同的精确度，我们可以在那些对精确度要求不高的动作单元上尽可能地平滑，而对于精确度要求很高的动作单元，则应尽可能地做到精确，以此来兼顾平滑度和精确性。

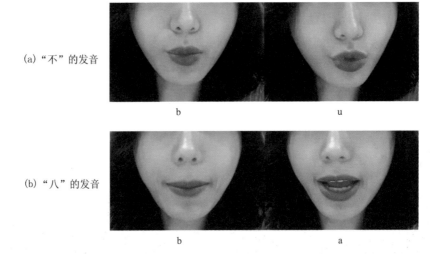

(a) "不"的发音

b   u

(b) "八"的发音

b   a

图 23.9　bu 和 ba 的口型动画序列帧对比

23.2.4.5　生成口型曲线并进行协同发音优化的步骤

为了在程序上实现方便，协同发音的优化可以分成以下两个部分。

- "懒惰"优化：由于肌肉总是试图节省能量，因此肌肉会在保证正确发音的情况下尽量少移动、尽量缓慢移动。也就是说，a 和 u 的取值尽量趋近于前一时刻和后一时刻的值，同时又不超过误差范围，以此来模拟肌肉的

"懒惰"现象。

- "迟钝"优化：由于肌肉的灵活度有限，因此当连续的发音超过肌肉的运动能力时，不能每个音都准确发出。也就是要限制 a 和 u 的值的变化速度不能超过某个最大值，以此来模拟肌肉的"迟钝"现象。与"懒惰"优化不同的是，"迟钝"优化不必保证发音完全到位，也就是允许超过误差范围。

为此，表 23.6 在前面介绍的权重表的基础上增加了允许的误差范围。通过这种方式指明精度，在后续进行曲线平滑的时候，要考虑精度的要求，使曲线在保证精度的基础上尽量平滑。

表 23.6　动作单元与视素权重及精度的示例

动作单元名称	BPM	F	DT	A	O
AU_JawOpen	0.23±0.02	0.17±0.02	0.14±0	0.54±0.20	0.34±0.15
AU_MouthDimple	0.26±1.00	0±1.00	0.15±1.00	0.13±0.05	0±0
AU_MouthFunnel	0±0	0.27±0	0.0±1.00	0±0.10	0.46±0.10
AU_Mouth_Lower_Lip_Bite	0±0	0.09±0	0±0	0±0	0±0
AU_Mouth_Lower_Lips_Together	1.00±0	1.00±0	0±0	0±0.00	0±0.10
AU_Mouth_Pucker	0±1.00	0.23±1.00	0±1.00	0±0.20	0.54±0
…					

具体如何确定这些误差范围有两种方法：一种是手动指定，并根据实际中的表现来调整大小。另一种是在面部动作捕捉的基础上，分析不同发音所对应的动作单元的变化范围，根据范围大小来确定误差范围。

同时我们也规定了每一个动作单元所配置的最大变化速度，以及淡出时间，如表 23.7 所示。

表 23.7　动作单元速度配置表的示例

动作单元名称	最大变化速度	淡出时间（s）
AU_JawOpen	20%	0.7
AU_MouthDimple	10%	0.6
AU_MouthFunnel	20%	0.1
AU_Mouth_Lower_Lip_Bite	30%	0.1
AU_Mouth_Lower_Lips_Together	10%	0.3
AU_Mouth_Pucker	20%	0.1
…		

曲线优化的具体步骤如下：

（1）针对每个音素，找到其对应的视素，并根据视素与动作单元的权重表来设置当前视素初始的目标值和误差范围。

（2）进行多轮"懒惰"优化，在每一轮中让每一个 a 和 u 的值稍微趋向于前一时刻和后一时刻的平均值，即进行多轮曲线的平滑，并在每一轮最后都限制 a 和 u 的值不超过误差范围。

（3）进行"迟钝"优化，即检查每一个 a 和 u 的值。如果跟前一时刻和后一时刻相比变化超过最大速度，则限制其变化幅度。

图 23.10 为曲线平滑示意图。每个 AU 一条曲线，横坐标表示时间。图中的虚线为平滑之前的原始曲线，灰色矩形为当前视素对应当前动作单元所允许的误差范围，实线为平滑之后的曲线。每一时刻有且仅有一个视素，通过查找表 23.6，即可得到当前视素对应的 AU 的数值及其上下的误差范围。我们以当时的 AU 数值作为关键点插入，即可得到灰色虚线，再在关键点加上对应的 AU 误差范围，即可得到灰色矩形所表示的 AU 运动范围。我们要求在后续轮次的"懒惰"和"迟钝"优化中，AU 数值的改变不能超出灰色矩形区域。并且 AU 移动的速度不能超过动作单元速度配置表中的配置，也即曲线的斜率不能超过表格中给定的数值。

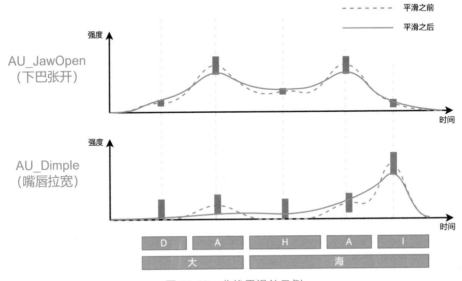

图 23.10　曲线平滑的示例

可以看出，优化后的曲线整体趋于平滑，但同时又保证了各自不超出误差范围。一般来说，经过 3 轮优化，曲线即足够平滑。

23.3　其他辅助效果

经过上述步骤，我们已经从语音数据出发生成了口型动画，但仅仅局限于与发音有关的嘴巴附近区域。在现实中，人在说话时往往伴随着更加丰富的表现，例如情绪、眉毛、眼睛、手势等，因此对于高质量的口型表情动画来说，以上的辅助效果不可少。

23.3.1　与情绪的结合

人在说话的过程中通常带有各种各样的情绪，这在游戏角色中更为明显和夸张。在口型动画的基础上，必须叠加符合角色对话的情绪表情，才能有更为自然的表现。

23.3.1.1　基本情绪列表

在学术上，情绪被描述为针对内部或外部的重要事件所产生的突发反应，产生包含语言、生理、行为和神经机制互相协调的一组反应[6]，面部表情则是情绪的重要表现形式。在心理学上，情绪可以被分为基本情绪和复杂情绪。学者们认为人类具有十几种基本情绪，这些情绪含有生理因素，为全人类共有；复杂情绪则由道德因素引起，在特定社会条件下才会产生。我们选取常见的 6 个基本情绪作为我们的基础表情库，复杂情绪则使用基础表情混合得到。如图 23.11 所示，常见的基本情绪有：愤怒、厌恶、恐惧、喜悦、悲伤、惊讶等。

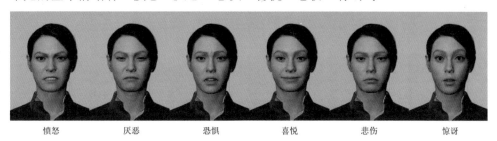

| 愤怒 | 厌恶 | 恐惧 | 喜悦 | 悲伤 | 惊讶 |

图 23.11　常见的 6 种基本情绪及示例

23.3.1.2　生成情绪曲线

如何做到口型与情绪表情有机结合是一个需要仔细处理的问题。例如，惊讶的表情通常有嘴唇张开的动作，如果直接与口型动画叠加，会导致所有闭口的发音（如 b）都出现不能闭合的现象。这就要求在叠加时需要考虑哪些动作单元不能直接叠加而是有所取舍，而这个问题实际上还是可以看作动作单元精确度的问题，因此可以利用前面介绍的精确度信息来完成口型与表情的结合。与口型类似，首先要设计每个情绪所对应的动作单元的权重表，表 23.8 展示了一个情绪对应动作单元的权重表示例。根据想要表现的情绪，首先生成针对某个情绪的动作单元的曲线，并在此基础上叠加口型的曲线。

表 23.8　动作单元与情绪权重对应表的示例

动作单元名称	喜悦	惊讶	更多
AU_JawOpen	0.1	0.3	
AU_MouthDimple	0.26	0	
AU_InnerBrowRaise	0	0.4	
AU_OuterBrowRaise	0	0.4	
更多			

图 23.12 所示为口型曲线与情绪曲线叠加的示意图。图中的实线为叠加之后的值，依然会受到口型视素所对应的动作单元精确度范围的约束。通过这种方式在保证口型精确度的情况下，尽可能地叠加情绪动作。

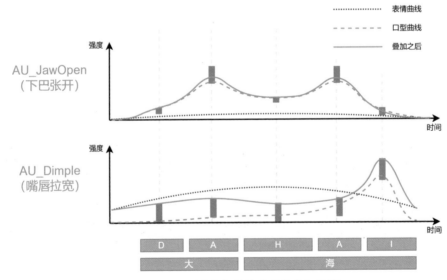

图 23.12　口型曲线与情绪曲线的叠加示例

23.3.2　手势、挑眉、身体姿态的配合

除了有口型动作，平常人们在说话时，还伴有其他的一些手势、挑眉、身体姿态等辅助动作。在要求不高的情况下，可以播放 Idle 动画或者在恰当时机调用一些特殊动作（如摊手）等来实现，但是使用这种方式时身体动作和说话之间的

匹配程度不太高，如果想进一步改善的话，可以根据音频来生成一部分身体动画，本章在此进行一些介绍。

McNeill[7]提出了四种身体姿态的一般分类：节奏、指示、象形和隐喻。其中后三种跟具体的语义有密切的关系，更适合手动指定动画而非自动生成。而与"节奏"相关的身体姿态与语义的相关性比较小，因此我们提出了一种方法，通过分析声音文件的节奏来生成对应的头部姿态、挑眉等表现。为了分析语音所对应的节奏信息，我们引入了语言学中"韵律词"这个概念，将韵律词视为节奏信息，并使用 LSTM 神经网络来预测头部的动作。

23.3.2.1　韵律词的概念

韵律词是语言学中的一个概念，它指在语言中具有一定韵律特点的结构。韵律词的音节结构规则化、音韵组合严格、声调变化规律化，在诗歌、歌词等文学艺术作品中具有重要的作用。汉语中的韵律词通常包括单音节词、双音节词和三音节词。韵律词一个常见的应用是优化 AI 文本朗读的节奏。

图 23.13 所示为一句话的韵律词划分，人们在说话时会不自觉地依照韵律词来调整节奏，AI 朗读也会模拟这种节奏，否则就会出现"读破句子"的情况。我们经过试验也发现，在生成头部姿态的动画时，以韵律词为粒度要比以其他方式的效果更加自然。如何将一个句子划分为韵律词，可以参考曹剑芬在《基于语法信息的汉语韵律结构预测》[8]中提出的方法。

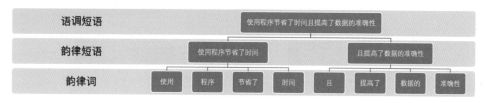

图 23.13　韵律词划分示例

23.3.2.2　训练数据的采集

头部姿态的动画在不同人、不同场合下往往会表现出不同的风格。因此，如果想获得某种风格的头部姿态动画，需要获取对应的训练数据。得益于网络上丰富的视频资料，可以通过从视频中提取数据来获得相应的数据集。图 23.14 所示为从视频中采集头部姿态数据的流程，步骤如下：

（1）从视频中提取音频，并利用静音检测的方法找到间断点，将音频切分成不同的句子。

（2）利用人脸检测工具（如 OpenCV 库）从视频中找到人脸片段。

（3）对比人脸片段和音频句子，挑选出在说话时，人脸一直在屏幕中并且位置没有跳变的所有片段。

（4）用人脸识别工具（如 face_recognition 库）将视频片段分类为不同的说话人（用于区分不同的说话风格）。

（5）从视频片段中提取音频，并利用语音识别工具提取对应的文本。

（6）对视频进行五官标定（可使用 OpenCV 库等），利用 PnP 算法解算头部姿态，并求出眉毛上挑的幅度。

通过以上步骤，就可以获得每个句子对应的三类数据——音频、文本、头部姿态（包含眉毛上挑幅度），作为后续的神经网络训练的数据集。

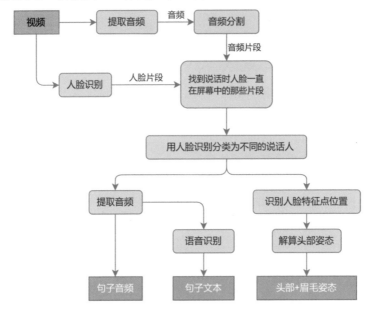

图 23.14　头部姿态预测数据流程示例

除了从视频中提取动画数据，还可以直接采用开源的数据集。Liu 等人[9]介绍了一个新的数据集，名为 BEAT，其中包含 76 小时的 3D 运动数据，以及与之配对的 52D 面部表情权重、音频、文本、语义相关性和情感类别注释，可以从该数据集中提取相关的动作数据直接使用。

23.3.2.3　神经网络的设计

由于头部姿态动画与时序关系密切，因此适合采用 RNN（循环神经网络）或者 LSTM（长短期记忆神经网络）来进行预测。我们采用了如图 23.15 所示的神经网络，它的输入数据为某一时刻韵律词的时间信息及词性。这里引入"词性"一词是希望能够带入一些语义的信息，比如形容词等可能会对应强调语气等，可能会对头部姿态产生一定的影响。词性以 OneHot 方式编码，需要注意的是，由于韵律词与平常所说的词不是一一对应的，因此可能会出现一个韵律词里面包含多个词的情况，所以这里每个韵律词对应的都是词性的列表。

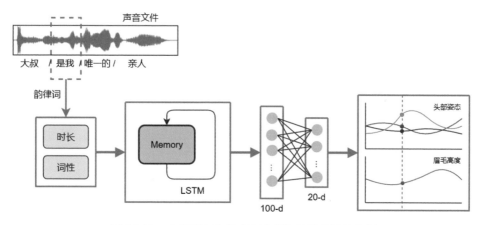

图 23.15　头部姿态和眉毛高度提取的神经网络示例

经过 LSTM 节点之后，再经过两个全连接层，最后的输出为当前时刻头部姿态和眉毛姿态的曲线关键点。输出数据中的头部姿态为 3 个浮点数，分别表示头部姿态的 Pitch（俯仰）、Yaw（水平转头）和 Roll（歪头）的弧度值。眉毛上挑幅度为 1 个浮点数，其范围为-1～1，分别代表眉毛下压到最低和上挑到最高。该方法的每个采样点为韵律词时间的中心点，因此最后输出的曲线的关键点数量与韵律词数量相等。由于头部运动速度本身不会太快，因此这样的粒度可以较好地适配说话的节奏。

23.3.3　最终效果

图 23.16 所示为本章所提到的技术在 MetaHuman 角色上的表现效果的视频截帧，(a)图为只生成口型动画的效果，(b)图为在此基础上叠加了头部姿态、眉毛上

图 23.16　最终效果对比视频截帧

挑运动以及高兴情绪动画的效果。其中，表情动画对眉毛和嘴巴都有贡献，简单叠加会导致某些控制器权重过大，进而破坏整体效果。我们的算法通过分层叠加的方式，先应用头部姿态和眉毛上挑，再应用情绪动画，后叠加口型动画，最后整体调整控制区的移动速度和移动范围，达到了非常自然的融合效果。

23.4 总结

本章介绍了根据音频生成面部动画的整体流程，同时介绍了音素、视素及动作单元的概念及它们之间的关系。我们对协同发音现象进行了分析，通过对动作单元引入宽容度概念，提出了一种设置口型精确度的方法，该方法兼顾流畅度和精确度的同时，还能完成情绪的叠加。此外，本章还介绍了基于韵律词的分类使用长短期记忆神经网络来生成头部、眉毛的姿态动画，以进一步增强动画的逼真性。该方案已在 IEG 内部多个项目中使用，并获得了非常不错的效果。

未来，我们希望引入更多人工智能在语言学、动画生成等领域的应用，从音频、视频、文本中提取更多信息，结合既有规则，以更精准地模拟人类的言语和动作，更好地处理复杂情感和情境，在不断提高效果与效率的同时，推动本章所介绍技术的持续落地转化。